Learn Git in a Month of Lunches

独習 Git

MANNING

SE SHOESHA

本書内容に関するお問い合わせについて

このたびは翔泳社の書籍をお買い上げいただき、誠にありがとうございます。弊社では、読者の皆様からのお問い合わせに適切に対応させていただくため、以下のガイドラインへのご協力をお願い致しております。下記項目をお読みいただき、手順に従ってお問い合わせください。

●ご質問される前に

弊社Webサイトの「正誤表」をご参照ください。これまでに判明した正誤や追加情報を掲載しています。

正誤表　https://www.shoeisha.co.jp/book/errata/

●ご質問方法

弊社Webサイトの「刊行物Q&A」をご利用ください。

刊行物Q&A　https://www.shoeisha.co.jp/book/qa/

インターネットをご利用でない場合は、FAXまたは郵便にて、下記“翔泳社 愛読者サービスセンター”までお問い合わせください。
電話でのご質問は、お受けしておりません。

●回答について

回答は、ご質問いただいた手段によってご返事申し上げます。ご質問の内容によっては、回答に数日ないしはそれ以上の期間を要する場合があります。

●ご質問に際してのご注意

本書の対象を越えるもの、記述個所を特定されないもの、また読者固有の環境に起因するご質問等にはお答えできませんので、あらかじめご了承ください。

●郵便物送付先およびFAX番号

送付先住所　〒160-0006　東京都新宿区舟町5
FAX番号　03-5362-3818
宛先　（株）翔泳社 愛読者サービスセンター

※本書に記載されたURL等は予告なく変更される場合があります。
※本書の対象に関する詳細はivページをご参照ください。
※本書の出版にあたっては正確な記述につとめましたが、著者や出版社などのいずれも、本書の内容に対してなんらかの保証をするものではなく、内容やサンプルに基づくいかなる運用結果に関してもいっさいの責任を負いません。
※本書に掲載されているサンプルプログラムやスクリプト、および実行結果を記した画面イメージなどは、特定の設定に基づいた環境にて再現される一例です。

前書き

数年前、ギターの弾き方を教えるビデオを見ているとき、素晴らしい表現を聞いた。

複雑な「かき鳴らし」（strumming）パターンのデモンストレーションを、その曲の正しいテンポで、信じられないくらい速く弾いてから、インストラクターが言った。「どうやってるのかわかるように、ゆっくり弾いてみますけれど、それって難しいんです。ゆっくり落ちるのが難しいみたいにね」

これが気に入った。「ゆっくり落ちる」というのが。

そういえばGitのデモンストレーションも、信じられないくらい速く見えることがある。デモはしばしばコマンドラインで行われるから、なおさら謎のように見える。一連のコマンドで実際、何が発生しているのかを、理解できないのだ。

私は、この本でも「テンポ」を落とそうと思う。Gitと相互作用（インタラクション）を行うとき、実際には何が起きるのか、ひとつひとつすべてのステップを観察し、考察できるようにしよう。

このアプローチを採用したのには理由がある。私はGitのプレゼンテーションを、いくつものローカルユーザーグループで行ってきたのだが、個々のコマンドが何を行っているのかを質問されることが多いのだ。プレゼンテーションではそれぞれの質問に対応するのが難しいけれど、一冊の本でならじっくり細部を探索できるというわけだ。

もうひとりのギタリストからも（YouTubeで見たのだが）賢いアドバイスを受け取った。どんな曲でも、正しいテンポで演奏する前に、まずはずっとずっとゆっくり学ぶべきなのだ。ゆっくりやっているうちに、指が正しい動きかたを覚えてくれる。そうして確信を得たあとで、はじめて曲を徐々にスピードを上げて演奏できるのだ。

これも気に入った。「ものごとは、ゆっくり学びなさい」

Gitのドキュメントに入っているチュートリアルは、詳細を短い段落で説明しているが、この本のアプローチは正反対だ。チュートリアルがただひとつの文で説明している事項に、この本はまるまる1章を費やす。1個のコマンドについて、じっくりと学び、確信を得たらそれを次に使うときもっと速くできるはずだ。

私は、おもに顧客を相手にする仕事で、長いキャリアを過ごしてきた。テクニカルサポートやオンサイトのコンサルティングやトレーニングの仕事だが、そうして人に話をすることで私は学んだ。簡単には理解できないような技術的な詳細を普通の人に落ち着いて聞いて貰えるようにするには、「スピードを落とす」ことがじつははかどる秘訣なのだ。この本は、そのアプローチを採用した結果である。

この本について

本書は、「コーディングのプロだけれど、ソースコードの管理またはGitについては初心者」という人々を主な対象としています。コーディングというのは、コンピュータプログラムだけでなく、CSSファイルやHTMLファイルも含めてですが、その種のコードをファイルにタイプする人ならば誰でもGitを学ぶことによって「自分の仕事を追跡管理できる」という恩恵が得られるでしょう。この本で扱うのは、初心者レベルから中級までのトピックです。

バージョン管理システムに関する知識は、プロの開発者には当然のことと思われがちです。しかし本書は、Git以外のバージョン管理システムに関する知識を前提としていません。実際、この本はGitを「Gitの言葉」で説明するので、他のバージョン管理システムに言及することはしていません。

著者は、あなたがコマンドラインで快適に仕事ができることを願っていますが、もしそうでなくても心配は無用です。ひとつひとつのコマンドを丁寧に説明していきます。そのうちに、あなたはだんだんこのスキルに慣れ、快適になっていくはずです。また、この本ではGitを使いやすくする様々なGUIも紹介します。

もしあなたが本当の初心者ならば、最初の章から順番に読んでください。それぞれの章は、毎日のランチアワーに読めるように書いてあります。その1時間で章のテキストを読み、その章の「演習」というコラムもこなせるでしょう。また、各章の末尾にある「課題」は、その章のポイントを補強するものですが、お暇なときの復習にも使えます。

「演習」には時間をかけてください。これらを実際に行うことで、Gitをより良く理解できるでしょう。それぞれの章であなたが作業するリポジトリは、まったくあなた自身の持ち物です。それぞれの章で安全に実験できる環境あるいは状況を作成します。一部の章で、リポジトリを「既知の作業状態」に作り直すには、本書のWebサイト`https://www.manning.com/books/learn-git-in-a-month-of-lunches`からダウンロードできるコード（Source Code）を使えます。

それぞれの章に、イラストレーションやスクリーンショットを大量に入れてあります。Gitがあなたのコードと履歴（ヒストリー）をどのように組織して管理するかを示すために、概念図も入れてあります。これらの図をゆっくり見ながら、課題を解くのにGitをどう使えばよいのか考えてみてください。末尾には、その章で使ったGitコマンドのリストを添えてあります。

章はグループに分けてあります。基本のトピック、中級のトピック、高度なトピック、ブランチとマージ、共同作業、そしてGitのエコシステムという順番になっています。これらのグループ分けについては、第1章で概要を説明します。章によっては、それ以前の章を前提としている内容もあります。もしあなたが初心者ではなく、最初の部分を読み飛ばすことにしたら、その点にご注意ください。

第1章から第6章で扱う基本のトピックには、リポジトリをセットアップする方法、リポジトリにファイルを追加しコミットする方法、リポジトリの状態を問い合わせ、履歴を見る方法が含まれます。ひとりで開発する方なら、たぶん必要な事項の8割はこれらの章で間に合うでしょう。

中級のトピック（第7章と第8章）では、Gitのステージングエリアに注目し、あなたのリポジトリの各部をアクセスする方法も学びます。高度なトピック（第15章と第16章）では、リポジトリの履歴を問い合わせるための、また履歴を操作するための興味深い方法を伝授します。

ブランチとマージを扱う第9章と第10章では、Gitの最も重要な特徴のひとつである「素早いブランチ」の使い方を詳しく説明します。この2章を読んだら、あなたのコードベースにある何かに実験的なブランチを躊躇なく気軽に作れるようになるでしょう。

第11章から第14章では、Gitの共同作業（collaboration）コマンドを正しく使って他の人々と協力する方法を説明します。もしあなたが、プッシュとプルについて混乱したことがあったとしても、これら4章を読めば、すっきりと理解できるはずです。

Gitのエコシステムに関する3つの章（第17章、第18章、第19章）では、サードパーティ製ツール、ユーザーインタフェース、そしてGitHubについて学びます。Gitを使いやすくするユーザーインタフェースやツールによってGitは多くのユーザーを獲得しましたが、もっと広く、オープンソースコミュニティ全般にGitが普及したのは、Gitリポジトリをホスティングする GitHubの功績です。

最後の第20章では、あなたの環境に合わせてGitをカスタマイズする方法を示します。これを最後にもってきたのは、何か新しいシステムを学ぶにはそのデフォルトの初期設定で使うのが早道だと信じているからです。とはいえ、本書を読んでいる最中でも、この章をざっと見ておくのも便利かもしれません。

ソースコードのダウンロード

前に書いたように、"Learn Git in a Month of Lunches"（原著）の出版社（Manning）のWebサイトには、本文の課題で使う「作業環境」を作り直すのに役立つコードがあります。また、様々な課題で必要になるファイルやシェルスクリプトも入っています。これらをzipファイルとして圧縮したものを、`https://www.manning.com/books/learn-git-in-a-month-of-lunches`からダウンロードできます（訳注：FREE DOWNLOADSのSource Codeをクリックすると、LearnGit_SourceCode.zipのダウンロードが始まります）。

Author Online

原著のサポートは、Author Onlineで得られます。これはWebベースのサポートフォーラムで、`https://forums.manning.com/forums/learn-git-in-a-month-of-lunches`にあります（訳注：訳者はKunioという名前で参加しています）。

このBook Forumへのリンクは、原著出版社のWebサイト`https://www.manning.com/books/learn-git-in-a-month-of-lunches`にもあります。

原著の読者は、こちらで質問とフィードバックをどうぞ。歓迎いたします。著者はこのフォーラムを定期的に見回り、必要に応じて発言する予定です。

著者について

Rick Umaliは、シニアレベルの技術者である。米国マサチューセッツ州のグレーター・ボストンに居住し、働いている。

彼の過去の職歴はハイテク会社ばかりだが、いまはテクノロジーについて初心者の聴衆に語るのを楽しんでいる。

仕事で経験した業務は、大企業向けソフトウェア（検索とEコマース）からWeb開発まで。長く勤めてきた役職には、お客様相手のトレーニング、サポート、コンサルタントのほか、様々な言語（Java、PHP、Rubyなど）でのプログラミングがある。

謝辞

本書執筆と出版のプロセスを通じて私は多くの方々に助けていただきました。まず最初に、執筆中に援助を頂いたManning社のHelen Stergiusに感謝します。彼女は、いつも明るく熱心に、私が本書を最後まで書くのを助けてくださいました。編集者のSupriya Savkoor、Susie Pitzken、Sean Dennisの各氏にも助けていただきました。

原稿の段階で詳細な技術的検証と校正を提供されたのは、Jonathan ThomsとKarsten Strøbaekの両氏です。コードとサンプルが正しく動作するのは、彼らのおかげです。

Kevin Sullivanと彼のチームには、私が描いた図をずっと明瞭なものにしていただきました。Sharon Wilkeyは、私の原稿を整理して表現を磨き上げてくださいました。本書のレイアウトと印刷を通じて製作の監督をしてくださったのは、Mary PiergiesとJanet Vailです。

本書のレビューを管理してくださったのは、Aleksandar Dragosavljevicです。監修に当たった皆様は、Art Bergquist、Boris Vasile、Changgeng Li、Ernesto Cardenas Cangahuala、Harinath Mallepally、Kathleen Estrada、Keith Webster、Luciano Favaro、Michel Graciano、Miguel Biraud、Mohsen Mostafa Jokar、Nacho Ormeño、Nitin Gode、Patrick Dennis、Ralph Leibmann、Richard Butler、Scott King、Stuart Ellis、Travis Nelson。この人々が問題の軽重を量り、本書の改善に貢献されました。

レビューエディタのOzren Harlovicは、本書を執筆したいという私の意向にManning社で最初に注目してくれた方です。そしてManningのassociate publisherであるMichael Stephensが、契約まで私を導いてくれました。

この本を書く最初のアイデアは、私が参加しているBoston PHP Meetupから得たものです。これはNew Englandで最大の教育を主眼としたミートアップです。オーガナイザーのMatt Murphy、Bobby Cahill、Gene Babonからは、大いに激励されました。

私の隣人であるPeter Loshinからは、早い段階でのヒントを戴きました。Mike McQuaid、Ben Melançon、Larry Ullmanから戴いた電子メールのおかげで、この仕事を続けることができました。

妻のJennと娘のMiaは、本を書いている私にいつも親切にしてくれました。忍耐と愛に感謝しています。

目次

第16章 git rebaseを理解する 319

第17章 ワークフローとブランチの規約 339

サンプルファイルの入手方法

本書の配布サンプル（サンプルファイル）は、以下のページからダウンロードできます。

https://www.shoeisha.co.jp/book/download/9784798144610

はじめに

この章の内容

Gitはバージョン管理を「面倒な仕事」から「楽な作業」に変える画期的なソフトウェア。そういう評判を、あなたは聞いたのかもしれない。人気のある「ソーシャルコーディングサイト」GitHubで提供されている無数のソフトウェアを閲覧したことさえあるかもしれない。それともあなたは、GitとGitHubの違いが、はっきり分からないのかもしれない。いまでも伝統的な（古いとも言われる）バージョン管理システムを運用しているのかもしれない。ひょっとしたら、バージョン管理なしで仕事をしているとか（うわっ）。Gitってプログラマが使うものでしょ、などと考え（必ずしも、そうではないのですが）、オープンソースのソフトウェアに貢献しようと思ってその方法を調べるのだが、いつもGitが障壁になって先に進めなかった、という人もいるだろう。とにかく、あなたは、この本にたどりついた。Gitを探究しに来てくださった。著者としては、とても嬉しいです。

オープンソースのソフトウェアを使うIT関連企業や法人が、ますます増えてきている。それにつれて、ますます多くのIT開発者や管理者が、Gitと出会うことになる。オープンソース開発者にとって、Gitは事実上の標準（デファクト）ソースコード管理システムになっている。ニーズに合わせて、ソースをちょっと書き換えたり変更できるのが、オープンソースの利点のひとつだ。けれども、そういう作業には、ソースコードを管理する「セーフティネット」（安全柵）を使いたいだろう。Gitは、そのセーフティネットである。

Gitを使うと、変更に関して注意深くなる。慎重な態度が奨励される。けれども、Gitコミュニティでよく言われる格言のひとつに「こまめにコミット」というのがある。「継続的インテグレーション」とか、「継続的デプロイキャンプ」などもよく聞く言葉だが、とにかく「こまめにコミット」せよ[*1]、という意見には、十分な根拠がある。バージョン管理は、開発者にとって最も重要な仕事かもしれない。Gitを使えば、その仕事が簡単になる。

訳注＊１：英語では、"Commit often"と言う。「変更を貯め込むな」という意味。「コミット」、「ブランチ」、「リポジトリ」、「ステージングエリア」などバージョン管理用語の解説は、2.4節にある。

1.1 Gitの特徴

Gitは、分散型のバージョン管理システム（DVCS）なので、あなたは「Gitサーバ」なんて実行する必要なしに、すべての機能を利用できる。それどころか、Gitのコマンド群を実行するのに、ネットワーク接続さえ必須ではない。

旧来の（集中型の）バージョン管理システムは、コードを1個の「城郭」（つまりサーバ）に置く。コードは、そこで「倉庫」にしまわれる。倉庫を「リポジトリ」というが、それを読み書きしたい開発者にはアクセス権を与える必要がある。リポジトリ（略してrepoとも呼ばれる）はたいがい別のマシンに存在するから、よそで使うにはネットワーク接続が必要になる。大勢の開発者が参加すると、サーバの負荷が高まって、信頼性が低下する。バージョン管理に使うコマンドの一部、たとえば分岐（branching）やタグ付け（tagging）のコマンドは、特別扱いされ、特別なアクセス権が必要な場合が多い。しかも開発者たちが作業できるように、バージョン管理サーバは常に運用し続けている必要がある。このアップタイム（稼働時間）の要件があるので、監視が必要となり、バージョン管理システムの運用にはコストが加算される。図1.1に示すような形式だから、サーバが落ちたら、全体が落ちてしまうのだ。

図1.2に示すように、Gitは開発者各自にバージョン管理用リポジトリを与えることによって状況を逆転させた。それぞれのリポジトリは、完全に、それぞれの開発者が持つローカルマシンのみで運用される。個々の開発者は、プロジェクトの履歴（ヒストリー）のどの部分でもアクセスできる。別バージョンと比較したり、枝道（ブランチ）を作ったり、そのほか従来ならば特権や、サーバとのネットワークアクセスが必要だった操作を、なんでも実行できる。このように開放的なシナリオは、人によっては慣れるのに時間がかかる概念かもしれない。バージョン管理システムの運営を代行してくれる専門家に頼む必要がなく、あなた自身がこれらの特殊な作業をどれでも（あるいは、すべて）実行できる。とはいえ、そのためには、それらの作業（タスク）についてよく勉強しなければいけない。

❖図1.1　バージョン管理システムがリポジトリをかかえこむと、開発者たちが「ただ1つのポイント」を争奪しなければならない。

❖図1.2　分散型のバージョン管理システムの開発者は、それぞれ「リポジトリ全体」のコピーを所有するので、争奪から解放される。

開発者ひとりひとりにリポジトリを与えるという、このアイデアによって、Gitは分散型（distributed）のバージョン管理システムになっている。分散すると、開発者は誰でも同じ能力を持つことができる。たとえばDrupalやLinuxのように大規模なオープンソースプロジェクトには、何千人もの開発者が世界中から参加しているが、インターネット接続が希薄な場所にもメンバーがいる。そういう場所にいても、Gitを使うことによって、プロジェクトリーダーと同じ容易さで全員が貢献できるのだ。

それでは、だれでも飛び入りで参加できる「野放し状態」なのか、と思われるかもしれない。たしかにGitは中心的なリポジトリを必要としないが、多くのプロジェクトは理想的な方法で自主的に組織されている。ある種のプロジェクトは小さな開発チームに分かれ、それぞれ1人のプロジェクトリーダーが存在し、1個のリポジトリに対して行われる全部のコミットをその人が管理する。けれども、多くのプロジェクトでは、コミットを管理する人が複数存在する。

1.2 この本の対象は?

バージョン管理は、整理整頓して清潔さを保つ作業だ。基本的な衛生管理は、誰にも必要だろう。もしあなたがコンピュータでファイルを作ったり変更したりするのなら、この本はあなたに向いているかもしれない。ただし本書は「コーディングのプロ」のために書いている。つまり、ソフトウェアの開発技術者、プログラマ、Web開発者、システム管理者、品質管理やテストの担当者が本書の主な対象である。

Gitは、Windows、Mac、Unix/Linuxの3大プラットフォームで利用できる。コマンドライン環境で生まれ育ったツールだから、コマンドラインでの作業量が多くなる。理想的な読者は、そういう作業が大好きな人だ。少なくとも、マウスから手を放して大量のコマンドをタイプすることに抵抗を感じない人に本書は適している。

もしあなたのディスクに、次に示すようなファイルが入ったディレクトリがあるなら、この本を読むのに適していることは確かだ!

▶リスト1.1　こんなディレクトリを持っている人なら、本書の読者に相応しい!

```
(...略...)
filefixup-01.bat
filefixup-02.bat
filefixup-03.bat
filefixup-04.bat
filefixup.bat
(...略...)
```

ただし本書は、Gitの初心者を対象としている。デモンストレーションによって、Gitのタスクを例示していく。順を追って少しずつ説明するチュートリアル形式で書かれている。それぞれの章に演習があり、末尾に挑戦すべき課題がまとめられている。最初はゆっくりとしたペースだが、学習の積み重ねで、徐々に加速される。

1.3 この本の読み方

本書は毎日1章ずつ読み進むように作ってある。それぞれの章を読むのに必要な時間は、わずか40分くらい。ランチアワーが1時間なら、残りの20分で各章に含まれている練習問題もこなせるだろう。タイプしながら昼食をとれる人なら（そういう人を実際に見たことがあるが）、ひとつの章を30分で読破することも不可能ではない！

おもな章

第2章から第20章までに、主な内容が含まれている。これらを咀嚼するには、ランチタイムの学習で1ヶ月かかるだろう（週休2日として、4週間という見積もりだ）。だが、これらの内容をあせって読むことはない。翌日の章にとりかかる前に、それまで読んだ内容を思い出して、脳みそに染みこませるのが良い。各章には「演習」（TRY IT NOW）と題するセクションも、いくつか含まれている。

課題

おもな章には、たいがい、短い「課題」（ラボ、実験室）が含まれている。それらを解くには（ぜひとも挑戦していただきたい！）、実験に使える環境が必要だ。だから、あなたのローカルマシンにGitを必ずインストールしよう。課題は、学習した新知識を実際に使うタスクで構成される。タスクによっては、その章で使ったコマンドを繰り返して使うこともある。また、別の種類のタスクでは、習ったばかりのコマンドを実験的にいろいろ使ってみる研究もある。答えを見つけるまでに、いろいろやってみる必要があるかもしれない。

これらのタスクと答えは、すべて、その章（および、それまでの章）で学んだ内容に基づいている。模範回答は、本書のWebサイト（原著のページは、`https://www.manning.com/books/learn-git-in-a-month-of-lunches`）に置くが、降参する前に、できるだけがんばっていただきたい。それが、学習する最良の方法だ！

さらなる探究

Gitはとても奥が深い。この1冊からすべてを汲み尽くすことはできない。だが、いくつかのリソースを示して「あれを読みなさい」と指示することはできる。本書の目標のひとつは、Gitの独習方法を読者に教えることなのだ。

その先にあるもの

Gitのコマンドが、どのように実装されているかを推測し学ぶことは、著者にとって良い学習になった。学んだことの一部を、「その先にあるもの」（Above and Beyond）というセクションで、読者にシェアする。これらは、必ずしも「課題」や章の主題に関するものではないが、「何かが、そのように働く理由」を知りたいと思う人なら、これらのセクションで、さらなる知識を得られるだろう。読み飛ばしてもかなわないし、あとで読むために「ブックマーク」してもよい。

1

1.4 Gitのインストール

この本は、Gitコマンドを「ネイティブなコマンドライン環境」で実行することで、Gitを独習する。あなたのプラットフォームにGitをインストールする方法は、ほかのソフトウェアパッケージと同じく、単純明快だ。いや、サーバを起動する必要がないのだから、そういうパッケージより簡単だと言えるだろう。Gitのインストールでは、1個のディレクトリにコマンド群とドキュメントが入る。そのあとで、PATHに`git`コマンドが加わる。Windowsの場合は、使用すべき「コマンドライン」もインストールされる。とにかく、サーバがインストールされないこと。そして、注意すべきことはPATHだけだ、ということ。この2点が重要なポイントなので、忘れないように。

これから述べるインストール作業は、課題の準備にもなる。だから、必ず最後まで完了させることが大事だ！

1.4.1 Unix/Linux

Unix/Linuxの場合、ディストリビューションのパッケージマネージャを使って、GitとGit GUIのパッケージをインストールする。その手順を示すサイトはWebに数多く存在するが、決定的なガイドは、`http://git-scm.com/download/linux` にある。コマンドは、コマンドラインウィンドウに打ち込む。

1.4.2 Mac

話を単純にしたいので、次の場所にあるDMGパッケージをインストールしよう。

`http://git-scm.com/download/mac` このインストレーションには、Gitコマンド群だけでなく、Git GUIアプリケーションも含まれているのだ*2。コマンドは、Mac Terminalクライアント（いわゆる「コマンドラインウィンドウ」）に打ち込む。

訳注＊2：Mac OSにはgitが入っているが（/usr/bin/git)、ターミナルに"git gui"を打ち込んでも正しいコマンドとして認識されない（かなり前から、そうなっている)。

1.4.3 Windows

Windowsには、次の場所からGitをインストールできる。

`https://git-scm.com/download/win/`のパッケージには、Gitコマンド群のほか、Git GUIアプリケーションも含まれる。コマンドは、Git BASHウィンドウ（いわゆる「コマンドラインウィンドウ」）に打ち込む。

Gitには特定のコマンドライン環境が必要だ。したがって、Windows Command（いわゆる「コマンドプロンプト」、cmd.exe）やWindows PowerShellからGitコマンドを実行することはできない*3。上記のインストレーションは、Gitに適したコマンドライン環境（Git BASH）を提供する。

訳注＊３：原著フォーラムに、Git用のPowerShell環境、posh-gitを紹介した投稿がある。

1.5 学習経路（Learning Path）

第1章から第3章ではバージョン管理の概念を紹介し、インストールしたGitに馴染む方法を示す。

第4章から第6章では、Gitの基本を学ぶ。これらの章で紹介するコマンド群は、おそらく、あなたが打ち込むGitコマンドの大半を占めるだろう。バージョン管理システムを使う開発者なら、だれでも、「リポジトリ」（repository：倉庫）にファイルを追加する方法や、その「ヒストリー」（history：履歴）を調べる方法を知っていなければならない。Gitリポジトリを作成する方法も、ここで学ぶ。これらが基本である。もし「Gitを自分一人だけで使うこと」があなたの目的ならば、学習する必要があるのは、これらの章だけかもしれない。

第7章と第8章では、中間レベルのコマンドを紹介する。あなたはここで、Gitの「ステージングエリア」について学ぶ。基本のコマンド以外の方法でリポジトリの履歴を調査する方法（基本より高いレベルのテクニック）もここで紹介する。それらは、「あなたが所有しないリポジトリ」や「あなたが作ったのではないリポジトリ」に対する貢献者（contributor）として作業するとき、重要な技術となる。

第9章と第10章では、分岐（branching：ブランチを作ること）と統合（merging：ブランチをマージすること）を学ぶ。ブランチ（枝）は、Gitの鍵となる機能だ。そして、ブランチを作るほど、より頻繁にマージを行う必要が生じる。

第11章から第14章では、ほかの人と共同作業（collaboration）を行う方法を学ぶ。つまり、ほかの人が行った変更を取得する方法や、あなた自身が行った変更を提出する方法だ。

本書のその他の部分では、より高度な話題（たとえば`git rebase`コマンドなど）、Gitの生態系（ecosystem：サードパーティ製ツール）および`git config`コマンドを学ぶ。

表1.1　に、学習経路の概略を示す。

❖表1.1　学習経路（各章と、その内容）

1章：はじめに 2章：Gitとバージョン管理の概要 3章：Gitに馴染む	理解の鍵となるコンセプト（概念）を紹介する。 もしあなたがバージョン管理一般について、よく知らないのなら、ここから読み始めるべきだ。まずはバージョン管理を理解するために必要な概念を学んでから、高速ツアーでGitの概略を紹介する。
4章：リポジトリの作り方と使い方 5章：GUIでGitを使う 6章：ファイルの追跡と更新	Gitの基本。ここで学ぶGitコマンド群、つまり`init`, `add`, `commit`, `log`, `status`, `diff`が、結局はあなたが使うコマンドの７割を占めるだろう。
7章：変更箇所をコミットする 8章：Gitというタイムマシン	難度が中程度のトピック。ここでは「ステージングエリア」を学ぶ（それは、`git add`によって操作する）。また、`git checkout`によって、Gitのタイムマシンを操作する方法を学ぶ。

9章：ブランチ（支線）を辿る 10章：ブランチをマージ（統合）する	分岐（Branching:ブランチ）と統合（Merging:マージ）。このセクションでは、gitの**branch**と**merge**を説明する。 Gitの力を使うと、素早くブランチを作ることが可能だ。その方法を学んでから、ブランチ（支線）をメインライン（本線）に戻すマージ（統合）の方法を学ぶことになる。
11章：クローン（複製）を作る 12章：リモートとの共同作業 13章：変更をプッシュ（送出）する 14章：同期を保つ	共同作業。この4章では、共同作業の基本を学ぶ。 使うgitコマンドは、**clone**, **remote**, **push**, **pull**, **fetch**。
15章：ソフトウェア考古学 16章：`git rebase`を理解する	高度なトピック。ヒストリー（履歴）を深く探る力（それには`git log`を使う）を身につけ、履歴を変更できるようになる（それには`git rebase`を使う）。
17章：ワークフローと「ブランチの規約」 18章：GitHubを使う 19章：サードパーティ製ツールとGit	Gitのエコシステム。柔軟性の高いGitのアーキテクチャ（構造設計）によって、幅広いエコシステム（生態系）が生まれた。それらのうち、ワークフロー（仕事の流れ）については、git-flowとGitHub Flowを、ホスティングについてはGitHubを、サードパーティ製ツールは、Atlassian SourceTreeとEclipseのGit用GUIを、解説する。
20章：Gitを研ぎすませる	研ぎたての切れ味を保つ。この章では`git config`を紹介し、Gitスキルの鋭さを保つ方法を伝授する。

1.6 オンライン・リソース

本書のWebサイト（英文：`https://www.manning.com/books/learn-git-in-a-month-of-lunches`）を、あなたが本書を読み進むのにつれて訪れていただけるようにと準備している。本書を補足するリソースがそのサイトで利用できるようにしたい。これには、下記のものが含まれる予定だ。

- 一部の章に対応するビデオ
- 各章の末尾にある「課題」の解答
- 補足記事
- 本書で挙げた全部のリソースへの最新リンクをまとめたもの

著者は、このサイトを見守り、読者からのリクエストやフィードバックに応答する。サイトにはフォーラムへのリンクがあり、そこで質疑応答などの対話を行う。

1.7 即座に効果を上げる

この本の目標は、読者がGitを素早く使って効果を上げられるようにすることだ。英語では"being effective"というが、それはつまりバージョン管理のタスク（たとえば「タグが欲しい」という要求）を、Gitのコマンド（`git tag`）にすばやく翻訳できることだ。Gitでこれが容易なのは、コマンド名の動詞つまり`tag`（タグを付けろ）, `branch`（分岐せよ）, `commit`（書きとめろ）などが、それぞれバージョン管理のタスクに対応（map）しているからだ。

効果を上げられるというのは、Gitコマンドを（適切ならば）Git GUIの同等な操作に対応させる能力が身についている、という意味でもある。たしかにGitは、おもにコマンドラインを介してアクセスするツールだが、Gitの重要な側面のいくつかはGUIで操作するほうが簡単なのだ。あなたは、それも学習することになる。

あなたがGitのローカルコピーをインストールしてある、ということを前提として、この本はGitを「サンドボックス環境」(sandbox environment：ここでは、悪影響が他に及ばないよう保護された環境を意味する）で安全に運用する方法を示す。Gitコマンドを実際に使うことによって、このシステムとの親しみと自信が増すはずだ。

この章には「ラボ」がないが、とにかくGitをインストールすることが必須であり、それにはたいして時間がかからないはずだ。また明日、続けよう。そのときGitの概要を示し、急ぎ足のツアーを案内する。

Chapter 2

Gitとバージョン管理の概要

この章の内容

ランチタイムに、ようこそ。今日はバージョン管理の「高いレベルの諸概念」を紹介してから、Gitの高速ツアーに案内しよう。読者にとって、お馴染みの概念もあるかもしれない。そういった項目は読み飛ばして構わないが、Gitの特徴とツアーだけはじっくり読んでほしい。バージョン管理なんて全然やったことがないという人は、この章を読むと本書を読み進めるのに必要な知識が得られる。初めてGitに接する人は、高速ツアーでGitの特徴を手っ取り早く知ることができる。

2.1 バージョン管理の諸概念

「バージョン管理」(version control：版の管理)は、コンピュータプログラマにとって必要不可欠な業務だ。あなたが(1個または1群の)ファイルに対して行った変更の履歴を、追跡管理するのがバージョン管理である。もっと規模の大きい、会社などの組織にとっても、バージョン管理は必要不可欠な業務だ。つまりソフトウェアの様々な版を追跡管理するのがバージョン管理である。

プログラマにとって、ソフトウェア開発は簡単な仕事ではない。顧客が受け入れるソリューション(解決策)に達するまでには、たぶん複数の版を試みなければならないだろう。だから個々の版に番号を付けて、他の版と区別する。試行錯誤で生じた様々なバージョンを追跡管理するのが、秩序を保つ良い規律だ。そのための作業をバージョン管理が援助してくれる。また、現在のバージョンが失敗だとわかったときのために、うまく動作していた版のコピーをあらかじめ保存しておいてくれる。

会社などの組織では、出荷済みのソフトウェアをメンテナンス(保守)する必要が生じるだろう。バージョンが判明していればメンテナンスが容易になる。また、バグ(bug：不具合)が見つかったときには、適切な修正を行うために、「どのバージョンにそのバグが入っているのか」を知る必要がある。

2.1.1 ソフトウェア開発者のバージョン管理

もしあなたがソフトウェア開発者ならば(多分そうだと思うけれど)図2.1はお馴染みのものだろう。

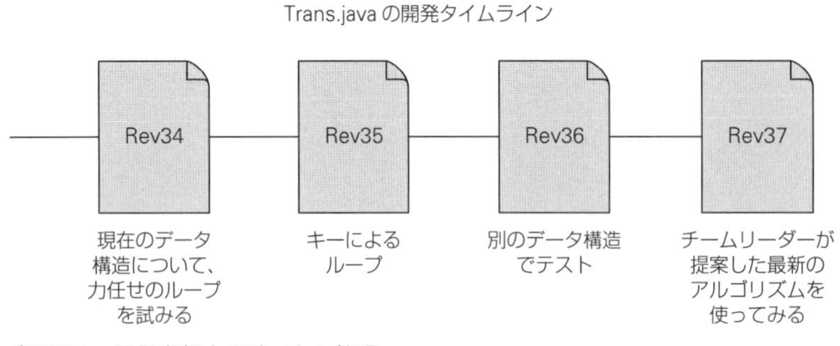

❖図2.1　開発者個人のバージョン管理

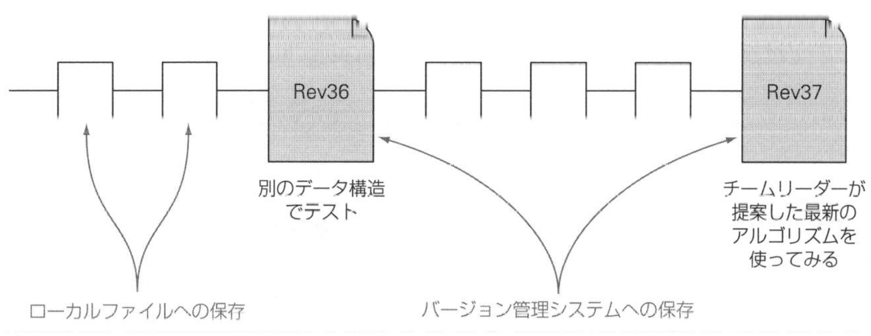

❖図2.2　ディスクへの保存は、バージョン管理システムへの保存よりも、頻繁に行われる

図2.1は、Trans.javaというJavaソースコードファイルのタイムラインだ[*1]。箱にはそれぞれ、版の番号（Rev.）が書かれている。図の左には（見えないけれど）このファイルの以前の版（を示す箱）が33個ある。それぞれの箱は、この特定のファイルに関して、あなたが開発の過程で論理的な区切りを付けてきた個々の段階を表現している。そのように考えてみよう。つまり箱の番号は「このファイルの特定のバージョン」を表現している。開発者であるあなたは、この番号によって細かいバージョンの違いを追跡管理しているのだ。複数のバージョンが時の経過にしたがって刻印され、変更が連なって1個のタイムライン（あるいは履歴）が形成されている。このタイムラインに属する特定のバージョンを再利用したいときがあるかもしれない。バージョン管理は、その役に立つ。

作業の途中でファイルを保存することは頻繁にあるかもしれない。だがバージョンというのは、変史のアイデアを完全に表現するものだ。アイデアが完結したとき、そのファイルはただディスクに保存するだけではなく、図2.2に示すようにバージョン管理システムにも保存する。

訳注＊1：タイムラインは概念なので、表現の方法は任意である（図でも表でもリストでも良い）。一般に、あるプロジェクトに関する一群のイベント（事象）を時系列でソートしたものがタイムラインである。

2.1.2　組織におけるバージョン管理

会社などで行うバージョン管理は、むしろ図2.3に示すものに近いだろう。

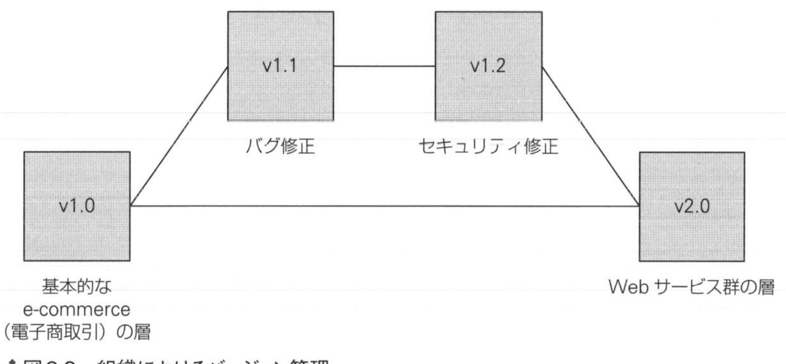

❖図2.3　組織におけるバージョン管理

個人の場合は、開発の詳細な段階が管理の対象だが、組織の場合はもっと大きな全体像が管理の対象になる。ソフトウェアをリリース（release:公開／発売）する組織では、ソフトウェアの各バージョンが多数のファイルで構成されるのが普通だ。そこでバージョン管理は次のような質問に答えられなければならない。「version 1.0を構成しているファイル群は？」、「version 1.1で行われたバグ修正（bug fix）を構成しているファイル群は？」、「セキュリティ修正を含むのはどのバージョンか？」

図2.1で追跡管理したのは、1個のファイルだった。同様に図2.3で追跡管理するのは、ソフトウェアシステム全体である。ただし後者では、ソフトウェアシステムを構成するファイルの数がより多く、それらが複数の開発者から届くのが典型的だ。

個人で行う開発と組織で行う開発は、このようにスコープ（管理が及ぶ範囲）が異なるが、バージョン管理システムの役割は共通している。それぞれの関係者が、ある特定の既存バージョンに行き着くことができ、そのバージョンに含まれているファイル群を参照できなければならない。

2.1.3 リポジトリとは何か

「リポジトリ」（repository：倉庫）は、あなたのファイルを保存する「ストレージ領域」（a storage area）だ。バージョン管理のリポジトリは、使い易くするために1個のディレクトリ（フォルダ）で実装されるのが典型的である。あなたが手掛けているプロジェクトが何であっても、それを構成する全部のファイルを1個のリポジトリに入れる。プロジェクトの構成によっては、リポジトリのなかにサブディレクトリ（サブフォルダ）があるかもしれない。

あなたのディレクトリに、もし次に示すリストのようなものがあったら、あなたはバージョン管理を手作業で実践している。

▶リスト2.1　手作業のバージョン管理（コマンドライン表示に注釈を加えたもの）

```
C:¥buildtools>dir                    ←カレントディレクトリに含まれるファイルのリストを得る
 Volume in drive C is GNU             コマンド（Windows）
 Volume Serial Number is 5101-E64D

 Directory of C:¥buildtools

03/15/2014  08:22 PM    <DIR>          .
03/15/2014  08:22 PM    <DIR>          ..
03/01/2014  08:22 AM            11,843 filefixup-01.bat
03/03/2014  08:52 AM            11,943 filefixup-02.bat
03/08/2014  11:22 AM            12,050 filefixup-03.bat
03/10/2014  02:22 PM            12,352 filefixup-04.bat
03/15/2014  03:21 PM            11,878 filefixup.bat
               5 File(s)         60,066 bytes
               2 Dir(s)  467,705,196,544 bytes free
```

ファイルに何か変更を加えるたびに、あなた自身がファイル名に連続番号を与えているようだ。

この手作業（マニュアル）システムで、最初は問題ないと思われるかもしれない。だが、1～3ヶ月も経過したらどうだろう。あなたは、filefixup-03.batとfilefixup-04.batの間で何を変更したのか、まだ覚えているだろうか？それは重要な変更だっただろうか？

複数のファイルをすべて同じディレクトリのなかに入れて作業するなら、別の手作業システムとしてディレクトリ全体のコピーを作る形式も考えられる。次に、私が自分のサーバで行った一連のターミナル作業（セッション）を示す。リストには慣れていない読者のための注釈を付けてある。

▶リスト2.2　手作業で行うバージョン管理（注釈付きのコマンドラインセッション）

```
% pwd                                      ←カレントディレクトリの名前を取得
/home/rumali/RickUmaliVanityWebsite
% ls                                       ←このディレクトリの中にあるファイルのリストを取得
README.txt          make_new_index.pl         process_sports_feed.pl
bio.tmpl            make_ramblings_tmpl.sh    process_tech_feed.pl
blog_start.tmpl     make_rick_index.sh        processfeed.pl
contact.tmpl        make_sports_tmpl.sh       rick-yui.tmpl
footer.tmpl         make_tech_tmpl.sh         sports_start.tmpl
getfeed.pl          pictures_start.tmpl       tech_start.tmpl
make_flickr_tmpl.sh process_flickr_feed.pl
% cd ..                                    ←親ディレクトリに移動
% ls                                       ←このディレクトリの中にあるファイルのリストを取得
RickUmaliVanityWebsite           RickUmaliVanityWebsite.v01
RickUmaliVanityWebsite.v02       RickUmaliVanityWebsite.v03
RickUmaliVanityWebsite.v04       RickUmaliVanityWebsite.v05
% cp -r RickUmaliVanityWebsite RickUmaliVanityWebsite.v06  ←
                                   Webサイトを複製するコピー処理を再帰的に（recursively）
                                   行うため、cpコマンドで-rスイッチを指定する。コピー先
                                   の番号をインクリメントして（05から06へと数値を増や
                                   して）新しい名前を与えている
```

私が自分のサーバで最初に実行したのは、「うぬぼれWebサイト」（Vanity Website）を含むディレクトリのリストを調べる処理だ（pwdとls）。それから、ひとつ上の「親ディレクトリ」（parent directory）に移動し（cd ..）、さきほどのディレクトリ（RickUmaliVanityWebsite）のコピーを作った。これもまた、リポジトリと呼べるものに対して手作業で行うバージョン管理の手順だ。

2.1.4　コミットとは何か

名詞の「コミット」（commit）は、保存された変更を意味する。

リスト2.1では、ファイル名のあとに番号を加えることで、ファイルの新しいバージョンを作っていた。たとえば、filefixup-03.batというファイルは、そのWindowsバッチファイルの3番目のバージョンを表す。

図2.1では、Trans.javaに対して新たな変更を加えるたびに、新しいバージョンを作っていた。ところで、新しいバージョンはいつ作ればいいのだろう。なんでも保存する価値のある変更を行ったら、必ずバージョンを改めるべきだ。バージョン管理で「コミットする」(to commit)という動詞は、あなたが自分のファイル(1個でも複数でも)に対して行った変更を、元のリポジトリに保存する(書き戻す)ことだ。

リスト2.2ではWebサイトにもう5個のバージョンが存在しているところに、6番目のバージョンを作った。そういう古いバージョンは、いったい何だったのだろうか。おそらくVersion 1は、最初の一群のHTMLページだ。それからVersion 2は、たぶんCSSファイルを導入したときので、えーと、Version 3というのは、あれは画像を追加したんだったか。まあ、こんな方法では、そのうち破綻するだろう。際限なくバージョンができてしまうに決まっている。

バージョンとは「保存する価値のある変更」を保存したものだ。そういう変更の追跡管理が重要なのは、それによって以前の段階に戻れるからだ。ユーティリティとしてバッチ処理のスクリプトを使ったリポジトリのことを思いだそう(その部分をここに示す)。

▶リスト2.3　手作業リポジトリにあった、バッチスクリプトのリスト

```
03/01/2014  08:22 AM          11,843 filefixup-01.bat
03/03/2014  08:52 AM          11,943 filefixup-02.bat
03/08/2014  11:22 AM          12,050 filefixup-03.bat
03/10/2014  02:22 PM          12,352 filefixup-04.bat
```

ここにあるのは、Windowsバッチファイルの複数のバージョン(保存された複数のコピー)である。そのうちfilefixup-03.batを、同僚の誰かとシェア(share:共有)することになった、と考えてみよう。もし何かの理由で渡したバッチファイルが正しく動かなかったら、ひとつ前のバージョンfilefix-02.batを提供することができるだろう。これはバージョン管理の重要な能力のひとつだ。バージョンを管理すること、個々のバージョンが何であるかを把握していることは、プロのソフトウェア開発者を目指すうえで欠かせない初歩的なステップだ。

2.1.5　ブランチとは何か

「ブランチ」(branch:枝)は、開発における経路(あるいは路線)のひとつを意味する。

たとえば、あなたが顧客のためにWebサイトを作っているとしよう。それにはHTMLファイルとCSSファイルがそれぞれ1個ずつある。この2つのファイルの開発作業を、デフォルトのリポジトリ内で行っているとしよう。デフォルトリポジトリは、便宜のために「デフォルトのブランチ」に割り当てられる。これは、しばしば「メイン」(mainline:主流・本線)あ

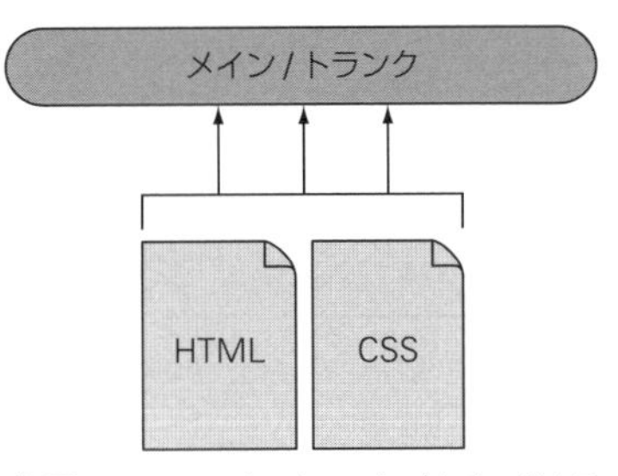

❖図2.4　ファイルを、メイン(あるいはトランク)に保存する

るいは「トランク」(trunk：幹）と呼ばれるブランチだ。このリポジトリに、あなたが行った変更をコミットするとき、その変更はデフォルトのブランチに向かう。その様子を図2.4に示す。

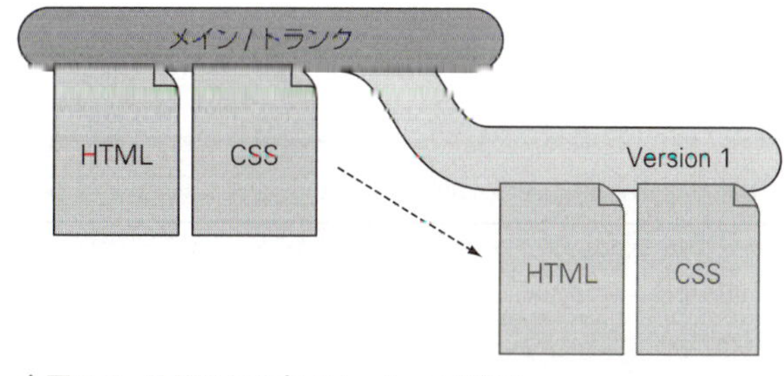

❖図2.5　リポジトリの中でVersion 1を作る

この図で、矢印はブランチへのコミットを表現している。HTMLとCSSのファイルが3回コミットされている。これで、あなたの顧客はようやくこれらの見え方（look）に満足してくれた。そして「じゃあ、うちのWebサーバにインストールしてください」と頼まれた。ここで、賢明なあなたはバージョン管理を使ってリポジトリのコピーを作り、それをVersion 1と呼ぶ。これこそ新しいブランチの作成だ。図2.5では、メインブランチに置いてあったファイルの一群が、Version 1ブランチへとコピーされている。

これら2つのファイルをWebサーバにインストールしたら、あなたは元の仕事に戻る。その仕事は、デフォルトブランチで行う。次にあなたは、もっと動的なWebサイトが欲しくなって、PHPファイルをひとつ、あなたのWebサイトに追加したとしよう。そのために、HTMLとCSSのファイルにも更新が必要になった。このときあなたは、これら3つの変更をリポジトリにコミットする。そのコミットは、Version 1よりも後で行われた新しい仕事である（図2.6を参照)。

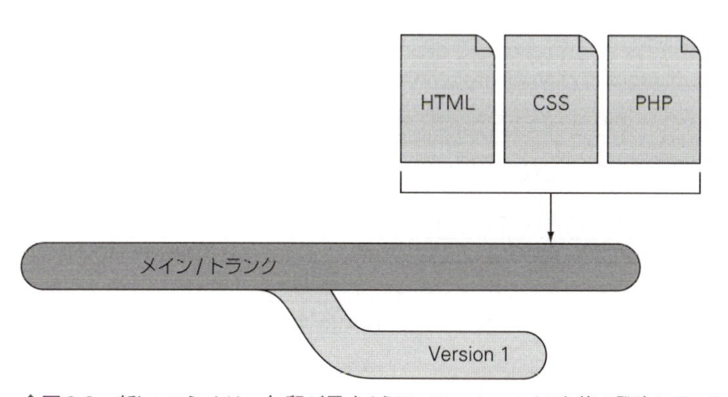

❖図2.6　新しいコミットは、矢印が示すように、Version 1よりも後で発生している。トランク（幹）が成長している。

とつぜん顧客から電話がかかってきた。Webサーバに置いた既存のファイルに対する変更の依頼だ。もしあなたの肝っ玉が太ければ、いきなりサーバを（つまり直接）変更しようとするかもしれない。「面倒だ、やっちゃえ」という誘惑は、案外よくあるものだ！ この場合、変更をメインブランチ上で行い、その結果をメインブランチからWebサイトへとコピーすることもできそうだ。だが、そうするとあのPHPまでインストールする結果になってしまう。PHPファイルがもし未完成だったらいったいどうなることか！ 要するに、修正をメインブランチで行ってからサーバにコピーすることは、あなたがHTMLとCSSに加えた変更のおかげで不可能になっている可能性が高い。こういう状況が発生するのは、たいがい次にコミットするまでの期間に変更を貯め込みすぎたからである。

そこで、まずはVersion 1ブランチに戻り、そのブランチに対して変更を加える手段が必要になる。つまり、あなたのリポジトリの「以前のバージョン」にまるごと戻る能力が必要なのだ。もしその能力があれば、Version 1に変更を加え、そうして変更したものをWebサーバにアップロードしてからまたメインブランチの仕事を続けることが可能になる。

図2.7は、このリポジトリに対して行われた全部のコミットを示している。Version 1ブランチに対して、さらに変更が加わっていることに注意しよう。なお、コミットとブランチを視覚的に表現する方法として、次のリストで示すようにASCII文字を使ってタイムラインを描くことも可能だ*2。

訳注＊2：ちなみに、ASCIIコードで"/"とは逆の、\（ただし半角）の斜線をひくには、JISコードで円マークにあたるASCIIコード（"¥":0x5C）が使われる。

▶リスト2.4　ブランチをASCIIで視覚化する

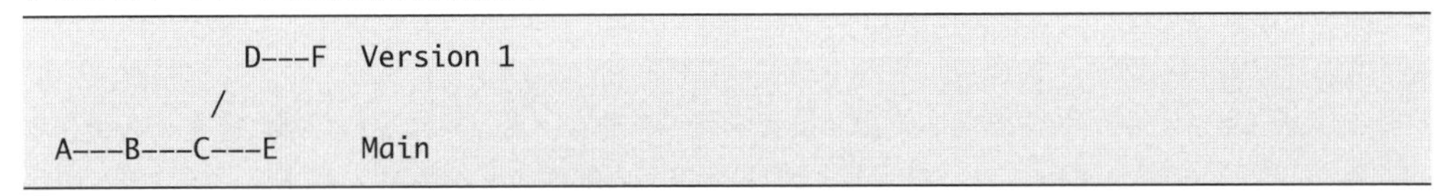

```
          D---F  Version 1
         /
A---B---C---E    Main
```

このASCII路線図を見れば、開発の経路がMainとVersion 1に分かれていることがはっきりするだろう。

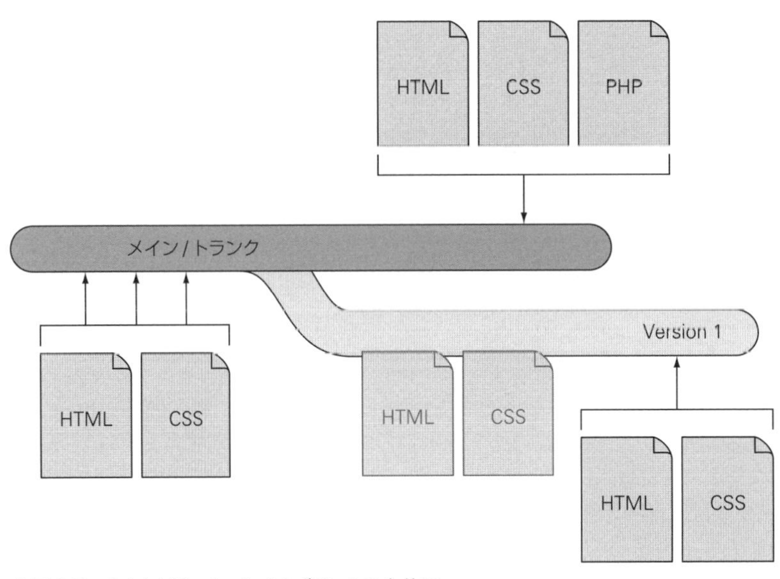

❖図2.7　あなたが作ったコミットとブランチの全体図

リリースしたコードは、定期的な保守作業（regular maintenance）の一部として更新する場合も多い。図2.8を例としてそれを考えてみよう。

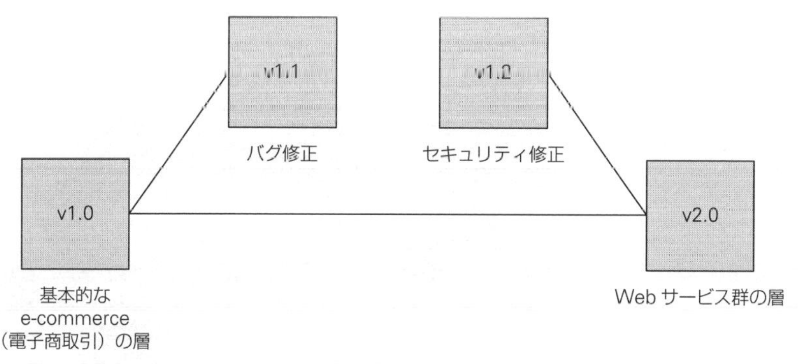

❖図2.8　組織におけるバージョン管理の全体像

これまで、v1.0のコードに対してバグ修正を1つ（v1.1）とセキュリティ修正を1つ（v1.2）加えている。一部のバージョンは、まだ未公開の状態かもしれない！

2.2 Gitの主な特徴

Gitの話をしよう。「つらい単調な仕事」だったバージョン管理が楽になるというソフトウェアの話だ。2.1節ではバージョン管理の主な概念を説明した。どのバージョン管理システムも、いまでは3つの概念を実装している。「バージョニング」（versioning：改版）、（コミットメッセージ経由の）「オーディティング」（auditing：監査）、そして「ブランチング」（branching：分岐）だ。

これから、Gitの特徴を3つ紹介する。Gitとその他のバージョン管理システムとの主な違いは、分散されたリポジトリ（distributed repositories）、素早いブランチ（fast branching）、ステージングエリア（staging area）の3つである。Gitを作ったライナス・トーバルズ（Linus Torvalds）は、彼のプロジェクトであるLinuxカーネルで使うために、これらを重視して開発したのだ。

2.2.1 分散されたリポジトリ

分散されたリポジトリ（distributed repositories）については第1章でも簡単に触れたが、ここで、もっと深いところまで説明しよう。あなたのファイルは、あなたがコミットするたびにリポジトリに保存される。前に述べたように、リポジトリは「ある特定のプロジェクトのための全部のファイルを含むフォルダ」のようなものだ。そのリポジトリ（ないしフォルダ）は、どこに存在すると思われるだろうか。どこか中心的な場所があって（たぶんサーバにあって）、「倉庫」（repository）という名札（ラベル）が書かれている。そんなイメージだろうか。そう思ったとしてもべつに不思議はない。一般的なバージョン管理システムの多くは、リポジトリを格納する中心的なサーバを持っていて、あなたが行うコミットはあなたが変更したファイルをそのサーバに送るのだ。そのファイルについて作業したければ、まずそれをリポジトリから持ち出す（チェックアウトする）。これは、そのファイルをあなたがいま操作しているということをリポジトリに知らせる操作だ。

その反対に、Gitでは中心的なサーバをどこにもインストールする必要がない。Gitでは、どの開発者にもリポジトリのコピーが与えられる（図2.9を参照）。そして、バージョン管理のすべての操作はローカルに（局所的に）行われる。

Gitの自慢話のひとつは、「たとえあなたが飛行機に乗っていても、リポジトリに変更をコミットできるんですよ」というやつだ。このフレーズは私にもピンと来なかったのだが、ある夜、ボストンからミネアポリスまで飛んだとき、ようやくわかった。その飛行機のなかで、私は自分のバージョン管理システムと接続できないことに気がつき、機内で行った仕事のコミットを着陸後まで待たなければならなかった。

❖図2.9　分散型のバージョン管理システムは自由で開放的だ。どの開発者もリポジトリ全体のコピーを持っているのだから。

あれは確か2006年から2008年の間に起きたことだ。いまなら機内でWi-Fiを使えるかもしれないが、コスト(費用)は、どうだろうか？ パフォーマンス(性能)も気になるところだ。Gitを使えば、ネットワークのコストやパフォーマンスを気にする必要がない。リポジトリ全体があなたの持ち物なのだから、なんでもローカルに処理できる。

分散型だから、ソースコードは広範囲に共有（シェア）できる。アクセス権（permission）を設定する面倒もない。Gitなら、あなたが興味を持ったリポジトリをコピーし、即座にコミットを（あなたが持っているコピーに対して）実行できる。

分散型でも、取り決め（convention：約束・規約）やワークフロー（workflow：段取り）が必要だが、それらはあなたと協力者の間で定義することだ（取り決めとワークフローは、複数の人々が同じファイルに対して行った作業の結果を他の人と共有するときに生じるような問題を排除するのに役立つ）。すべての大規模プロジェクトには、組織化と取り決めが必要である。Gitを使うプロジェクトも例外ではないが、Gitは集中させずに分散する方式なので、それぞれの開発者がローカルコピーを完全に制御できる。

リポジトリのバックアップもGitを使えばタダで手に入る。あるプロジェクトの作業をしている人たち全員が同じリポジトリを持っているのだから、リポジトリ全体が消えてなくなるという心配は無用だ。つまりバックアップは（あなたが最後に行った変更を他のメンバーと共有したときまでの分は）だれか他の人のリポジトリをコピーすることで取得できる。共通の場所にリポジトリを保存することはいまでも可能だが、ある人のリポジトリがほかの誰かのリポジトリより重要だということはない。

2.2.2 素早いブランチ

2.1.5項で見たように、分岐（branching：ブランチング）というのは、リポジトリのコピーを作って、そのコピーで作業できるようにすることだ。その項でVersion 1という名前のブランチを作ったのは、あるWebサーバのためにWebサイト用のコードをリリースしたからだった。その後、そのブランチを使ってそのWebサイトを修正したが、そのとき進行中だった仕事はその修正とは隔離された状態で続けることができた。

大きなソフトウェア会社では、ブランチの管理にまるごと1個の部門が（しばしばリリースエンジニアリングという名前で）かかりきりになる。それが普通だと考えるのは、ソフトウェアをリリースしたら、ほとんど必ずといっていいほど「そのコードで仕事を続けたい開発者たち」の手からリリースされたコードを切り離すからだ。そのためにブランチを作る能力が、しばしば少数の限られた人員にだけ与えられていた。

図2.10は、ある製品の2つの版をリリースしたあるソフトウェア会社のリポジトリ内にあるコードを示している。

この会社が開発するコードは、すべてメイン（あるいはトランク）のリポジトリに保存される。

このソフトウェアのバージョンのひとつをリリースする準備ができたら、その時点でリポジトリのコピーを作成し、名前をつける（たとえば、Version 1と名付ける）。こうして「コードベースのスナップショット」を作るのは、将来このバージョンを（たとえばVersion 1.1として）更新する必要が生じるときのための用意である。

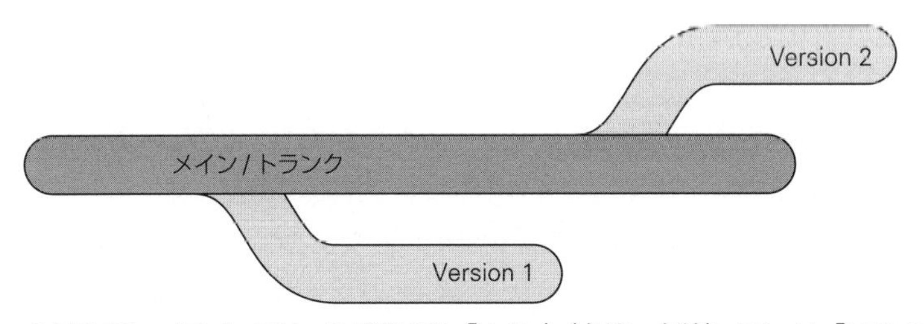

❖図2.10　ソフトウェアは、リポジトリの「メイン」（主流・本線）あるいは「トランク」（幹）の部分に含まれるコードで開発される。バージョンをリリースする準備ができたら、ブランチ（枝）を作る。このブランチは、そのバージョンを表現するコードを全部コピーしたもの（スナップショット）である。

以前のバージョン管理システムでは、ソフトウェアをリリースするためにブランチを作るのが神経を使うややこしい複雑な作業だった。ブランチを作るときは、普通、一群のファイルを別の場所にコピーすることになる。準備ができたら現在のブランチを「チェックアウト」する*3。このとき開発部門はコードの2つのコピーを持つことになる。ひとつは開発用のローカルなメインのコードであり、もうひとつはその特定のバージョンのコードだ。やっかいな話だと思うかもしれない。その通りだ。

訳注＊3：バージョン管理では、「倉庫」からブランチを「取り出す」のがチェックアウトである（開発者がホテルから出るのではないし、勘定を清算するのでもない）。「リポジトリに記録されている内容をワークツリーに展開・反映する行為」がチェックアウトである（濱野純著『入門Git』から）。ワークツリーは、リポジトリのチェックアウトによって、ファイルシステム上にディレクトリとして展開される。

ところがGitを使えば、ブランチを作るのはディレクトリを変更するのと同じくらい簡単で、同じくらい素早くできる。ほとんどのOSで、コマンドラインで別のディレクトリに移動するには、**cd some_directory**などとタイプする。Gitであるブランチに切り替えるには、**git checkout some_branch**などとタイプする。このときファイル群がコピーされるわけでもないし、特別なコピーを作るためにリモートサーバとの相互作用が発生するわけでもない（内部でGitが行うのは、開発の新しい経路あるいは路線を示す特定のコミットへと1個のポインタを更新する処理である）。

新しいブランチを作り、そこで開発を始めることが実に素早くできる。そのスピードによって、開発作業に新しいモデルが導入された。もしあなたが自分のコードで新しいアイデアを試してみたくなったら、自分でブランチを作るのだ。あなたはローカルリポジトリ内で作業しているのだから、その新しいコードの流れ（code stream）がほかの開発者の仕事の邪魔にはならない。あなたの作業は安全であり、隔離されている。実際、「フィーチャーブランチ」（feature branch）と呼ばれるそのようなブランチで働くのは腕利きGitユーザーの証なのだ！

2.2.3　ステージングエリア

Gitの「ステージングエリア」（staging area：中間準備領域）は、アーキテクチャの革新である。Gitを使う開発者は、この機能があるので、自分が行った変更のうちコミットしたい部分だけを任意に選択できる。ファイルの作業用コピー（working copy）で開発の仕事をしているうちに、複数の変更を行うこともあるだろう。そういう変更の大半は、最終的にリポジトリにコミットされるはずだが、リポジトリに入れたくないものがあるかもしれない。たとえばデバッグ用ステートメントやパスワードのような機密情報など、開発者にしか見えないようにしておきたい項目だ。それらをきれいに消すにはステージングエリアを使うしかない。

図2.11で私は、自分のユーザー名とパスワードをfile.cというファイルの中にハードコーディングしている[*4]。これは明らかにリポジトリにコミットすべきものではない。file.cを綺麗に掃除したバージョン[*5]をコミットすることも可能だろう。だが、私がfile.cにほかにも変更を加えていて、それらはコミットすべきものだとしたらどうだろうか。Gitのステージングエリアを使うと、file.cのうち、自分が提出したい部分だけを選んでコミットできるのだ。

訳注＊4：hardcodeとは、間接的な定義を使わずに数値や文字列を直接コーディングすること。

訳注＊5：sanitized version：要するに公開したくない情報を削除したバージョン。

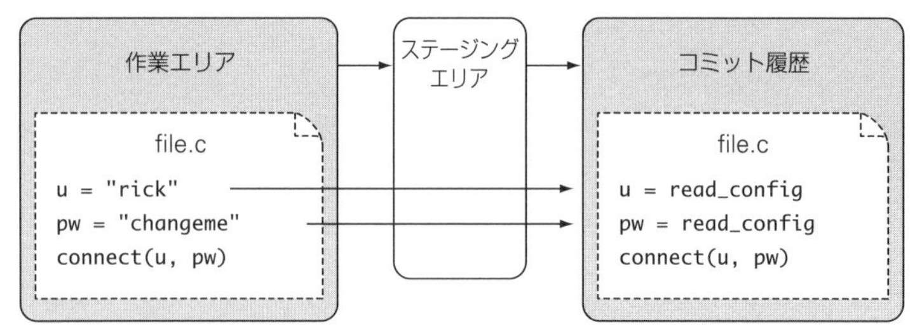

❖図2.11　ステージングエリア

2.3 Git高速ツアー

これまでに説明した項目は、どれも（そして、それ以外のことも）今後の章で、じっくり時間をかけて詳細に説明する。けれども、とりあえずコンピュータで、何かやっておくべきだ。Gitの高速ぶっとびツアーに読者を招待しよう！

もうあなたは、Gitをインストールしてあるはずだ。まだなら、いますぐインストールしてほしい。Gitのようなツールを正しく理解するには、その様々なコマンドを実際に打ち込んでみる必要がある。「Gitのやりかた」に慣れるにはそれが唯一の方法なのだ。最初はコマンド群が奇妙なものに思われるかもしれない（とくに、ほかのバージョン管理システムを使ったことがある読者には）。けれども、Gitのコマンドに指が慣れてしまったら、ずっと居心地が良くなるだろう。

Gitを最初に探索するには、手がかりとして既存のリポジトリを取得するのが最良の策だ。この高速ツアーでは、その作業をGUIとコマンドラインの両方でやってみよう。本書ではGitの使い方を、可能な限りGUIとコマンドラインの両方で案内する。

2.3.1 GUIでリポジトリを見る

Gitのリポジトリが分散されることはもう理解されているだろう。リポジトリをあなたのコンピュータに持ち込みたければ、その「クローン」(clone：複製）を作る必要がある。「クローニング」(cloning：複製作り）は、リモート（遠隔の場所）にあるリポジトリをあなたのマシンのローカルディレクトリにコピーする処理だ。

リポジトリのクローニングは、ソースコード（その他、バージョニングされたファイルの集合）に対してGitで共同作業を行う最初のステップだ。誰かが作った既存のリポジトリに入っている仕事にあなたが変更を貢献するには、まず、そのリポジトリの複製が必要だ。リポジトリを複製する方法を学べば、Gitを使っている他の人々との共同作業を始められる。

リポジトリの複製を作るのに、まず必要なのは、既存リポジトリのURLだ。ブラウザで、`https://github.com/rickumali/RickUmaliVanityWebsite`を訪問していただきたい。このページの右側の欄を上から順に見ていくと（図2.12)、HTTPS clone URLとラベルのついたテキストボックスがある。このURLをブラウザでコピーしよう[*6]。

訳注＊6：テキストボックスの右側に、"Copy to clipboard"のボタンがあれば、それをクリックすればクリップボードにHTTPS clone URLがコピーされる。

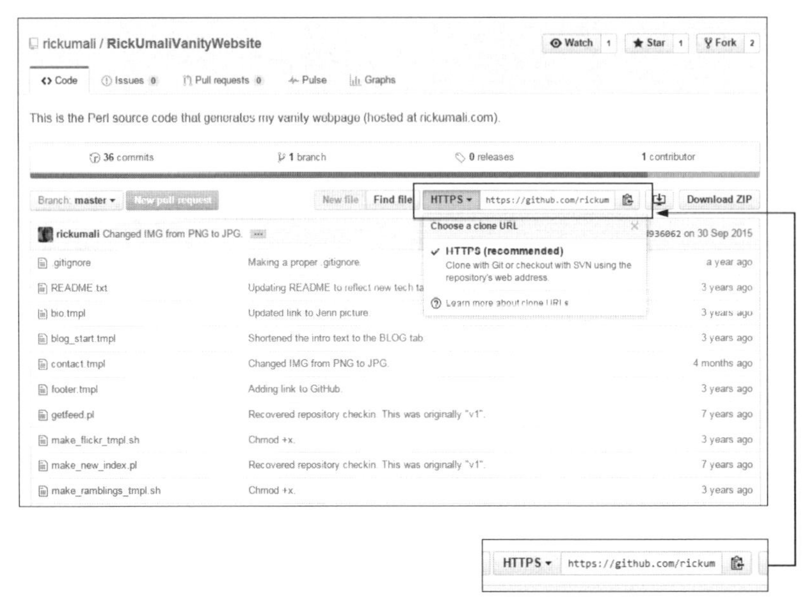

図2.12　Gitの「clone URL」

URLを手に入れたら、次はGit GUIツールを開いて（図2.13）、Clone Existing Repository（既存リポジトリを複製する）を選択する*7。

訳注＊7：最初のGitリポジトリを作る前は、図2.13のうち表示されない行があるだろう。なお、Git GUIが日本語化されている場合、メニュー項目は「リポジトリ」と「ヘルプ」であり、この画面の項目は「新しいリポジトリを作る」、「既存リポジトリを複製する」、「既存リポジトリを開く」になる。ボタンは「終了」。これらの表記は、訳者が2015年の10月にUbuntu 15.04で確認した（git-gui-version 0.19.0.2...）。

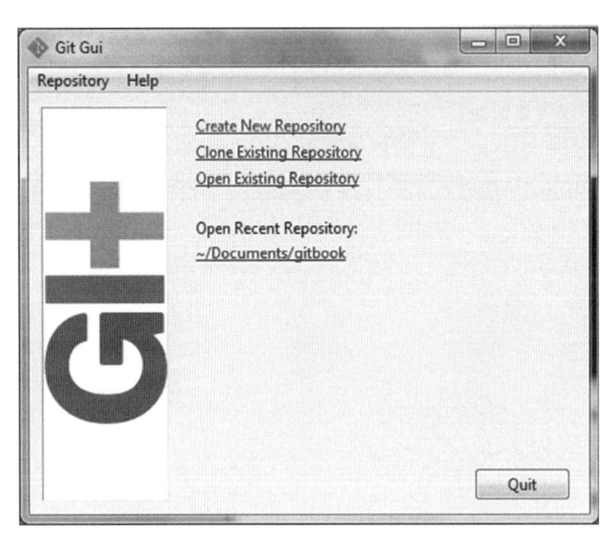

図2.13　Git GUIの初期画面

あなたが選んだGit用GUIの種類によっては、複製（cloning）機能をアクセスする方法が少し異なるかもしれない。

Windowsの場合

Git GUIは、普通は「スタート」（Start）メニューから起動できる。また、標準の「エクスプローラ」（Windows Explorer）を使って作業用ディレクトリを出し、そこを右クリックして開いた「コンテキストメニュー」からGit GUI Hereを選んでもよい[*8]。場合によっては、コマンドラインを開いて`git gui`とタイプする必要があるかもしれない。

訳注＊8：作業用ディレクトリへのショートカットをデスクトップに置き、それを右クリックしてメニューを開くことも可能だ。

Macの場合

インストールしたGitによっては、Git GUIを起動するのが難しい場合がある。Terminal（ターミナル）で`git gui`とタイプする必要があるかもしれない[*9]。Git GUIの起動方法についてのその他のヒントについては、本書のフォーラムを訪れていただきたい。

次に、図2.13の画面でClone Existing Repository（既存リポジトリを複製する）をクリックしよう。図2.14の画面が出たら、複製元のSource Location（ソースの位置）を指定するテキストボックスに、さきほどコピーしたURLを入れる[*10]。このURLは、Git URLと呼ばれるものだ。「複製先ディレクトリ」を意味するTarget Directoryのテキストボックスには、**まだ存在しないディレクトリ**を指定しなければならない（それをGitが作成してくれるのだ）。

訳注＊9：もし、このコマンドが認識されずエラーになったら、1.4節の解説を読み直そう。PATHが正しく設定されていることが重要だ！

訳注＊10：クリップボードからペーストできなければ、`https://github.com/rickumali/RickUmaliVanityWebsite`とタイプする。

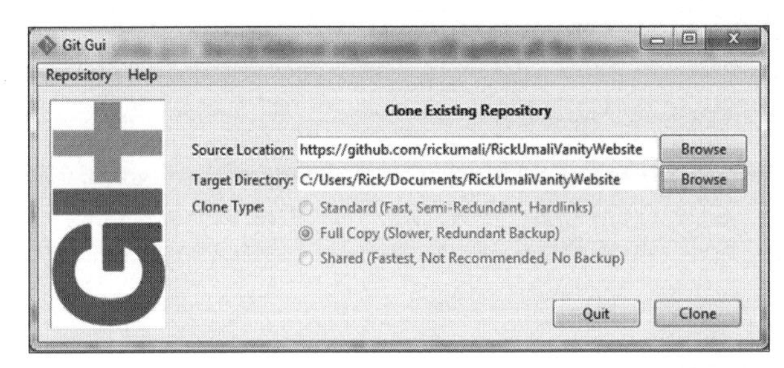

❖図2.14　Git GUIの"Clone Existing Repository"（既存リポジトリを複製する）画面

Clone（複製）ボタンをクリックすると、あとはGit GUIが自動的にリポジトリ全体をTarget Directoryで指定した、あなたのマシンのディレクトリにダウンロードしてくれる。このリポジトリはたいして大きなものではないから、ダウンロードに長時間かかることはないはずだ。これが終了したら、リポジトリで作業を行うためのデフォルトウィンドウが現れる。何がコピーされたのかを確認しよう。それには図2.15で示すように、Repository（リポジトリ）メニューのBrowse master's Files（ブランチmasterのファイルを見る）を選択する。

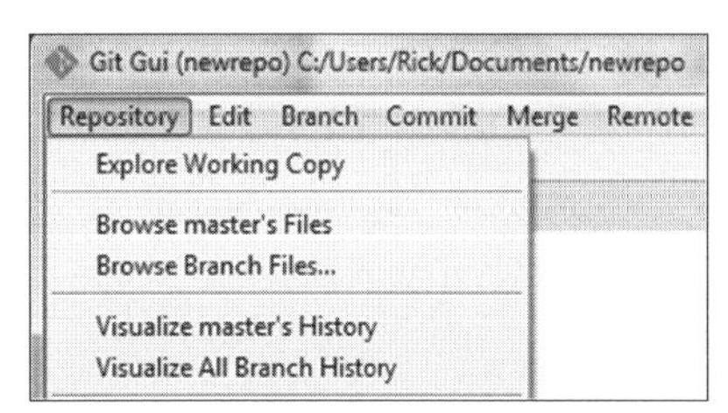

❖図2.15　Repository（リポジトリ）メニュー

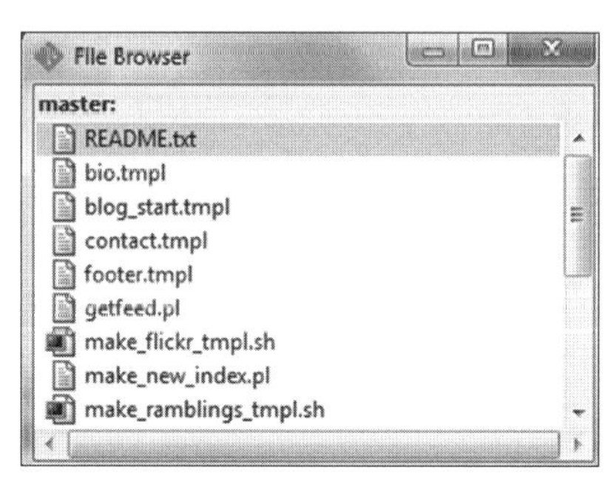

❖図2.16　リポジトリのすべてのファイルを見る

これによって、図2.16に示すウィンドウが出てくる。File Browser（ファイル・ブラウザ）というタイトルを持つ小さいウィンドウだが、リポジトリにある全部のファイルがここに示される。

どれかひとつファイルをダブルクリックすると、そのファイルの変更履歴（history）を示す特別なウィンドウが現れる。たとえばREADME.txtというファイルをダブルクリックすれば、図2.17に示すようなウィンドウが出てくる。このウィンドウは（ファイルビューワというタイトルだが）ただファイルを表示するだけでなく、そのファイルの各行について、いつ、どういう理由でその行がファイルに入ったかを示すものだ。行の上にカーソルを置けば、詳細を示すツールチップが出る。このビューはGitの「ブレーム出力」と呼ばれている*11。

訳注＊11：blameは、責任を負わせる、などの意味で使われる他動詞。

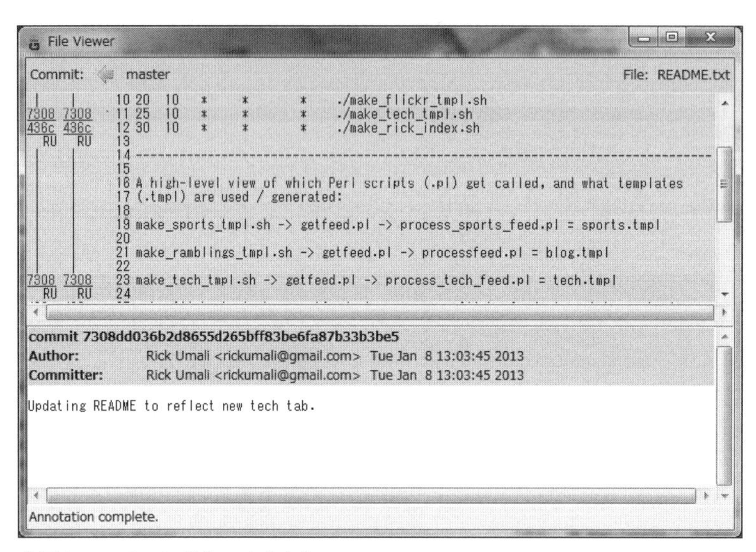

❖図2.17　Gitの「ブレーム出力」

このリポジトリは、いまあなたのマシンの中にディレクトリとして存在する。それは、あなたが図2.14のダイアログで、複製のTarget Directory（先ディレクトリ）として指定したものだ。その内容は、Macの「ファインダー」でもWindowsの「エクスプローラ」でも、あなたの好きなファイルブラウザを使って見ることができる。これらは普通のファイルのように見えるし、そうしたければ更新することもできる。

リポジトリを閲覧するには、図2.15に示した画面でRepository（リポジトリ）メニューからVisualize master's History（ブランチmasterの履歴を見る）を選択する方法もある。すると、図2.18のようなウィンドウが現れ、このリポジトリの履歴（history）が表示される。厳密に言えば、これはコミットの履歴であり、あらゆるバージョン管理システムが提供しなければならない「オーディティング」(auditing：監査）機能を提供する。

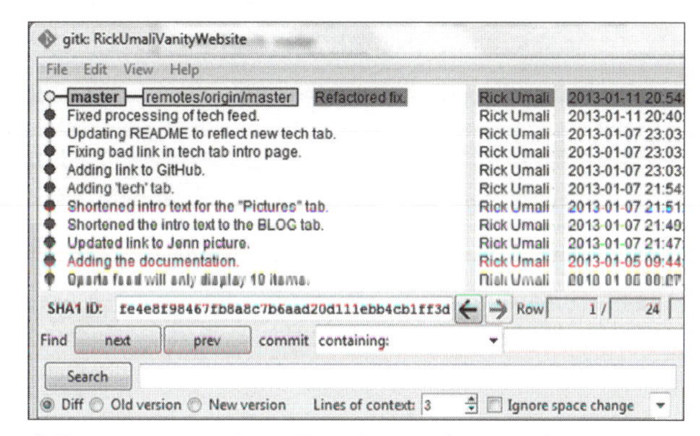

❖図2.18　このリポジトリの履歴（ヒストリー）を示すビュー

履歴の各行は、それぞれのコミットを表現している。そこには、私（Rick Umali）がコミットした日時が記されている。ひとつのコミットをクリックするとその行が強調表示（ハイライト）され、下の欄にあるSHA1 IDテキストボックスがそのコミットに対応する表示に変わる。

2.3.2　コマンドラインでリポジトリを見る

GUIで行ったリポジトリの複製とまったく等価なことをコマンドラインで行うことができる。さきほどのリポジトリは、GUIでの探索が終わったらもう要らないので、ディレクトリを削除しよう。なにしろサーバとの相互作用がないのだから削除はいつでも可能であり、また最初からやりなおせる。いったんディレクトリを削除してから、コマンドラインプロンプトを開こう。

WindowsでGitのコマンドラインをアクセスするには、Git Bashを使う必要がある。MacやUnix/Linuxのユーザーならば、コマンドラインは「ターミナル」（あるいは「端末」）プログラムだ[*12]。ターミナルウィンドウは図2.19のようなものだ。

訳注＊12：「端末の起動」には、マウスなどを使うGUIよりもキーボード・ショートカットが便利だ。訳者はUbuntuで、標準の[Ctrl]+[Alt]+[T]を使っている。

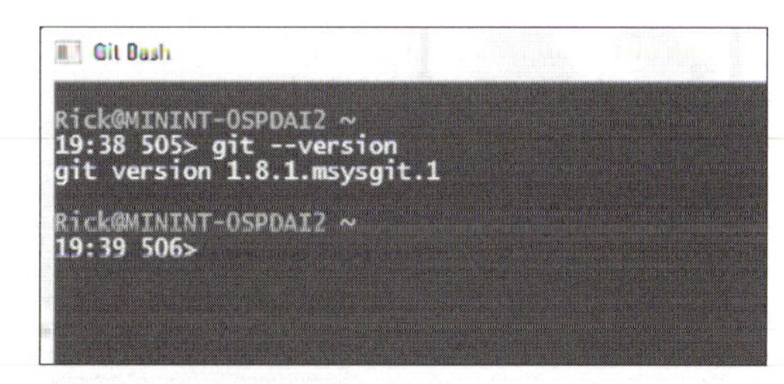

❖図2.19　Gitのコマンドライン

このウィンドウに、`git --version`と打ち込もう。それから［Return］か［Enter］のキーを叩くと、Gitは自分のバージョン番号を返す。これができることを必ず確認しよう。図2.19は、WindowsのGit Bashにおける`git --version`コマンドの出力例だが、MacやUbuntuでも同様な出力が得られる。

では、次の行をタイプしよう：

```
git clone https://github.com/rickumali/RickUmaliVanityWebsite
```

このコマンドと、Gitからの出力は、だいたいリスト2.5のようなものになるはずだ*13。

訳注＊13：著者が更新を続けているサイトなので、内容は変化する。リストは原著の記述のまま。以下同様です。

▶リスト2.5　git cloneの出力

```
% git clone https://github.com/rickumali/RickUmaliVanityWebsite
Cloning into 'RickUmaliVanityWebsite'...
remote: Reusing existing pack: 91, done.
remote: Total 91 (delta 0), reused 0 (delta 0)
Unpacking objects: 100% (91/91), done.
```

前項で行ったのと同じ複製のステップを今回はコマンドラインで行っている。その結果、さきほど削除したのと同じリポジトリのクローンがまた作られている。続けて、Git GUIで行ったのと同様な探索をコマンドラインで実行しよう。

ファイルのリストを見るには、`cd`コマンドでそのディレクトリに移動する。複製先（ターゲット）ディレクトリに入ったら、あなたは、そのリポジトリの「作業ディレクトリ」（working directory）に入ったことになる。このリポジトリで管理されているファイルのリストを取得するには、リスト2.6に示すように`git ls-files`とタイプする（コマンドラインツールの`ls`を使っても、ファイルのリストは得られる）。

▶リスト2.6　git ls-filesの出力

```
% git ls-files
README.txt
bio.tmpl
blog_start.tmpl
contact.tmpl
footer.tmpl
getfeed.pl
make_flickr_tmpl.sh
make_new_index.pl
make_ramblings_tmpl.sh
make_rick_index.sh
make_sports_tmpl.sh
make_tech_tmpl.sh
pictures_start.tmpl
```

前項ではGit GUIのファイルブラウザでリポジトリのファイルを閲覧したが（図2.16）、リスト2.6はそれと等価である。

README.txtファイルの詳細を見よう。それには、`git blame README.txt`とタイプする（リスト2.7）。コマンドラインウィンドウのサイズによっては、出力をスクロールさせるためにスペースバーを叩く必要があるかもしれない。Gitは、スクリーンの高さよりも長いテキストを表示するのに、ページャー（pager）を使うのだ。このページャーを終わらせるには、[Q] キーを叩く（ページャーツールについては、次の章で学ぶ）。

▶リスト2.7　git blameの出力

```
22:25 514> git blame master README.txt
436cf890 (Rick Umali 2009-09-05 02:10:36 +0000  1) rickumali-index
436cf890 (Rick Umali 2009-09-05 02:10:36 +0000  2)
436cf890 (Rick Umali 2009-09-05 02:10:36 +0000  3) This is the software
436cf890 (Rick Umali 2009-09-05 02:10:36 +0000  4)
436cf890 (Rick Umali 2009-09-05 02:10:36 +0000  5) The best way to read
436cf890 (Rick Umali 2009-09-05 02:10:36 +0000  6)
436cf890 (Rick Umali 2009-09-05 02:10:36 +0000  7) min hr day month weekday
436cf890 (Rick Umali 2009-09-05 02:10:36 +0000  8) 0   10   *     *      *
436cf890 (Rick Umali 2009-09-05 02:10:36 +0000  9) 10  10   *     *      *
436cf890 (Rick Umali 2009-09-05 02:10:36 +0000 10) 20  10   *     *      *
7308dd03 (Rick Umali 2013-01-07 23:03:45 -0500 11) 25  10   *     *      *
436cf890 (Rick Umali 2009-09-05 02:10:36 +0000 12) 30  10   *     *      *
```

リスト2.7の出力は、図2.17とだいたい同じものだ。

リポジトリの「コミット履歴」を見よう。そのリストは、`git log --oneline`とタイプすれば出てくる。この場合も、ターミナルのサイズによってGitが出力をページャーで表示するかもしれない。ページャー表示では、スペースバーを叩くことでページを進ませ、[Q] キーによって終了する。リスト2.8に出力の例を示す。

▶リスト2.8　git log --onelineの出力

```
% git log --oneline
fe4e8f9 Refactored fix.
0fa9e1d Fixed processing of tech feed.
7308dd0 Updating README to reflect new tech tab.
447606a Fixing bad link in tech tab intro page.
364d2d4 Adding link to GitHub.
821d75c Adding 'tech' tab.
c4a15c5 Shortened intro text for the "Pictures" tab.
23db75c Shortened the intro text to the BLOG tab.
```

あなたがコマンドラインに慣れていなくても、心配することはない。この本ではタイプすべきことを1字1句きちんと説明するから、それを頼りに打ち込めばよいのだ。Gitの外部で行う最も複雑な作業はファイルの編集だが、それにも適切なガイドを与えよう。ただし本書はだんだんコマンドラインが占める割合が多くなる。その点はご承知いただきたい。

この章には「課題」がない。とにかく、これまでに述べた全部のステップをすべて順番に行っていただくのが理想的だ。まだ着手していないけれど少し時間があるというのなら、ぜひともやっていただきたい。ただし次の章では、Gitのバージョン管理システムについてもっとゆっくりひとつずつ説明する。だから、急ぎ足のツアーで困惑しても、あきらめずに続きを読んでいただきたい。同じ題材についてより詳しく説明するのだから。

2.4 バージョン管理の用語

バージョン管理の本を読むと、ずいぶん多くの言葉が出てくる。ここでは、おもな用語を挙げて、簡単な定義を示しておく。

- **ブランチ**（branch：枝）＝リポジトリで行う開発の経路（あるいは路線）のひとつ。
- **チェックアウト**（check out：持ち出し）＝作業のために、ファイルのコピーを要求すること。集中型バージョン管理システムの典型的な機能のひとつ。
- **クローン**（clone：複製）＝リポジトリのコピーを作ること。複製元はどこかローカルな場所（他のディレクトリ）、あるいはリモートに（他のサーバか、あるいはGitHubのようなGitホスティングサイトに）存在するリポジトリを指定する。
- **コミット**（commit）＝リポジトリに保存される変更。コミットは自分自身をタイムラインに記録する。
- **分散型**（distributed）＝システムの性質のひとつ。集中型（centralized）システムとは反対に、分散型システムの運営にはサーバが不要である。
- **リポジトリ**（repository：倉庫）＝ファイルを保存するストレージ領域（storage area）。ただしバージョン管理システムでは一般に1個のディレクトリ（あるいはフォルダ）であり、タイムラインを見たり、ファイルをコミットしたり、ブランチを作るなど特別な操作ができるものを言う。
- **ステージングエリア**（staging area：中間準備領域）＝開発者がファイル全体ではなく、指定した部分だけをコミットできるようにするGitの機能。インデックスとも呼ばれる。
- **タイムライン**（timeline：履歴）＝イベントを時系列に（最も古いイベントから最も新しいイベントまで順番に）並べたもの。ヒストリー（history）とも呼ばれる。
- **バージョン管理**（version control）＝変更を追跡管理すること。その実践によりいつでも「既知の状態」（known state）のひとつに戻ることが可能となる。

Chapter 3

Gitに馴染む

この章の内容

コマンドラインは、あなたがGitとの対話処理を行う場所だ。たしかにGit用のGUIは、いくつも存在する（Git GUIはそのひとつだ）。それらもあとで見ることになるが、Gitの仕事はたいがいコマンドをタイプすることで行われる。Gitはコマンドラインで生まれたのだから、その機能のすべてが、あなたがタイプ入力すべきコマンドに対応しているのは当然なのだ。

最初に、Gitのコマンドライン構文（syntax）について学ぶ。この構文に、すべてのGitコマンドが従っている。だから、そのパターンを学習すればGitのコマンド構成を理解しやすくなる。

また、コマンドライン全般についても、この章で慣れていただく。長年コマンドラインを使ってきたベテランの読者には、とても分かりやすい話だろう！

最後に、Gitのヘルプ（help）システムについて学ぶ。どのコマンドにもヘルプがあって、アクセス可能である。それらをアクセスする方法を学べば、より効率よくGitを使えるようになる。また、Gitにはもっと長い形式のドキュメンテーションがあるが、それもGitのヘルプシステムからアクセスできる。このドキュメンテーションは読む価値がある。どうすれば読めるかはこの章で説明する。

3.1 最初の設定

もうあなたはGitをインストールしてあるはずだから、コマンドラインから直接Gitを使える。MacまたはLinuxでコマンドラインを開くには、ターミナル（端末）プログラムを起動する。Windowsの場合、CMDやPowerShellの環境では不十分で、Git BASHプログラムを起動する必要がある。これは（Gitインストール時の設定に依存するが）デスクトップのアイコンまたはWindowsの「スタート」メニューにある項目をダブルクリックすることで起動できる。そのウィンドウを今後は「コマンドラインウィンドウ」（あるいは略して「コマンドライン」）と呼ぶことにする。

Gitにはサーバがないので、とくに始動すべきものはない。コマンドラインを開いたら、いきなり`git --version`とタイプできる。それからReturn/Enterキーを押せば（などと今後は、いちいち書かないが）、図3.1に示す出力が得られるはずだ（ただしプロンプトやGitのバージョン番号は異なるだろう）。

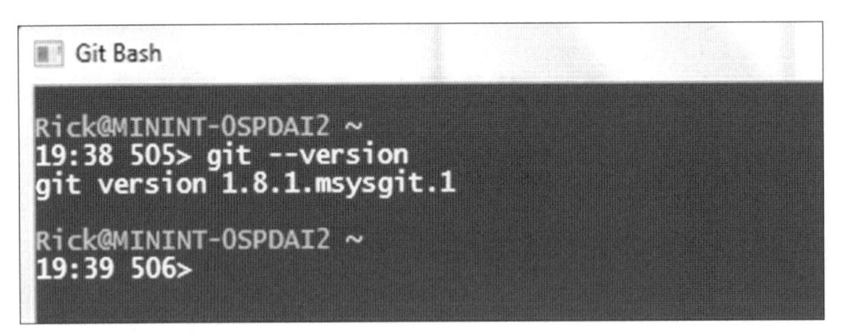

❖図3.1　Gitのコマンドライン

Gitは、「誰がバージョン管理のアクションを実行するか」を追跡管理するので、少なくともあなたの名前とメールアドレスをGitに設定する必要がある。ただし、これによってサーバに接続するわけでもネットワーク接続を行うわけでもない。これは、あなたが自分のマシンにインストールしたGitソフトウェアの設定である。

Gitに名前とemailを設定するには、次に示す2つのGitコマンドをタイプする。

演習

```
% git config --global user.name "Your Name"
% git config --global user.email "Your E-mail@example.com"
```

「Your Name」と「Your E-mail@example.com」は、あなたの名前と電子メールアドレスで置き換える。それで適切なコンフィギュレーション（構成）が設定される。

ユーザー名が正しく設定されたことを確認するには、`git config user.name`とタイプすれば、あなたの名前がコマンドの応答として表示される[*1]。

Gitが関知しているコンフィギュレーション全部のリストを見るには、`git config --list`とタイプする。私が、このコマンドをタイプすると、次のリストが出てきた。このなかに、`user.name`と`user.email`が入っていることに注目しよう。

訳注＊1：タイプミスで、`user.name`、`user.email`以外のキーを間違えて入れてしまったら、`git config --global --unset <キー>`コマンドで、指定するキーに該当する行を削除できる。

▶リスト3.1 `git config --list`

```
% git config --list
core.symlinks=false
core.autocrlf=true
color.diff=auto
color.status=auto
color.branch=auto
color.interactive=true
pack.packsizelimit=2g
help.format=html
http.sslcainfo=/bin/curl-ca-bundle.crt
sendemail.smtpserver=/bin/msmtp.exe
diff.astextplain.textconv=astextplain
rebase.autosquash=true
user.name=Rick Umali
user.email=rickumali@gmail.com
gui.recentrepo=C:/Users/Rick/Documents/gitbook
gui.recentrepo=C:/Users/Rick/Documents/RUVW
```

演習

Gitのコンフィギュレーションを見るために、次のコマンドを打ち込もう。`git config`コマンドは、すべての設定を見るのにも、個別の設定を見るのにも、使える。

```
% git config user.email
% git config user.name
```

3.2 コマンドを使う

「コマンド」(command) は、あなたがコマンドラインにタイプするものだ。ここで言うコマンドには、Gitが提供するコマンドと典型的な操作を行う共通コマンドの2種類がある。

3.2.1 Gitのコマンドライン構文

すべてのGitコマンドは共通の構文規約に従う。まず、gitという単語があり、そのあとに（オプションとして）スイッチが1つ、そのあとにGitコマンドが1つ（すでにconfigを学んだ）、そのあとに（オプションとして）そのコマンドが認識する引数群（arguments：略してargs）が続く（図3.2）。

```
git [スイッチ] <コマンド> <args>
```

いつも必要！

❖図3.2　Gitのコマンドライン構文

あなたは、もうGitコマンドを1つタイプした。git configだ。図3.3は、このコマンドのもう少し複雑な例を使ってその構造を示している。

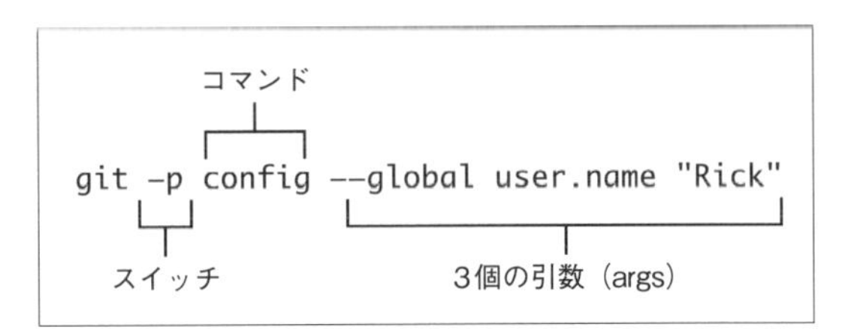

❖図3.3　Gitのコマンドライン構造を分割する

ただひとつ絶対に欠かせないコマンドが、gitである。では、gitとだけタイプしてみよう。すると、リスト3.2のような出力が得られる。

前節でgit --versionとタイプしたときの--versionという文字列は、gitコマンドそのものへのスイッチである。リスト3.2を見ると、--versionがオプションとしてgitコマンドに渡すことのできる数多くのスイッチのひとつにすぎないことがわかる。図3.3で例として使った-pスイッチは、必要に応じて出力をページ割り（paginate）するスイッチだ。

ところで、ダッシュ1個（-）と2個（--）の使い分けは重要だ。一般に、1文字のスイッチには1個のダッシュを使い、略さず完全に記述する長いスイッチには2個のダッシュを使う。

▶リスト3.2　gitとタイプしたときの出力例

```
usage: git [--version] [--exec-path[=<path>]] [--html-path]
  [--man-path] [--info-path]
  [-p|--paginate|--no-pager] [--no-replace-objects] [--bare]
  [--git-dir=<path>] [--work-tree=<path>] [--namespace=<name>]
  [-c name-value] [--help]
    <command> [<args>]

The most commonly used git commands are:
    add        Add file contents to the index
    bisect     Find by binary search the change that introduced a bug
    branch     List, create, or delete branches
    checkout   Checkout a branch or paths to the working tree
    clone      Clone a repository into a new directory
    commit     Record changes to the repository
    diff       Show changes between commits, commit and working tree, etc
    fetch      Download objects and refs from another repository
    grep       Print lines matching a pattern
    init       Create empty git repository or reinitialize an existing one
    log        Show commit logs
    merge      Join two or more development histories together
    mv         Move or rename a file, a directory, or a symlink
    pull       Fetch from and merge another repository or a local branch
    push       Update remote refs along with associated objects
    rebase     Forward-port local commits to the updated upstream head
    reset      Reset current HEAD to the specified state
    rm         Remove files from the working tree and from the index
    show       Show various types of objects
    status     Show the working tree status
    tag        Create, list, delete or verify a tag object signed with GPG

See 'git help <command>' for more information on a specific command.
```

リスト3.2の出力は、**git help**とタイプしたときに得られる出力と同じものだ。Gitのヘルプシステムについては次節で説明する。たぶんそのころ、あなたはコマンドラインでGitコマンドを打ち込むのにもう少し慣れているはずだ。

訳者より

ヘルプもドキュメントも、英語では読みにくい、という読者のために、原著よりも新しい版のGitヘルプに、試訳を付けて示す。

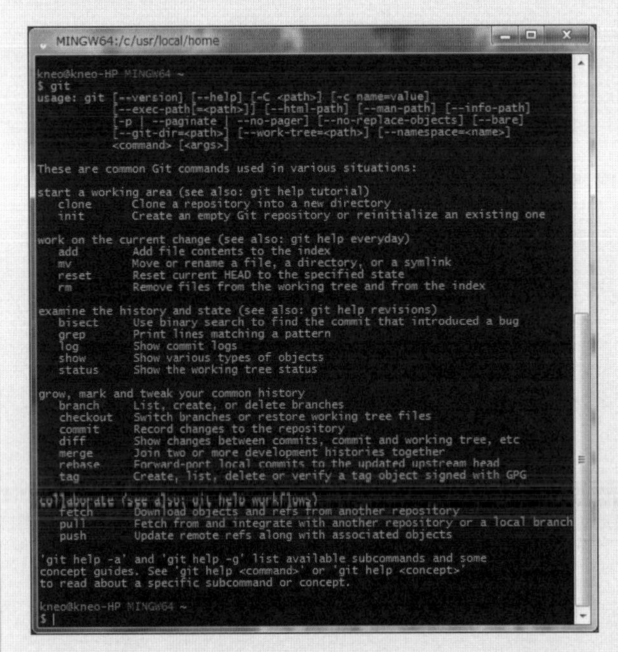

These are common Git commands used in various situations:
以下は、様々な状況で一般的に使われるGitコマンドである。

start a working area (see also: git help tutorial) **作業領域の始動（git help tutorialも参照）**	
clone	リポジトリを、新しいディレクトリに複製
init	空のGitリポジトリを作成（または、既存のリポジトリを再初期化）
work on the current change (see also: git help everyday) 現在の変更に対する作業（git help everydayも参照）	
add	ファイルの内容をindexに追加
mv	ファイル／ディレクトリ／シンボリックリンクを移動／改名
reset	現在のHEADを、指定の状態にリセット
rm	作業ツリーとindexから指定のファイルを削除
examine the history and state (see also: git help revisions) 履歴と状態の調査（git help revisionsも参照）	
bisect	バグを入れたコミットをバイナリサーチで見つける
grep	パターンにマッチする行をプリント
log	コミットのログを表示
show	オブジェクトの型を表示
status	作業ツリーの状態を表示

grow, mark and tweak your common history ヒストリーの拡大、マーキング、調整	
branch	ブランチのリスト／作成／削除
checkout	ブランチの切替または作業ツリーのファイルを復元
commit	変更をリポジトリに記録
diff	コミット間や、コミットと作業ツリー間などの差分を表示
merge	2つ以上の開発ヒストリーを結合
rebase	ローカルコミットを、更新された上流のヘッドにフォワードポート
tag	署名されたタグオブジェクトの作成／リスト／削除／確認
collaborate (see also: git help workflows) 共同作業（git help workflowsを参照）	
fetch	他のリポジトリからオブジェクトと参照をダウンロード
pull	他のリポジトリ／ローカルブランチからフェッチまたは統合
push	リモート参照と関連オブジェクトを更新

※「作業ツリー」（working tree）とは、カレントディレクトリ（＝作業ディレクトリ：working directory）を親とする木構造のこと。

3.2.2 共通コマンド

コマンドラインで最も重要なことは、あなたがいまどこにいるかだ。最初にコマンドラインを開いたとき、あなたは「ホームディレクトリ」（home directory）にいる。これは1個のチルダ（~）または`$HOME`で表現されることがあるが、意味は同じ「ホーム」（home）である。

「カレントディレクトリ」（current directory）の名前を見るには、`pwd`とタイプする。これによって現在のディレクトリの名前が表示される。そのディレクトリを、あなたが好きなGUIのディレクトリ閲覧ツールで見つけよう（Windowsエクスプローラでも、MacのFinderでも、UbuntuのFilesでもよい）。これらは、とくに課題としないけれど、あなたの意志でやっていただきたい。要するに、いまどこにいるかを知ることが重要なのだ。

カレントディレクトリにあるファイルのリストは`ls`とタイプすると出てくる。これはそこにあるファイルのリストだ。その出力が長すぎてウィンドウがスクロールしても、いまのところ気にしなくてよい。内容さえもいまは問題ではない。

空のディレクトリ（empty directory）を作るために、`mkdir my_empty_dir`とタイプしよう。このとき、2つあるアンダースコア（_）も、必ずタイプすること（もしスペースで区切ったら、3個のディレクトリができてしまう）。このコマンドは、my_empty_dirという名のディレクトリをカレントディレクトリ内に作成する。あなたのディレクトリ閲覧GUIツールでこのディレクトリを見つけられるか、やってみよう。

新しく作った空のディレクトリに移動するために、`cd my_empty_dir`とタイプしよう。それからまたpwdとタイプすれば、いま作成したディレクトリの名前が出てくる。lsとタイプしても何も出てこないが、それはそのディレクトリのなかにファイルが存在しないからだ。ファイルが1個も存在しないことを、GUIツールで確認できるだろう。

親ディレクトリ（あなたがmkdirコマンドをタイプしたときのディレクトリ）に戻るにはcd ..とタイプする。2個のドット（..）は、親ディレクトリ（parent directory）を意味する。この2つのドットの間にはスペースを入れない。cdとドットの間には1個のスペースを入れる。

あちこちディレクトリを巡回しても、ただcdとタイプすればホームに戻ることができる。コマンドラインでは、いつでも簡単にホームに戻れるのだ（だから本書では、リポジトリをホームディレクトリ内に作成している。もし別のディレクトリに作るのが便利ならば、本書で「ホーム」（home）と書かれている箇所を、そのように読み替えていただきたい）。Gitのリポジトリは、あなたのファイルシステムにおけるディレクトリである。だから、表3.1に示すコマンドを知っていることが重要なのだ。

❖表3.1　コマンドラインの共通コマンド

コマンド	説明
pwd	現在の（作業中の）ディレクトリの名前をプリント（print）。
ls	カレントディレクトリ内のファイルをリスト表示（list）。
mkdir <ディレクトリ名>	指定した名前のディレクトリを作成（make）。
cd <ディレクトリ名>	カレントディレクトリを、指定したディレクトリに変更（change）。

これからコマンドラインにコマンドを打ち込んでディレクトリ構造を辿る必要が生じるから、コマンドラインでの操作に慣れておくことが役に立つ。ファイルのリストをとるlsコマンド、カレント（ワーキング）ディレクトリの名をプリントするpwdコマンド、ディレクトリを作るmkdirコマンド、カレントディレクトリを変更するcdコマンドは、どのオペレーティングシステム（OS）でも学ぶ必要のある基本中の基本だ。

演習

表3.1に示したコマンドを、次のように使ってみよう：

```
% pwd
% ls
% mkdir my_empty_dir
% ls
% cd my_empty_dir
% ls
% pwd
% cd ..
```

これらのコマンドを「Unix/Linuxの標準コマンド」として認識されている読者も多いだろう。だが、ご心配なく。この本で今後Unix/Linuxについて述べるのは、この章と、Git GUIの説明（第5章）だけである。もしあなたがこれらのコマンドを初めて使うのなら大収穫だ。あなたはGitだけでなく、コマンドラインについても勉強することができる！

コマンドラインに関するこの節で最後の話題は、ファイルとディレクトリを削除する方法だ。それを行うコマンドは`rm`である（remove）。複数のファイルも削除できるコマンドだから注意が必要だ！ ディレクトリを削除するには`rm -r`というコマンドを使う。上記の「演習」を実行したら、あなたが最初に`mkdir`をタイプしたディレクトリにいまいるはずだ。`my_empty_dir`を削除するには、`rm -r my_empty_dir`とタイプする。

演習

また別の、空のディレクトリを作り、それを削除しよう。次のとおりに打ち込む。

```
% mkdir another_dir
% rm -r another_dir
```

ファイルの削除を実際に行うには、まずファイルを作る必要がある。あなたの好きなテキストエディタ（Windowsの「メモ帳」（Notepad）やNotepad++、MacのTextMate、Sublime Text、Vim、Unix/Linuxのvi、nanoなど）を使って、あなたのホームディレクトリにファイルを作ろう。ファイルの内容はなんでもいい。次に、`cd`と`ls`と`pwd`の組み合わせを使って、そのファイルの場所を確認しよう。ファイルが見つかったら、それを`rm`コマンドで削除しよう。

ここではファイルを作るのにコマンドラインの外部にあるツール（エディタ）を使ったが、次の章ではコマンドラインでファイルを作ることになる！

3.3 コマンドラインの効率を高める

コマンドラインでのタイピング（打ち込み）は、繰り返しの多い単調な作業になることがある。同じコマンドを何回もタイプしたり、前に打ち込んだコマンドの一部だけ変えたいときがしばしばあるだろう。ありがたいことに、コマンドラインにはそういう面倒を減らす便利な機能が存在する。この節では、そういうコマンドライン機能の基本を説明しよう。

最初に指摘すべきポイントは、上下の矢印キー（[↑] と [↓]）で、ひとつ前のコマンド、ひとつ後のコマンドを呼び出せるということだ。コマンドラインには、あなたがタイプしてきたコマンドのヒストリー（履歴）が記録されている。そのヒストリーのリストは`history`コマンドで得られる。

コマンドラインで何かタイプしている途中でも（つまりReturn/Enterキーを押す前に）左右の矢印キー（[←] と [→]）を使って、テキスト内でカーソル位置を動かせる。Backspaceキー（または

Ctrl-H）やDeleteキー（またはCtrl-D）で、カーソルの前後の文字を削除できる。

図3.4を見ていただきたい。ここでカーソルは、大文字のFの位置にある。このときCtrl-Dを押すとFの字が消え、その右側の部分が左に寄せられる。また、このときCtrl-Hを押すと、Fの左にあるgの字が消える。

コマンドラインで使えるショートカットはまだほかにもある。Ctrl-Uを押せば、カーソルの左側がすべて削除される。Ctrl-Kならカーソルの右側がすべて削除される。Ctrl-Aはカーソルを行の先頭に移動させ、Ctrl-Eはカーソルを行の末尾に移動させる。

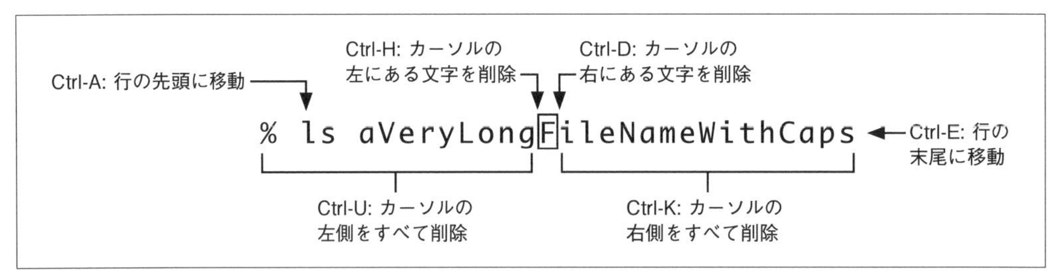

❖図3.4　コマンドラインの編集（まとめ）

演習

コマンドラインで、[↑] キーを何度か押してみよう。すると、前に打ち込んだコマンドが出てくるはずだ。次に [↓] キーを押してみよう。コマンドラインセッションであなたがタイプしたコマンドのヒストリーは、発生の順（chronological order）に保存されている。

次に、いくつかアルファベットを適当に打ち込んで、Delete（Ctrl-D）キーとBackspace（Ctrl-H）キーで文字の削除をやってみよう。いま打ち込んでいる行のなかでカーソルを動かすには左右の矢印キーを使う。さらにアルファベットを適当に打ち込んでから、他のショートカット（Ctrl-U、Ctrl-K、Ctrl-A、Ctrl-E）キーも試してみよう。そして、タイプした行内でカーソルを移動させよう。コマンドラインで使えるテクニックはまだ他にもある。そのために、この章の末尾に「さらなる探究」のセクションがあるので利用していただきたい。

もうひとつ、とても助かるのが「タブ補完」（tab completion）のショートカットだ。コマンドラインで、ディレクトリの名前を途中までタイプしたときにTabキーを押すと、コマンドラインが、そのディレクトリ名を補完してくれる。この補完機能はファイル名にも使える。

演習

コマンドラインで、長い名前のディレクトリを作ろう：

```
% mkdir directoryWithLongName
```

それから、次のようにタイプしよう。(<TAB>は、[Tab]キーを意味する)：

```
% cd direc<TAB>
```

すると、長いディレクトリ名が現れる。このディレクトリは、忘れずに`rm -r`で消しておこう。`rm`コマンドの`-r`スイッチは、それに続く引数（argument）がディレクトリで、その内容を再帰的に（recursively）削除したい、という意味である。あなたはディレクトリ名を補完する方法をもう知っているのだから、その仕事は簡単になるはずだ。

ファイル名の補完も、同様に行える。けれども、長い名前を持つファイルを簡単に作る方法を先に覚えておこう。コマンドラインでそれを行うには、`touch`コマンドを使える。次のようにタイプしよう：

```
% touch filewithsuperlongname
% ls filewith<TAB>
```

すると、このファイル名が自動的に現れる（このファイルを削除するには、`rm`コマンドを、`-r`スイッチを付けずに使う）。

タイプの途中で間違いを直したり、長いファイル名やディレクトリ名を簡単に補完できるのだから、コマンドラインでの打ち込みはそれほど面倒ではないはずだ。

3.4 Gitヘルプを使う

`git help`とタイプすると、Gitは（リスト3.2で見たように）「最も一般的に使われる」ものとして21個ものコマンドを奨めてくる。この画面は、いささか威圧的であり*2、一部のコマンドたとえば`rebase`や`reset`などの記述は難解だろう。けれども、いまはこれらのコマンドは気にしないでよい。大丈夫だ。本書を読み終わったとき、あなたはこのリストにあるすべてのコマンドに親しみを感じるだろう。

Gitヘルプシステムは、Gitについて知りたいことがあるとき最初に探すべき場所である。利用できる全部のコマンドについての記述があり、有効なスイッチと引数（args）の記述があり、Git開発者が一般的な作業をどう行えば良いかを示すガイドラインがあり、用語集（glossary）もある。その全

訳注＊2：原書刊行後のバージョン（2.6.1など）で見ると、21個のコマンドのリストは、アルファベット順の1個のリストではなく、用途別に分類され、見やすくなっている。

体像を見るために、`git help help`と打ち込んでみよう。図3.2の構文と比較すれば、第1の`help`がコマンドであり、第2の`help`がその引数であることがわかる。つまりあなたは、「Gitのhelpシステム」のhelpを求めているのだ。

あなたのプラットフォームによって、次のどちらかが現れる。デフォルトのブラウザが現れてヘルプページを表示するか（図3.5）、あるいは、コマンドラインウィンドウそのものにヘルプメッセージが表示されるか（図3.6）、そのどちらかである。

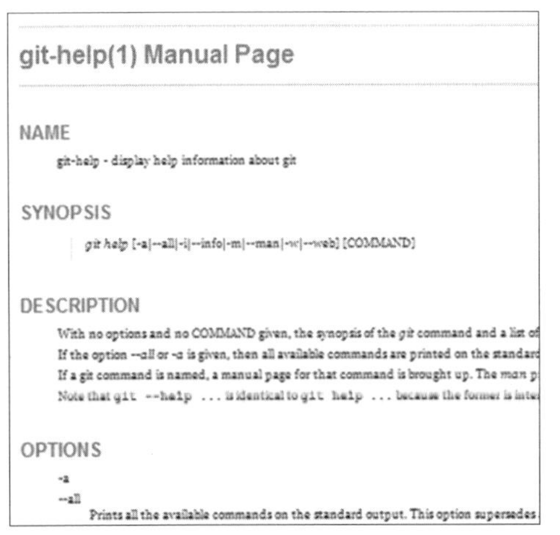

❖図3.5　典型的なGit helpページ。ブラウザで表示される。

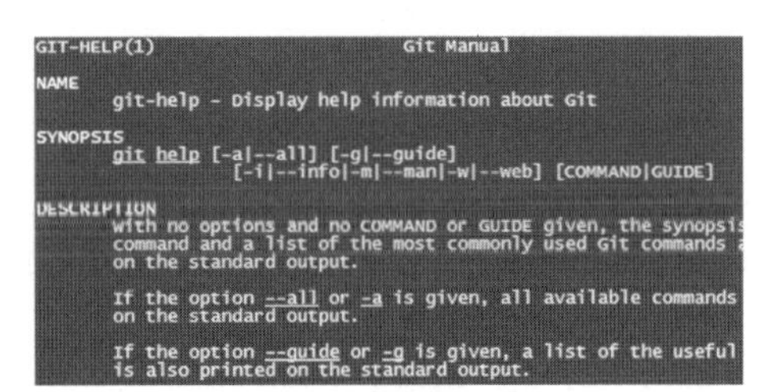

❖図3.6　典型的なGit helpページ。コマンドラインウィンドウに表示される。

後者の場合、テキストのページは、スペースバーによって送り（page down）、[B] キーを使って戻すことができる（page up）。こういう長いドキュメントのページを、ページアップ／ページダウンするには、「ページャー」（pager）というツールもある（これについては「課題」で研究しよう）。

Gitのヘルプは、古典的なマニュアルページ（UNIXの`man`）形式をモデルとしている。コマンドの簡単な概要（synopsis）で、有効なスイッチと引数が示される。次にコマンドの説明（description）があり、さらに（コマンドそのものに依存する）その他の情報がある。

この`git help help`出力を、ちょっと時間を割いて読んでみよう。`-a`スイッチというのがあるが、これは利用できるGitコマンドのすべて（all）を網羅する。`git help -a`とタイプすれば、150個以上のコマンドのリストが出てくる。これは長すぎてページがスクロールする。だからリスト3.2は、まだしも見やすいのだ。

Gitのバージョンによっては`git help -g`というスイッチが使える。これは一般的なGitガイド（guide）の短いリストを表示するものだ。これらのガイドはGit開発者が書いたもので、Gitの仕組みについての詳しい話を読むことができる。

Gitの用語に興味があれば、`git help glossary`とタイプしよう。ほかのGitヘルプページに出てくる用語の多くがここで解説されている。Gitで作業するときはこのページを覚えておこう。

3.1節では、`git config`を使ってあなたのユーザー名とメールアドレスをGitに教えた。けれども、そのとき--globalスイッチを使っていた。あのスイッチは、何をするものだろうか。いまは、Gitのヘルプシステムを学んだのだから、そのスイッチについて勉強するには**git help config**とタイプすればよいのだ。

演習

これまでに見てきたhelpコマンドを、実際にタイプしてみよう：

```
% git help help
% git help glossary
% git help -a
% git help config
% git help -g
```

あなたがインストールしたGitは、ヘルプをブラウザで表示するだろうか。それともコマンドラインウィンドウに出すのだろうか。

別の方法として、**git config --help**で行ったように、どのコマンドにも**--help**を送ればヘルプが得られる。こういうところも、Gitは本当に便利なのだ。

これは繰り返す価値がある。Gitのどのコマンドについても、helpを得るためには、**git help** <コマンド>とタイプするか、あるいは**git** <コマンド> **--help**とタイプする（<コマンド>と書いた部分は、あなたが詳細を知りたいコマンドの名前で置き換える）。また、今後の章で学ぶすべてのコマンドについて、**git help**を試してみること。これを忘れないように。

Gitのドキュメントは、Web上に数多く存在する。私がしばしば参考にするのは、**https://www.kernel.org/pub/software/scm/git/docs/**と、**http://git-scm.com/documentation**だ。Gitヘルプの「man page」によれば、Gitの最新バージョンに対応する成型されてハイパーリンクが付けられたヘルプは、**http://git-htmldocs.googlecode.com/git/git.html**として存在する。これらは、正統なGitドキュメントのソースである*3。

訳注＊3：日本語のドキュメントとして、オンラインで閲覧できるのが「Pro Git」という本。2014年の第2版（2nd Edition）を、**https://git-scm.com/book/ja/v2**で見ることができる。各種の形式でダウンロードが可能であり、そうしておけばオフラインで参照できる。詳しくは、「Pro Git日本語版電子書籍公開サイト」、**https://progit-ja.github.io/**

3.5 長い出力をページャーで制御する

前節の「演習」では、**git help -a**とタイプして、Gitで利用できる全部のコマンドのリストを見た。このコマンドの出力は非常に長いので、ウィンドウの高さを超えてスクロールされた。この出力の最初の部分を読むには、コマンドラインウィンドウのスクロールバーを使う必要があっただろう。

このように長い出力を1ページ分のテキストを出したら停止させるには、Gitに対して出力をページャーに送るように指示する。Gitの-pまたは--paginateスイッチ（図3.3参照）は、「1画面分のテキストを表示したら、一旦停止する」よう、Gitに指示する。

テキストの残りの部分を表示するには、スペースバーを押す。前の画面に戻るには、[B] キーを押す。このページャーは、ヘルプのテキストで使われるのと同じ機構だ。

演習

コマンドラインで、次の2つのコマンドをタイプして、出力を比較しよう。

```
% git help -a
% git --paginate help -a
```

--paginateの代わりに-pスイッチも使える。

3.6 課題

いよいよ最初の課題だ。この章を通じて読者は、テキストの指示に従ってコマンドをタイプしてきたと思う（そう願いたい）。また、「演習」、とりわけ3.2節の最初にあった問題をこなしてきたものと思う（ぜひとも、お願いする）。あれは今後あなたがGitを使う仕事に欠かせない訓練なのだから。それであなたは次の段階に挑戦できる。

1. あなたはGitに、自分の名前とメールアドレスを知らせたが、その情報をGitはどこに保存したのだろうか？ その場所を特定できるかどうか試してみよう。
2. Gitは"stupid content tracker"と呼ばれているが、その記述は`git help`ページのどこにあるだろうか？
3. ローカルコミットを「フォワードポート」（forward-port）するGitコマンドは何か？
4. DAGというのは何の略だろうか（Gitの文脈で）。
5. あなたがインストールしたGitにチュートリアル形式のヘルプファイルが含まれているだろうか？
6. 最初の「演習」で見たコマンドラインでのコマンドは、GitのコマンドではなくUnix/Linuxのコマンドだった。それらのコマンドも、後に`--help`スイッチを付けてタイプしたら、ヘルプを表示してくれるだろうか？
7. Gitは、-p（または--paginate）スイッチが指定されると、コマンドラインツールの`less`を使う。このページャーについて、`less --help`で勉強しよう。長いテキストをスクロールするには、他にも方法があるのだ（たとえばページ送りではなく、1行送りもできる）。

3.7 さらなる探究

これまで使ってきたコマンドラインは、正式には「Unix/Linuxのシェル」あるいは単に「シェル」(shell) と呼ばれるものだ。これはUnix/Linuxの一部であり、シェルこそUnix/Linuxの「目に見える部分」なのだと主張する人も多い。

コマンドラインを使うことで、たぶんシェルへの興味が湧いてきただろう (そう期待する)。シェルについてもっと学びたいと思う読者は、BASHの参考文献を探すとよい。さまざまなフレーバーのシェルが存在するなかで、BASHはとくにGitと結び付けられる典型的なシェルである。コマンドラインでの作業では大量のタイピングが発生するから、シェルにはとくにキー入力の回数を減らすための興味深いテクニックが数多く存在する。たとえばエイリアス (alias：別名)、コマンドラインのヒストリー (以前にタイプしたコマンドの繰り返し)、コマンドラインの編集 (すでに説明した)、そしてディレクトリのスタックである。

そうしたテクニックをすべて論じるのは本書で扱う範囲を超えるが、もしあなたが同じことを何度も繰り返しタイプしていることを自覚したら、これらを探究すべきである。あなたの同僚や友人にコマンドラインの達人がいるなら、たった1つか2つのキーストロークで魔術のようにコマンドを「どこからともなく」呼び出すワザを見たことがあるかもしれない。このような機能について学ぶために、下記のURLを挙げておく。

- http://www.gnu.org/software/bash/manual/html_node/Aliases.html
- http://www.gnu.org/software/bash/manual/html_node/Bash-History-Facilities.html
- http://www.gnu.org/software/bash/manual/html_node/Command-Line-Editing.html
- http://www.gnu.org/software/bash/manual/html_node/The-Directory-Stack.html

これらのページの親にあたるURLは[*4]：

- http://www.gnu.org/software/bash/manual/html_node/index.html

訳注＊4：日本語の「リナックスコマンド」-「bashのヘルプ・マニュアル」のURLは、http://www.linux-cmd.com/bash.html

3.8 この章のコマンド

この章から、それぞれの章で論じたGitコマンドの要約を、簡単な説明を入れた表形式でまとめていく (表3.2を参照)。

❖表3.2　この章で使ったコマンド

コマンド	説明
git config --global user.name "Your Name"	あなたの名前をGitのグローバル設定に追加
git config --global user.email "Your E-mail Address"	あなたのメールアドレスをGitのグローバル設定に追加
git config --list	すべてのGit設定を表示
git config user.name	user.nameの設定値を表示
git config user.email	user.emailの設定値を表示
git help help	Gitヘルプシステムのヘルプ
git help -a	Gitで利用できる全コマンドのリスト
git --paginate help -a	すべてのGitコマンドをページで表示
git help -g	すべてのGitガイドを表示
git help glossary	Gitの用語集（glossary）を表示

リポジトリの作り方と使い方

この章の内容

前回はコマンドラインの概要を説明し、Gitのヘルプを見る方法を学んだ。また、Gitに名前とメールアドレスを知らせる初期設定を行った。第1章の図1.2を見てわかったように、Gitのユーザーにはそれぞれ完全なリポジトリが与えられる。今回は`git init`コマンドを使ってGitリポジトリを作る。それから、`git add`と`git commit`を使ってリポジトリにファイルを追加する。そして最後に、`git status`と`git log`を使ってリポジトリの状態と履歴をそれぞれ調べる方法を学ぶ。

これらはGitで作業するための基本的なコマンドだ。この章を読めば分かるが、リポジトリを作るのは難しいことではない。それほど簡単に作れるのだから、些細なプロジェクトでも追跡管理できるようにいつでも専用のリポジトリを作るのが有益だ。

4

4.1 リポジトリの基礎を理解する

「リポジトリ」(repository)は、そこで行う作業が追跡管理される特別なストレージ領域だ。第1章では、その場限りの「間に合わせ」リポジトリを自作したらどういうものになるかをリスト1.1で示した。あの単純な例を考察することで、バージョン管理におけるリポジトリの基礎を理解できるだろう。

あるビルドプロセスを利用していると仮定しよう。ビルドには、一群のファイルに対する前処理が必要だ。ファイル名の変更でもタイムスタンプの追加でもよいが、何らかの前処理が必要だ。それから、あなたはWindowsで作業していると仮定しよう。だから、これらのステップ(段階)の実行にWindowsのバッチファイル(拡張子はBAT)を使っている。

あなたはそのユーティリティとなるスクリプトをコーディングし、filefixup.batというファイルに保存した。そのスクリプトは正しく動作したが、数日後に別の前処理コードを追加する必要が生じた。以前のBATファイルが正しく動作しなくなったわけではない。だからあなたはそのファイルに変更を加えるのではなく、ファイル名に"-01"という文字列を追加することで名前を変更した(filefixup-01.bat)。これはVersion 1という意味である。あなたは「Version 01は、ユーティリティの最初のバージョンで、ファイルの名前を変更してタイムスタンプを追加する」と、頭の中でメモをとる。このように名前を付けたおかげで、新しいバージョンの仕事をしながら古いバージョンをそのまま使い続けられるようになっている。

filefixup.batというファイルに新しいコードを追加するが、いつでもfilefixup-01.batに戻れるという確信がある。"-01"というサフィックス(後置詞)が付いているファイルは、BATファイルのコピーである。"-01"というサフィックスがないファイルは、作業中のコピー(working copy)である。

何時間か作業して、新しいユーティリティプログラムの作成が一段落した。このプログラムの新しいバージョンにするのにふさわしい。そこで、あなたが決めた規則(convention)に従って作業中のファイル(working file)のコピーを作り、その名前をfilefixup-02.batにした。そして再び、あなたは脳内で「このVersion 02は、あそこを改善したものだ」とメモする。

これで、あなたのディレクトリは、リスト4.1のようなものになる。

▶リスト4.1 手製のバージョン管理システム

```
C:¥buildtools> dir
 Volume in drive C is GNU
 Volume Serial Number is 5101-E64D

 Directory of C:¥buildtools

03/15/2014  08:22 PM    <DIR>          .
03/15/2014  08:22 PM    <DIR>          ..
03/01/2014  08:22 AM            11,843 filefixup-01.bat
03/03/2014  08:52 AM            11,943 filefixup-02.bat
03/03/2014  08:53 AM            11,943 filefixup.bat
               3 File(s)         60,066 bytes
               2 Dir(s)  467,905,187,544 bytes free
```

第1章で見たディレクトリのファイルがどのように作られたか、これでもう理解できただろう。プログラムに対する変更をある規則に従って続ける。それは「論理的な決着がつくたびに新しいファイル名で保存する」という規則だ。もしあなたに茶目っ気があれば、「ランチの直前まで作業していたバージョン」という覚え書きの代わりに、filefixup-beforelunch.batという名前で保存するかもしれない。こういうのはすぐゴミ箱行きになるだろうが、ランチに出かけるのもある種の決着である。

この「お手製」ヒストリーで、あとから進捗を調べるにはファイルのタイムスタンプを使うことになる。バックアップをとる方法としては、ディレクトリ全体をフラッシュドライブか、ネットワーク共有ドライブにコピーする方法があるだろう。あとで前のバージョンに戻りたいときがあるかもしれないが、その際は戻したいバージョンによって、作業中のファイルを上書きすることになる。こういったものが、お手製のバージョン管理システムを使って実行できる操作である。

これらはもちろんGitですべて可能だし、まだまだできることはたくさんある。だから、お手製システムは忘れて（これまで使ってきたその場限りのシステムがあれば、それも忘れて）Gitを使ってみよう。

4.2 git initで新しいリポジトリを作る

新しいGitリポジトリを作るコマンドは`git init`だ。これは、どのディレクトリでもタイプでき、1個のGitディレクトリが即座にそのディレクトリの中に作られる。本当に、ただそれだけなのだ。

演習

このセクションでは、コマンドをGitのコマンドラインに打ち込む。あなたのプラットフォームで適切なコマンドラインを開始する方法は、3.1節に書いてある。WindowsユーザーならばGit BASHにコマンドをタイプする（これらの処理に、アクセサリやPowerShellのコマンドライン・ウィンドウは使えない）。MacやUnix/Linuxのユーザーならば標準のターミナル（端末）アプリケーションにコマンドを打ち込む。

下記の手順に従えば、ホームディレクトリに移動し、新しいディレクトリを作成し、そのディレクトリのなかで新しいGitリポジトリを作成できる。

```
% cd
% mkdir buildtools
% cd buildtools
% git init
% ls
```

ただし、最後の`ls`コマンドは何も表示しないだろう。このリポジトリにはまだ何も追加していないのだから、表示すべきファイルが存在しないのだ！

上記のステップを順番に実行すれば、buildtoolsディレクトリのなかにGitリポジトリが作成される。ここで注意すべきポイントは、次の2つだ。

- サーバが起動されない。
- このリポジトリは、完全にローカルである。

第1の項目は、しつこく強調しても足りない場合があるので繰り返すが、サーバは起動されない。通常、自分のマシンで実行されているプロセスのすべてをチェックするコマンドを利用できる。Windowsでは「タスクマネージャー」を使える。MacやUnix/Linuxでは、`ps -e`とタイプすれば全部出てくる。これらの機構でチェックしても、Gitプロセスは実行されていない。Gitはサーバを必要としないのだ。このため「このディレクトリでバージョン管理を開始しよう」という判断を簡単に下せる。なぜなら、あなた自身は別として、誰の許可も求める必要がないからだ（そして、あなたは「いつでもGitを使っていいよ」と自分に許可しておくべきだ！）。

第2の項目は、第1の項目から容易に推論できる。あなたが作成したリポジトリは、その全体が、あなたのマシン上にある。ただし、リポジトリが、あなたのマシンで「実行されている」と言うのではない。とくに何も実行されていない。けれども、Gitのリポジトリファイルが作成され、buildtoolsディレクトリは、普通のディレクトリから、バージョン管理の「作業ディレクトリ」（working directory）へと変貌を遂げている。

図4.1は、作業ディレクトリを作ったあと、`git init`とタイプしたときに、何が起きたかを示している。あなたはGitリポジトリを作ったのだ。そのGitリポジトリは、あなたのマシンの作業ディレクトリの内部にある。ネットワークのどこか別の場所にあるサーバに存在するのではない！ 私が

作業ディレクトリとリポジトリの区別を明白にしようとしているのは、それらが別のものだからだ。「作業ディレクトリ」（working directory）は、要するにあなたが作業を行う場所である。「リポジトリ」（repository）は、バージョンを付けてファイルを保存できる特殊なストレージ領域である。Gitのソフトウェアがファイルを追跡管理できるのは、リポジトリ内のファイルと、ただ作業ディレクトリ内にあるファイルの違いを検出できるからだ。

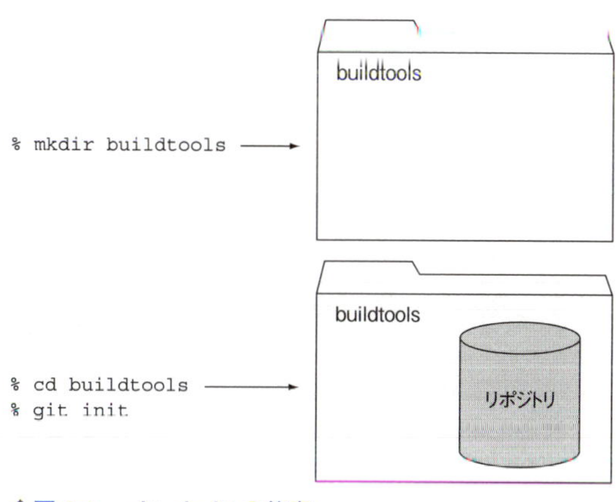

❖図4.1　git initの仕事

これであなたは、作業ディレクトリ内にいくつかファイルを作成し、それらをリポジトリに追加することができる。

● その先にあるもの ●

Gitのリポジトリは実際には別のディレクトリ、つまり.gitという名前の隠されたディレクトリのなかに存在する。コマンドラインではピリオドあるいはドットと呼ばれる「.」で始まるファイル名／ディレクトリ名は、`ls`コマンドのファイル／ディレクトリ表示から隠すべきものとされている。Gitリポジトリを見るには、あなたの作業ディレクトリで、`ls -a .git`とタイプすればよい（現在の作業ディレクトリは、buildtoolsという名前のディレクトリだ）。その中に入って見回すことさえ可能だ。それには、次のようにタイプすればよい。

```
% cd .git
% ls
```

これらのファイル／ディレクトリの性質は、この章で扱う範囲を超える。けれども「リポジトリって、どこにあるの？」という読者の好奇心に答えよう。リポジトリは作業ディレクトリの内側にある。

けれども、これらのファイルはいじらないようでおこう。これらはGitが操作するものであり、手作業で書き換えたらあとでトラブルの元になる。「この程度では満足できない」、「まだ好奇心が満たされない」という読者は、`git help repository-layout`とタイプしてこころゆくまで探究していただきたい。

4.3 git statusとgit addでファイルを追跡する

あなたのリポジトリは空だけれど、操作できるように準備ができている。それを確認するには`git status`コマンドを使う。このGitコマンドはあなたの作業ディレクトリの現状を教えてくれるのだ。

4.3.1 git statusでリポジトリの状態をチェックする

git statusコマンドはしばしばタイプすることになるから、実際に使って慣れておくべきだ。

演習

下記のステップを実行すると、あなたはホームディレクトリに移動し、それから新しく作成したbuildtoolsディレクトリに移動する。そして、この作業ディレクトリの状態を問い合わせる。

```
% cd
% cd buildtools
% git status
```

あなたが既にbuildtoolsディレクトリにいるのなら、最初の2行は必要ない。カレントディレクトリ（現在の作業ディレクトリ）は、pwdとタイプすれば確認できることを忘れないようにしよう。

状態（status：ステータス）の出力は、リスト4.2のようになるだろう[*1]。

▶リスト4.2 空のリポジトリで発行した、最初のgit statusの出力

```
$git status
On branch master

Initial commit

nothing to commit (create/copy files and use "git add" to track)
```

このステータスメッセージに含まれる情報には、ブランチ名（master）と現在のコミットを識別するメッセージ（Initial commit）があるが、これらはいまのところ無視してよい。ここで注目したいのは最後の行である。その行は、ここには「コミットすべきものがない」（nothing to commit）と言っている。そして、ファイルの追跡（track）を開始する方法を教えてくれる（use git add to track)。そこで、Gitが追跡できるファイルを1つ作ろう。ここではコマンドラインだけを使い、echoコマンドを利用してファイルを作る。

訳注＊1：原著では出力の各行の頭に、コメントを表すハッシュ記号（＃）があったが、現在のバージョンでコマンドラインで作業している限り（自動的にエディタが起動されない限り）これが出ないことを、手持ちの環境すべてで確認したので、読者の便宜のため削除している。なお、Initial commitというメッセージは、Ubuntuでは「最初のコミット」という日本語になっていた。この2点は以降も同様。

演習

下記のステップは、ホームディレクトリの下のbuildtoolsディレクトリに移動し、それからechoコマンドを使ってそこにファイルを1個作る。

```
% cd
% cd buildtools
% git status
% echo -n contents
% echo -n contents > filefixup.bat
% git status
```

第1のechoコマンドは文字列引数contentsを受け取り、それをスクリーンにプリントする。これには改行が含まれないので、contentsというワードの直後に次のプロンプト（%）がプリントされる。第2のechoコマンドは、同じ文字列引数を受け取り、それをfilefixup.batという名前のファイルにプリントする。

2回とも、改行を抑制するために-nスイッチを使っている。これは、行末に関する警告メッセージ（end-of-line warning message）を予防するための準備だ。このメッセージについては、この章の末尾にある課題で調べよう。もし"warning: LF will be replaced by CRLF in new_file. The file will have its original line endings in your working directory."というようなメッセージが現れたら、echoに-nスイッチを追加していたかチェックしよう。ただし、この警告は無視してよい。

git statusの出力は、リスト4.3のようなものになるだろう。

▶リスト4.3　ファイルを追加する前のgit status

```
$ git status
On branch master

Initial commit

Untracked files:
  (use "git add <file>..." to include in what will be committed)

        filefixup.bat

nothing added to commit but untracked files present (use "git add" to track)
```

リスト4.2のgit statusの出力と同じく、ブランチとコミットの識別に関するメッセージは無視してよい。けれども、リスト4.2と違って今回は、Gitが作業ディレクトリ内に新しいファイルを検出し、そのファイルを「追跡していない」（untracked）と指摘している。最後の行を見ると、次に何を行うべきか提案している（use "git add" to track)。「コミットに何も追加されていませんが、追跡していないファイルがあります。git addを使えば追跡できます。」というわけだ。

4.3.2 git addでファイルをリポジトリに追加する

Gitリポジトリに新しくファイルを入れたいときは、そのファイルに対して最初にgit addを使う必要がある。Gitが追跡管理できるのは、あなたが「追跡管理せよ」と指示したファイルだけなのだ。次のコラムで、git addを実行しよう。

演習

このレッスンは（この章のものは、今後どれもそうだが）、すでに作業ディレクトリ（あなたが作ったbuildtoolsディレクトリ）に入っていることを前提とする。コマンドラインでこのディレクトリにたどり着く方法は、これまでの「演習」のコラムを見ていただきたい。また、Tabキーを使って長いファイル名やディレクトリ名を補完する、シェルの「オートコンプリート」機能の使い方は前章で述べた。

```
% git add filefixup.bat
% git status
```

こんどのgit statusも、これまで見たのと同じ定型（ボイラープレート）情報を出してくる（あなたのブランチとコミット番号に関するメッセージがある)。ただし今回は、新しいファイル（new file）が存在すること、それがコミットできること（to be committed）を知らせている（リスト4.4)。

▶リスト4.4　ファイルを追加したあとの、git status

```
$ git status
On branch master

Initial commit

Changes to be committed:
  (use "git rm --cached <file>..." to unstage)

        new file:   filefix.bat
```

図4.2が示すように、git addと命じるとそのファイルがリポジトリに追加される。このコマンドはファイルをリポジトリの特別な領域に追加するのだが、それは次の節で学ぶ（また、この領域については、第6章と第7章で詳しく学ぶ)。

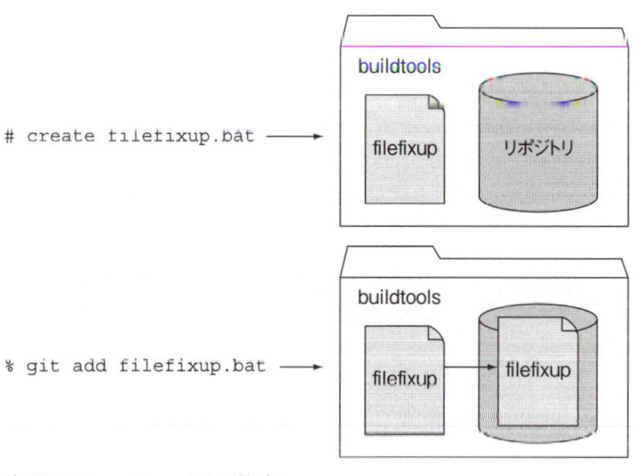

図4.2　git addの仕事

4.4　git commitでファイルをコミットする

Gitは、あなたのファイル（filefixup.bat）を認識し、それに対する変更を追跡する。けれども、まだあなたはこのファイルをリポジトリにコミットしていない。ファイルをリポジトリにコミットすると、2.1節で述べた「タイムライン」（timeline）が作られる。前節の図4.2で見たように、すでにファイルはリポジトリの中にコピーされているが、まだヒストリーが記録されていない。

タイムラインに「イベント」（event：事象）を作るには、ファイルをリポジトリにコミットしなければならない。それには`git commit`を使う。このコミットの段階で、ファイルがリポジトリに保存され、その記録がタイムラインのエントリとしてリポジトリに保存される。これまでずっと、あなたは作業ディレクトリ内でこのファイルの作業をしてきた。そして、Gitがこれまで行ってきたのは、追跡（tracking）だけだった。では、次の「演習」のコラムで、`git commit`を実行しよう。

演習

このレッスンも、すでにbuildtoolsディレクトリに入っていることを前提とする。このディレクトリのアクセス方法は、これまでの「演習」のコラムを見ていただきたい。次のコマンドはあなたが行った変更をリポジトリにコミットすると同時にメッセージを添える。メッセージは-mスイッチのあとに2重引用符で囲む（-mは、messageのmを意味する）。では、次のようにタイプしよう。

```
% git commit -m "This is the first commit message"
```

すると、リスト4.5に示すようなメッセージが表示されるはずだ。

▶リスト4.5　git commitの成功を示すメッセージ

```
% git commit -m "This is the first commit message"
[master (root-commit) 5308add] This is the first commit message
 1 file changed, 1 insertion(+)
 create mode 100644 filefixup.bat
```

[master (root-commit) 5308add]という最初の行で重要なのは、これがルート（root）コミットだと伝えていることだ。ルートというのは、「このリポジトリで、あなたがgit commitを実行したのは、これが最初だ」という意味である。masterはそのブランチを示している。どのリポジトリにも、デフォルトのブランチが開かれる。だから、これについていまは気にしないでよい。それから、5308addというのはSHA1 IDであり、このコミットのためのユニークな識別番号である。どのコミットもユニークなSHA1 IDを持つ。

コミットメッセージに続くコミット出力の最後の2行は、変更されたファイルの数（この場合は、"1 file"）と、それらの変更の性質（この場合は挿入："insertion"）を報告している。また、あなたのリポジトリ内で新たに作られたファイルのモード（100644）も報告している。この「モード」（mode）は、ファイルの使用許可（permission）を表す数字である。本書の目的に関する限り、ファイルの使用許可について気にする必要はないが、Gitがこれを追跡管理するということは覚えておこう。

とにかく、Gitは数多くの情報を与えてくれる。だが、ここで最も重要なのは、コミットメッセージすなわちThis is the first commit messageという項目だ。

図4.3は、リポジトリを上下2つのセクションに分割している。あなたがgit addを実行すると、そのファイルはある種の「待合室」のような「ステージングエリア」に格納される（図のリポジトリの、下半分）。そして、あなたがgit commitでファイルをコミットすると、Gitはそのファイルのヒストリーを管理し始める（リポジトリの図の上半分）。このステージングエリアについては、第7章で詳しく述べる。

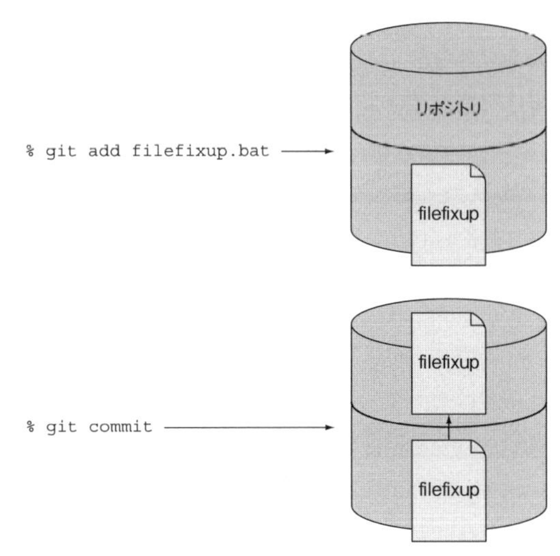

❖図4.3　git addと、その後に実行したgit commitの仕事

4.1節で述べた「お手製」バージョン管理システムを覚えているだろうか。そういうシステムでたとえばスプレッドシートを作っているとしよう。ある特別なサフィックスを付けて、そのファイルを保存するたびに、そのサフィックスが何を意味するかを脳内でメモする必要があった。あなたの脳については知らないが、私の脳内記憶容量には限りがある！ たとえば01というサフィックスは「データだけのスプレッドシート」、02というサフィックスは「第1列に式を入れたスプレッドシート」などなど、きりがない。けれどもGitのコミットメッセージ

を使えば、こういう「脳内メモ」を直接リポジトリに書けるのだ！

次の章では、Git GUIを使ってコミットする方法を学ぶ。いまは、Gitリポジトリに対して最初のコミットを行ったという成果に満足しておこう。

4.5 git logとgit ls-filesで、リポジトリを調べる

これでリポジトリに、あなたのファイルが入った。そして、あなたの作業ディレクトリはクリーンな状態に戻った。これを確かめるのに使えるコマンドには、`git status`、`git log`、`git ls-files`がある。

演習

既にあなたが`buildtools`ディレクトリに入っていることを前提として、次のようにタイプする。

```
% git status
% git log
```

第1のコマンドは「作業ディレクトリがクリーンな状態であり、コミットすべきものが存在しない」ことを示すはずだ（"nothing to commit, working directory clean"）。そして第2のコマンドはログを表示する。

`git log`の出力はページャーで表示される。ページャーの使い方は前章で学んだ。出力のページを送るにはスペースバーを押す。ページャーから抜けてコマンドラインプロンプトに戻るには、[Q] を押す。

すべてうまくいったら、リスト4.6に示すような出力が得られるはずだ。

▶リスト4.6 git logの出力

```
$git log
commit 5308adddb9a1526dbf12928f51f7c5328730d38b
Author: Rick Umali <rickumali@gmail.com>
Date:   Wed Apr 16 22:12:07 2014 -0400

    This is the first commit message
```

`git log`コマンドは、そのリポジトリに対して行われたすべてのコミットを表示する。そして、ほとんどの人々はリポジトリを「一連のコミット」（a series of commits）として把握している（それが典型的な見方である）。リスト4.6を見ると、Authorフィールドには、第3章で`git config`コマンドを使って設定したユーザーとメールアドレスがある。そしてDateフィールドはあなたのローカルな時刻（日本標準時ならば、`+0900`）であり、コミットログのメッセージはあなたが先ほど入力したメッセージになっているはずだ。

コミットを構成しているファイルを見るには、git logに--statスイッチを付ける。このスイッチを使うとリスト4.7のように表示される。

▶リスト4.7　git log --statの出力

```
commit 5308adddb9a1526dbf12928f51f7c532873 0d38b
Author: Rick Umali <rickumali@gmail.com>
Date:   Wed Apr 16 22:12:07 2014 -0400

    This is the first commit message

 filefixup.bat | 1 +
 1 file changed, 1 insertion(+)
```

リポジトリに入っているファイルのリストはgit ls-filesコマンドで得られる。ただし、あなたは作業ディレクトリの内容を既にリポジトリにコミットしたのだから、いまgit ls-filesを使ってもその結果は（カレントディレクトリのファイルをリストで表示する）lsコマンドと同じ出力になるはずだ。

4.6 課題

Gitリポジトリの作成は軽量級の処理だ。リポジトリにファイルを追加するには3つの段階が必要である。ファイルを作成し、（git addによって）そのファイルをGitに追跡させ、それから（git commitによって）ファイルをリポジトリにコミットする。この課題ではこれらの3段階を訓練で強化しよう。

「演習」の課題をまだ実行していないのなら、いますぐやっていただきたい。もう既にやったよというなら、もう一度やってみよう。いまこそ最適な機会である（ただしそれには、別のディレクトリ名、別のファイル名を使うべきだろう）。

Gitでは、いろいろ奇妙なエラーに遭遇するかもしれない。けれども、注意深くそして計画的に実行すれば、どこで何がうまくいかなかったのかを普通は突き止められるだろう。この課題では、Gitの操作を、わざと間違った順序で実行するから、奇妙なエラーメッセージが出てくる。どうしてエラーメッセージが出るのか考えてみよう。そして、それでも続行可能かどうかも考えてみよう。

1. 新しいディレクトリを作る。まずgit initを実行し、次にgit logを実行する。どんなエラーが出るだろうか？ なぜ、そのエラーが出るのだろうか？
2. 下記のステップを、慎重に実行する。

```
% mkdir twoatonce
% cd twoatonce
% git init
% echo -n contents > file.txt
% git add file.txt
% echo -n newcontents > file.txt
% git status
```

statusコマンドの出力はどうなっただろうか？ statusメッセージに、file.txtは2回現れただろうか（つまりto be committedの部分とto be addedの部分に）？

3. 現在のGitリポジトリのために、もうひとつファイルを作る。ただし今回は、echo contents > new_file.txtとタイプする。このとき、echoコマンドに-nスイッチを使っていないことに注意しよう。次に、git addでこのファイルをリポジトリに追加しよう。もしあなたがWindowsで実行していたら、warning: LF will be replaced by CRLF in new_file.txt. ［改行］ The file will have its original line endings in your working directory.という警告メッセージが現れるはずだ。
git configのヘルプを開き（それにはgit config --helpとタイプすればよい）、core.safecrlfとcore.autocrlfの項を読んで、あなたの設定がどうなっているか調べてみよう。
この警告はGitが「あなたのファイルの行末についてできるだけ注意しますよ」と言っているのだ。
Gitは、行末コードの違い（LFか、CRLFか）に敏感である（sensitive）。この課題のポイントは、それを意識することにある。これこそ、Unix/Linuxマシンとそれ以外のマシンとの間で、テキストファイルの非互換性をもたらすやっかいなEOF（行末:End Of Line）コードの問題なのだ。

4.7 この章のコマンド

❖表4.1　この章で使ったコマンド

コマンド	説明
git init	カレントディレクトリ内のGitリポジトリを初期化
git status	Gitに関するカレントディレクトリの状態を表示
git add ファイル	ファイルをGitに追跡させる。ファイルはステージングエリアに追加される
git commit -m MSG	変更をGitリポジトリにコミットし、メッセージを付ける。MSGは、2重引用符（"）で囲んだ文字列
git log	Gitリポジトリのログ（ヒストリー）を表示
git log --stat	ログとともに、変更されたファイルを表示する
git ls-files	リポジトリ内のファイルをリスト表示

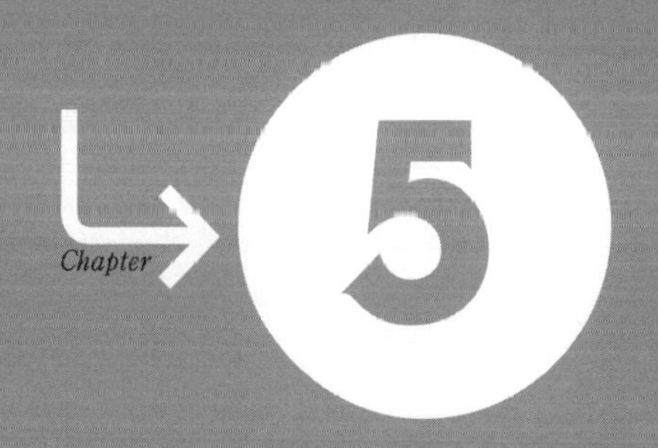

GUIでGitを使う

この章の内容

Gitの仕事は、ほとんどの時間がコマンドラインで費やされる。前にも述べたように、Gitはコマンドラインで生まれ育ったツールである。けれども、Gitとの対話処理をそのGUIを介して行う方法を調べるには、いまが適切なタイミングだ。ちなみに「そのGUI」と書いたのには理由があって、GitはGUIとともにリリースされている。

コマンドラインの愛好家はGUIを見下しがちだ。そもそもグーイなどという呼び方に、なにやら見くびった感じがあるが、これはグラフィカルユーザーインタフェース（graphical user interface）の略称だ。ともかく「コマンドラインインタフェースを持たないツールなどに、使う価値はない」という態度の人々がいるのだ。けれども、Git GUIは調べる価値がある。なぜなら、GUIは「リポジトリで何が起きているか」を見ればわかるように視覚化（visualize）して提供することにより、ずっと豊かな経験の可能性をGitユーザーに与えている。`git gui`コマンドを使えば、作業ディレクトリの状態が容易に見てとれるように視覚化される。コミットの実行も、状態の視覚化も、このツールでは1個のウィンドウのなかで行われる。そして「そのほうが作業環境として好ましい」と思う人々が、たしかに存在するのだ。

この章では、Git GUIの対話処理をいくつかとりあげる（リポジトリを作成し、ファイルのステージングとコミットを行い、リポジトリの履歴を見る）。Git GUIには、他にも様々な機能があるけれど、それらはGitそのものについて、もっと学習してから学ぶべきことだ。

最後にひとこと。ここであなたが使うGUIは、Gitそのものと一緒にリリースされるツールだ。世の中には、ほかにもGitに使えるGUIが数多く存在し、そのうち2つは第19章で調べるが、とにかくGit GUIはサードパーティではなくGitの正式なGUIであり、ポータブルに設計されている。ここでポータブルというのは、Windows、Unix/Linux、Macという「3大プラットフォーム」のどれでも実行できるという意味であり、その実行方法もほとんど共通である。しかもGitをインストールすれば、Git GUIはタダで手に入る！

5.1 Git GUIを起動する

Git GUIは、コマンドラインから起動するのが本来の設計である。次の記述に従って、Git GUIをスクリーンに出そう。

演習

下記のステップに従うと、ホームディレクトリに移動してからGit GUIを起動できる：

```
% cd
% git gui
```

このとき、図5.1に示すようなウィンドウが画面に現れる。これが、Git GUIだ！

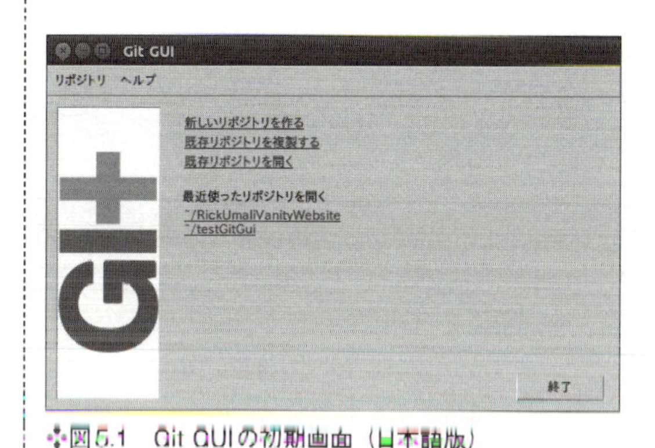

❖図5.1　Git GUIの初期画面（日本語版）

上記の演習ではGit GUIの起動を、意図的にあなたのホームディレクトリで行うようにした（単にcdとタイプすればホームディレクトリに移動することは、前に述べたとおり）。このとき現れる小さなウィンドウがデフォルト画面であり、いくつかオプションが表示されている。このウィンドウから、いまは何もすることはないのだが、好奇心を満たすためにGit GUIの画面上方にあるRepository（リポジトリ）とHelp（ヘルプ）のメニューを見てみよう。

Gitをインストールしたときの設定やあなたのシステム（Windows、Unix/Linux、Mac）によっては、Git GUIを起動するメニュー項目がシステムのどこかに存在するかもしれない。そのオプションを探してみるのもよいが、私の経験ではこれが頼りになるのはWindowsマシンだけだった[*1]。

訳注＊1：Gitのパッケージをインストールするときに現れる初期設定の「Select Components」画面で、起動オプションを設定できる。右のスクリーンショット（Git 2.6.2をWindows 10にインストールしたときのもの）を参照。

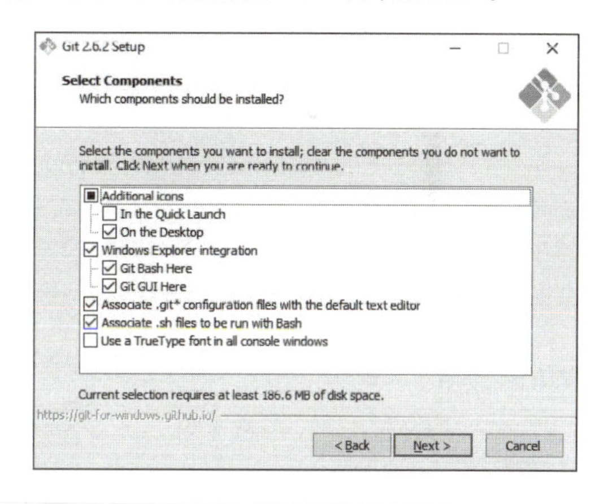

5.1.1　WindowsでGit GUIを起動する

Windowsユーザーならば、Git GUIを起動するのに別の手段がある。WindowsユーザーがGitをインストールするとき、デフォルトのインストール設定により、Git用の2つの「コンテキストメニュー」(context menu) が作成される。これはWindows Explorerで、どのフォルダでも右クリックすればアクセスできる。

2つのコンテキストメニューとは、[Git GUI Here] と、[Git BASH Here] である (図5.2を参照)。これらのふるまいはあなたの期待どおりだ。[Git GUI Here] または [Git BASH Here] を選択すれば、Git GUIまたはGitコマンドラインが開き、選択したディレクトリが作業ディレクトリになる。

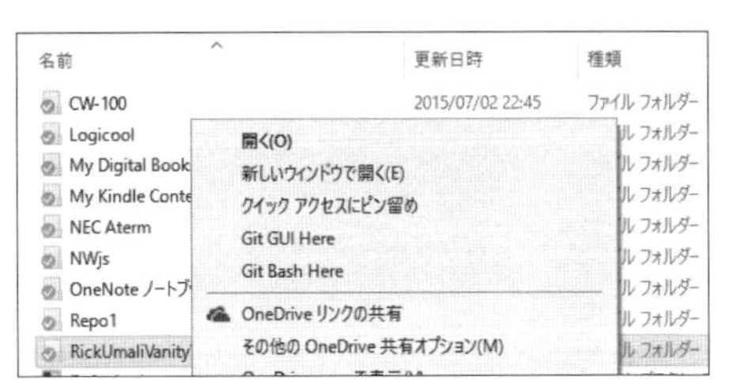

❖図5.2　Gitのコンテキストメニュー (Windows)

5.2 Git GUIでリポジトリを作る

リポジトリの作成は、Git GUIの初期画面 (図5.1) から行える。次の演習では、新しいリポジトリを作る。このリポジトリは、この章であなたが使うものだからぜひやってみていただきたい。

演習

下記の2つのコマンドは、あなたのホームディレクトリに移動し、そこでGit GUIを起動する。ただし前述のように、Git GUIを起動するメニュー項目が他にあれば、それを代わりに使うこともできる。

```
% cd
% git gui
```

すると、Git GUIが現れる。Create New Repository (新しいリポジトリを作る) というリンクをクリックしよう。すると、ディレクトリ名の入力画面が現れる。[Browse] (ブラウズ) ボタンをクリックすると、お馴染みのファイルブラウザ・ウィンドウが現れる。

あなたのホームディレクトリに、newrepoという、新しいディレクトリを作ろう。

Windows

Windowsならば、図5.3の画面から呼び出すブラウザによって、ディレクトリを作成できる。

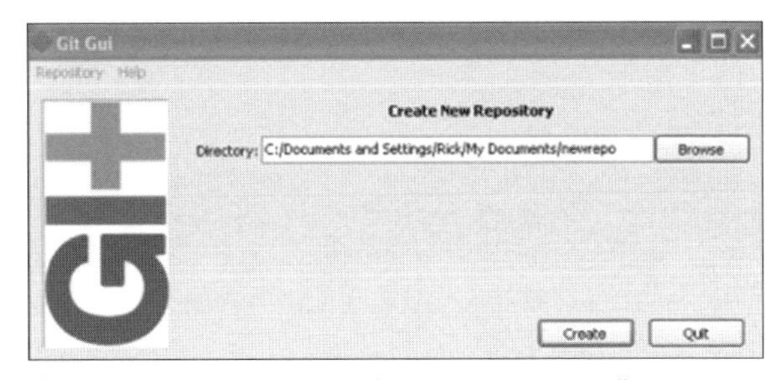

❖図5.3　Windowsで新しいディレクトリnewrepoを作る

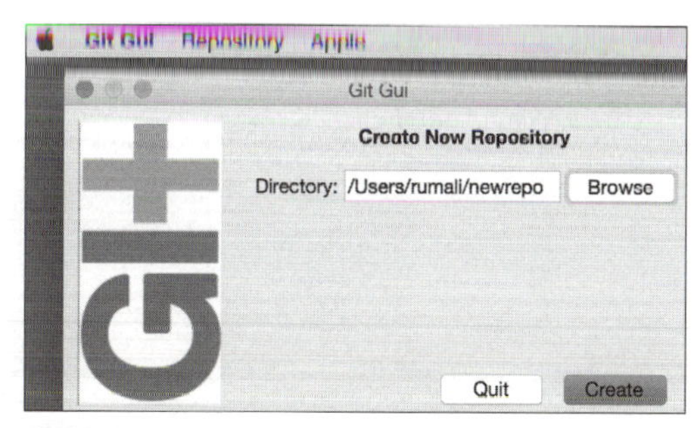

❖図5.4　Macでnewrepoを作る

Mac

Macなら、ファインダー（Finder）を使って、図5.4の画面に出ているようなパスを作成しよう（ただし、あなた自身のホームディレクトリの下に作ること）。

Unix/Linux

Unix/Linuxでは、Browse（ブラウズ）をクリックすると現れる画面のダイアログボックスに、`newrepo`とタイプすれば、newrepoディレクトリを作成できる（図5.5を参照）。

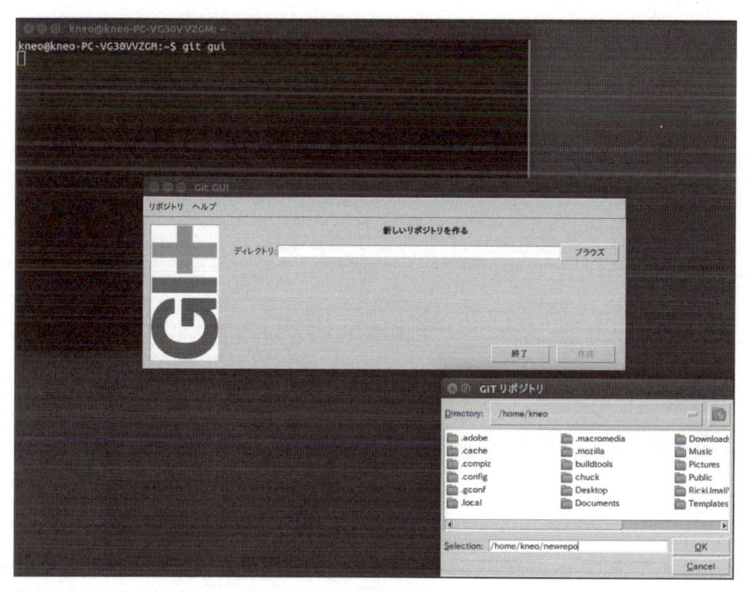

❖図5.5　Linuxでnewrepoを作る（日本語版）

newrepoディレクトリを入力したら、Create（作成）ボタンをクリックしよう。すると、図5.6に示すような、Git GUIのメイン画面が現れる。このメイン画面のタイトルバーは、newrepoリポジトリの中にいることを示している。

Git GUIは、3大プラットフォームの全部で同じルック&フィールとなるように設計されている。ここから先は、おもにWindowsプラットフォームを例として示す（ただし、特定のプラットフォームに関する重要な差異は例外である）。

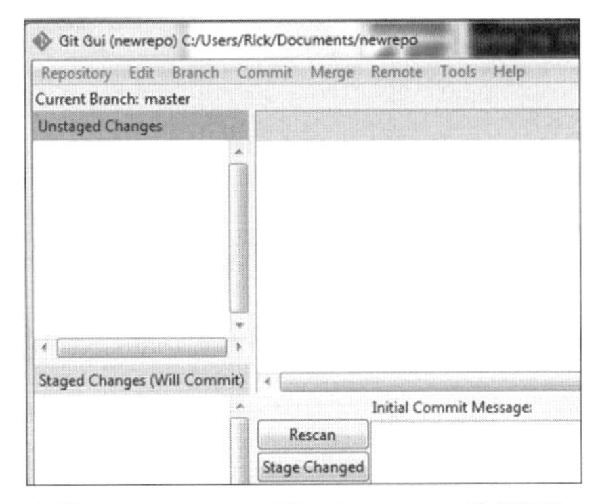

❖図5.6　Git GUIで開いたnewrepoリポジトリ

もうリポジトリが作成されている。Repository（リポジトリ）メニューをアクセスし（図5.7）、Explore Working Copy（ワーキングコピーをブラウズ）をクリックすれば、この空の作業ディレクトリをあなたのシステムのファイルブラウザで見ることができる。

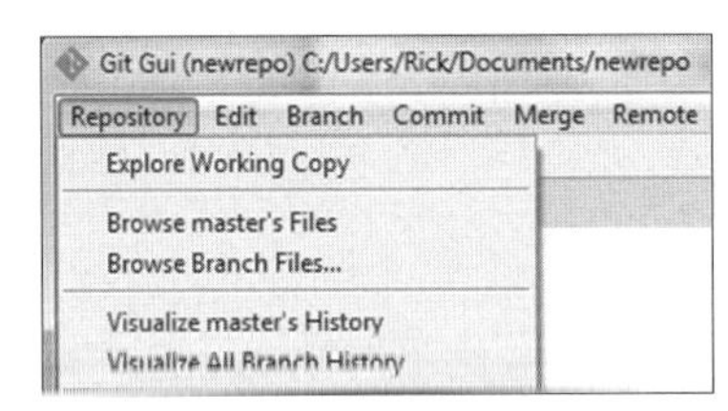

❖図5.7　Explore Working Copy（ワーキングコピーをブラウズ）

前章で学んだように、Gitはリポジトリ初期化の処理でサーバと通信する必要がない。このリポジトリは、完全にあなたのローカルマシンの上で作成され、完了までネットワーク接続を必要としない。

あなたのシステムの既存のファイルブラウザを使ってファイルシステムをブラウズできるのは、Git GUIの長所だ。コマンドラインでの作業に慣れていなくて、自分がいまどこにいるのか（pwdコマンドを使って）しきりに調べているのなら、リポジトリの作成はGUIを使うと作業が簡単になるだろう。

Git GUIのメインスクリーンでは、タイトルバーに作業ディレクトリのパス名が表示される。また、Repository（リポジトリ）メニューからExplore Working Copy（ワーキングコピーをブラウズ）というメニュー項目を選べば、システムのファイルブラウザを使ってそのディレクトリ（と、その内容）を調べることができる。

5.3　Git GUIでファイルをリポジトリに追加する

Gitリポジトリは、既に、あなたのnewrepo作業ディレクトリ内に作成されている。では、前章と同じように、このディレクトリにファイルを1つ追加しよう。

演習

この練習の前半は、newrepoディレクトリを**git gui**で開くだけだ。もしGit GUIがまだ前回の「演習」で開いたまま実行中ならば、その必要はない（図5.9の次にあるテキストまで飛ばしてよい）。

git guiでnewrepoディレクトリを開く方法は2つある。

第1の方法は、Gitのコマンドラインウィンドウを開いてから次のコマンドを打ち込む（ただし、最初の2つのコマンドは、**cd $HOME/newrepo**という1つのコマンドで置き換えることが可能だ）。

```
% cd
% cd newrepo
% git gui
```

最後に**git gui**とタイプしたら図5.9に示す画面が現れる。

第2の方法は、おそらくもっと簡単だろう。5.2節で行ったようにいきなりGit GUIを開く。つまり、Gitのコマンドラインウィンドウを開いたらすぐに次のコマンドを打ち込むのだ。

```
% git gui
```

すると、Git GUIの初期画面が現れる（図5.1）。Open Recent Repository（最近使ったリポジトリを開く）に～/newrepoがあれば、そのリンクをクリックすれば図5.9の画面に移行する。なければOpen Existing Repository（既存リポジトリを開く）をクリックし、ファイルブラウザでnewrepoフォルダを選択する（図5.8）。Git GUIが作業ディレクトリを開くのは、それがGitリポジトリであるときに限られる。

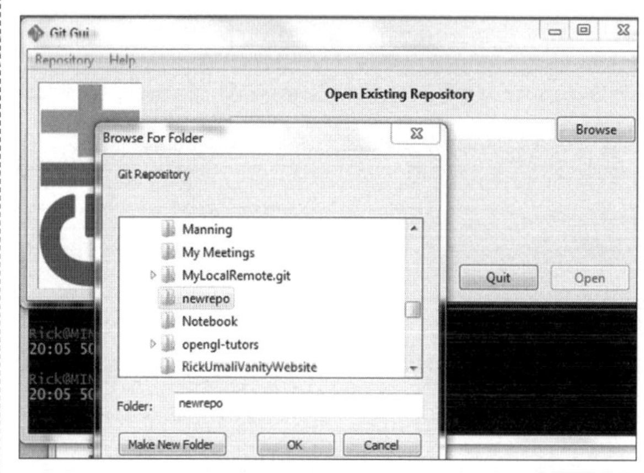

❖図5.8　Git GUIで既存リポジトリを開く

Git GUIは、図5.9に示す画面になる。

この画面は、複数のテキストウィンドウで作業ディレクトリの状態をスキャンする。第4章で学んだ**git status**コマンドを思いだそう。このメインウィンドウは、**git status**と同じ情報を表示するのだ。では、このリポジトリにファイルを1つ追加しよう。

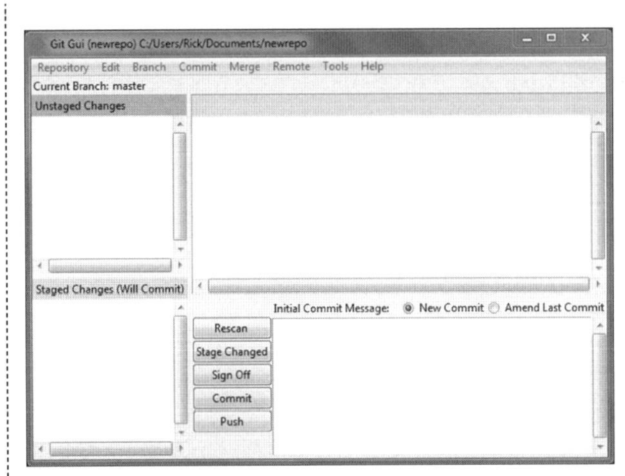

❖図5.9　newrepoをGit GUIで開いている

Repository（リポジトリ）メニューを開き、Explore Working Copy（ワーキングコピーをブラウズ）項目を選択する。すると、あなたのシステムのファイルブラウザが現れる。ただし、いまは空のディレクトリが表示されるはずだ。ファイルブラウザを使って新しいテキストファイルを追加しよう。

Windows

図5.10は、Windowsでテキストファイルを追加する方法を示している。

このファイルはあとで参照するため、sample.txtという名前にしておこう。この処理は、コマンドラインでechoコマンドによって実行した処理と同じことである。このテキストファイルをいま開くこともできる。あなたの好きなテキストエディタで、なんでも入力できる。

❖図5.10　ここに新しいテキストファイルを作る（日本語版）

Mac

Macの場合は、「テキストエディット」（Text Edit）を使ってnewrepoディレクトリの中に新しいファイルを作成できる。「テキストエディット」の「ファイル」メニューを開き（図5.11）、「新規」をクリックしてファイルを作る。

「ファイル」メニューの「保存」をクリックして、このファイルをnewrepoディレクトリに保存しよう。「テキストエディット」の「保存」ダイアログボックス（図5.12）で、「名前」と「場所」を指定する。

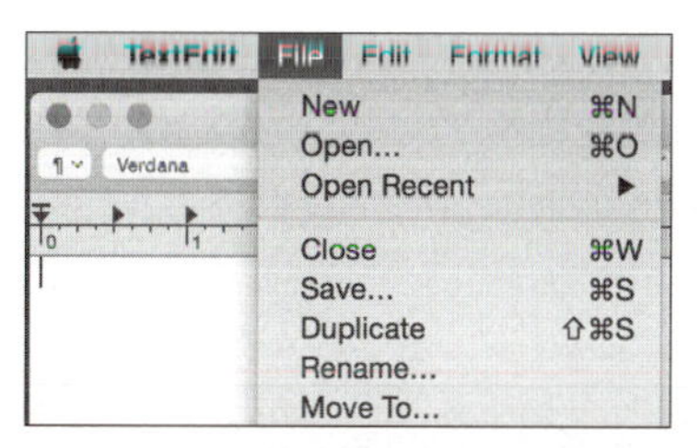

❖図5.11　Macではテキストエディットでファイルを作り、newrepoディレクトリに保存する。

❖図5.12
Macの「テキストエディット」でファイルを保存する。「名前」はsample.txtとする（sample.rtfでも差し支えない）。「場所」は、必ずnewrepoディレクトリを指定しよう。

Unix/Linux

Unix/Linuxのデスクトップを実行しているマシンでは、File Managerツールを使って*2、新しいファイルを作成できる（図5.13）。

そのファイルを、newrepoディレクトリに保存すればOKだ（図5.14）。

訳注＊2：Ubuntu 15.10で、Git GUIの「ワーキングコピーをブラウズ」画面から、新しいファイルを作成できることを確認した。ファイルブラウザが出たら（タイトルがnewrepoであることを確認）、右側の空白画面を右クリックするとコンテキストメニューが出る。そこで「新しいドキュメント」-「空のドキュメント」を選択すると、「無題のドキュメント」ができる。それを「sample.txt」に変更し、保存すればよい。

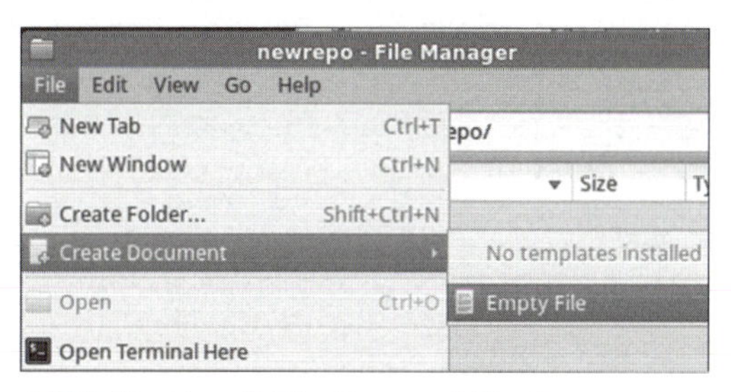

❖図5.13　LinuxのFile Managerを使って空のファイルを作る

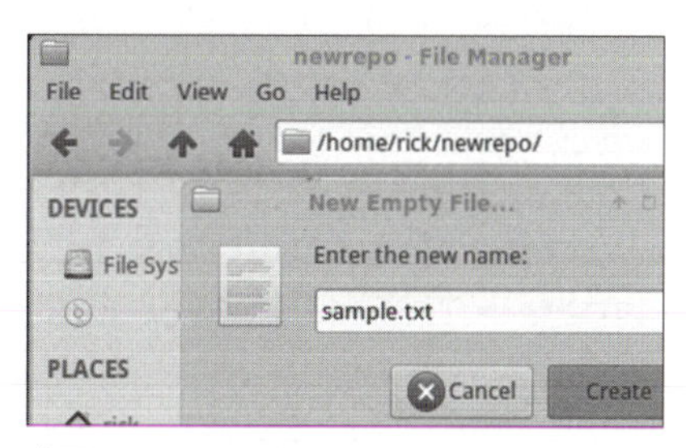

❖図5.14　Unix/Linuxで、新しいファイルをnewrepoディレクトリに保存

空のファイルが作業ディレクトリnewrepoにできたら、Git GUIに戻ってRescan（再スキャン）をクリックしよう。これは、図5.15で強調されているボタンだ。Rescan（再スキャン）は、Commit（コミット）メニューから選択することもできる。

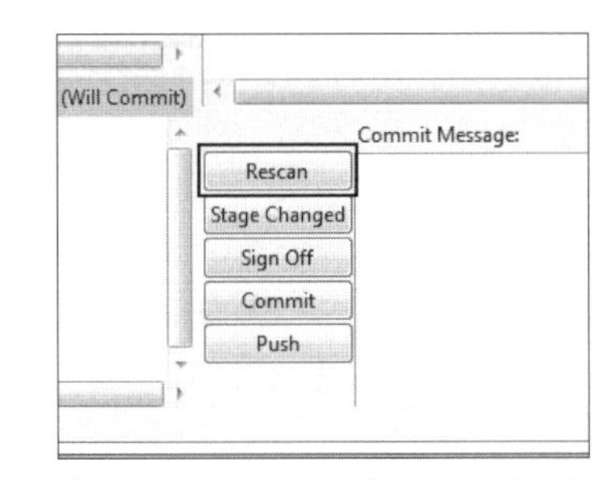

❖図5.15　Rescan（再スキャン）ボタン

Rescan（再スキャン）をクリックすると、Git GUIが新しいファイルを認識するので、そのファイルがGit GUIの左上ペイン（Unstaged Changes：コミット予定に入っていない変更）に現れる。このペインでファイルをクリックすると、その状態が右上ペイン（Untracked, not staged：管理外、コミット未予定）に現れる。そのときのGit GUIの状態を図5.16に示す。

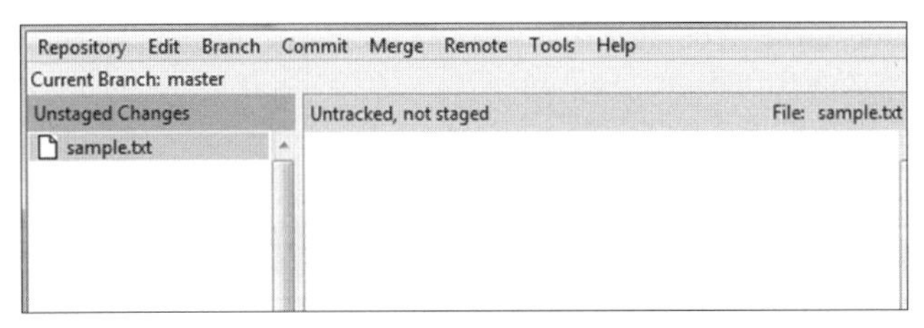

❖図5.16　新しいファイルをGit GUIで見る

このファイルはまだ管理されていない。Gitは、ここに新しいファイルが存在することを認識しているが、それが"untracked"（管理外）で、"not staged"（ステージングされていない＝「コミット未予定」）だと言っている。このファイルをリポジトリにコミットするには、まずそれをリポジトリに入れる必要がある。次に行うステップは`git add`コマンドと等価なGit GUIの操作である。

演習

ファイルの追跡管理を開始するには、まずファイルをクリックして選択する。次にCommit（コミット）メニューからStage to Commit（コミット予定）を選択する。

するとファイルは、左上ペイン（Unstaged：コミット予定に入っていない）から、左下ペイン（Staged：ステージングされた）に移動する（図5.17）。このファイルは、ステージングされたのだ！　この操作は前章で行った`git add sample.txt`コマンドと等価である。

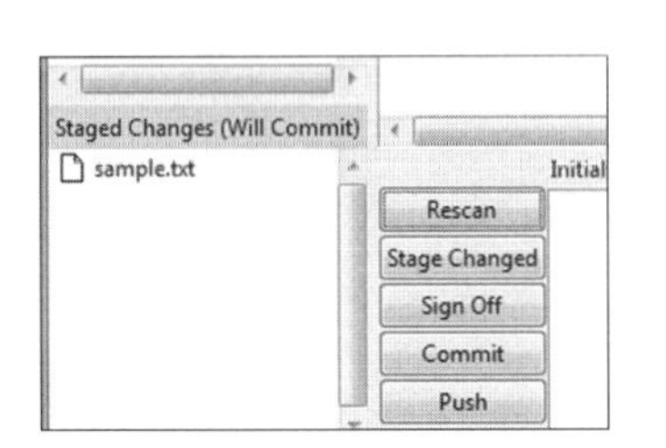

❖図5.17　ファイルをGit GUIでステージング（コミット予定）する

これでGitリポジトリにこのファイルをコミットすることが可能になった。いまや、このファイルは「ステージングされた（コミット予定済の）」左下ペインに入っているのだから、次に押すべきボタンは容易に推測できるだろう！

演習

ファイルがStaged Changes（ステージングされた）ペインにあるときは、Commit（コミット）ボタンをクリックできる。けれども、その前に右下ペインにコミットメッセージを入力しなければならない。前章で行ったのと同様に、このテキストペインにも1行のメッセージを入れよう（図5.18参照）。

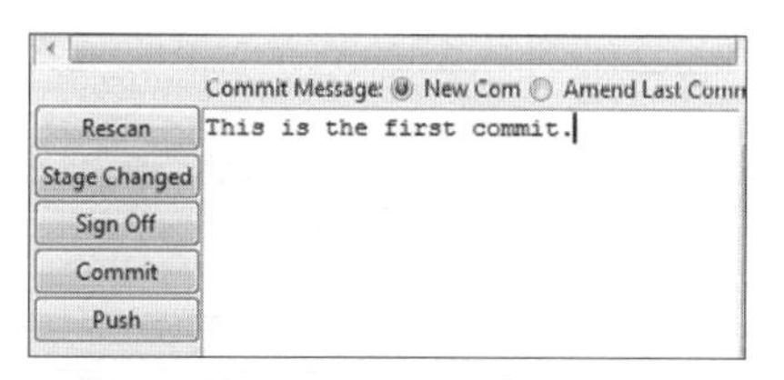

❖図5.18　最初のコミットメッセージ

最初のコミットメッセージを入力し終えたら、Commit（コミット）ボタンをクリックしよう。すると、あなたのファイルは左下のペインから消え、あなたが入力したコミットメッセージは図5.19に示すようにGit GUIウィンドウの一番下にあるステータスバーに現れるだろう。

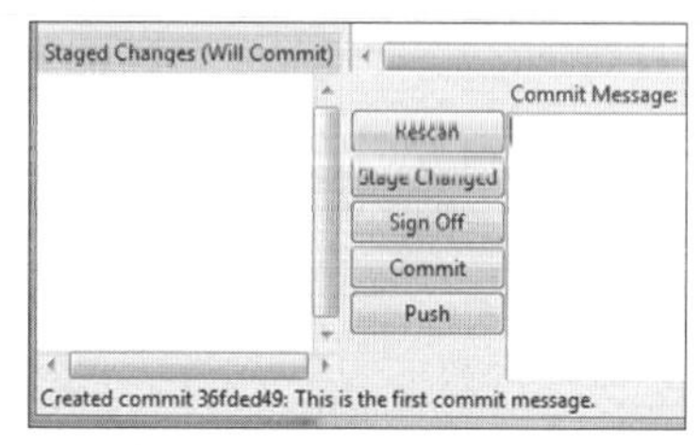

❖図5.19　Commit（コミット）ボタンを押した後の、Git GUI画面

これで、あなたのファイルはこのコミット以降このリポジトリに置かれる。ただし、コマンドラインでエディタを使うのに慣れている読者は「コミットのログメッセージを入れるために、わざわざUIを起動するなんて、手間がかかりすぎる」と思うかもしれない！

5.4　履歴を見る

第4章の末尾では、`git log`コマンドを実行することによって、リポジトリの内容を調べることができた。同じことをGit GUIで行う方法を見よう。

演習

Repository（リポジトリ）メニューから、Visualize master's History（ブランチ master の履歴を見る）項目を選択しよう（図5.20）。前章で学んだように、どのリポジトリにもmasterという名前のブランチがデフォルトで開かれるのだ。

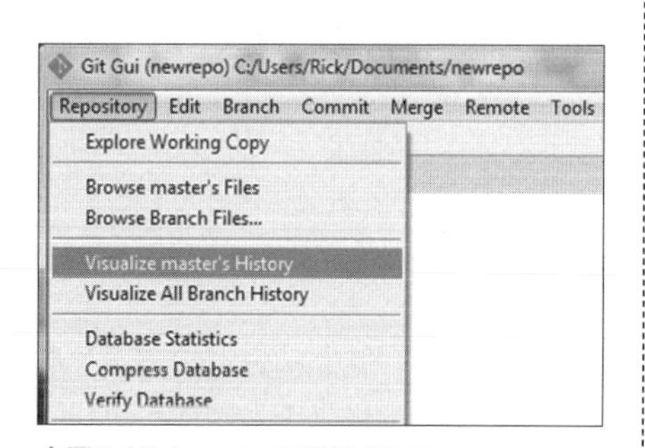

❖図5.20　masterの履歴を見る

このメニュー項目をクリックすると、別のウィンドウが開く（図5.21）。

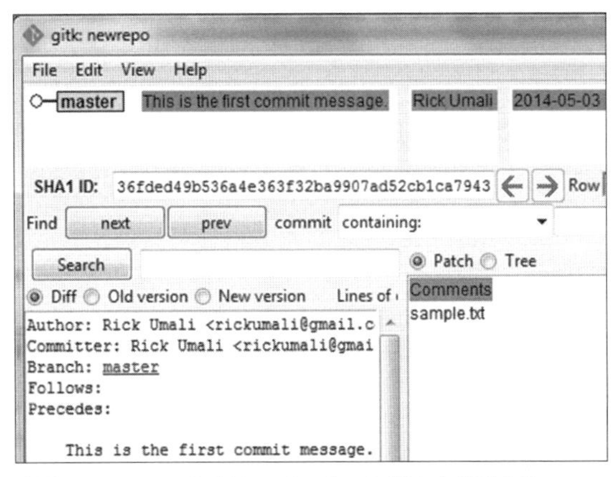

❖図5.21　このgitkは、git logに対応する画面だ

ここで現れるウィンドウでは、タイトルのリポジトリ名（newrepo）と並んで"gitk"と書かれていることに注目しよう。このウィンドウは、この章で使ってきたGit GUIウィンドウとは別のプログラムなのだ。

このgitkウィンドウには、数多くのテキストペインがあるが、いま注目すべき情報は左上ペインにある1行のテキスト（リボン）だ。これが、あなたの「ログメッセージ」（log message）である。その右のテキストペインには、コミットの作者であるあなたのIDとこのコミットの日時がある。そして、このコミット情報の下には、SHA1 IDが表示されている。

このリポジトリにはコミットが1つしかないので、その他のボタンやメニュー項目の大部分は、いまのところ興味深いものではない。次に手軽な課題を提供するのでぜひとも挑戦してほしい。

5.5 課題

これからGit GUIの練習課題をいくつか提供するけれど、その前に、この章の「演習」を（もし、本章を読んでいる間に試していなかったら）最後までやっていただきたい。リポジトリを作り、ファイルをリポジトリに追加し、それからリポジトリの内容をチェックすることに慣れていただきたいのだ。

「そんなの、読んでる間に済ませてしまったよ」という読者にも、できれば繰り返して実行することをお奨めする。前章で行った操作にGit GUIおよびgitkがどのように対応するかを意識していただきたい。

この課題では、GUIでの操作とコマンドラインでの操作（前章を参照）の両方を混ぜる。ここでのポイントは、Gitのリポジトリを GUIからもコマンドラインからもアクセスできること、そして、ある操作はGUIで他の操作はコマンドラインから、と自在に選択できることだ。

では、次に示す手順を、慎重に辿っていこう。

1. コマンドラインから、下記のコマンドを順にタイプしていこう。

```
% cd
% mkdir labrepo
% cd labrepo
% git init
% echo -n contents > file.txt
% git citool
```

こうしたら、file.txtは、どのペインに現れるだろうか？（もしあなたの環境で、`git citool`の呼び出しに問題が生じたら、本書のフォーラムでヘルプが得られるだろう）。

2. `git citool`とは何だろうか？（ヒント：ヘルプを読んでみよう！）

3. `git citool`とタイプしたあとに現れたGit GUIを終了させ、それからコマンドラインで次の2行をタイプしよう。

```
% git add file.txt
% git citool
```

このとき、file.txtは、どのペインに現れるだろうか？

4. `git citool`とタイプしたあとに現れたGit GUIを終了させ、次の2行をタイプしよう。

```
% echo -n more > file.txt
% git citool
```

こんどは、file.txtが、左上と左下の両方のテキストペインに現れるのでは？

5. これら2つの変更をコミットするには、どうすればいいだろうか？

6. コマンドラインで`gitk`とタイプしてみよう。驚くことはない。これは別のコマンドなのだから。ところで、`gitk`には`--help`スイッチを使えるだろうか？

5.6 さらなる探究

この章では、Git GUIでかなりの時間を過ごした。GUI（グラフィカルユーザーインタフェース）に関するさらなる探究として、次の2つの領域を紹介しておこう。

5.6.1 Git用の、その他のGUI

主要なプラットフォームのすべてで利用できるGit用のGUIクライアントは、少なくとも1ダースは存在する。検索し、よさそうなのを試してみて好きなものを見つけよう！ どういうアプローチを採用しているのかは、この章で行った操作（リポジトリを作ってから、それにファイルを追加する）をやってみればわかるだろう。

コマンドラインでのGitの使い方について、今後も学習を続けるわけだが、その過程で上記の操作をGit GUIとgitkで完了させる方法も学ぶ。だから、これらのツールを完結させる方法は、まだ示していない。

5.6.2 TclとTkとWish

Git GUIとgitkを背後で支えている技術は、かなり気になる領域ではないだろうか。どちらのツールもTclというプログラミング言語で実装されている（Tclは、Tool Command Languageの略称だ）。Tclは、1988年にJohn Ousterhout（と、Sun Microsystemsの彼のチーム）によって作られた、動的なスクリプト言語/インタープリタである。そしてTk（GUI操作のためのツールキット：いわゆるウィジェット）は、その後まもなくこの言語に追加された。Tcl/Tkについて学ぶには、`https://www.tcl.tk/`を訪れてみよう[*3]。

訳注＊3：Tcl/Tkに関する日本語の書籍で、訳者の手元にあるのは次の4つ。
『入門 tcl/tk（My UNIX Series）』（久野靖著、アスキー出版局、1997年）
『Tcl/Tk入門 - Practical Programming in Tcl and Tk』（ブレント・B・ウェルチ著、播口陽一、中込知之、棚橋直美訳、トッパン、1997年）1999年にピアソン・エデュケーションから第2版が出ている。
『入門 Tcl/Tk - 誰でも簡単GUIプログラミング』（須栗歩人著、秀和システム、1998年）同じ著者による『詳解 Tcl/Tk GUIプログラミング』が、2000年に同社から出ている。
『Effective Tcl/Tk』（Mark Harrison/Michael McLennan著、吉川邦夫訳、アスキー出版局、1999年）その他の書籍、参考文献は、Webを検索していただきたい。Tcl/Tkのman pagesは、`http://www.tcl.tk/man/`にある。

Git GUIもgitkもTcl/Tkで書かれている。「ウィンドウを作るシェル」（windowing shell）との相互作用とは何だろう。完全に「オンザフライ」で作成するGUIとはどんなものだろう。その感覚を掴みたければ、コマンドラインを開いて`wish`とタイプしよう。すると、図5.22に示すようなウィンドウが現れるはずだ。

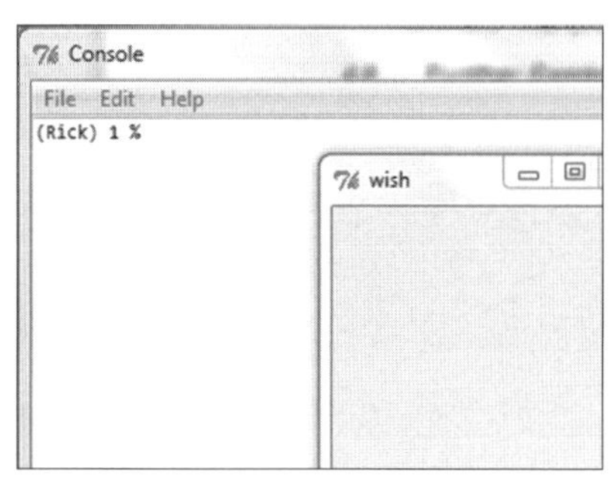

❖図5.22 WishのGUIウィンドウ

Windowsでは、2つのウィンドウが現れる。片方のタイトルはConsole、もう片方のタイトルはWishだ[*4]。MacやUnix/Linuxでは、Wishウィンドウだけが現れる。その場合コンソールがコマンドラインにあることが［%］プロンプトで示される。

訳注＊4：訳者がWindows 7および10のGitBashでwishとタイプしたときは、Wishウィンドウだけ現れ、GitBashウィンドウに「%」プロンプトが出なかった。そこでGitBashのコンソールに、リスト5.1のスクリプトをタイプしてみたら、Wishウィンドウに［Git］ボタンが現れた。WindowsにおけるTclについてのFAQ（英文）は、http://www.tcl.tk/faq/tclwin.htmにあり、その"3.2 Are there any single-executable distributions of Tcl"に、バイナリ・パッケージによるTclディストリビューションへのリンクがある。

このコンソールに、リスト5.1に示す2行を、打ち込んでみよう。

▶リスト5.1　単純なGUIプログラム

```
button .submit -text "git" -command { catch { exec git --version } results; ⏎
puts $results }
pack .submit
```

2行目のpack .submitまで打ち込んだら、Wishウィンドウが変化するのが見えるだろう。このウィンドウの内容は、Gitというラベルを持つ1個のボタンになるのだ。そのボタンをクリックすると、図5.23に示すようにConsoleウィンドウにgit --versionの出力が現れる[*5]。

訳注＊5：exitとタイプすればセッションを終了できる。

❖図5.23　小さなGUIをWishで実装

ご覧のように、あなたは「クリックするとGitのバージョンをプリントするボタン」を持つウィンドウを作成したのだ。ずいぶん簡単ではないか。前述したように、これは探究すべき興味深い領域だ。Gitをインストールすると、素晴らしい能力があなたのマシンにもたらされる。

5.7 この章のコマンド

❖表5.1　この章で使ったコマンド

コマンド	説明
git gui	Git GUIを起動
git citool	変更をコミットするためにGit GUIを起動
gitk	gitk（git log viewer）を起動

ファイルの追跡と更新

この章の内容

もうあなたはGitリポジトリの立派な所有者だ。リポジトリに1個のファイルを追加することができたし、リポジトリの内容を見ることもできる。そこで今回はもう少し深く調べよう。あなたのリポジトリに入っているファイルを実際に更新して、履歴を追跡管理する方法を知っておこう。これは、あらゆるバージョン管理システムで最も重要な機能のひとつである。

この章では、まず新しいリポジトリを作り、`git add`と`git commit`を使ってそのリポジトリに複数のファイルを追加する。また、`git diff`コマンドも学ぶ。これは、あなたがリポジトリ内の何を変更したのかを追跡管理するのに役立つコマンドだ。次に、Gitの特徴のひとつである「ステージングエリア」を学ぶ。これがあるので、Gitのリポジトリには変更を部分的にコミットできる。そういうのは、しばしば発生するユースケース（用例）だから、Gitによるサポートを学習しておくべきだ。最後に、これらと同じ操作を、Git GUIがどのように提供しているかを見よう。

6.1 単純な変更を行う

この章で行う作業のために新しいリポジトリを作る。そのなかで、2つの数を加算するだけの単純なプログラムを構築する。

6.1.1 新しいリポジトリを作る

では最初に、まったく新しいリポジトリを作り、その中にファイルを1つだけ入れよう。

演習

これからmath（算数）という名前の作業ディレクトリを作り、そのディレクトリのなかにGitリポジトリを作る。その次に、math.shという名前の小さなプログラムを作るが、最初は1行のコメントしかない。これをリポジトリに追加する。

それをGit GUIで実行する方法は第4章と第5章で学んだ。ここではコマンドラインを使って行うステップを示す。最初のステップは、コマンドラインを開くことだ。Windowsの場合はGit BASHだが、MacまたはUnix/Linuxの場合は「ターミナル」（端末）だ。それから、下記のコマンドを打ち込んで実行しよう。

```
% cd
% mkdir math
% cd math
% git init
% echo "# Comment " > math.sh
% git add math.sh
% git commit -m "This is the first commit."
% git log
```

これらのコマンドによって新しいリポジトリが作成され、新しいファイルが1つその中に入る。最初のcdコマンドは、既に学んだようにホームディレクトリに移動するものだ。また、git commitの-mスイッチについては第4章で紹介した。これらのコマンドの実行結果を図6.1に示す。

echoで-nスイッチを使っていないので、Windowsユーザーの場合、次の警告メッセージが出るかもしれない（以下同様）。

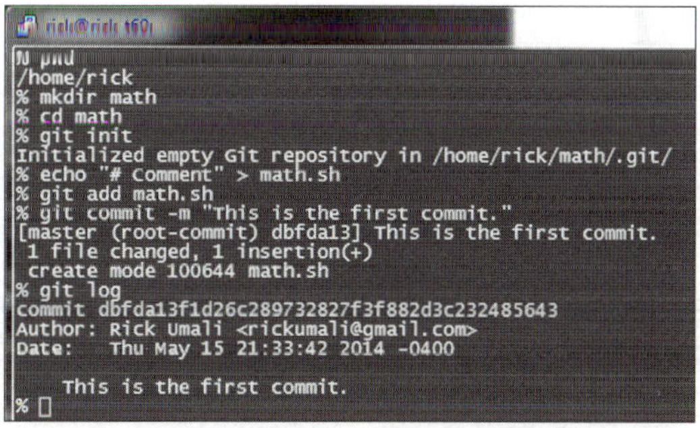

```
% pwd
/home/rick
% mkdir math
% cd math
% git init
Initialized empty Git repository in /home/rick/math/.git/
% echo "# Comment" > math.sh
% git add math.sh
% git commit -m "This is the first commit."
[master (root-commit) dbfda13] This is the first commit.
 1 file changed, 1 insertion(+)
 create mode 100644 math.sh
% git log
commit dbfda13f1d26c289732827f3f882d3c232485643
Author: Rick Umali <rickumali@gmail.com>
Date:   Thu May 15 21:33:42 2014 -0400

    This is the first commit.
% 
```

❖図6.1 「演習」の結果

```
warning: LF will be replaced by CRLF in math.sh.
The file will have its original line endings in your working directory.
```

この警告は、いまのところ無視してよい（詳しい情報は、第4章の課題を参照）。

6.1.2 変更をGitに知らせる

では次に、このmath.shファイルに変更を加え、Gitが変更をどのように追跡するかを調べよう。

演習

あなたのmath.shプログラムに、次の行を追加する。

```
a=1
```

それには、あなたの好きなテキストエディタを使えるけれど、ここではコマンドラインからファイルに1行を追加する便利なテクニックを紹介しよう。次のようにタイプするのだ。

```
% echo "a=1" >> math.sh
```

ここで、>>という記号は、2重引用符に囲まれたテキストを「ファイルの末尾に追加せよ」という意味である。このようにタイプするとmath.shのテキストが1行増えるのだ。このファイル全体をコマンドラインで見るには、次のようにタイプする。

```
% cat math.sh
```

このコマンドは、あなたのファイルの内容（2行）を表示する。そもそも、これはgit addでGitに追加したファイルなのだから、このファイルが変更されたかどうかをGitに尋ねることができる。それには、次のコマンドをタイプする。

```
% git status
```

すると、次のリストに示す出力が現れるはずだ。

▶リスト6.1　git status

```
On branch master
Changes not staged for commit:
  (use "git add <file>..." to update what will be committed)
  (use "git checkout -- <file>..." to discard changes in working directory)

        modified:   math.sh

no changes added to commit (use "git add" and/or "git commit -a")
```


ここで、`git status`は`Changes not staged for commit`（コミット予定に入っていない変更）が存在すると報告している。そして、`use "git add <file>" to update what will be committed`（変更をコミット予定に入れるには、"git add"を使ってください）と言っている。また、変更を取り消す（discard）方法も知らせている。
`use "git checkout -- <file>..." to discard changes in the working directory`
けれど、ここで重要なポイントは、「この変更をコミットするためには、（`git add`によって）それをGitに追加する必要がある」ということだ。その方法は次の節で調べるが、まずは「どこが違うのか」、つまり変更箇所に注目しよう。

6.1.3 「どこが違うのか」を見る

`git status`コマンドは、ファイルに変更が加えられた（modified）ことを伝えている。けれども、その変更が具体的に何なのか突き止めることができるだろうか？

演習

mathディレクトリの中で、次のようにタイプする。

```
% git diff
```

すると、次のような出力が現れる。

▶リスト6.2　git diffの出力

```
diff --git a/math.sh b/math.sh
index 8ae40f7..a8ed9ca 100644
--- a/math.sh
+++ b/math.sh
@@ -1 +1,2 @@
 # Comment
+a=1
```

このgit diffコマンドの出力は、ファイルの何が変化したのかGitが正確に知っているという事実を示している。次の5行に注目しよう。

```
--- a/math.sh
+++ b/math.sh
@@ -1 +1,2 @@
 # Comment
+a=1
```

先頭にある2行のヘッダ情報は、どの2つのファイルを比較したかを（aとbで）示している。第1行のa/math.shが元のファイルだ。Gitのリポジトリには、元のファイル（original file）が含まれていることを思いだそう！ 第2行のb/math.shは、あなたの作業ディレクトリにある新しいファイルだ。ここで変更できるのは、この作業ディレクトリにあるファイルに限られる。

3行目の@@ -1 +1,2 @@という文字列は、それに続く2行をどう解釈すべきかを示している。その2行は、「ハンク」（hunk）あるいは「パッチ」と呼ばれるものだ。1個のハンクが、2つのファイルの間で異なっている1個の領域（変更箇所）を示す。今回の変更は1行を追加しただけだから、@@で始まる行はおよそ次のような意味である。「元のファイル（a/math.sh）を最初の行から見ます（-1）。そして、新しいファイル（b/math.sh）の内容と最初の行から比較して2行読みます（+1,2）」

このdiffで肝心なのは、次に示すハンクである。

```
 # Comment
+a=1
```

第1行（# Comment）は、あなたがファイルを作成したときの内容だ。そして第2行は、あなたが作業ディレクトリ内のファイルに追加した内容であり、頭にあるプラス記号（+）は「追加された」という意味だ。もっと複雑なdiff出力には複数のハンクを含むものがあり、それぞれのハンクの前に@@マーカで始まる行がある。

Gitは、この差分出力（difference output）を利用して、あるバージョンから別のバージョンへとファイルを変換できる。このフォーマットについて詳しく知りたい人は、Webで"unified format"または"unidiff"を検索してみよう*1。いまのところ、この出力は「何が変更されたか」の記録として役に立つものだ。Gitの学習が進むにつれて、差分出力の読み取りが容易になるだろう。とはいえ、このセクションで見たように、直感で理解できる部分もあるのだ。

訳注＊1：日本語ウィキペディアでは、diffの項に「ユニファイド形式 (Unified format)」の記述がある。

6.1.4 変更をリポジトリに追加・コミットする

では、git statusの助言に従って、このファイルをリポジトリに追加しよう。

演習

この変更をリポジトリに追加するには、git addで変更を追加してからgit commitとタイプする必要がある。

git statusコマンドは、この変更をリポジトリに追加する、もうひとつの方法を示唆している。それは、git commitコマンドに-mスイッチと-aスイッチを追加する、という方法だ。

次の行をタイプしよう。

```
% git commit -a -m "This is the second commit"
```

このように、-aと-mの2つのスイッチを同時に使うことでgit addのステップを省略し、しかもメッセージを入力することが可能になる。

上記の「演習」で打ち込んだコマンドからは、リスト6.3に示すような出力が得られるはずだ。

▶リスト6.3　git commit -a -mの出力例

```
[master e9e6c01] This is the second commit
 1 file changed, 1 insertion(+)
```

git commitと同時にgit addを実行するのは、一般的なショートカット（手っ取り早い方法）である。ただし、このショートカットを使うには、その前に最初のファイルを（1回目のgit addで）追加しておく必要がある。git commitの-aスイッチは、Gitが認識しているファイルのすべてを自動的にステージング（git add）せよ、という指示なのだ。

6.2 git addについて考える

Gitに関して、あなたが「面倒くさい」と思い始めているかもしれない手順のひとつがこれだろう。リポジトリにコミットしたいファイルには、少なくとも1回は、git addを使わなければならない。

その後、そのファイルに変更を加えるたびに、リポジトリにコミットすべきだという話だが、やはり変更したファイルをgit addしてからでなければコミットできないのだ。

どうしてそうなっているのだろう？ 最初にgit addしたあと、変更するたびに同じことを繰り返すのは冗長だと思わないだろうか。前節の最後に紹介した便利なショートカット（git commit -a）を使えば、git commitとタイプする前にgit addとタイプする面倒を節約できるが、そもそもこのステップはなぜ必要なのだろうか？

6.2.1 たとえ話によるステージングエリアの紹介

たとえば、あなたのコードがこれから劇に登場する俳優だと考えてみよう。楽屋は、Gitの作業ディレクトリーに相当する。そこで俳優は衣装を身につけ、メイクアップ（舞台化粧）され、出演の準備を整える。ステージマネージャー（舞台監督助手）が俳優を呼び、出番だぞと伝える。けれども俳優（コード）は、いきなり観客の前に出て行くわけではない。彼はカーテンの裏で待機する。これがGitのステージングエリアだ。ここで俳優は、衣装やメイクの最終点検を受けるかもしれない。もし俳優（コード）の様子が良ければ、ステージマネージャーが幕を開き、俳優は演技を始める（それが、コミットだ）。この3段階を図6.2に示す。

❖図6.2　コミットの３段階

ほとんどの俳優は、観客の前に現れる前に、カーテンの裏でほんの僅かな時間しか過ごさないかもしれない。けれども、そのとき衣装に変更があったらどうだろうか？ 彼（コード）はステージングエリアから退場し、たぶん楽屋まで戻ってさらに変更を加えるだろう。それから開幕（コミット）に間に合うように、急いでステージングエリアに駆けつけるだろう。

要するに、コミットすべきものだけが先にステージングエリアを通過する必要があるのだ！

6.2.2 変更をステージングエリアに追加する

Gitのステージングエリアには、あなたがコミットしたいGit作業ディレクトリのバージョンが含まれる。Gitは、ショートカットgit commit -aの存在が示すように、「ほとんどのユーザーにとっては、作業ディレクトリにある変更をリポジトリに追加するのが典型的だ」ということを承知している。けれどもGitは、いったんステージングしたものに変更を加えることを許可している（そうしたければ、楽屋に戻ることも可能だ）。

演習

あなたのmath.shプログラムに、もう少しコードを追加しよう。今度も、あなたの好きなテキストエディタを使って次の2行を追加する。

```
echo $a
b=2
```

この2行の追加には、あなたの好きなエディタを使えばよいのだが、コマンドラインでも、前に行ったのと同じく下記の`echo`コマンドを使って追加できる。

```
echo "echo \$a" >> math.sh
echo "b=2" >> math.sh
```

このコード（シェルスクリプト）を実行するには、次のようにタイプする。

```
% bash math.sh
```

Return/Enterを押すと、1という数字が現れるだろう。あなたは変数aの値をプリントしたのだ。

ここで、`git status`と`git diff`をタイプしよう。すると、次のことがわかる。Gitは、変更が1つ加えられたことを認識している。そして、これらの変更をステージングエリア（コミットのためのステージ）に置くためには、`git add`とタイプしなければならない。それをいまやってみよう。

```
git add math.sh
```

あなたのコマンドラインセッションは、およそ図6.3に示すような姿になるはずだ。

```
% echo "echo \$a" >> math.sh
% echo "b=2" >> math.sh
% cat -n math.sh
     1  # Comment
     2  a=1
     3  echo $a
     4  b=2
% git status
On branch master
Changes not staged for commit:
  (use "git add <file>..." to update what
  (use "git checkout -- <file>..." to dis

        modified:   math.sh

no changes added to commit (use "git add"
% git diff
diff --git a/math.sh b/math.sh
index a8ed9ca..5373c66 100644
--- a/math.sh
+++ b/math.sh
@@ -1,2 +1,4 @@
 # Comment
 a=1
+echo $a
+b=2
% git add math.sh
```

❖図6.3　最近の変更を追加した作業セッション

6.2.3 ステージングエリアの更新

前項で、コードをステージングエリアに追加した。いま、その変更を追加することは可能だが……「ちょっと待て！」突然あなたは、あのecho $aの行が、もう不要であることに気がつく。そもそも、あれを追加したのは変数$aの内容を確認するためだった。けれども、その行はGitリポジトリにコミットしたくない。

それを変更するために、作業ディレクトリにあるmath.shファイルを編集し、修正したバージョンをステージングエリアに追加しよう。

演習

あなたのファイルは、いま4行ある。そのコードは、すでにgit addを介してステージングエリアに追加してある。では、コミットを行う前に、それをもう1度更新できるのだろうか？ 答えはYesだ！

まず、あなたの好きなエディタを使ってecho $aの行を削除する（ファイルを開いて、そのなかの行を削除できればどんなエディタでも良い）。ファイルを保存したあとで、次の行をタイプしよう。

```
git status
```

すると、リスト6.4に示すような謎めいた出力が現れる。

▶リスト6.4　ちょっと紛らわしい出力

```
On branch master
Changes to be committed:
  (use "git reset HEAD <file>..." to unstage)

        modified:   math.sh

Changes not staged for commit:
  (use "git add <file>..." to update what will be committed)
  (use "git checkout -- <file>..." to discard changes in working directory)

        modified:   math.sh
```

Gitのリストにはmath.shが2回現れる。それは、このファイルが2回変更された（modified）ことを示している。なぜなのかを突き止めておこう。

status出力の第1のセクションは、math.shが"to be committed"（コミット予定済）だと言っている。つまり「ステージングされた」という意味だ。同じstatus出力の第2セクションは、math.shが"not staged to commit"（コミット予定に入っていない）と言っている。どうしてmath.shが2つも存在するのだろうか？ 理由は簡単で、片方はステージングエリアにあり、もう片方は作業ディレクトリにあるのだ！

6.2.4 ステージングエリアを理解する

前項でmath.shというファイルは、図6.4に示すように2回の変更を受けた。

この図は、(左から順に) あなたの作業エリア (編集を行っている作業ディレクトリ)、ステージングエリア (あなたが`git add`コマンドを使うとファイルが保存される場所)、そしてコミット履歴そのもの (ファイルの最終的・永続的な記録) を示すものだ。

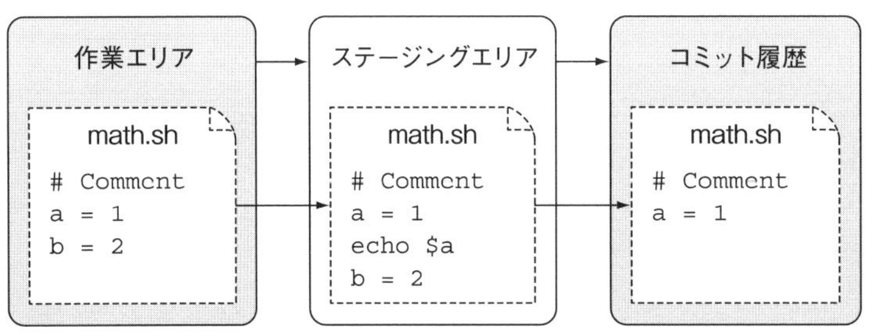

❖図6.4　`git add`のあとに`git commit`を行った結果

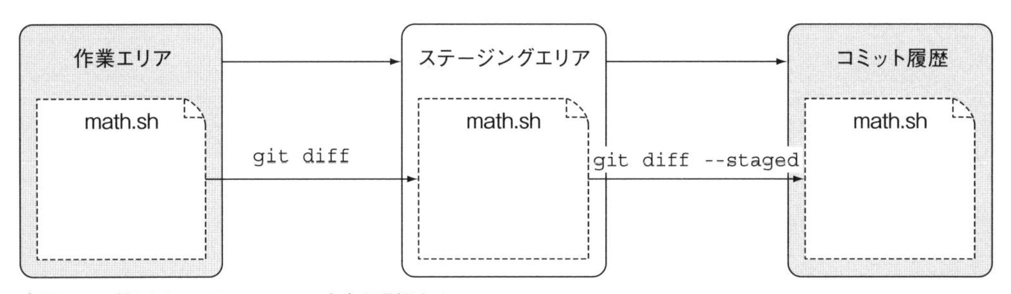

❖図6.5　紛らわしい`git status`出力を理解する

前回の「演習」(6.2.3項) で`git status`を実行したとき、Gitはステージングエリアのmath.shをすでにコミットされているmath.shと比較するとともに、作業ディレクトリにあるmath.shとの比較も同時に行っている。その2つのチェックを示すのが図6.5だ。ステージングエリアの中にあるバージョンは、あなたが`git commit`を実行したらコミットされるものだ、ということをお忘れなく！

演習

3つある`math.sh`ファイルのバージョン間で比較を行う2つのコマンドの違いを確認しよう。まずは、コマンドラインで次のようにタイプする。

```
% git diff
```

このようにgit diffとタイプすると、次のようなリストが出力される。

▶リスト6.5 git diff（作業エリアとステージングエリアの差分）

```
diff --git a/math.sh b/math.sh
index 964c002..5bb7f63 100644
--- a/math.sh
+++ b/math.sh
@@ -1,4 +1,3 @@
 # Comment
 a=1
 echo $a
 b=2
```

図6.5を見れば、このdiff出力をGitがどのように作ったかがわかる。git diffを実行すると、作業ディレクトリ内のファイル（b）がステージングエリアのファイル（a）と比較されるのだ。次に、もうひとつの違いを説明しよう。

演習

コマンドラインから、次の行をタイプする。

```
git diff --staged
```

このコマンドからは、次の出力が得られる。

▶リスト6.6 git diff --staged（ステージングエリアとリポジトリの差分）

```
diff --git a/math.sh b/math.sh
index a8ed9ca..964c002 100644
--- a/math.sh
++ b/math.sh
@@ -1,2 +1,4 @@
 # Comment
 a=1
+echo $a
+b=1
```

これまた、図6.5を見ればおわかりだろう。git diff --stagedは、あなたが前にコミットしたmath.shファイル（a）と、あなたが（git addによって）ステージングしたmath.shファイル（b）とを比較している。

この状況は、図6.6のようにGit GUIツールを使って見るほうが分かりやすいかもしれない。

演習

あなたがいま作業しているmathディレクトリのなかで、Git GUIを起動しよう。コマンドラインでそれを行う最も単純な方法としては、次のようにコマンドを打ち込めばよい（前に述べたように、最初のcdコマンドはホームディレクトリに移動するためのものだ）。

```
% cd
% cd math
% git gui
```

他の方法については前章を参照していただきたい。さて、Git GUIが現れたら、左上のUnstaged Changes（コミット予定に入っていない変更）ペインで、math.shを選択しよう。そして（より大きな、右上の）差分ペインを観察しよう。

次に、左下のStaged Changes（ステージングされた変更）ペインにあるmath.shを選択する。そして、差分ペインに出てきた出力を観察しよう。

図6.6は、git diffの出力と等価なものだ。Git GUIの色使いにより、a=1の行とb=1の行の間にあったechoステートメントを削除したことが（赤色で）表示されている。

図6.7はgit diff --stagedの出力と等価なものだ。この場合もGit GUIの色使いにより、あなたが前にコミットしたファイルに対して何を行おうとしているのかが（緑色で）表示されている。つまり、あなたは2行追加しようとしているのだ。

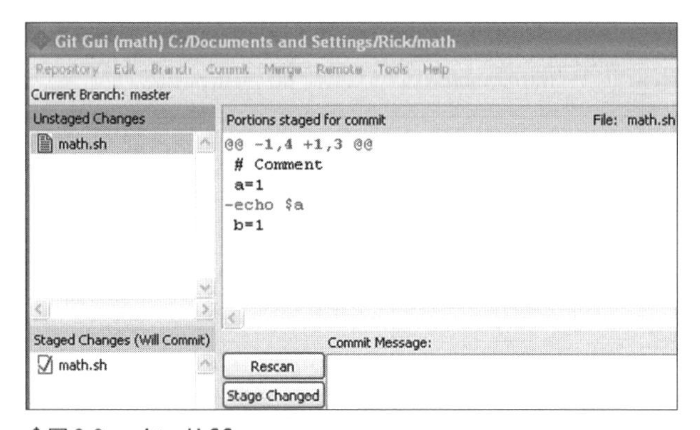

❖図6.6　git diff

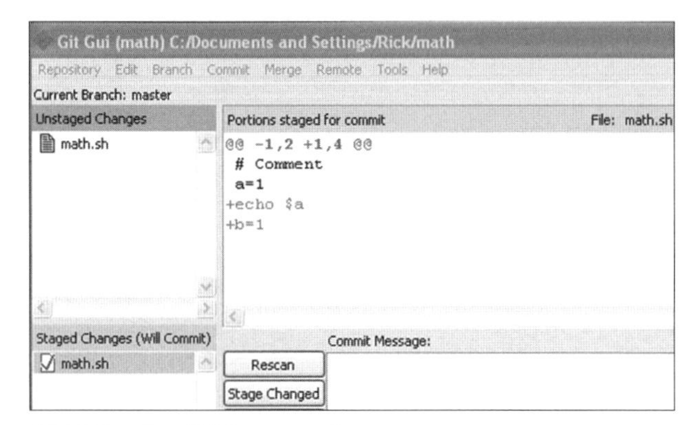

❖図6.7　git diff –staged

その先にあるもの

ここで読者は、もしかしたら次の点が気になったかもしれない。つまり、たとえばスプレッドシートや画像などのバイナリファイルをどうやってGitは扱えるのだろうか、という疑問だ。簡単に答えると、Gitはそういうファイルでも上手に扱うけれど、バイナリファイルの2つのバージョンを比較するケースは例外だ。そういうケースについてのもっと長くて詳しい説明は、残念ながら本書で扱う範囲外である[*2]。

Gitが、どのようにバイナリファイルを扱うかについては、Webをサーチすればいくつか標準的な解答が見つかるだろう（具体的には、Gitの属性（attributes：アトリビュート）と、`git config`コマンドとの組み合わせである）。これらのテクニックを学び始めるには、`git help attributes`とタイプしてGitアトリビュートのヘルプを読むのがよい[*3]。

訳注＊2：日本語の書籍では、濱野純著『入門Git』の「14.3.2.4 バイナリファイルの比較」(pp.248-250)が詳しい。

訳注＊3：日本語版の『Pro Git』第2版（https://git-scm.com/book/ja/v2）の、「8.2 Gitのカスタマイズ - Gitの属性」に解説がある。

6.2.5 変更をコミットする

あなたが最後に行った変更（あなたの作業ディレクトリにあるファイル）をコミットするには、コマンドラインで`git add`とタイプすればよい。いまどうなっているか記憶を新たにするため、コマンドラインで`git status`とタイプしよう（すると、リスト6.4が現れる）。次の「演習」では、Git GUIを使ってその追加を行う。

演習

もし前回の「演習」でGit GUIを開いていなければ、次のようにタイプする。

```
% cd
% cd math
% git gui
```

これでGit GUIが開く。すると、"Staged"ペインと"Unstaged"ペインにひとつずつ、合計2つのmath.shファイルが出てくるはずだ。（左上にある）Unstaged Changes（コミット予定に入っていない変更）のmath.shファイルを選択する。それから、Commit（コミット）メニューのStage to Commit（コミット予定）項目をアクセスする代わりに、今回はハンク（パッチ）そのものを右クリックしよう。出てきたコンテキストメニューから、Stage Hunk For Commit（パッチをコミット予定に加える）という項目を選択する（図6.8）。

このGUIによるステップは、`git add`とタイプするのとだいたい同じことである。

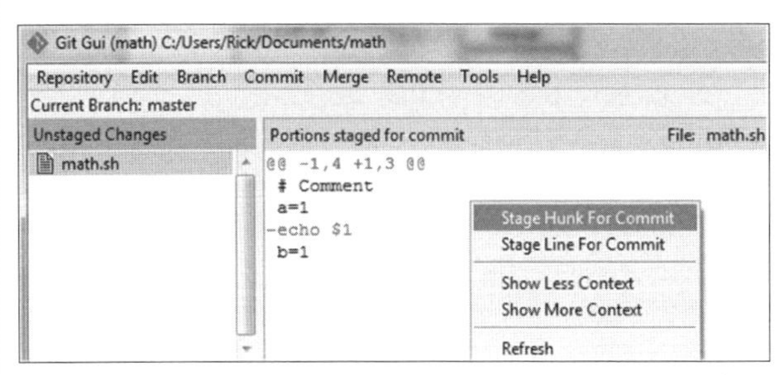

❖図6.8　ハンクをステージングする（パッチをコミット予定に加える）

ハンクをステージングしたらファイルをコミットできる。このとき、右下にあるCommit Message（コミットメッセージ）ペインに`Adding b variable.`と打ち込もう。そして、（図6.9に示すように）Commit（コミット）ボタンをクリックする。これで、Git GUIのステータスバーには、"`Created commit <SHA1>: Adding b variable.`"（"コミット <SHA1> を作成しました：Adding b variable."）と表示されるだろう。

これらのステップは、コマンドラインで`git commit -m "Adding b variable"`とタイプするのと等価である。

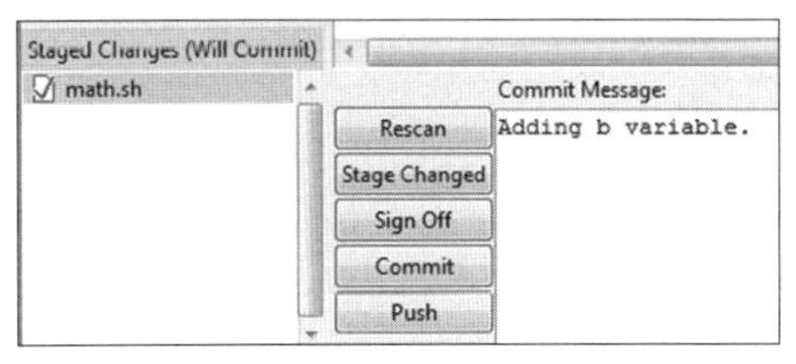

❖図6.9　変更をコミットする

すべて正しくできたか確認するため、いったんGit GUIを終了してから`git log --oneline`とタイプしよう。すると次の出力が得られるはずだ。

▶リスト6.7　`git log --oneline`の出力

```
d4cf31c Adding b variable.
e9e6c01 This is the second commit
dbfda13 This is the first commit.
```

このリストは、コミットが3回行われたことを示している。このように`--oneline`というスイッチを使えば、Gitのログ出力がコンパクトになる。

6.3 複数のファイルを追加する

これまで、この章では1個のファイルを操作してきた。けれどもソフトウェアは、複数のファイルで構成されるのが典型的だ。では、1個のGitリポジトリに複数のファイルを追加するには、どうすればよいか。その機能を学ぶために、まずは複数のファイルを作ろう。コマンドラインなら、touchコマンドを使って空のファイルを何個でも作成できる。

演習

mathディレクトリに入り（その方法は、これまでの「演習」コラムを参照）、それから次のようにタイプしよう。

```
% touch a b c d
```

そして、次のコマンドを打ち込む。

```
% ls
```

すると、a、b、c、dという4個のファイルが作られているのがわかる。これらは、どれも空の（0バイトの）ファイルだ。これらは、ファイルブラウザを使っても見えるはずだ。Gitからどう見えるのか、次のコマンドを打って調べよう。

```
% git status
```

こうすると、これら4個のファイルが追跡されていない（untracked）ことがわかる。

これらの新しいファイルは、ひとつずつ4回のgit addコマンドで追加していくこともできる。けれどもgit addにはディレクトリ名を渡すことが可能であり、そうすればそのディレクトリにある全部のファイルを（追跡されていないファイルを含めて）追加できる。

演習

git addを実行してディレクトリ名を渡す前に、そうしたらgit addが何を行うかをチェックしよう。それには、mathディレクトリの中で次のようにタイプする。

```
% git add --dry-run .
```

最後のピリオド（.）が重要だ。これがカレントディレクトリのディレクトリ名である。上記のコマンドを実行すると、次のリストのように追加されるはずのファイルが表示される。

▶リスト6.8　git add --dry-run .の出力

```
add 'a'
add 'b'
add 'c'
add 'd'
```

このdry-runスイッチは、「ドライ・ラン」（予行演習）という名前の通り「実際に何を行うかを示せ」という指示だ。引数として1個のピリオドをgit addに与えると、Gitはカレントディレクトリにある、まだ認識していない全部のファイルを（すでに変更されたファイルがあれば、それも含めて）追加する。これら4つのファイルを一度に追加するため、次のようにタイプしよう。

```
% git add .
% git status
```

git addコマンドは何も出力しないが、git statusによってコミットすべき新しいファイルが4つあることが示される。次に、これらのファイルをコミットしよう。それを行うには、少なくとも次の2つの方法がある。

- git commit -m
- git gui

第1のオプションでは、-mスイッチへの引数として、あなたのコミットメッセージを渡す。第2のオプションで開くGit GUIの画面では、（左下のペインで）ステージングされた4つのファイルを確認できる。それから、Commit Message（コミットメッセージ）ペインにメッセージを入力し、Commit（コミット）ボタンをクリックする（図6.10を参照）。

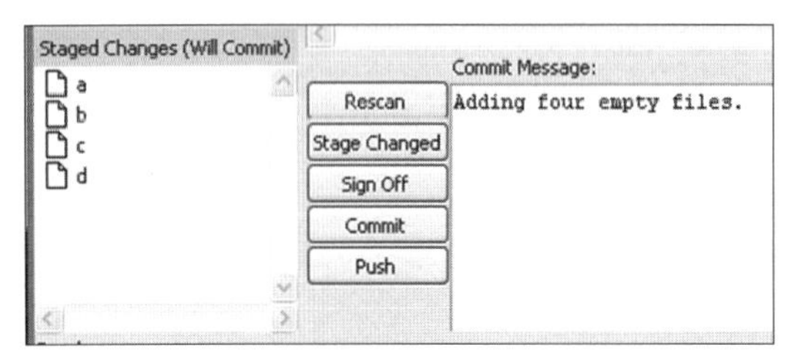

❖図6.10　4個のファイルをコミットする

演習

2つの方法のうち、どちらかを使ってこれら4つのファイルをコミットする。それが終わったら、git logとタイプするかgitkを見る。すると、次のリストのようなコミット履歴が得られるはずだ。

▶リスト6.9　リポジトリの現在の状態

```
commit 6f51fb1d4528f11e3c9936ec68e6fa03a1f236a0
Author: Rick Umali <rickumali@gmail.com>
Date:   Wed May 21 21:06:13 2014 -0400

    Adding four empty files.

commit d4cf31c0506d5207f8c6ef410c6506e820fe87b5
Author: Rick Umali <rickumali@gmail.com>
Date:   Tue May 20 21:45:01 2014 -0400

    Adding b variable.

commit e9e6c019ca153eb12da3a5e878f0dff30b2d2b44
Author: Rick Umali <rickumali@gmail.com>
Date:   Thu May 15 22:51:19 2014 -0400

    This is the second commit

commit dbfda13f1d26c289732827f3f882d3c232485643
Author: Rick Umali <rickumali@gmail.com>
Date:   Thu May 15 21:33:42 2014 -0400

    This is the first commit.
```

6.4 課題

ファイルの追加と追跡に関する本章では、どのファイルもコミットする前に必ず通過しなければならないステージングエリアが存在することを学んだ。また、その過程で様々なGitコマンドのニュアンス（微妙な違い）や別の形式を示した。コマンドラインで使えるコマンドもいくつか新しく紹介した。

6.4.1 コマンドラインのニュアンスを理解する

コマンドラインの探究を更に進めるため、以下の質問に答えてみよう。

1. git diff --stagedの呼び出しに代わるもうひとつの方法とは何か？
2. git add --dry-runに代わる短い形式は何か？
3. ファイルの中身をcatコマンドで出力するとき、行番号を付けるには？
4. git logに--onelineスイッチを渡したが、それはもっと長いgit logコマンドの省略形である。その長い形式とは？
5. git commitで使った、（ファイルを自動的にまとめてgit addに渡す）-aスイッチには、もっと長い別の形式がある。ただしそれは-addではない。何か？

6.4.2 トラブルを切り抜ける

もしあなたが、「本当は追加したくない変更」をgit addしてしまったらどうすればいいのか。余計な変更をステージングエリアに追加してしまったとき、どうすれば元に戻せるのだろう？ そのヒントをどこかで見た覚えがないだろうか？

git addによって追加した変更を取り消すコマンドは、git statusが教えてくれる*4。

訳注＊4：第4章のリスト4.4に出てきた、(use "git rm --cached <file>..." to unstage)というのが、それに当たる。このコマンドの詳細は今後の章で学ぶ。

6.4.3 自分のファイルを追加する

新しいファイルを、あなたのmathディレクトリに追加してみよう。これは、readme.txtという名前にする。このファイルには何を入れても良い（空のままでも構わない）。ファイルができたら、それをリポジトリに追加する。その後、git log --shortstat --onelineというコマンドをタイプしたら次のような出力が得られるようにしよう。

あなたの好きなエディタで、readme.txtというファイルを、mathディレクトリのなかに作る。テキストを含んでいても、空のままでもよい。その後、次のようにタイプする。

```
git add readme.txt
git commit -m "Adding readme.txt"
```

▶リスト6.10　さらに1個のファイルを追加する

```
0c3df39 Adding readme.txt
 1 file changed, 0 insertions(+), 0 deletions(-)
6f51fb1 Adding four empty files.
 4 files changed, 0 insertions(+), 0 deletions(-)
d4cf31c Adding b variable.
 1 file changed, 1 insertion(+)
e9e6c01 This is the second commit
 1 file changed, 1 insertion(+)
dbfda13 This is the first commit.
 1 file changed, 1 insertion(+)
```

6.5 さらなる探究

この章で少しずつ構築してきた単純なプログラムは、BASH（Bourne-Again Shell）のスクリプトだ。今後の章でも、この小さなプログラムの構築を続ける。だから、BASHについて調べてみるのは、やってみる価値のあることだろう。BASHを学ぶ公式な出発点は、http://www.gnu.org/software/bash/manual/だ[*5]。

訳注＊5：Linux関連のマニュアルページを日本語に訳す「JMプロジェクト」によるBASHのマニュアルページは、http://linuxjm.osdn.jp/html/GNU_bash/man1/bash.1.htmlにある。また、ヘルプとマニュアルを和訳したページが、http://www.linux-cmd.com/bash.htmlにある。

6.6 この章のコマンド

❖表6.1　この章で使ったコマンド

コマンド	説明
git commit -m "Message"	コマンドラインで入力するログメッセージ（-mスイッチに続く文字列）とともに変更をコミットする
git diff	カレントディレクトリ内で追跡されているファイルと、リポジトリ内のファイルとの間に変更があれば、それを示す
git commit -a -m "Message"	git addを実行してから、ログメッセージ（-mスイッチに続く文字列）とともにgit commitを実行する
git diff --staged	ステージングエリアとリポジトリの間に変更があれば、それを示す
git add --dry-run .	git addで何が実行されるかを示す
git add .	カレントディレクトリ内の新しいファイルをすべて追加する（何が追加されたかは、その後にgit statusを使って調査できる）
git log --shortstat --oneline	履歴をコミットごとに1行で表示し、各コミットで変更されたファイルのリストを1行で表示する

変更箇所をコミットする

この章の内容

前章で紹介した「Gitのステージングエリア」は、強力だが紛らわしい機能でもある。この章では、ステージングエリアについて、これまで学んだ知識を活用しながら、学習を進めていく。

ステージングエリアは、リポジトリへとコミットする前にファイルを追加し、あるいは削除し、あるいは名前を変更するのに使われる。あらゆる変更は、リポジトリに入る前に必ずステージングエリアを経由するのだから、これをよく理解する必要がある。ステージングエリアを操作するコマンドには、`git add`、`git rm`、`git mv`、`git reset`が含まれる。

ステージングエリアは、ファイルの指定箇所をリポジトリにコミットする能力も提供する。「デバッグ用のコードやプリント文をファイルに追加したが、それらはリポジトリにコミットしたくない」というとき、ファイルから削除する必要なくステージングエリアから排除することが可能だ。このテクニックを使えば、コミットを精密に調整してリポジトリを制御できる。

7.1 Gitからファイルを削除する

Gitでファイルをリポジトリに追加するには、`git add`コマンドと`git commit`コマンドを使う。それは前章で学んだが、リポジトリからファイルを削除したいときは、どうするのだろう。その場合も、よく似た2段階のステップに従う。つまり、`git rm`と`git commit`だ。

前章で「課題」の演習を終えたとき、あなたの作業ディレクトリには、6個のファイルが入った。それらは、a、b、c、d、math.sh、readme.txt。そのうち、a、b、c、dは、`touch`コマンドで作った空のファイルだ。

最初のファイル、aを削除するには、OSのファイルブラウザを使っても（いわば手作業で）削除できる。コマンドラインでは、`rm a`を使える。どちらの場合も、あなたは、「すでにGitリポジトリにコミットしたファイル」を削除するのだから、いつでもそのファイルを復旧できる。その方法は次章で述べるが、いまはまずファイルを削除して何が起きるかを調べよう。

演習

コマンドラインから、前章で作ったmathリポジトリに変更を加える。まずは、最初のファイルを削除するために、次のコマンドをタイプしよう。

```
cd
cd math
rm a
```

次に、便利な`git status`コマンドを使って、Gitが把握している状態をチェックしよう。次のようにタイプする。

```
git status
```

すると、リスト7.1に示す出力が現れる。

▶リスト7.1　git statusの出力

```
On branch master
Changes not staged for commit:
  (use "git add/rm <file>..." to update what will be committed)
  (use "git checkout -- <file>..." to discard changes in working directory)

        deleted:    a

no changes added to commit (use "git add" and/or "git commit -a")
```

これで作業ディレクトリは更新できたが、Gitではこの削除という「変更」をステージングエリアに追加する必要がある。削除をステージングエリアに反映させるために、`git rm`を使う必要があるのだ。

演習

ファイルaをステージングエリアから削除するには、まずmathディレクトリで次のようにタイプする。

```
git rm a
```

こうすると、`rm 'a'`という行が出力される。ここで、次のようにタイプしよう。

```
git status
git gui
```

すると、いま削除したファイルがステージングされて左下のペインに現れている（図7.1に示す画面になるはずだ）。

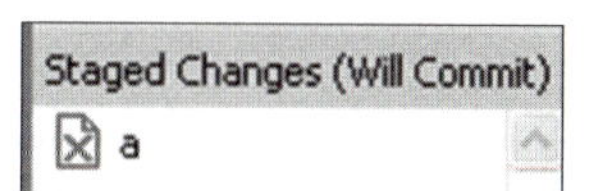

❖図7.1　Git GUIで`git rm`の結果を見る

演習

Repository（リポジトリ）メニューからQuit（終了）をクリックして、いったんGit GUIを閉じる。コマンドラインで次のようにタイプする。

```
git status
```

すると、git statusコマンドは、次のように出力するだろう。

▶リスト7.2　ファイルを削除したあとでgit statusを実行したときの出力

```
On branch master
Changes to be committed:
  (use "git reset HEAD <file>..." to unstage)

        deleted:    a
```

ファイルを作業ディレクトリから削除したあとで「削除しましたよ」とステージングエリアに知らせるのは、直感に反すると思われるかもしれない。けれども、ステージングエリアが表現するのは、あなたがリポジトリにコミットしたい内容である！ もしあなたが、ファイルをリポジトリから削除したいのなら、まずそれをステージングエリアから削除し、次にステージングエリアの内容をコミットする必要がある。

だが、git rmコマンドを使えば、指定したファイルを作業ディレクトリから削除するだけでなく、同時にステージングエリアからも削除できる。これは覚えておくべき便利なショートカットだ。次はこれを使ってファイルbを削除しよう。

演習

mathディレクトリで、次のようにタイプして、ファイルbを削除する。

```
git rm b
```

こうすれば、普通の方法でファイルを削除する手間を省いて、同じ結果が得られる。同じことを行うのに2つの方法があるわけだが、こちらは2段階ではなく1段階なので、より高速である。

この2つのファイル（aとb）を最終的に削除するには、これまでに行ったのと同じくgit commitを使う。

演習

mathディレクトリで、これまで行った2つの削除をコミットするために、次のようにタイプしよう。

```
git commit -m "Removed a and b"
```

すると、次のような出力が得られるはずだ。

▶リスト7.3　ファイルを2つ削除したあとのgit commitによる出力

```
[master 38ac358] Removed a and b
 2 files changed, 0 insertions(+), 0 deletions(-)
 delete mode 100644 a
 delete mode 100644 b
```

7.2 Gitでファイル名を変更する

ファイルの名前をコマンドラインで変更するには、mvコマンドを使う必要がある。mvというのは"move"（移動）の略であり、「ファイルcを、renamed_fileという名前の新しいファイルに、移動(move)せよ」という意味で使える。Gitでは、ファイル名の変更は2段階で行われる。つまり、元のファイルを新しいファイルにコピーし、次に元のファイルを削除するのだ。次はこれを調べよう。

演習

コマンドラインから、現在のディレクトリ内で、次のコマンドをタイプする。

```
ls
```

すると、少なくとも4個のファイルが（これまでの課題をこなしていれば）現れるはずだ。
c、d、math.sh、readme.txt
ここで次のようにタイプする。

```
mv c renamed_file
```

もう一度lsとタイプすれば、ファイルcがなくなってrenamed_fileという名前のファイルができたことを確認できる。そこで、次のようにタイプする。

```
git status
```

こんどは、次のような出力が得られるはずだ。

▶リスト7.4　ファイルの名前を変更したあとのgit status

```
On branch master
Changes not staged for commit:
  (use "git add/rm <file>..." to update what will be committed)
  (use "git checkout -- <file>..." to discard changes in working directory)
```

```
        deleted:    c

Untracked files:
  (use "git add <file>..." to include in what will be committed)

        renamed_file no changes added to commit (use "git add" and/or "git ⏎
commit -a")
```

この出力を注意深く観察しよう。Gitから見ると、ファイル名の変更は2つの独立した処理で構成される。

1. ファイル（c）の削除
2. ファイル（追跡されていないrenamed_file）の追加

この操作をステージングエリアに正しく記録するには、次のコラムで示すステップに従う。

演習

mathディレクトリで、まず、元のファイル（c）を、次のコマンドで削除する。

```
git rm c
```

次に、追跡されていないファイル（renamed_file）を、次のコマンドで追加する。

```
git add renamed_file
```

そして、次のコマンドを実行する。

```
git status
```

このgit statusからは、リスト7.5と同じ出力が得られるはずだ。

▶リスト7.5　ファイルの名前を変更し、git rmとgit addを行ったあとのgit status

```
On branch master
Changes to be committed:
  (use "git reset HEAD <file>..." to unstage)

      renamed:    c -> renamed_file
```

この時点でGitは、あなたがファイルcをrenamed_fileに「改名した」（renamed）ことを認識した。しかし、あなたがファイルの名前を変更していることをGitに伝えるのに、もっと良い方法がないのだろうか？ ある。それは、git mvだ。ファイルの名前を変更するときは、このコマンドを使えば、わざわざgit rmとgit addを使う手間を省くことができる。

演習

まだdというファイルが残っている。これを、次のコマンドで改名しよう。

```
git mv d another_rename
```

そして、状態をチェックしよう。

```
git status
```

今回のgit status出力は、次のようになっているはずだ。

▶リスト7.6　git mvを使ったあとのgit status出力

```
On branch master
Changes to be committed:
  (use "git reset HEAD <file>..." to unstage)

        renamed:    c -> renamed_file
        renamed:    d -> another_rename
```

そもそもgit rmやgit addを使う必要はなかった！ この作業ディレクトリをGit GUIで調べれば、これまでgit statusで見た2つの段階を観察できる（図7.2）。

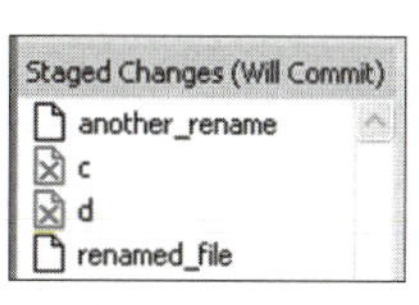

❖図7.2　Git GUIで見るgit mv後の状態

演習

同じディレクトリで、次のコマンドをタイプする。

```
git gui
```

Git GUIからコミットを実行しよう。まず右下のCommit Message（コミットメッセージ）ペインに、Renaming c and d.というコミットメッセージを打ち込む（図7.3）。それから、Commit（コミット）ボタンをクリックする。ステータスバーにコミット情報が表示される。Repository（リポジトリ）メニューからQuit（終了）を選択してGit GUIを閉じる。コマンドラインから、git log --onelineとタイプする。

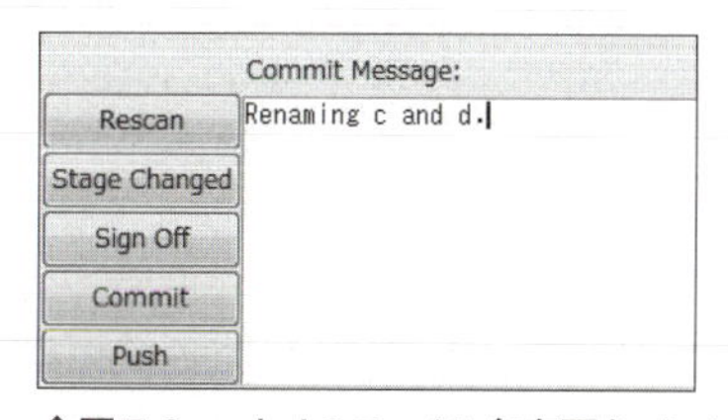

❖図7.3　cとdのファイル名変更をコミット

今回のgit log出力は、だいたいリスト7.7のようになるはずだ。

▶リスト7.7　git log --onelineの出力

```
3e39fec Renaming c and d.
4d2d662 Removed a and b
0c3df39 Adding readme.txt
6f51fb1 Adding four empty files.
d4cf31c Adding b variable.
e9e6c01 This is the second commit
dbfda13 This is the first commit.
```

7.3 リポジトリにディレクトリを追加する

あなたのmathディレクトリには、ずいぶん多くの変化があった。ファイルを追加し、ファイルを削除し、ファイル名を変更した。こういう操作には、コマンドラインの標準プログラムを使えるし（削除にはrm、改名にはmv）、OSのファイルブラウザも使えるが、その場合はgit add、git rm、git mvを使って変更をGitに知らせなければならない。それより、git rmコマンドやgit mvコマンドを直接使うほうが手間が省けて良い。これらのコマンドを使えば、変更がステージングエリアに反映される。そして、あなたがリポジトリにコミットするのはステージングエリアなのである。

このことは、Git GUIを使えばもっと理解しやすいかもしれない。

演習

mathディレクトリから、次のコマンドでGit GUIを起動する。

```
git gui
```

Git GUIのRepository（リポジトリ）メニューをクリックし、Explore Working Copy（ワーキングコピーをブラウズ）を選択する。すると、あなたのOSのファイルブラウザが起動される（図7.4を参照）。

このファイルブラウザで、docという名前のディレクトリを作る。その新しいディレクトリのなかに、doc.txtという空のファイルを作る（Gitには、ファイルが入っていないディレクトリを追加できない）。

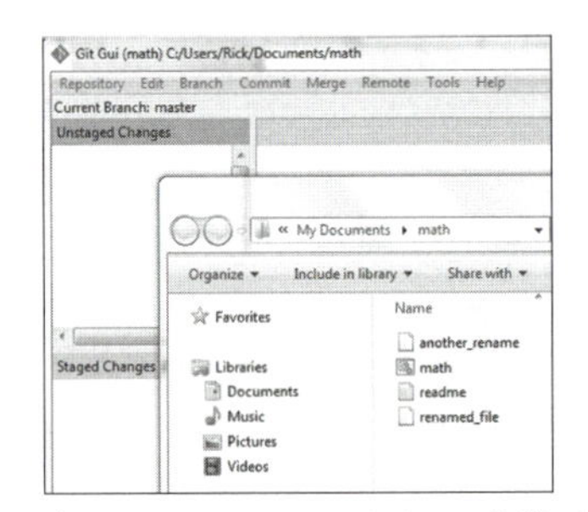

❖図7.4　あなたのリポジトリの作業ディレクトリ

Git Guiで、Rescan（再スキャン）ボタンをクリックする。すると、新しいファイルとディレクトリがGit GUIの左上にあるUnstaged Changes（コミット予定に入っていない変更）ペインに現れる（図7.5を参照）。

ステージングとコミットの段階に進む前に、Gitがこの新しいディレクトリをまだ認識していないことを確認しよう。Git GUIのRepository（リポジトリ）メニューから「Browse master's Files」（ブランチ master のファイルを見る）をクリックする。

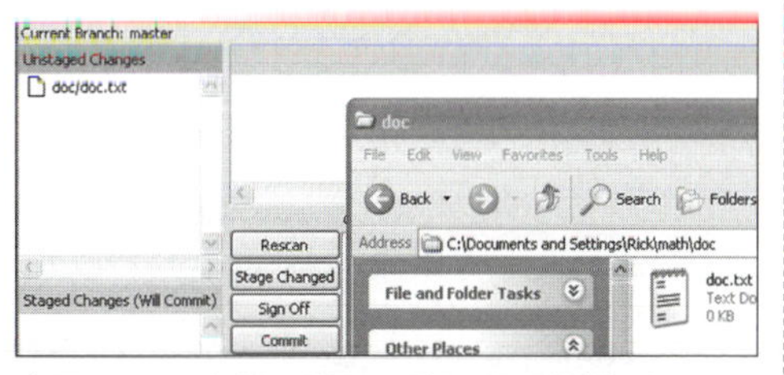

❖図7.5　リポジトリに新しいディレクトリを追加する

このとき現れる小さなウィンドウ（File Browser：日本語版では「ファイル・ブラウザ」）には、Gitリポジトリが管理する全部のファイルが表示される。このなかには、新しく作ったディレクトリとファイルがまだ存在していない（図7.6）。

File Browser（ファイル・ブラウザ）ウィンドウを閉じる。Git GUIで、Unstaged Changes（コミット予定に入っていない変更）ペインにある**doc/doc.txt**をクリックする。次に、Commit（コミット）メニューからStage to Commit（コミット予定する）を選択する。このとき、"Stage 1 untracked files?"というダイアログボックスが出たら、Yesをクリックする*1。

次にRepository（リポジトリ）メニューのBrowse master's Files（ブランチ master のファイルを見る）項目からFile Browserを開いて、まだ新しいディレクトリが存在しないことを確認する。これは、ステージングエリアには存在するが、まだリポジトリにコミットされていない。

File Browserウィンドウを閉じる。Git GUIで、Commit Message（コミットメッセージ）ペインに、`Adding new doc dir and file`という文字列を入力してから、Commit（コミット）ボタンをクリックする。もう一度、File Browserを開いて、図7.7のように新しいディレクトリが表示されるのを確認する。

訳注＊1：このダイアログボックスは、訳者の環境では現れなかった。

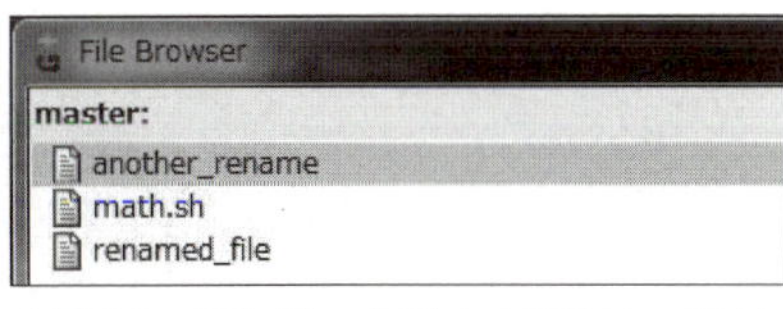

❖図7.6　新しく作ったディレクトリとファイルは、まだリポジトリに入っていない

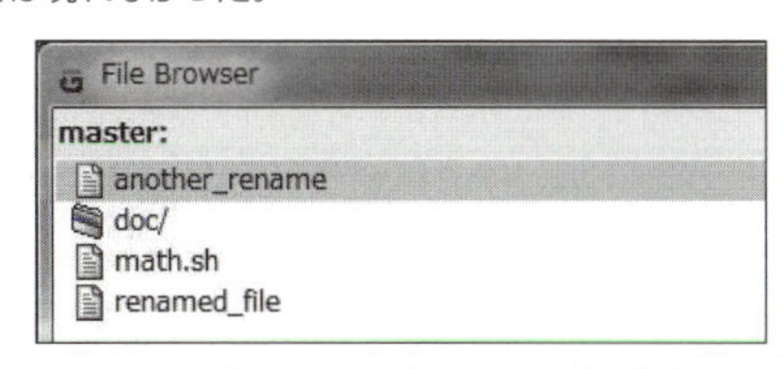

❖図7.7　新しいdocディレクトリが表示される

❖図7.8　3つの段階

前章で紹介した図をここに再掲する（図7.8）。これは、ファイルがリポジトリにコミットされるまでに経由しなければならない3つの段階を示している。

これら3つの段階を、この節で見てきたウィンドウを使って並べて見せた図を次に示す。作業エリアのファイルを見るにはOSのファイルブラウザを使う。ステージングエリアにあるファイルを見るには、Git GUIの左下ペインを使う。そして、リポジトリにコミットされたファイルを見るには、Git GUIのFile Browser（ファイル・ブラウザ）を使う（図7.9を参照）。

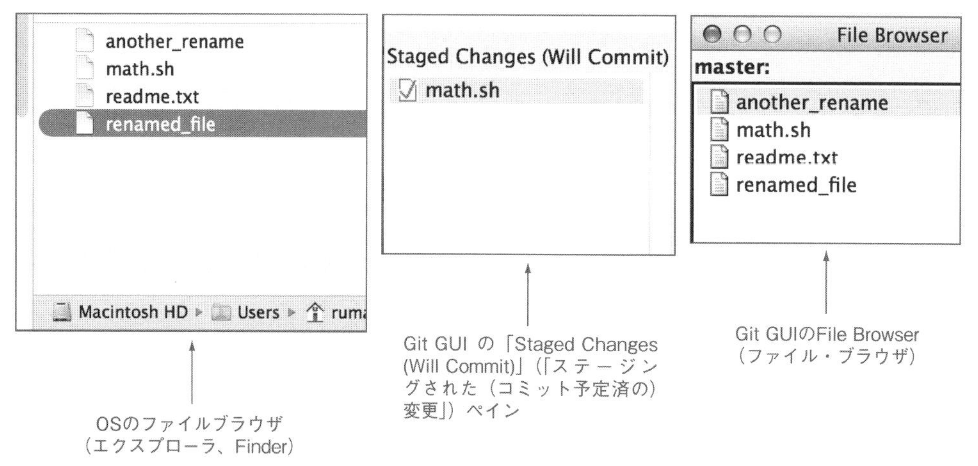

❖図7.9　GUIを使って3つの段階を見る

7.4 変更箇所を追加する

これまで、あなたのディレクトリ内で、サブディレクトリやファイルの追加、削除、改名を行ってきた。これらの操作は、いずれもステージングエリアを経由する必要がある。その手続きは単純明快だが、余分な手間だと思われたかもしれない。この節では、ステージングエリアが提供する強力なテクニックを見よう。

7.4.1 ステージのたとえ話を考え直す

あなたは前章の「たとえ話」（6.2.1項）を覚えているだろうか。そのステージングエリアとかいうのはまったく不要ではないのかと、あなたは疑いはじめているかもしれない。カーテンの裏の小さな領域は、結局、ただ休憩するだけの場所ではないのか。たしかに、これまでのファイルにとってはそうだった。

ファイルの作成や変更は作業エリアで行った（それには時間がかかった）が、準備ができたらそのファイルをそのままリポジトリにコミットしていたのだから。

たとえ話を考え直そう。ステージングエリアを、カーテン裏の狭い空間ではなく、テレビのトークショウ（有名人との対話などを放送する番組）に使われる、豪華な楽屋だと考えてみたらどうだろうか？ そこでゲストは番組が始まる前に、きちんと準備を整えるために時間を使えるだろう。メモを読み直したり、テレビを見たり、軽食を摂ったりもできるだろう。あなたのファイルにとっても同じことだ。作業ディレクトリで仕事を終えたら、あなたはファイルをヒストリーにコミットする前に最後の準備をしたいのではないだろうか。

その準備は、ごく普通に必要とされることである。開発を行うときは、あなたのファイルに「プロジェクトのヒストリーにはコミットしたくないもの」を入れることが多いのだ。たとえばTODO（やるべきこと）を書いたコメントだとか、あなたの開発環境に特化したデバッグ用のコードだとか、まだまだいっぱいある。Gitのステージングエリアでは、ファイル全体ではなく、変更箇所だけをチェックインすることが可能だ。ステージングエリアを使うことによって何をコミットするかを、厳密に指定することができるのだ。

7.4.2 いつコミットすべきかを考える

これまでサンプルのmathプログラムを、ゆっくりと開発してきた。いまのところ、その内容はわずかなものだ。リスト7.8を見ると分かるようにまだ3行しかない。

▶リスト7.8　最初のファイル

```
# Comment
a=1
b=1
```

この2つの変数に含まれる値を加算せよ、という課題が出たとしよう。そこであなたは、まず1行めのコメントを書き換える。するとファイルは次のリストのようになるだろう。

▶リスト7.9　最初のコメントを書き換える

```
# Add a and b
a=1
b=1
```

あなたにとって、BASHプログラミングはこれが初めてかもしれない。だから、2つの変数を加算するコードを書く前に、それぞれの値を画面にプリントアウトするコードを書く。そして几帳面なあなたは、これがデバッグないしテスト用のコードだということを忘れないようにコメントを加える。すると、あなたのコードは次のリストのようになる。

▶リスト7.10　デバッグ行の追加

```
# Add a and b
a=1
b=1
#
```

```
# These are for testing
#
echo $a
echo $b
```

このコードを実行すると、2つの変数の値が図7.10のように表示される。

```
% pwd
/home/rick/math
% cat -n math.sh
     1  # Add and b
     2  a=1
     3  b=1
     4  #
     5  # These are for testing
     6  #
     7  echo $a
     8  echo $b
%
% bash math.sh
1
1
% 
```

❖図7.10　とりあえずプログラムを実行した結果

リスト7.10のコードは、もっぱらテスト専用のものだ。

いまのところ問題はない。あなたはプログラムに最後の変更を加えて、次のリストのようにする。

▶リスト7.11　2つの変数を加算するコードを追加

```
# Add a and b
a=1
b=1
#
# These are for testing
#
echo $a
echo $b
let c=$a+$b
echo $c
```

このコードを実行すると、2つの変数の値だけでなく、その2つの変数の合計も表示される（図7.11）。

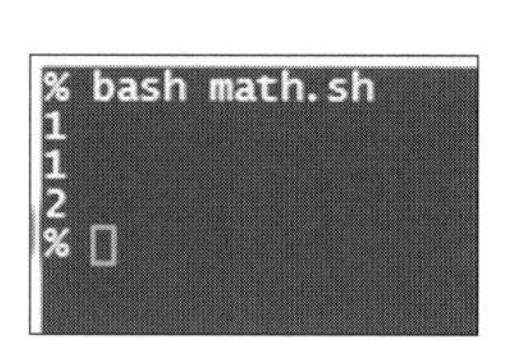

❖図7.11　あなたのプログラムは、加算を行っている!

あなたのプログラムは徐々に成長している。図7.12で、このプログラムの成長過程を見よう。これを見れば、どの行を追加したのか容易に指摘できる。左端のリストが、ローカルリポジトリに対して最後にコミットしたものだ。

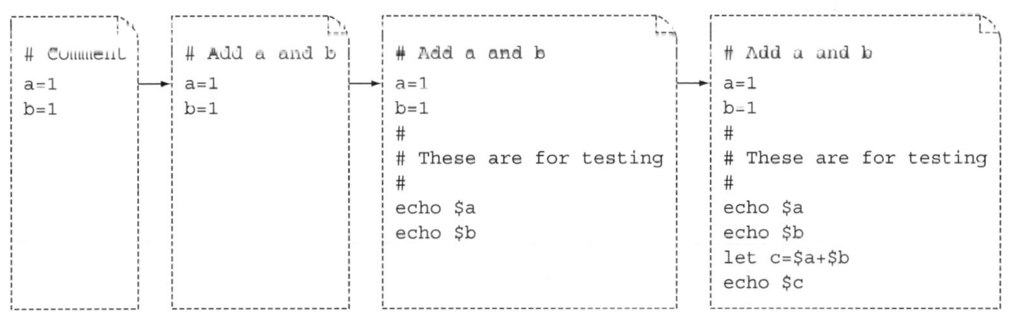

❖図7.12 プログラムのリストを横に並べてみる

これでプログラムはできあがった。リポジトリに入れるにはちょうど良いタイミングだ。ところであなたは、すでに何度もgit commitを実行してきたが、コミットという処理をもっと厳密に考えてみよう。

コードをリポジトリにコミットするとき、あなたは記録（record）を残す。それは「取り戻すことのできる成果」を保存するのだ。では、いつコミットすべきか？ 次に挙げる条件のどれかが成立したら、リポジトリにコミットするのが合理的だ。

- ファイルを追加あるいは削除したとき
- ファイルの名前を変更したとき
- ファイルを、適切な状態まで更新したとき
- しばらく仕事から離れそうなとき
- 何か、問題のありそうなコードを入れる前

Gitについて、何度も繰り返し聞くフレーズのひとつは「こまめにコミットできるんだよ」ということだ。上に挙げたリストに従えば、あなたの作業日で1時間ごとにコミットしてもおかしくない。何かをリポジトリにコミットするのはローカルな作業である。Gitはサーバの実行を必要としないのだから。

コミットは作業の区切りだと考えよう。句読点と考えてもよい。すべての「センテンス」の終わりに、あるいは作業を中断するときに、コミットを入れよう。あなたが現在のコードに至る過程で考えた一連のアイデアを、コミットに反映すべきなのだ。

私は、リポジトリに、いつどのようにコミットすべきかをガイドラインやルールで文書化している組織に遭遇したことがある。Gitでも、やはりガイドラインやルールは存在する。私も、それを紹介しよう。けれども、Gitは分散型であることを忘れてはいけない。あなたのローカルリポジトリで、コミットがどのような状態になっていようと、あなたが最終的に自分のコードを他の人と共有するのにまったく影響を与えない（コードを共有する方法は、第13章で学ぶ）。コミットは、あなたが好きなだけこまめに行ってよいのだ！

7.4.3 Git GUIを使って、ファイルを部分的にコミットする

あなたのコードはコミットする準備が整った。けれども、いまは「数値を加算するコード」だけコミットしたい、ということにしよう。なぜかといえば、デバッグ用のコードをコミットしたくないからだろう。あるいは、あなたの組織に、テストをコミットすることに関するルールかガイドラインがあるのかもしれない。理由はどうでもよいのだが、いまあなたは図7.13で強調されている変更だけをコミットし、残りの部分は作業ディレクトリに残しておきたいのだ、と考えていただきたい。

```
1 # Add a and b
2 a=1
3 b=1
4 #
5 # These are for testing
6 #
7 echo $a
8 echo $b
9 let c=$a+$b
10 echo $c
```

❖図7.13 マークのついたコードだけをコミットするため、それらの行を手作業で選択することにする。

この項では、リポジトリにコミットしたい行を手作業で選択（ハンドピック：handpick）する。これが可能なのは、Gitにステージングエリアがあるからだ。

もちろんファイルを編集して、コメント行や変数のaとbをechoする行を削除することは可能だ。この例ではそれで十分かもしれないが、あなた自身が行う開発作業の場合について、考えていただきたい。そもそも役立つように書いたコードではないか。たとえコミットしたくないコードであろうと、あなたが毎日行う開発の仕事に役立つコードだ。まさに、このようなユースケースのためにGitはファイルの部分的なコミットをサポートしている！

演習

最初に、math.shファイルを、リスト7.12に示す内容と同じ状態に更新しておく。これには、お好きなエディタを使ってよい。これから行うのは、図7.12に示したような編集作業である。

▶リスト7.12 math.shの内容

```
# Add a and b
a=1
b=1
#
# These are for testing
#
echo $a
echo $b
let c=$a+$b
echo $c
```

ファイルの編集が終わったら、Git GUIでそれを見よう。視覚化しやすいからだ。

```
cd
cd math
git gui
```

Git GUIで、右上のdiff（差分）ペインに注目しよう。ここには図7.14の出力が表示される。

ここで、画面を見ながらなぜこうなっているのかじっくり考えていただきたい。まず、元のファイルにある2行（a=1とb=1）には、先頭に+も-も付いていない。この2行はどちらのファイルにも含まれているからだ。

```
Modified, not staged                          File: math.sh
@@ -1,3 +1,10 @@
-# Comment
+# Add a and b
 a=1
 b=1
+#
+# These are for testing
+#
+echo $a
+echo $b
+let c=$a+$b
+echo $c
```

❖図7.14　diff（差分）ペイン

このdiffペインは、あなたが最初の行（コメント）を編集し、それからb=1に続く全部の行を追加したことを示している。図7.15は、少し前に（図7.12として）示した「プログラムのリストを横に並べた図」をもとに、これからコミット用に手作業で選択する行を強調したものである。

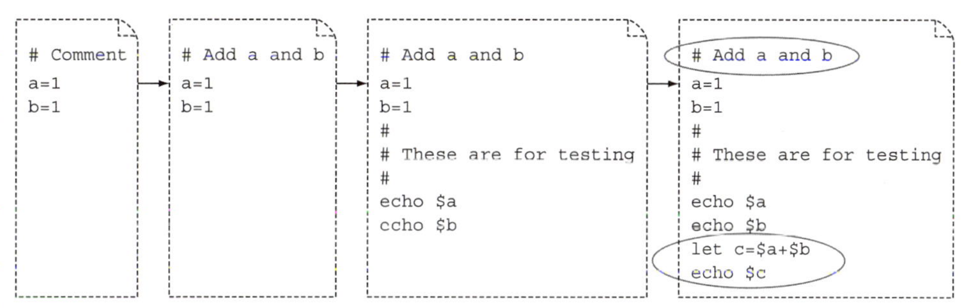

❖図7.15　あなたの編集セッション。これから手作業で選択する行を右端のリストでマークしてある

もしあなたのファイルが図7.16のように見えていたとしたら、あなたのエディタの設定を行末コードを正しく扱うように変更する必要があるだろう。それぞれの行が、独立した1行になっていなければならない。ファイルを別のEOFフォーマットを使って保存しなおしてから、Git GUIを開きなおそう。

```
Modified, not staged
@@ -1,2 +1 @@
-a=1
-b=1
+a=1b=1# # These are for testing#echo $aecho $blet c=$a+$becho $c
\ No newline at end of file
```

❖図7.16　もし、あなたのGit GUIがこのように表示されたら、エディタの行末コード設定を調べよう

さて、図7.15に示した行を保存するには、カーソルを差分の最初の行（-# Comment）の位置に置く（図7.17を参照）。

次に、右クリックしてコンテキストメニューを出し、図7.18のように、Stage Line For Commit（パッチ行をコミット予定に加える）を選択する。

```
Modified, not staged
@@ -1,3 +1,10 @@
-# Comment
+# Add a and b
 a=1
 b=1
```

❖図7.17　カーソルを差分の最初の行に置く

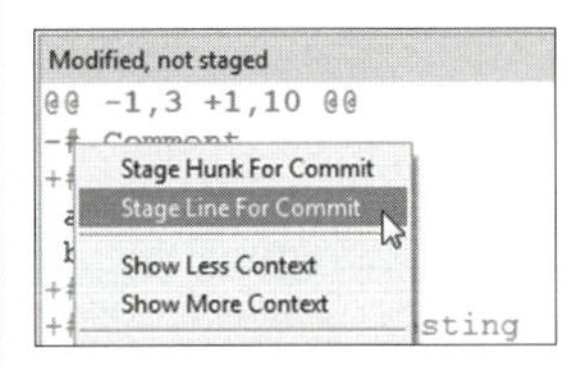

❖図7.18　Stage Line For Commit（パッチ行をコミット予定に加える）オプションを選択

この作業を完了させるには、図7.19に示す3つの行で、同じ処理を行う必要がある。

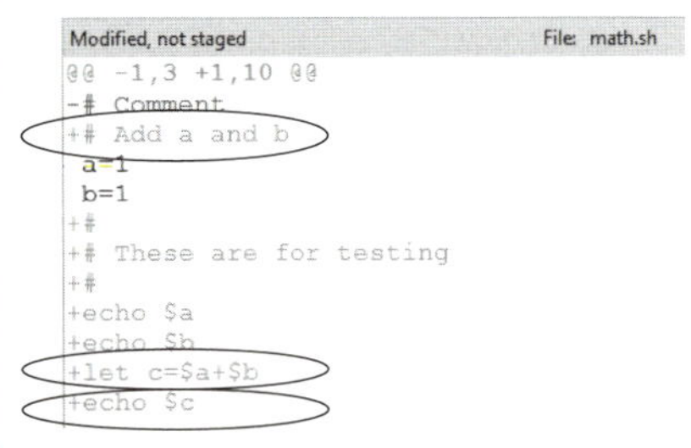

❖図7.19　マークした3行をステージングする（コミット予定に加える）

これらの処理を行うと差分ペインが変化し、それに従ってステージングエリアに行が追加されていく。手作業の選択を完了したとき、差分ペインの上端にあるステータス行を見ると、"Portions staged for commit"（部分的にコミット予定済）と書かれている。

これらを見るには、画面左下のStaged Changes（「ステージングされた（コミット予定済の）変更」）ペインでmath.shをクリックしよう。すると、差分ペインは図7.20のように見えるはずだ。

```
Portions staged for commit
@@ -1,3 +1,5 @@
-# Comment
+# Add a and b
 a=1
 b=1
+let c=$a+$b
+echo $c
```

❖図7.20　最終的な差分ペイン

ここまで来たらGit GUIを終了しよう。そしてコマンドラインで次のようにタイプする。

```
git diff --staged
```

その出力は、リスト7.13のように見えるはずだ。6.2.4項で学んだように、git diff --stagedはステージングエリアの内容（b）を、最後にコミットされたバージョン（a）と比較する。

▶リスト7.13　git diff --stagedの出力

```
diff --git a/math.sh b/math.sh
index 5bb7f63..dab42fb 100644
--- a/math.sh
+++ b/math.sh
@@ -1,3 +1,5 @@
```

```
-# Comment
+# Add a and b
 a=1
 b=1
+let c=$a+$b
+echo $c
```

これまでに行ったことをまとめよう。リポジトリにコミットしたい行を、ひとつずつ手作業で選択した。個人的なデバッグ行は入れず、リポジトリに入れて良い部分だけをステージングしたのだ。あとは、このコードをコミットするだけである。それには、もう御存じのように2つの方法がある。git commitか、git citoolだ（後者は、git guiと同じことを行う）。

演習

変更をコミットする前に、次のコマンドをタイプしておこう。

```
git status
```

さて、何が出てくるだろうか？ 記憶が薄れていたら、第6章のリスト6.4を見よう。
次のコマンドをタイプすれば、変更がコミットされる。

```
git citool
```

これによって、Git GUIが起動される。次のコミットメッセージを入力しよう。
`Adding two numbers`
それから、Commit（コミット）ボタンをクリックする。

7.4.4 git add -pを使ってファイルを部分的にコミットする

前項のコラムで実行したステップに対応する機能がコマンドラインにも存在する。Git GUIで行った手作業の選択はクリックによるものだったが、どの行を含めるかの選択にこちらはコマンドラインエディタのノウハウが少々必要となる。

この項でもコミットすべき行を手作業で選択するのだが、今回はGUIツールなしで行うのだ。ある種の人々にはこちらのほうがステージングエリアとの対話処理として好ましい方法かもしれない！ これから、図7.21でマークした行の内容を作業ディレクトリからステージングエリアに追加する。

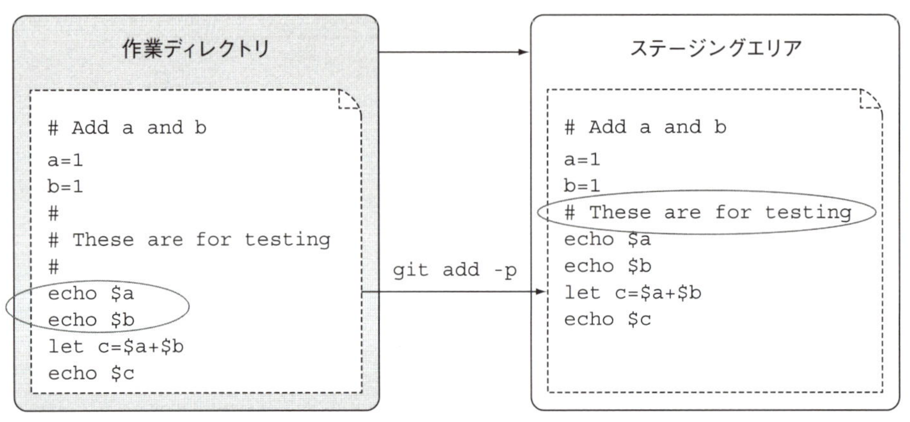

❖図7.21　git add -pを使ってステージングエリアを更新する

演習

まず、次のコマンドをタイプする。

```
git status
```

これによって、まだステージングされていない変更（Changes not staged to commit）が報告される。では、それらの変更の内容を調べるにはどうすればよいのか。そうだ、次のようにタイプすればよい。

```
git diff
```

これは、作業ディレクトリとステージングエリアを比較する（ところで前項では、作業ディレクトリの全部の変更をコミットするのではなく、コミットしたい行を手作業で選択した。そのことを念頭に置こう）。その出力を、次のリストに示す。

▶リスト7.14　git diffの出力

```
diff --git a/math.sh b/math.sh
index 135274b..d187591 100644
--- a/math.sh
+++ b/math.sh
@@ -1,5 +1,10 @@
 # Add a and b
 a=1
 b=1
+#
+# These are for testing
+#
```

```
+echo $a
+echo $b
 let c=$a+$b
 echo $c
```

先頭に+記号のある行は、新たにファイルに追加された行である。これをステージングするなら、ただgit addとタイプすればよい。けれども、どの行をステージングするかを正確に選択することが可能なのだ。それをコマンドラインで行おう。つまり、"These are for testing"という行の前後にある#記号だけの行を削除するのだ。

Git GUIで行ったのと同じステージングエリア編集機能を使うには、まず次のコマンドをタイプする。

```
git add -p
```

すると、差分出力のあとにプロンプトが現れる（リスト7.15）。

▶リスト7.15　git add -pの出力とプロンプト

```
diff --git a/math.sh b/math.sh
index 135274b..d187591 100644
--- a/math.sh
+++ b/math.sh
@@ -1,5 +1,10 @@
 # Add a and b
 a=1
 b=1
+#
+# These are for testing
+#
+echo $a
+echo $b
 let c=$a+$b
 echo $c
Stage this hunk [y,n,q,a,d,/,e,?]?
```

このリストは、git diffコマンドからの出力とそっくり同じだが、最後にStage this hunk?で始まる行が加わっている。これは、ハンクのステージングについて、何をしたいかのと問い合わせるプロンプトなのだ。リスト7.15を見ると（そして、あなたの画面でも。いま、それをやっているところでしょう？）Stage this hunk?（このハンクをステージングしますか？）という質問には、8種類の応答から選択できる。つまり、y、n、q、a、d、/、e、?だ。これらの応答が何を意味するのかは、?を入力すれば分かる。実際にそうタイプしてみよう。

```
?
```

すると、それぞれの応答についての簡単な説明が出てくる。リスト7.16にそれを示すが、さきほどの8種類に含まれていなかった応答も入っている。

▶リスト7.16　git add -pプロンプトのヘルプ

```
y - stage this hunk（このハンクはステージングする）
n - do not stage this hunk（このハンクはステージングしない）
q - quit; do not stage this hunk nor any of the remaining ones（終了；このハンクも、残りのハンクがあればそれらも、ステージングしない）
a - stage this hunk and all later hunks in the file（このハンクと、このファイルに含まれるすべてのハンクをステージングする）
d - do not stage this hunk nor any of the later hunks in the file（このハンクも、このファイルに含まれるすべてのハンクもステージングしない）
g - select a hunk to go to（ハンクを選択する）
/ - search for a hunk matching the given regex（指定の正規表現にマッチするハンクを探す）
j - leave this hunk undecided, see next undecided hunk（このハンクは保留し、次の保留ハンクを見る）
J - leave this hunk undecided, see next hunk（このハンクは保留し、次のハンクを見る）
k - leave this hunk undecided, see previous undecided hunk（このハンクは保留し、前の保留ハンクを見る）
K - leave this hunk undecided, see previous hunk（このハンクは保留し、前のハンクを見る）
s - split the current hunk into smaller hunks（現在のハンクを、もっと小さなハンクに分割する）
e - manually edit the current hunk（現在のハンクを手作業で編集する）
? - print help（ヘルプをプリントする）
```

では、次のようにタイプしよう。

```
e
```

すると、viエディタが起動される。これがデフォルトでGitが使うように設定されているエディタだ。恐れることはない！　この項では、viを使ってこのハンクから正しい行を選択する方法を、手取り足取り説明する（なお、デフォルトのエディタをviから別のエディタに変更するには、`git config`を使う。詳細は第20章を参照されたい）。

あなたが編集するテキストはリスト7.15で見たハンクである。また、そのファイルの（#で始まる行の）コメントでは、このハンクを行単位で編集する方法が説明されている。それは、リスト7.17に示すような説明になっているはずだ。

▶リスト7.17　差分ファイルを編集する方法

```
# ---
# To remove '-' lines, make them ' ' lines (context).
```

```
# To remove '+' lines, delete them.
# Lines starting with # will be removed.
#
# If the patch applies cleanly, the edited hunk will immediately be
# marked for staging. If it does not apply cleanly, you will be given
# an opportunity to edit again. If all lines of the hunk are removed,
# then the edit is aborted and the hunk is left unchanged.
```

(以下に試訳を示す)

```
# ---
# '-'の行を消すには、その行を' 'の行（文脈）に変える。
# '+'の行を消すには、その行を削除する。
# #で始まる行は、消される。
#
# もしパッチが正しく適用されたら、編集されたハンクは即座にステージング
# のマークが付けられる。もし正しく適用されない場合は、もう一度編集する
# 機会が与えられる。もしハンクの全部の行を削除していたら編集は放棄され
# ハンクは変更されずに残る。
```

もしあなたがviエディタに慣れているのなら、図7.22でマークを付けてある2つの行（空のコメント行）を削除すればよい。あなたが編集しているファイルで、マークに該当するのは全体の6行目と8行目である。

ここで行う編集が正確にできなくても心配することはない。次の項では、結局これらの変更を破棄してしまうのだ。だから、もしあなたがviエディタに慣れていなくてこの手順を飛ばしたければ、ただ**:wq**とタイプすれば、エディタを終了できる。

もしあなたがviには慣れていないが、その2行を消して見たいと思うのなら、次に示す文字をすべて正しくこの順番にタイプすればよい*[2]。

```
# Add a and b
a=1
b=1
#
# These are for testing
#
echo $a
echo $b
let c=$a+$b
echo $c
```

❖図7.22　1個の#マークだけを含む行を2つ削除する

訳注＊2：viの使い方は初心者向きの解説本に書いてあるが、よくある「チートシート」や「基本操作カード」を見るのも便利だ。1Gは、ファイルの先頭にカーソルを移動させる。jは、カーソルを下に移動させる。ddは行をカットする。:wqはファイルを保存して終了する。

```
1
G
jjjjj
dd
```

```
j
dd
:wq
```

この編集を行った結果、空のコメント行が2つ削除される。
:wqとタイプしたら、プログラムはコマンドラインプロンプトに戻る。

上記のステップはステージングエリアに変更を加えるものだ。ただ:wqとタイプすると、git addとタイプしたのと同様に、編集されたハンクがステージングされる。次の項では、ステージングエリアをリセットする方法を学ぶ。これは、あなたがステージングした変更を削除するのだ。

7.4.5 ステージングエリアから変更を削除する

前項で行った変更はわざとらしいものだった。そんなことをした理由は、ステージングエリアに対して詳細な変更を加えるためにコマンドライン環境を使う方法を示すのが目的だったからだ。ステージングエリアの変更を元に戻す（undo）には、git resetコマンドを使う。これはgit addの反対だ。

演習

ステージングエリアの現在の状況を調べるために、次の3つのコマンドをタイプしよう。

```
git status
git diff --staged
git diff
```

あなたが前項でviを使うステップに従っていたら、2回めのgit diffで、2箇所の変更が見えるだろう。git diffが比較に使う2つのファイルの組み合わせを、図7.23に示す。

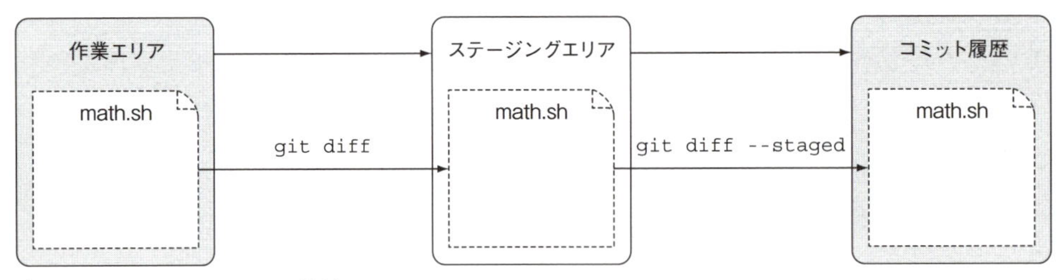

❖図7.23 git diffによる比較

あなたがステージングエリアに対して行った変更を取り消すために、次のようにタイプしよう。

```
git reset math.sh
```

これであなたがステージングエリアに加えた変更が削除されるが、もっと重要なのは作業ディレクトリが変更されないということだ。あなたのデバッグ用コードは、まだmath.shファイルの中に入っている。

いま何が起きたのかを図7.24に示す。

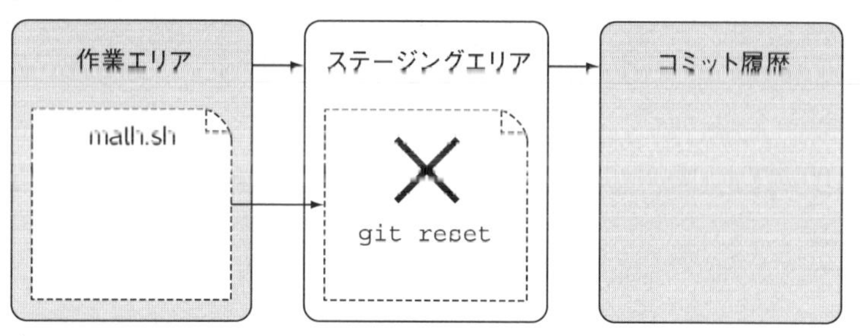

❖図7.24　ステージングエリアのリセット

図7.24が示すように、ステージングエリアにあった全部のものがステージングエリアから消される。ただし作業エリアには、ステージングエリアで消した変更がまだ残っている。この点については7.4.7項でもっと詳しく学ぶ。

7.4.6　ファイルを最後にコミットしたバージョンに戻す

この時点で、あなたは「やっぱりデバッグ用のコードは消してしまおう！」と決めるかもしれない。その場合、エディタを使ってデバッグ用の行を削除することは可能だ。けれども、いまリポジトリに入っているコードにはデバッグ用のコードが入っていないのだから、math.shの最新バージョンをチェックアウトするほうが簡単だ（図7.25を参照）。

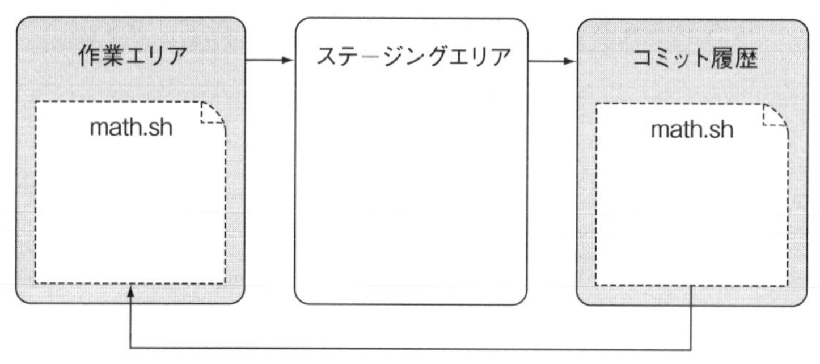

❖図7.25　ファイルをチェックアウトする

このようにファイルをチェックアウトすると、作業ディレクトリにあるファイルは上書きされる。ファイルをチェックアウトする手順を次のコラムで実習しよう。

演習

これまで使ってきたmathディレクトリで次のコマンドをタイプすることにより、現在の状況をチェックする。

```
git status
git diff --staged
git diff
```

そして、次のようにタイプする。

```
git checkout -- math.sh
bash math.sh
```

上記の演習を実行し終わると、math.shにはもうデバッグ用のコードが入っていない。あなたはmath.shの最後にコミットしたバージョンをチェックアウトできたのだ。その内容をリスト7.18に示す。

▶リスト7.18　math.shの内容

```
# Add a and b
a=1
b=1
let c=$a+$b
echo $c
```

7.4.7　部分的にコミットした結果を理解する

コミットする行を個別に選択するときは（それは7.4.3項と7.4.4項で行ったが）、コードが（あなたが省略した行がなくても）ちゃんと動作するように注意すべきだ。部分的なコミットを行ったとき、結果としてまともに動作するコードができていると錯覚しやすい。なにしろ、あなたの作業ディレクトリには（あなたがコミットを省略することにした行を含めて）すべてのコードが入っているのだから。けれども、そのコードについて共同作業を行うことになる他の人々は、あなたの作業ディレクトリ内のコードを共有しないのである。

この章のサンプルでは、コメント行とデバッグ用のコードだけを削除しただけなので、まだ上記の問題を心配する必要はない。けれども、実際にステージングエリアを利用し始めたら、この重大なポ

ること）も忘れてはいけない。

ビルドとテストのサイクルを間違いなく実行する方法のひとつは、git stashを使って省略したコードを完全に排除することだ。こうすれば、他の人々と同様にコードをテストすることが可能になる（そのgit stashコマンドについては、第9章で説明する）。

7.5 課題

この章ではステージングエリアを使った細かい仕事をたくさん行った。以下の課題は、それらのステップを少しずつ変えたバリエーションである。

7.5.1 複数のハンクを使う作業

最初に、この課題で使うリポジトリをセットアップする手続きを以下に示す。これらはとくに説明しなくても全部できるはずだが、もしヘルプが必要なら本書のWebサイトを訪れていただきたい。

1. bigger_fileという名前の新しいディレクトリを作り、そこにGitリポジトリを作る。
2. 本書のWebサイト（https://manning.com/books/learn-git-in-a-month-of-lunches）から、LearnGit_SourceCode.zipというzipファイルをダウンロードする。このzipファイルを展開して、lorem-ipsum.txtファイルを、上記のbigger_fileディレクトリにコピーする。
3. そのファイルをリポジトリにコミットする。
4. さきほど展開したzipファイルから、lorem-ipsum-change.txtというファイルをbigger_fileディレクトリにコピーする（これらは、あとで必要になるので、適切な場所に保存しておこう）。
5. この新しいファイルをlorem-ipsum.txtに改名（あるいはコピー）する（さきほどの同じ名前のファイルは、ディレクトリから削除される）。

この5つのステップを実行すると、lorem-ipsum.txtファイルに対する変更が作られる。Gitはこの変更を検出できる。では、質問と演習問題を出そう。

1. この変更には、いくつハンクがあるだろうか？（ヒント：それぞれのハンクは、@@で始まる行で区切られる。これらの行はgit diffで見ることができる）
2. git add -pを使って、第2のハンクだけ変更をステージングしてコミットしよう。
3. 最新のコードをチェックアウトしよう。それによって作業ディレクトリ内の変更は削除される（ヒント：それを行う構文を見るには、git statusを使える）。
4. もう一度、lorem-ipsum-change.txtファイルを作業ディレクトリにコピーし、名前を変更（あるいはコピー）して、この新しいファイルをlorem-ipsum.txtファイルにする（上書きする）。
5. 今回の変更にはいくつハンクがあるだろうか？
6. ファイル全体をコミットする。

この課題を復習するときはこのリポジトリを削除して[*3]、もう1度最初から、同じ課題を実行する。ただし、その際はステップ2でGit GUIを使おう（すると、Git GUIでは`git diff`よりも「ハンクの数」が少ないことに気付くかもしれない）。

訳注＊3：リポジトリを削除するには、そのディレクトリを削除すればよい。この点は著者に問い合わせて確認した。`rm -rf bigger_file`コマンドで、ディレクトリごと削除できる。ただし、これは有無を言わさず、ディレクトリとその中にあるすべてのものを削除してしまうコマンドだから、注意して使わなければならない。

7.5.2 削除を取り消す

ひとつ前の課題で、lorem-ipsum.txtというファイルが残った。このファイルを、`git rm lorem-ipsum.txt`を使って作業ディレクトリから削除してみよう。そして、`git status`の出力に従ってそのファイルを元に戻そう。

7.5.3 課題図書

Gitのヘルプページで、`git checkout`と`git reset`の項を読んでおこう[*4]。

これらのコマンドには、いくつも異なった形式があることに注意しよう。この章で使ったのは、次に示すコマンドである。

- `git checkout -- math.sh`
- `git reset math.sh`

これらのコマンドで、あなたが使った形式は何というのだろうか？

訳注＊4：ヘルプは英文である。訳者は『Git ポケットリファレンス』（技術評論社，2012年）、『Gitによるバージョン管理』（オーム社、2011年）、濱野純著『入門Git』（秀和システム、2009年）などを参考にした。

7.6 この章のコマンド

❖表7.1　この章で使ったコマンド

コマンド	説明
git rm ファイル	ファイルをステージングエリアから削除（remove）する
git mv ファイル1 ファイル2	ステージングエリアで、ファイル1の名前をファイル2に変更する
git add -p	ステージングエリアに追加（add）すべき変更部分を手作業で選択（pick）する
git reset ファイル	ステージングエリアをリセット（reset）して、ファイルをコミット予定から外す
git checkout ファイル	ファイルの「最後にコミットしたバージョン」を、チェックアウトして、あなたの作業ディレクトリに入れる

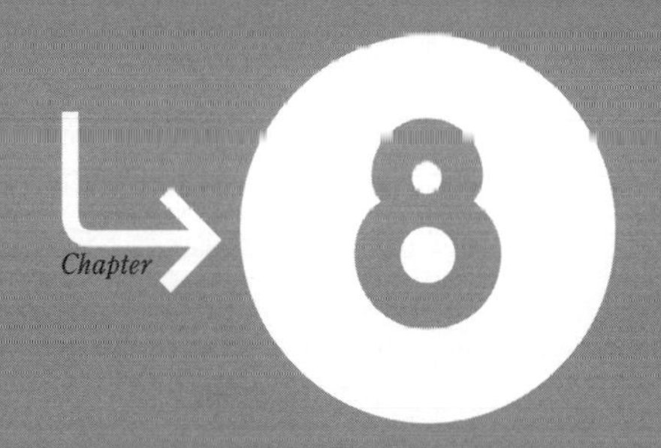

Gitというタイムマシン

この章の内容

リポジトリにコミットするとき（これまで何度も行ってきたことだが）、あなたはタイムラインにマークを付ける。それぞれのコミットは、「この日、この時刻に私がこの内容を変更しました」と述べている。個々のコミットは、あなたのプロジェクト全体のバージョンのひとつだ。この章で学ぶように、Gitでは、あなたのプロジェクトのどのバージョンでも、`git checkout`コマンドを介して訪問できる。また、あなたのプロジェクトの過去のバージョンに、`git tag`を使って「ブックマークする」（タグを付ける）方法もこの章で学ぶ。これを覚えれば、あなたのコードの過去に遡る能力が身につく。それはリリース後のソフトウェアにバグ修正を加えるのに重要な機能である。要するにGitはあなたのコードのためのタイムマシンなのだ！

8.1 git logを使う

これまで作業してきたmathリポジトリには、コミットを8回行っている[*1]。これらのコミットのタイムラインを調べるには、`git log`とタイプする。これによって、およそ次のリストに示すような出力が得られる。

訳注＊1：ただし、7.3節で、"Adding new doc dir and file"というメッセージのコミットを行っている。これを含めると9回が正解だが、説明の都合上、原著のままとした。なお、出力が画面に入りきらないとページングされるので、スペースバーで画面を送り、［Q］で終了するのを、お忘れなく。

▶リスト8.1　mathリポジトリのタイムラインを`git log`で見る

```
commit 934e62e6a56843e4c6a859cb3e85e7901b007c2b
Author: Rick Umali <rickumali@gmail.com>
Date:   Fri Jun 13 21:15:58 2014 -0500

    Adding two numbers.

commit 595b6786212c9b329bb09fef81ff50ccc1208caf
Author: Rick Umali <rickumali@gmail.com>
Date:   Thu Jun 12 20:15:58 2014 -0500

    Renaming c and d.

commit 9289ea1d30a7fc9a2799edd9c5cb2a9f457a6814
Author: Rick Umali <rickumali@gmail.com>
Date:   Thu Jun 12 19:15:58 2014 -0500

    Removed a and b.

commit 5ecc3d2efebdd8763d6948e3bd712aa947da0198
Author: Rick Umali <rickumali@gmail.com>
```

```
Date:   Wed Jun 11 21:15:58 2014 -0500

    Adding readme.txt

commit 8a9a8bd631d7a2eacc0afe8490b91d9f86d3d31d
Author: Rick Umali <rickumali@gmail.com>
Date:   Tue Jun 10 21:15:58 2014 -0500

    Adding four empty files.

commit 874a7942a1ab43ee6d6b01a6b12f312ee2ee3b63
Author: Rick Umali <rickumali@gmail.com>
Date:   Mon Jun 9 21:15:58 2014 -0500

    Adding b variable.

commit 90d1dda323e79ad70c669f27a8083d2d236428de
Author: Rick Umali <rickumali@gmail.com>
Date:   Mon Jun 9 19:15:58 2014 -0500

    This is the second commit.

commit 96bfa4e220dcf74313e6ecf7cc8b41a11bd17198
Author: Rick Umali <rickumali@gmail.com>
Date:   Mon Jun 9 17:15:58 2014 -0500

    This is the first commit.
```

このリストは発生の逆順（reverse chronological order）に表示されている。つまり、最後に行ったコミットが最初に表示され、その前のコミットが次にという順序であり、最初に行ったコミットは最後に表示されている。このように順番に過去に遡って初回のコミットまで戻ることができる。個々のコミットでどんな変更を行ったのかを思い出すには、コミットのログメッセージが役立つことがこれで分かるだろう。

8.1.1 SHA1 IDを使う

`git log`出力について、最初に指摘すべきポイントは、それぞれのコミットにIDがあることだ。このIDは、そのコミットだけのユニークなものである（たとえあなたが、別のサーバとあなたのリポジトリを共有していても）。リスト8.1に示した`git log`出力で、そのIDは`commit`というキーワードの右側に表示されている。このIDはSHA1 IDだ。

SHA1 IDを最初に見るのは、`git commit`を使うときだ。あなたが`git commit`を実行するたびに、ステータスメッセージとともに新しいSHA1 IDが表示される。次に示す`git commit`の出力例では、短縮された（abbreviated）SHA1 ID（`96bfa4e`）が表示されている*2。

訳注＊2：SHAは「セキュアハッシュアルゴリズム」の略。ブルース・シュナイアー著『暗号技術大全』（山形浩生監訳、ソフトバンク、2003年）の18.7節に詳しい記述がある(pp.489-493)。

▶リスト8.2 git commitのサンプル

```
[master (root-commit) 96bfa4e] This is the first commit.
 1 file changed, 1 insertion(+)
 create mode 100644 math.sh
```

リスト8.2に示したSHA1 IDは短縮されているが、デフォルトの`git log`出力（リスト8.1の形式）は完全なSHA1 ID文字列（40文字）を示す。リスト8.2の短縮されたSHA1 IDが`96bfa4e`であるのに対し、完全なSHA1 IDは`96bfa4e220dcf74313e6ecf7cc8b41a11bd17198`である。どちらの形式も、「コミットの名前」としての役目を果たす。これは、他のバージョン管理システムに見られる「バージョン番号」と等価なものである。

SHA1 IDは、たとえ最初の何文字かを比較するだけでも普通はユニークなものだ。ゆえに、多くのGitコマンドは40文字に満たない短いSHA1 IDを表示し、また受け付ける。

SHA1 IDは「暗号学的にユニークな」ものであり、どのファイルの間でも、あるいはどのサーバの間でも決して繰り返されないことが保証されている。この強力なアルゴリズムによって、Gitを分散型にすることが可能となったのだ。他のどのファイルもサーバも同じIDを生成することがないのだから、このコミットを同じIDが他のコミットで繰り返し使われる恐れなしに誰とでも自由に共有できる。

8.1.2 コミットのメタ情報と親子関係を調べる

それぞれのコミットには、少なくともコミットしたユーザー（committer：記録者）の名前とコミットの日付時刻が含まれる。名前には、3.1節で`git config user.email`と`git config user.name`によって設定した内容が反映される。

それぞれのコミットには「コミットログメッセージ」も含まれる。これは、あなたが`git commit`の`-m`スイッチで（あるいは`git gui`で）入力したメッセージだ（ちなみにコミットログメッセージはGitのデフォルトエディタを使っても入力できるのだが、いままではそれを避けてきた）。

`git log`出力で、あまり明確に示されていない事項のひとつは、どのコミットにも親（parent）があるということだ（ただし最初のコミットは例外）。「親コミット」（parent commit）は、`git log`に`--parents`スイッチを付ければ明らかにすることができる。

演習

あなたのコミットの親子関係を調べてみよう。コマンドラインで次のようにタイプする。

```
cd
cd math
git log --parents
```

最初の2つのcdコマンドはカレントディレクトリをまずはホームディレクトリに、次はmathディレクトリに移動する。その次のコマンドによって、あなたのコミット履歴が出力される。Gitは、この出力をページャーに送るが、それについては3.4節で学んだ（ページを送るにはスペースバーを押し、ページャーを終了してプロンプトに戻るには［Q］キーを押す）。この出力では、完全なSHA1 IDが表示されるので、少し見づらいかもしれない。では次のようにタイプしよう。

```
git log --parents --abbrev-commit
```

すると、リスト8.3に示すような出力が得られる。

▶リスト8.3　git log --parents --abbrev-commitからの出力（一部）

```
commit cef45ff 29c7e58
Author: Rick Umali <rickumali@gmail.com>
Date:   Sat Jun 14 18:34:58 2014 -0500

    Adding two numbers.

commit 29c7e58 e5f8486
Author: Rick Umali <rickumali@gmail.com>
Date:   Fri Jun 13 17:34:58 2014 -0500

    Renaming c and d.

commit e5f8486 50534f8
Author: Rick Umali <rickumali@gmail.com>
Date:   Fri Jun 13 16:34:58 2014 -0500

    Removed a and b.

 ...
```

リスト8.3に一部を示した出力の第1のエントリを見ると、そのコミットの短縮SHA1 IDはcef45ffであり、親のSHA1 IDが29c7e58と表示されている（abbrev-commitスイッチを使ったので、SHA1

IDの全体ではなく、ここでは最初の7文字しか表示されていない)。同じくリスト8.3で第2のエントリを見ると、そのコミットのIDが`29c7e58`である(つまり、これが親だ)。これにも親があり、それは第3のエントリ(その前に実行されたコミット)である。以下同様だ。

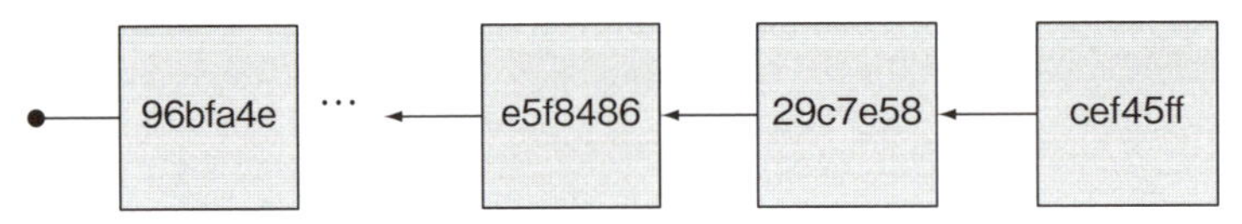

❖図8.1　どのコミットも親へのポインタを持っている

コミットの繋がりをどう考えるべきかを示したのが図8.1だ。これはオブジェクトのリストである。それぞれのコミットオブジェクトが、親オブジェクトへのポインタを持っている。個々のコミットには、そのコミットの時点における完全な作業ディレクトリ全体(ワークツリー)が含まれる。あなたが`git add`を行い、それから`git commit`を行うことによって、その作業ディレクトリがタイムラインに保存される。図8.1で最初のコミット(`96bfa4e`)は親を持っていない。これがルート(root)コミットだ。

コミットの連鎖は、ほとんどの場合、発生の逆順(reverse chronological order)に示される。その理由は、開発者ならば最近やった仕事を振り返るのが典型的だからだ。「いまやった仕事、なんだっけ?」とか、「1時間前のは?」とか「昨日のは?」などという疑問のほうが、「このリポジトリを、どう始めたんだっけ?」という疑問よりも一般的なのだ。とくに、長い歴史(history)を持つリポジトリの場合、それが典型的なケースである。

8.1.3　gitkでコミットの履歴を見る

gitkのGUI(グラフィカルユーザーインタフェース)も、コミットの履歴を見るのに優れた方法である。とくに大量の履歴を持つリポジトリはこちらのほうが見やすい。gitkについては第5章で学んだ。

演習

コマンドラインで、いま`math`ディレクトリにいるとして、次のようにタイプする。

```
gitk
```

すると、図8.2に示すようなウィンドウが現れるだろう。

左上のペインにコミットログが、`git log`のコマンドライン出力と同じ「発生の逆順」に並んでいることに注目しよう。このリストで選択されているコミットログ(`Adding two numbers.`)のデータが、他のペインへの記入に使われている。あなたのログではSHA1 IDが違うはずだが、「最後のコミット」の短縮SHA1 IDは、この場合は`cef45ff`だった。

gitkウィンドウでは、どのコミットでも左上ペインでコミット行をクリックすることで見ることができる。実際にやってみるとよい。

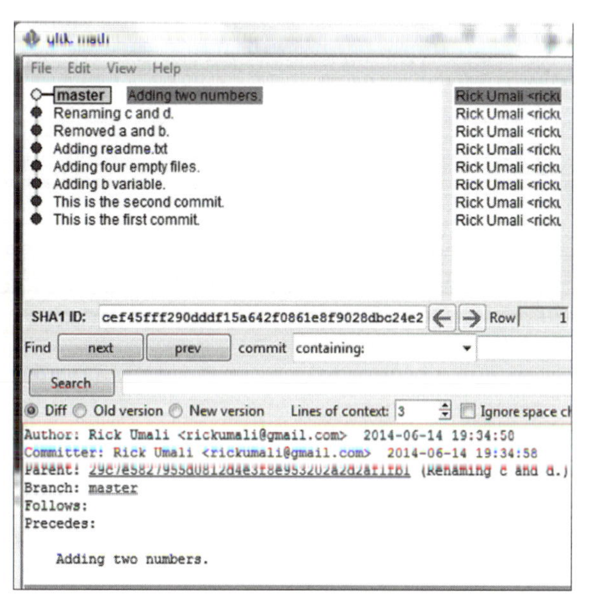

❖図8.2 gitkのウィンドウ

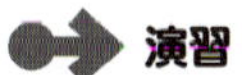

演習

あなたのgitkウィンドウで、どのコミット行でもクリックしてみよう。すると下側の2つのペインに、より詳細な情報が表示される。右下ペインの上には、Patch（パッチ）かTree（ツリー）か、どちらかのモードを選択できるトグルスイッチがある（図8.3を参照）。

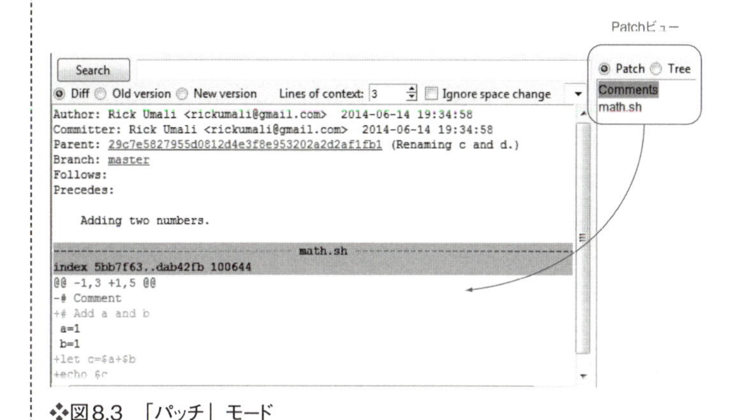

❖図8.3 「パッチ」モード

Patch（パッチ）モードでは、このウィンドウに、いま選択されているコミットで「パッチを当てた」ファイルのリストが現れる。左下のペインは、いわば「パッチビュー」（patch view）だ。どのファイルでも（この場合はmath.shだけだが）クリックすると、そのファイルがこのコミットでどのように変更されたか（パッチの内容）が示される。

では次にTree（ツリー）モードを選択しよう（図8.4を参照）。右下のペインにはそのコミットでステージングエリアに存在したファイル全部のリストがある。このようなディレクトリのリスト（あるいはファイルのツリー）がすべてのコミットに割り当てられている。どのファイルでもクリックすれば、そのファイルが左下ペインに現れる（この場合、そのペインは「ファイルビュー」（file view）になっている）。

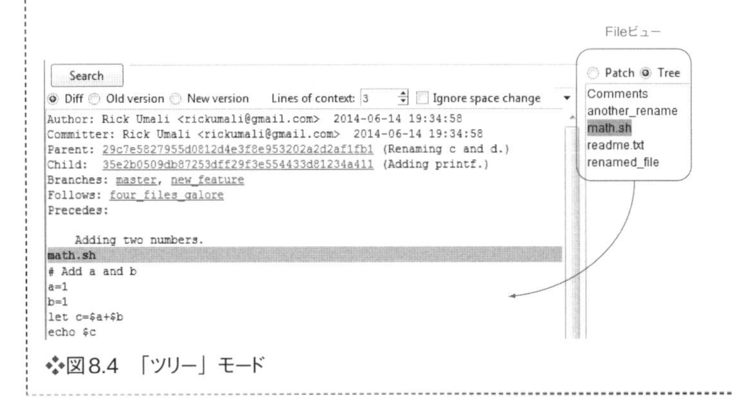

❖図8.4 「ツリー」モード

8.1.4 ファイルでコミットを検索する

さらに、ある特定のファイルに影響を与えたすべてのコミットを選択できる。math.shファイルにタッチした（変更を加えた）すべてのコミットをこの方法で検索してみよう。

演習

gitkの画面中央にあるFind（検索）セクションで、commit（コミット）の右にあるプルダウンメニューからtouching paths:（パスの一部）を選択する（図8.5を参照）。そして、`math.sh`とタイプする。

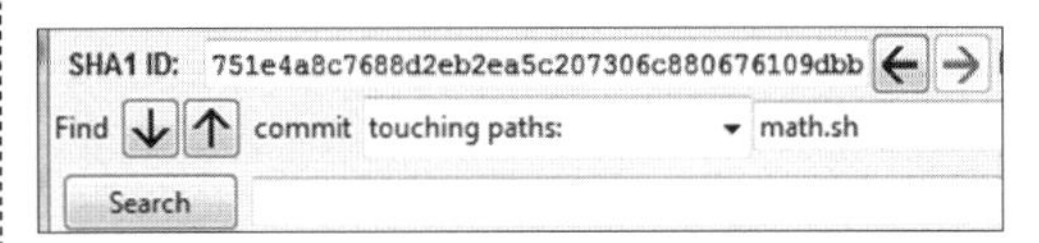

❖図8.5 Find（検索）セクション

左上のペインが変化し、math.shにタッチしたコミットだけが太字で強調表示される（図8.5参照）。

上下の矢印ボタン（図8.5にあるもの）を使ってこれら3つのコミットを訪問し、それぞれパッチ（Patch）ペインで観察しよう。それによって、あなたのmath.shファイルが辿った様々な段階を見ることができるのだ！

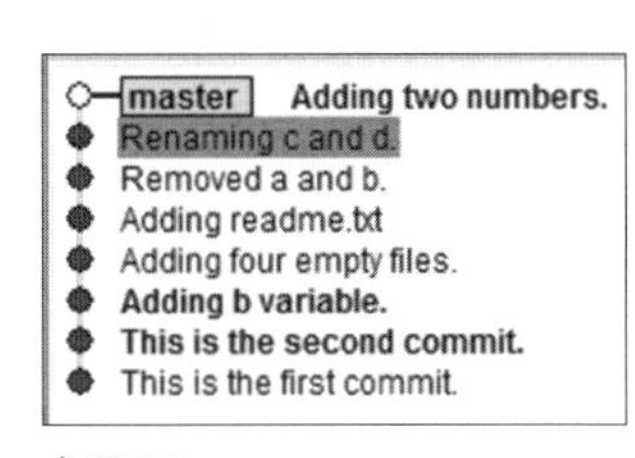

❖図8.6
math.shにタッチした全部のコミットを検索（Find）

8.1.5 各種のgit logを使う

コマンドラインツールの`git log`でも、前項で見たgitkと同じ操作をすべて実行できる。ただしgitkと違って、`git log`の出力はあなたのコマンドウィンドウのサイズで区切られる。とにかく、それらのコマンドを試してみようではないか。

演習

mathディレクトリで、`git log`出力を簡略化したものを見るには次のようにタイプする。

```
git log --oneline
```

コマンドラインウィンドウのサイズによっては、出力のページを送るためにスペースバーを押す必要があるかもしれない。

パッチ情報を示すリストを見るには、次のようにタイプする。

```
git log --patch
```

このコマンドの出力は長く、コマンドウィンドウの高さを超過するから、間違いなくページャーの出番となる。ページャーを終了させるには［Q］キーをタイプする。

gitkの「パッチ」ビューと同様な出力を得るには、次のようにタイプする。

```
git log --stat
```

このコマンドで`git log`は、それぞれのコミットのファイルに注目し、具体的に何が変化したかを示す出力を行う。これら2つのコマンドを結合することも可能であり、それには次のようにタイプする。

```
git log --patch-with-stat
```

最後に、math.shに関連するコミットだけを見たければ、そのファイル名をコマンド行の引数として渡す。次のようにタイプしてみよう。

```
git log --oneline math.sh
```

これは、math.shにタッチした（変更を加えた）コミット全部のリストを出す。ページャーのプロンプトが出たら、［Q］キーを押せば終了できることをお忘れなく。

`git log`コマンドは強力なツールであり、コミット履歴を素早くチェックするのは簡単なことだ。gitkのGUIならば、たしかにリポジトリの状態を複数のビューで調査できる。しかし、何を探すのかあらかじめ分かっているときは、普通は`git log`のほうが同じビューをより簡潔に表現できる。

8.2 適切なコミットログメッセージを書く

git log --onelineを実行すると、リスト8.4に示すような出力が現れる。図8.2で見たgitkの「左上ペインの表示」も同様である。

▶リスト8.4 git log --onelineからの出力

```
cef45ff Adding two numbers.
29c7e58 Renaming c and d.
e5f8486 Removed a and b.
50534f8 Adding readme.txt
bcaa6e2 Adding four empty files.
80f0ccc Adding b variable.
ea91623 This is the second commit.
8c31e35 This is the first commit.
```

この簡潔なリストはいまなら理解しやすいと思うが、それは、これらの変更をつい数日前に見たからだ。けれども、1週間後にはどう見えるだろう。1ヶ月後には？ さらに1年後には？ こんなに短い記述では、これらの変更をなぜ行ったのか思い出す助けにならないではないか！

git logをより便利に使う最良の方法のひとつは、適切なコミットメッセージを書くことだ。git commitのヘルプページにはDISCUSSIONというセクションがあり、それは読む価値がある。そこにはこう書かれている（試訳）:「必須ではありませんが、コミットメッセージは、短い（50文字未満の）1行で変更を要約し（これがコミットのタイトルとして使われます）、その次に1行空けて、さらに詳細な記述を入れるのが良いアイデアです」。

このフォーマットを使えば、あなたの履歴メッセージははるかに有益なものとなる。

演習

上記のテキストで参照したDISCUSSIONセクション（英文）を読むには、次のようにタイプする。

```
git help commit
```

画面をスクロールするとDISCUSSIONの項が現れる。あとで読むのなら、このページをブックマークしておこう[*3]。

訳注＊3：この項には、文字のエンコードに関する記述も含まれている。UTF-8をベースとする環境で使う限り、何も問題は生じない。コミットログメッセージでは、UTF-16/32や、EBCDICや、Shift-JISなどのCJKマルチバイト形式でエンコードされた文字列はサポートされない。あえてそれらを使う場合に注意すべき事項が書かれている。メッセージに日本語を使うかどうかは、組織や利用者間の「取り決め」の問題だ。国際的なプロジェクトでは英語が標準だろう。この本ではリスト等のメッセージをすべて原著のままとし、必要に応じて訳注で説明を加えている。

次に、math.shに変更を加えるが、そのコミットでは「適切なコミットメッセージ」の規約に従う。あなたの好きなエディタでmath.shファイルを開こう。最後の行（**echo $c**）を次に示す行で置き換える。

```
printf "This is the answer: %d\n" $c
```

保存したらエディタを終了し、この新しいバージョンの**math.sh**プログラムを実行する。

```
bash math.sh
```

これまでとは違う出力になるのを確認できたら、この変更をコミットしよう。変更はステージングエリアに追加しなければならない。

```
git add math.sh
git citool
```

git citoolについては第5章で述べた。このウィンドウを起動するのに問題が生じたら、本書のフォーラムで援助を求めていただきたい[*4]。

ポップアップしたウィンドウに、次に示すテキストを、この通りに打ち込む。

訳注4＊：訳者は、Mac OS Xで何度かwish、git gui、git citoolの起動に失敗した（致命的なエラーが出た）。原因は突き止めていないが、代替策として、**git commit**コマンドを使い、メッセージをデフォルトのエディタから打ち込む方法があることに気付いた。また、コミットメッセージのひな形（テンプレート）を作っておき、`git commit -t <file>`で、そのファイルを指定することもできる（その場合もエディタの編集画面となり、メッセージを編集せずにエディタを終了するとコミットされない）。

```
Adding printf.

This is to make the output a little more human readable.

printf is part of BASH, and it works just like C's printf() function.
```

あなたのコミットメッセージは図8.7に示すようなものになるはずだ。ここでCommit（コミット）ボタンをクリックしよう。

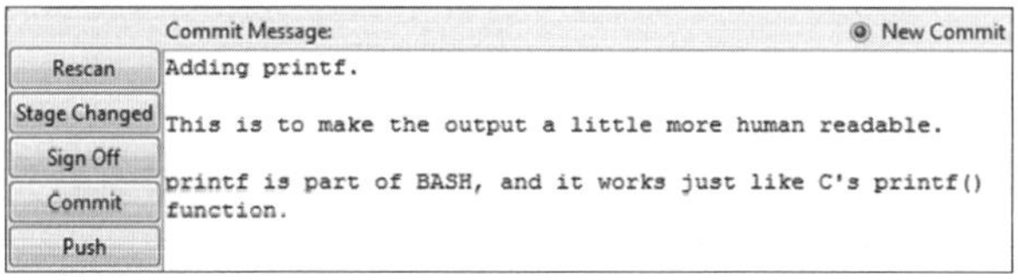

Commit Message: ◉ New Commit
Rescan
Stage Changed
Sign Off
Commit
Push

```
Adding printf.

This is to make the output a little more human readable.

printf is part of BASH, and it works just like C's printf()
function.
```

❖図8.7　適切なコミットメッセージ

これであなたは、履歴の末尾にもうひとつのコミットを追加したわけだが、そのコミットメッセージはこれまでのメッセージと形式が異なる。1行メッセージではなく、複数の行を含んでいるのだ。**git log --oneline**の出力は、あなたのコミットの最初の行だけを示すので、次のリストのようになる。

▶リスト8.5　git log --onelineからの出力

```
cbcd3e3 Adding printf.
cef45ff Adding two numbers.
29c7e58 Renaming c and d.
e5f8486 Removed a and b.
...
```

このコミットの全体を見るには、git logを使おう。すると、次のリストのような出力が得られるはずだ。

▶リスト8.6　git logの出力（抜粋）

```
commit cbcd3e3d61aed114c695b5c308fa0ca4e869bf5c
Author: Rick Umali <rickumali@gmail.com>
Date:   Mon Jun 16 22:26:12 2014 -0400

    Adding printf.

    This is to make the output a little more human readable.

    printf is part of BASH, and it works just like C's printf() function.

commit cef45fff290dddf15a642f0861e8f9028dbc24e2
Author: Rick Umali <rickumali@gmail.com>
Date:   Fri Jun 13 21:15:58 2014 -0500

    Adding two numbers.

commit 29c7e5827955d0812d4e3f8e953202a2d2af1fb1
Author: Rick Umali <rickumali@gmail.com>
Date:   Thu Jun 12 20:15:58 2014 -0500

    Renaming c and d.

...
```

この最新のコミットで行ったのは、コミットの背景にある物語を追加する作業だ。変更の核心は「echoステートメントをprintfステートメントで置き換えた」という事実である。それがこの変更の最小限の要約だ。けれども、あなたが書き加えたテキストによって変更の詳細が記録された。

コミットログメッセージを書くときは、コードにもコードのコメントにも含まれていないものならなんでも文書化の候補になる。コードをコミットするときこそ「あなたがその変更を行う理由」を記録するのに最適なタイミングだ。コードをコミットするとき、あなたは文書化の適任者であり、その件について最も経験の多い人物である（しかもあなたの記憶が最も新鮮なときだ）。だから、将来あなた自身が（あるいは同僚の開発者たちが）読むときに役立つようなコミットメッセージを、その時を逃さず書くのが良い。

コメントを書き終えたあとで、もっとテキストを追加する必要が生じたら、`git commit --amend`コマンドによってコミットを修正（amend）できる。このコマンドは、あなたが最近行ったコミットを編集できる便利なものだ。これを使うのは「課題」にしよう！

8.3 特定のバージョンをチェックアウトする

この章の8.1.3項でgitkを使ったとき、Tree（ツリー）モードのビューには、各コミットについてすべてのファイルを含むディレクトリのリストが表示された。それぞれのコミットには、そのときのステージングエリア（あるいは作業ディレクトリ）の全体が含まれる。図8.8が示すようにGitは「どのコミットに、どのファイルが含まれているか」を確実に追跡管理している。

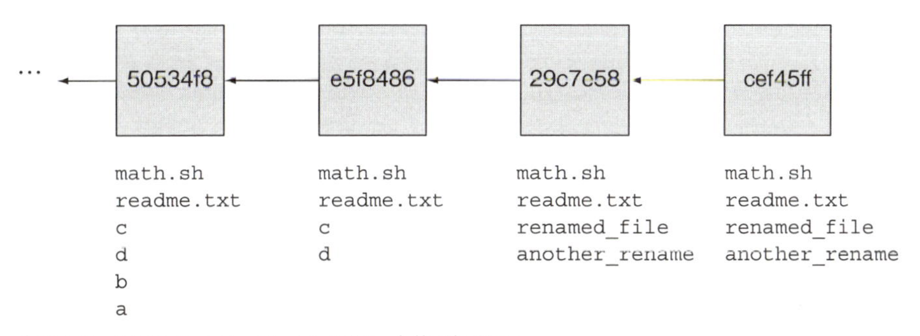

❖図8.8　Gitのコミットは、ファイルのツリー全体を参照する

それだけではなく、コミットをSHA1 IDで特定するだけで、Gitは素早くしかも効率よくどのコミットのファイルツリーでも再生成してくれる。これが「Gitというタイムマシン」の威力だ。他のバージョン管理システムと違って、Gitではサーバの援助なしに時間を遡ることができる。あなたのリポジトリには、`git log`内のあらゆるコミットに必要なものが入っているのだ。

8.3.1 HEAD、masterなどの名前を理解する

このタイムマシンを使い始める前に現在に戻る方法を知っておくべきだろう。帰ってこられないようなタイムマシンに「さあ乗りましょう」とは言えない。

図8.9はあなたのコミット履歴を示している。これは1本線のコミットであり、それぞれのコミットに親へのポインタがある（この図ではそれを矢印で表現している）。

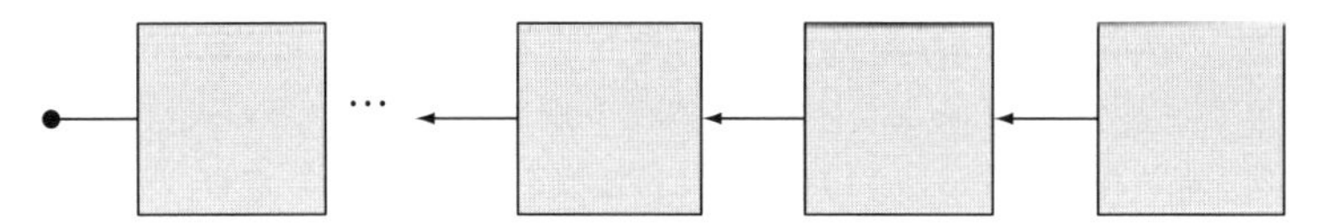

❖図8.9　コミットの路線。それぞれのコミットが、親に戻るポインタを持つ

あなたのコミット路線は「ブランチ」（branch：枝）とも呼ばれる。あなたが`git init`を実行したときに、Gitがデフォルトのブランチを作ったのであり、そのブランチにあなたのコミットが置かれてきた。明日のランチタイムには複数のブランチを扱うことになるが、それはともかく過去から現在に戻るために知っておくべきことがある。それは、デフォルトのブランチに名前があること、その名前がmasterであることだ（図8.10を参照）。

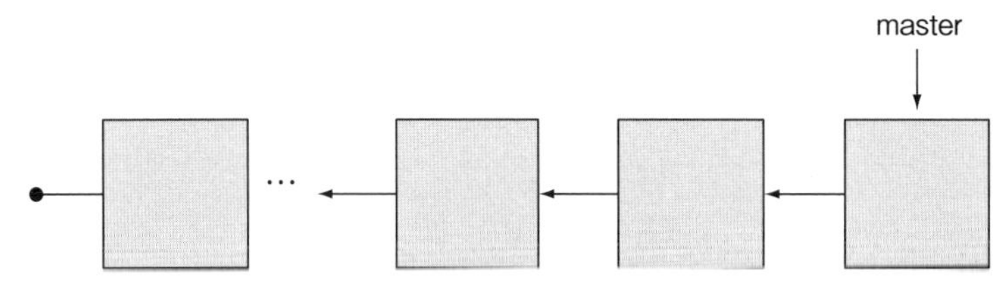

❖図8.10　あなたのブランチはmasterと呼ばれている

masterブランチは開発路線全体を表現するのだが、図8.10が示すようにmasterは「このブランチで最後に行われたコミット」への参照（reference）あるいはポインタでもある。この図で、masterから最後のコミットに向かう矢印を付けたのはそういう意味なのだ。Gitは常にmasterが最後のコミットを参照するように管理している。だからあなたがタイムトラベルを終えて無事に現在へと帰還するにはこれを利用する。masterが最後のコミットを指し示していることをあなたは知っている。そこが「現在」なのだ。

さてタイムトラベルに必要な最後の要素は実際に時間を遡る装置だが、そのデバイスは実はGitがデフォルトで提供している。それがHEAD（頭）だ（図8.11を参照）。

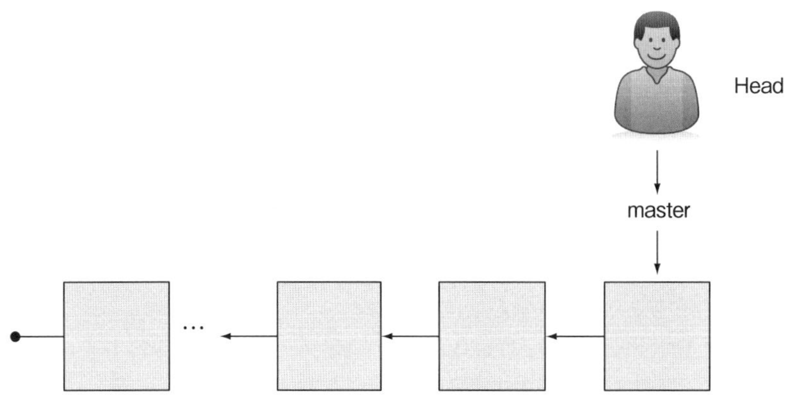

❖図8.11　あなたのブランチのHEAD（頭）。これは通常ブランチにおける最後のコミットを指している

ごく単純に言えば、HEADは現在のブランチである。このHEADに似たものとしては、CD/DVDプレイヤーのレーザー、レコードプレイヤーの針、カセットテーププレイヤーの再生ヘッド、ミュージックプレイヤーの（指の操作で曲のどの部分にも移動できる）プログレスバーのマーカーなどがある。しかし、あなたの頭もHEADだ。あなたの頭は何を見ているだろうか。いまは、現在を見ている。けれども、もう少し読み進めると、あなたはタイムライン上の別のポイントにあなたの頭を移動させる。

Gitのドキュメントを読むと、われらの時間旅行装置であるHEADは、必ず大文字で書かれている。そこで、正式な書き方に改めると図8.12のようになる。ただし、擬人化したほうが理解しやすいのならそれでも構わない！

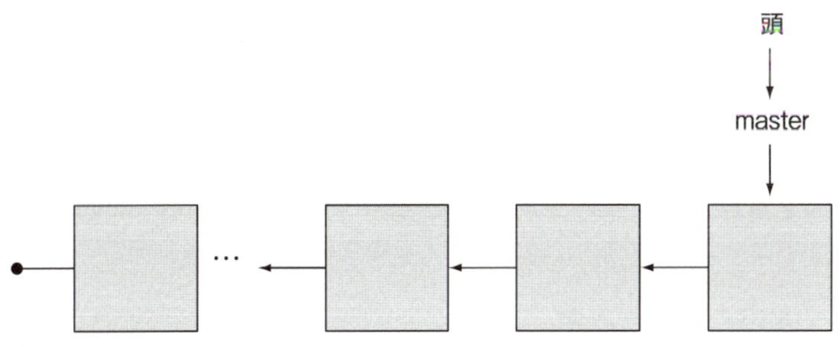

❖図8.12　HEADとmaster

では、これらの機構があなたのリポジトリで実際どのように働くのかを調べよう。リスト8.7は、`git log --oneline`コマンドによって、あなたのコミットの履歴を示している。

▶リスト8.7　masterブランチにある、あなたのコミット

```
cbcd3e3 Adding printf.
cef45ff Adding two numbers.
29c7e58 Renaming c and d.
e5f8486 Removed a and b.
50534f8 Adding readme.txt
bcaa6e2 Adding four empty files.
80f0ccc Adding b variable.
ea91623 This is the second commit.
8c31e35 This is the first commit.
```

このコミットのリストが、masterというブランチであることはもうおわかりだろう。このmasterブランチ全体を参照するには、最後のコミット（`cbcd3e3`）を指定すればよい。それを確認しよう。

 **演習**

この演習では、`git rev-parse`というコマンドを使う。このコマンドは、ブランチ名をそれに対応するSHA1 IDに変換する。コマンドラインで、作業ディレクトリmathのなかで、次の2つのコマンドを打ち込もう。

```
git rev-parse HEAD
git rev-parse master
```

どちらのコマンドも同じ出力を生成する。それは、最後に行ったコミットのSHA1 IDだ。

8.3.2 git checkoutで時間を遡る

たとえば、あなたのリポジトリで、4個の空のファイルを追加したときのバージョンに戻りたいとしよう。その特定のバージョンに向かって時間を逆行するには、私の場合は`git checkout bcaa6e2`とタイプする。あなたのリポジトリで同じことを（ただし慎重に）やってみよう。

演習

mathディレクトリで、まずは、あなたが4個の空のファイルを追加したコミットのSHA1 IDを取得する。それには次のようにタイプする。

```
ls
git log --oneline
```

第1のコマンドはディレクトリにあるファイルのリストを表示する。これは次のリストを返すはずだ。`another_rename`、`math.sh`、`readme.txt`、`renamed_file`、`doc`。

第2のコマンドはコミットのリストを返す。そのなかで、`Adding four empty files.`と書かれているコミットのSHA1 IDを見つけよう。リスト8.7では、そのIDが`bcaa6e2`だ。

```
bcaa6e2 Adding four empty files.
```

けれども、あなたのマシンのSHA1 IDはこれとは違う、ということを忘れてはいけない！ IDを確認したら、次のようにタイプする。

```
git checkout <あなたのSHA1_ID>
```

ここで、<あなたのSHA1_ID>という部分には、あなたが4個の空のファイルを追加したコミットのSHA1 IDを書く。40文字のSHA1 ID全体を指定することも可能だし、最初の4文字でも使える（短縮したSHA1 IDとマッチするものが見つからなければ、Gitが知らせてくれる）。

すると、あなたは大きな警告メッセージを見ることになるが、いまは無視して次のようにタイプする。

```
ls
```

すると、次のリストが出るはずだ。

```
a  b  c  d  math.sh
```

上記のチェックアウトを実行したときGitが出した警告メッセージを、次のリストに示す（試訳を8.5.4項に示す）。

▶リスト8.8 「detached HEAD」状態に関する警告

```
Note: checking out 'bcaa6e'.

You are in 'detached HEAD' state. You can look around, make experimental
changes and commit them, and you can discard any commits you make in this
state without impacting any branches by performing another checkout.

If you want to create a new branch to retain commits you create, you may
do so (now or later) by using -b with the checkout command again. Example:

  git checkout -b new_branch_name

HEAD is now at bcaa6e2... Adding four empty files.
```

Gitからのこの警告には、ずいぶん多くの事項が入っている。ブランチ（branch）についての記述があり、頭が切り離された（detached HEAD）という報告があり、`git checkout`のもうひとつのスイッチ（`-b`スイッチ）についての記述もある。「Gitの学習は難しい」という人がいるのも不思議ではない！

図8.13に、「detached HEAD」状態の例を示す。

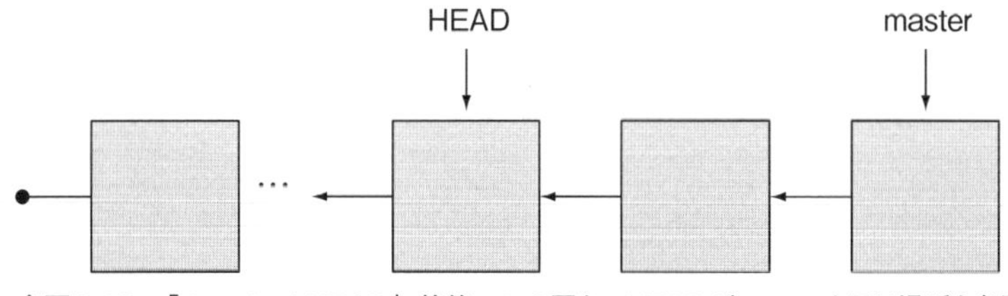

❖図8.13 「detached HEAD」状態。この図を、HEADがmasterと同じ場所を参照していた図8.12と比較しよう

HEADは、普通ならブランチに結合されている。ところが、`git checkout`を使ってHEADを移動させると、あなたのHEADは現在のブランチの先頭から切り離される。この分離した状態をGitは

「detached」とみなすのだ。

リポジトリとHEADをもっと詳しく示したものを、図8.14に示す。これを図8.8と見比べていただきたい。

あなたが、自分のHEAD（あなたが見ている対象）を別のコミットに移動させると、あなたの作業ディレクトリはそのコミットの内容にマッチするものに変わる。しかしmasterポインタ（参照）は移動しない。これは常に、そのブランチにおける最後のコミットを指している。

Gitからの警告は、「あなたは周囲を見回すことができます」（You can look around）と言っている。だから、次はそれを行おう。

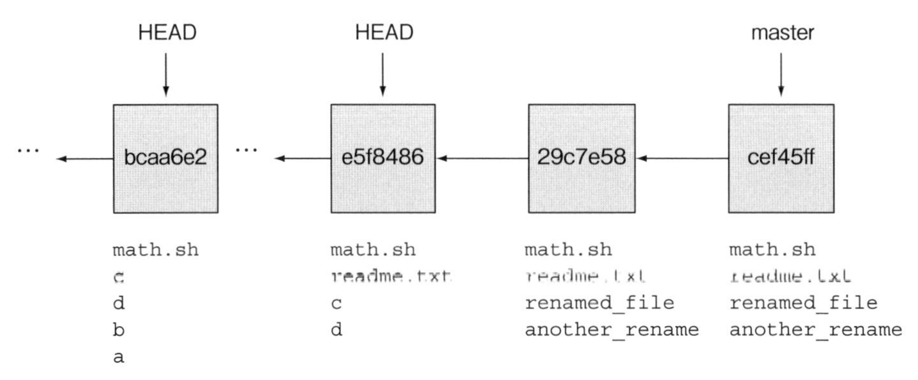

❖図8.14　Gitにおける「detached HEAD」状態

演習

まずは、git checkoutのドキュメントページにあるDETACHED HEADセクションを読んでおこう[*5]。次のようにタイプすればよい。

訳注＊5：日本語に翻訳されたマニュアルページ、git-checkout(1)が、http://ktateish.github.io/git-doc-ja_JP/Documentation/git-checkout.htmlにある。

```
git help checkout
```

「detached HEAD」状態にあるあなたのmathディレクトリで、math.shファイルが本当に過去のバージョンに戻っているかを確認しよう。

```
cat math.sh
```

すると、このファイルには最初のコメントと、2つの変数しか含まれていないことが分かる。次のようにタイプしてこのプログラムを実行する。

```
bash math.sh
```

何も表示されない。それこそ、このプログラムが元の機能に戻っていること、あなたがこれをコミットしたときの状態に戻っていることの証拠だ。では次のコマンドをタイプしよう。

```
git log --oneline
```

すると、次のリスト8.9に示すような出力が得られる。

▶リスト8.9　時間を遡って発行したgit logコマンドの出力

```
bcaa6e2 Adding four empty files.
80f0ccc Adding b variable.
ea91623 This is the second commit.
8c31e35 This is the first commit.
```

あなたが時間を遡った結果のひとつとして、リポジトリのgit logはこのバージョンで停止している。これではまるであなたの未来（というか、現在というか）がないように思われる。だが、よく考えてみよう。あなたはいま昔の状態に戻っているが、それは一時的なことなのだ。

あなたの現在の状態に戻るにはまたgit checkoutコマンドを使うが、こんどはmasterをチェックアウトする。

演習

mathディレクトリ内で、次のコマンドをタイプする。

```
git checkout master
```

このとき、math.shに現在のスクリプトが含まれていること、git logがあなたの作業のヒストリー全体を返すことを確認しよう。

たぶんあなたは、タイムトラベルものの映画を観たことがあるだろう。ヒーローが過去に戻る。彼は未来のことを覚えているが、影響を与えられるのは現在だけだ。Gitでも、あなたはタイムラインを自在に往来できるが、見たり影響を与えたりできるのはそのときHEADが指しているものだけに限られる。

図8.15は、タイムラインを単純にしたものだ。それぞれのコミットは（SHA1 IDの代わりに）1文字のラベルがついた箱で表現されている。HEADはmasterを指し、masterは最後のコミットを指している。これがあなたの現在だ。もしgit logを実行したら、すべてのコミット（AからGまで）が表示される。

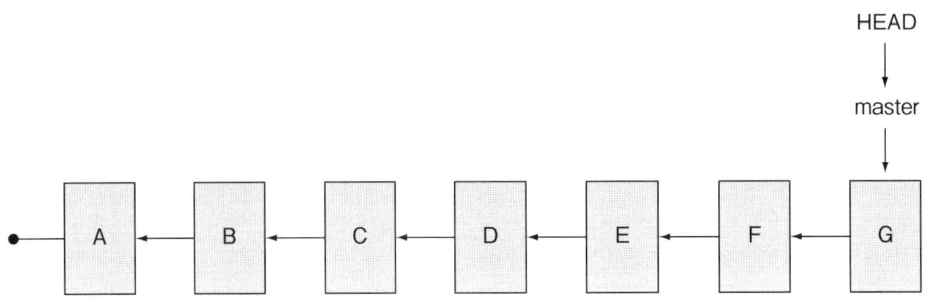

❖図8.15　HEADがmasterを指している。これが、あなたの現在だ

もしあなたが`git checkout D`を実行してHEADをDというラベルのついたコミットに移動させたとしたら、そのとき実行する`git log`はAからDまでのコミットしか表示しないだろう。そして、図8.16に示すように、あなたのHEADは切り離された（detached）状態になる。

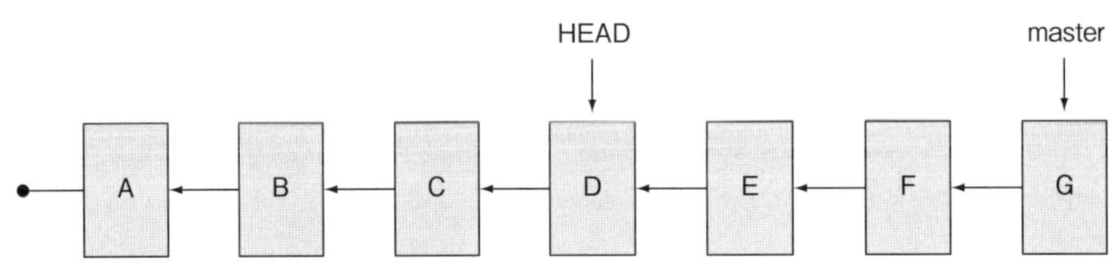

❖図8.16　古いバージョンをチェックアウトする

あなたのコミットにもラベルを付けられれば便利だ。そこで、コミットにラベルを付けるコマンドを学ぶ。`git tag`だ。

8.4　以前のバージョンにタグを付ける

コミットをSHA1 IDで参照するのは、たとえ短縮しても面倒なことだろう。Gitにはコミットに名前を与える機構があり、それが`git tag`なのだ。たとえば、ファイルを4個追加したあの時点に再び戻りたいとしよう。そんなとき、長いSHA1 IDを（あるいは短縮IDでも）思い出す代わりに、あの特定のコミットにタグを付けることができる。

演習

まずは、`Adding four empty files.`というコミットのSHA1 IDを調べる。それには前回のコラムで行った方法を使う。

それから、次のようにタイプする[*6]。

訳注＊6：galoreというのは、茶目っ気はあるが、どうでもいい形容詞。ただし、今後の演習などで出てくるので、このままタイプすること。

```
git tag four_files_galore -m "The commit with four files" <あなたのSHA1_ID>
```

ここで、<あなたのSHA1_ID>という部分には、Adding four empty files.というログメッセージが付いたコミットのSHA1 IDを書く。ここで、あなたはgit tagに（-mスイッチを介して）メッセージを渡していることに注目しよう。コミットと同様に、タグにもメッセージを与えることができ、そちらは必要なだけ詳細に書くことができる。そしてgit commitと同じく、-mスイッチを使えばメッセージを（Gitのデフォルトエディタではなく）コマンドラインで書くことができる。このタグが付いたことを確認するために、次のコマンドをタイプしよう。

```
git tag
```

このタグを視覚的に確認するには、このディレクトリでgitkとタイプしよう。すると、図8.17に示す画面が現れる。

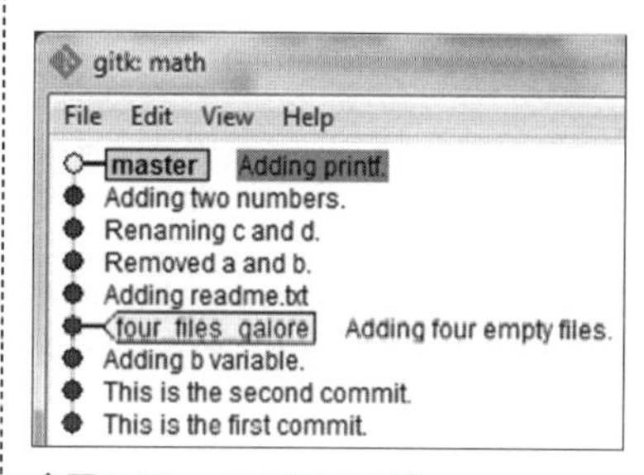

❖図8.17　gitk画面のタグ

いったんgitkを終了してコマンドプロンプトに戻ろう。タグ本体を見るには、git showコマンドを使う。

```
git show four_files_galore
```

すると、次のようなリストが現れる。

▶リスト8.10　git showの出力

```
tag four_files_galore
Tagger: Rick Umali <rickumali@gmail.com>
Date:   Fri Jun 20 19:42:54 2014 -0400

The commit with four files

commit c2eb6c5f275d18c0432431a66a868565e3078381
Author: Rick Umali <rickumali@gmail.com>
```

```
Date:   Mon Jun 16 18:39:39 2014 -0500

    Adding four empty files.

diff --git a/a b/a
new file mode 100644
index 0000000..e69de29
diff --git a/b b/b
new file mode 100644
index 0000000..e69de29
diff --git a/c b/c
new file mode 100644
index 0000000..e69de29
diff --git a/d b/d
new file mode 100644
index 0000000..e69de29
```

リスト8.10には、Gitオブジェクトが2つ含まれている。タグ本体（あなたがgit showコマンドに渡したもの）と、そのタグが参照しているコミットだ。

タグは、コミットに人間が読みやすい名前を与えるのに利用できる。Gitで仕事をするときは、大量のSHA1 IDを見たり参照したりすることになるのだから、コミットに名前を付けられることを知っておくべきだ。

タグは、コミットしたらすぐに作るのが典型的だ。第17章で見ることになるワークフローでは、git commitの直後にgit tagを使うのが普通である。けれども、ここで見たように、タグはいつでも必要に応じて追加することができる。

では、さきほど作ったタグを、使ってみよう。

演習

（図8.17に示した）gitkウィンドウでは、いまmasterの最新コミットを見ているということがわかった。この「4つのファイル」を含むコミットをチェックアウトするために、次のコマンドをタイプしよう。

```
git checkout four_files_galore
```

またgitkプログラムを開いて、あなたのリポジトリが図8.18のように見えることを確認する。

確認が終わったら、次のようにリポジトリをリセットしてmasterに戻すことを忘れないようにしよう。

```
git checkout master
```

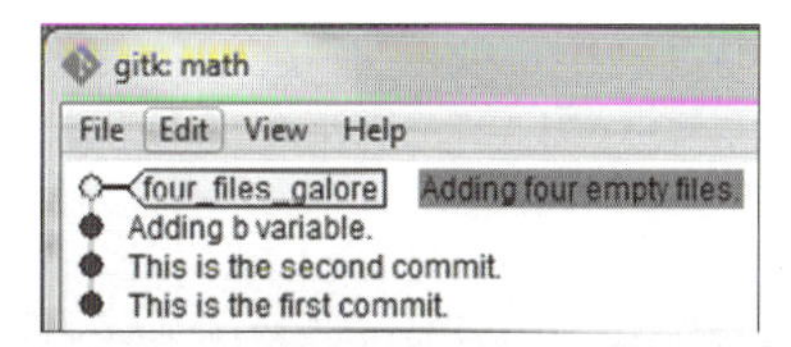

❖図8.18 「four empty files」コミットのリポジトリ

8.5 課題

この章では、コミット履歴を理解するのに役立つ様々なGitコマンドを学んだ。また、`git checkout`を使えば、その履歴（ヒストリー）のどこでも訪問できることを学んだ。

8.5.1 ヒストリーを見る（第1部）

この章の前半では、`git log`を介してあなたのヒストリーを調べた。このコマンドには数多くの機能がある。以下の課題でそれらをいくつか紹介しよう。

1. ヒストリーを最初のコミットから最後のコミットまでリスト表示するには、どうすればよいだろうか？ また、Gitにとって、デフォルトのリストと逆順のリストでは、どちらが高速に生成できるだろうか？
2. 最近の<N>個のコミットだけをリストする方法があるだろうか？（<N>は任意の数とする）。その方法は？
3. 日付時刻を現在の時刻からの相対時間で（たとえば2時間前というように）表示できないだろうか？
4. `git --oneline`は素晴らしいが、実はこれもショートカットだ。本来は何だろうか？

8.5.2 直前のコミットを修正する

あなたのmathディレクトリにあるファイルに対して、なにか好きなように変更しよう。そして`git add`と`git commit`を実行したら、そのコミットのSHA1 IDに注目しておく。それから次のようにタイプする。

```
git commit --amend -m "Fixed commit" -m "Second paragraph" -m "Wall of text"
```

そして、この修正（amend）コミットのSHA1 IDを見よう。さきほどのと違っていないだろうか？ また、あなたのコミットに複数の行が入ったことにも注目しよう。`git commit`には、`-m`スイッチを複数個使って何度もメッセージを入れられるから、それで長いメッセージを作ることが可能だ（とはいえ、それよりGitのデフォルトエディタを使うか、`git citool`で長いメッセージを入れるほうが、たぶん好ましいだろう）。

8.5.3　別の形式でコミットを指定する

この章では、`git rev-parse`コマンドや`git show`コマンドも紹介した。`git log`と同様に、これらのコマンドにも本章で見たよりずっと多くの用途がある。これらのコマンドを実習するために、あなたのmathリポジトリで、次のリストに挙げるコマンドを打ち込もう。それから、次の質問に答えていただきたい。

▶リスト8.11　git rev-parseとgit showのバリエーション

```
git rev-parse master~3
git show master@{3}
git show master^^^
git rev-parse :/"Removed a and b"
```

1. これらのコマンドが指定しているのはどのコミットか？
2. 最後の`git rev-parse`は、コミットを探すのに何をサーチしたのか？
3. `git rev-parse`でタグ名を使えるか？
4. これらの記号（～3、@3など）は、タグ名にも使えるのか？

8.5.4　「detached HEAD」状態でコミットする

あなたが`four_files_galore`コミットの`git checkout`を実行したとき、HEADがmasterから分離した状態になった。チェックアウトしたときにGitが表示した警告（リスト8.8）には、その状態でもコミットは可能だと書かれていた。この課題では、detached HEAD状態でコミットしたら、何が起きるかを調べよう。あなたが`git checkout master`を実行するとき、Gitは何をするのだろうか*7？

しかし、「detached HEAD」モードで作業するのは、普通のやり方ではない。Gitには、バグ修正用にもっと優れた機構がある。それが「ブランチ」（支線）だが、それについては次の章で学ぼう。

訳注＊7：リスト8.8「detached HEAD」状態に関する警告の一部（試訳）を、次に示す。
あなたは「detached HEAD」状態にあります。あなたは周囲を見回したり、実験的な変更を行ってコミットすることができます。ただし、この状態であなたがコミットしたものは、また別のコミットを実行することによって、どのブランチにも影響を与えることなく破棄されます。

8.5.5 タグを削除する

タグも削除することが可能だ！ あるSHA1 IDを指すタグが不要になったら、そのタグは削除することができる。どうすればタグを削除できるか調べてみよう。この課題ではタグを1つ作り、それが存在することを`git show`で確認してから、そのタグを削除する[*8]。

訳注＊8：既存のタグを削除する構文は、`git tag -d <タグ名>`。

8.5.6 ヒストリーを見る（第2部）

本書のWebサイト（`https://www.manning.com/books/learn-git-in-a-month-of-lunches`）から、make_lots_of_commits.shというスクリプトをダウンロードする（zipを展開すると、LearnGit_SourceCodeディレクトリに入っている）。このファイルを、あなたのホームディレクトリに置いていただこう。コマンドラインウィンドウから実行するため、次のようにタイプする。

```
cd $HOME
bash make_lots_of_commits.sh
```

このスクリプトは、lots_of_commitsというディレクトリの中にリポジトリを作る。その作業ディレクトリは、あなたがスクリプトを実行したディレクトリのなかにあるはずだ。そのディレクトリに入ってから、`git log`とタイプして状況を見極めよう。それから、以下の質問に答えていただきたい。

1. 最初のコミットは、何と言っているだろう？ その最初のコミットの日付時刻は？
2. メッセージの中に[ubiquitous]というワードが入っているコミットの、SHA1 IDは？
3. ユーザーのメールアドレスが、`rgu@freeshell.org`というアドレスを持つユーザーが著者となっているのは、どのコミットか？
4. これらのコミットの日付時刻は変更されている。昨日以降（since yesterday）の全部のコミットを、1個の`git log`コマンドで表示しよう。
5. このリポジトリをgitkで開いて、最後のコミットを見よう。そのコミットは、複数のファイルに影響を与えている。Patch（パッチ）ビューと、Tree（ツリー）ビューを使って特定のファイルを選択すると、画面がどう変わるかを観察しよう。

8.6 さらなる探究

git commitコマンドによって生成されるSHA1 IDについて、私は「暗号学的にユニークな」(cryptographically unique)という表現を使った(8.1.1項)。このSHA1 IDが、Gitを分散型にする基礎技術となっているのは、SHA1 IDに「決して繰り返されない」という保証があるからだ。けれども「決して」などとは、決して言えないのである。SHA1 IDと、ハッシュ関数における衝突の計算についてもっと学習したい人は、このスレッドを読むとよい(英文です):

http://marc.info/?l=git&m=111365428717118&w=2[*9]

訳注*9:ウィキペディアの項目:https://ja.wikipedia.org/wiki/SHA-1も参考になる。

8.7 この章のコマンド

❖表8.1 この章で使ったコマンド

コマンド	説明
git log --parents	ヒストリー表示。個々のコミットで、親コミットのSHA1 IDも表示する
git log --parents --abbrev-commit	上記のコマンドと同様だが、SHA1 IDを短縮表示する
git log --oneline	ヒストリーを簡潔に(各コミットを1行で)表示する
git log --patch	ヒストリー表示。個々のコミットにおけるファイルの差分を示す
git log --stat	ヒストリー表示。個々のコミットの間で変更されたファイルの概要を示す
git log --patch-with-stat	ヒストリー表示。patchとstatの出力を組み合わせる
git log --oneline file_one	file_oneというファイルのヒストリーを表示する
git rev-parse	ブランチ名またはタグ名を、特定のSHA1 IDに変換する
git checkout YOUR_SHA1ID	あなたの作業ディレクトリを、YOUR_SHA1IDで指定されたバージョンと一致するものに変更する
git tag TAG_NAME -m "MESSAGE" YOUR_SHA1ID	YOUR_SHA1IDを参照するTAG_NAMEという名のタグを作る。このタグには短いメッセージ(MESSAGE)が割り当てられる
git tag	すべてのタグのリストを出力する
git show TAG_NAME	TAG_NAMEというタグに関する情報を示す

ブランチ（支線）を辿る

この章の内容

複数のブランチ（branch）を持つことは、多くのバージョン管理システムにある重要な機能だ。けれども、Gitで特に重要なのは、とても簡単にブランチを作成できることだ。この章では、あなたのリポジトリの中でブランチを作る方法を学ぶ。これは、コードベースの「分岐」（diverging）とも呼ばれる概念だ。自分のリポジトリ内にあるコードに対して新機能の追加やバグの修正を行いたければ、ブランチを作るのがよい。そうすれば、その作業は元のコードではなくそのコピーで行うことができる。

この章では、複数のブランチを切り替える方法、ブランチを削除する方法も学ぶ（これらは、`git branch`コマンドを使って行う）。また、`git checkout`コマンドを使って、別のブランチに移り、また元のブランチに戻る方法も学ぶ。そして次の章では、あなたが分岐したコードベースを併合（converge）することになる。

複数のブランチを持つのは良いことだが、おかげで「ブランチは、どう使うのが最も良いのか」という問題も生じる。こういったポリシーに関する問題は、第17章で検討しよう。この章では、ブランチを作成し利用するための機構だけを説明する。そして最後にひとこと。「演習」の課題で、どれかを抜かしたり、順番を間違えたりしても心配することはない。この章の末尾にある「課題」では、あなたのリポジトリを正しい状態に再構築するための小さなスクリプトを提供する。

9.1 ブランチの基礎

前章で学んだように、リポジトリを作るとmasterという名前のデフォルトブランチがGitによって自動的に作成される。この章で示す図は、どれもブランチが木の枝のように、下から上へ成長する形式になっている。木の枝と同じく、Gitのブランチもコミットを行うたびにだんだん高く伸びるのだ。

図9.1は、masterブランチとそれに対して最近行われた3回のコミットを示している。このmasterブランチは1本線の開発だ。つまり、リポジトリを作ったときから順番に行われた一連のコミットである。

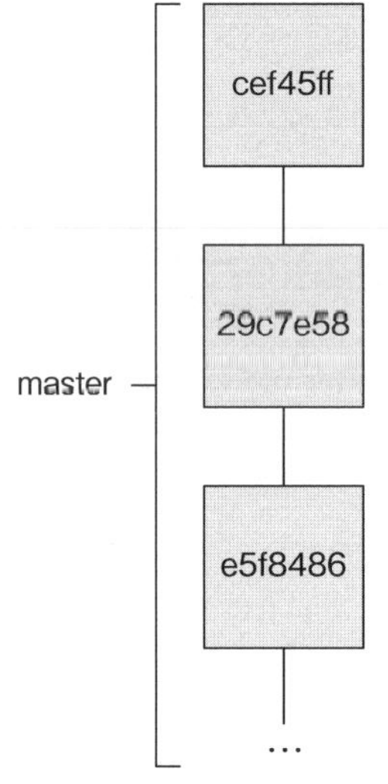

❖図9.1　masterブランチ。個々の箱は1回のコミットであり、そのSHA1 IDがラベルである

9.1.1 リファレンスの作成

それぞれのコミットが自分の親をポインタで指し示すのだから、ブランチ全体を参照したいときは最後に行われたコミットのSHA1 IDを参照すればよい。ブランチmasterは一連のコミットで構成されているが、別の表現を使えば、ブランチmasterとは「最後に行われたコミット」なのである。あるブランチで最後に行われたコミットは、そのブランチの「先端」(tip)と呼ばれる。先端は常に、そのブランチにおける最新のコミットである。

1個のコミットを指し示すのが「リファレンス」(reference：参照)である。図9.2では、masterというラベルを参照しているが、そのmasterが参照しているのは、そのブランチの先端(最新のコミット)である。Gitのソフトウェアでmasterに含まれているのは、最後に行われたコミットのSHA1 IDなのだ。

新たにコミットを行うと、Gitはmasterという名の参照をその新しいコミットを指し示すように変更する(リファレンスが最新のコミットを指し示すように更新する)。これを図9.3に示す。

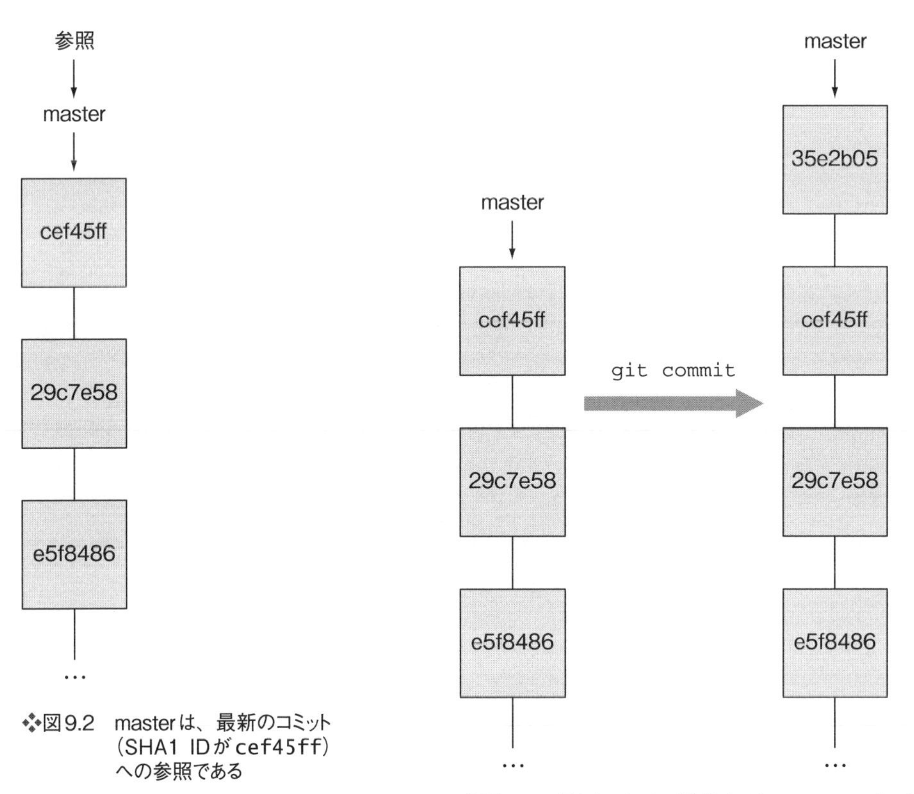

❖図9.2 masterは、最新のコミット(SHA1 IDがcef45ff)への参照である

❖図9.3 新たなコミットが発生すると、masterはその新しいコミット(35e2b05)を指し示すように変更される

9.1.2 「masterは単なる慣例です」

マスター（master）という言葉は、なにやら意味ありげに思える。不可欠な存在だとか、重要だとか、そういう感じがするのだ。けれども、Gitの用語集でmasterの定義を調べると、こういう文章が出てくる（試訳）:「ほとんどの場合、ローカルな開発はこのブランチ（master）に入りますが、それは純然たる慣例にすぎず、必須ではありません。」（原文は、`https://www.kernel.org/pub/software/scm/git/docs/gitglossary.html`）。次の例で、ブランチmasterが必須ではないことに確信を持とう。それは重要なポイントのひとつだ。

演習

あなたのホームディレクトリで、新しいリポジトリを作る。

```
cd
mkdir empty
cd empty
git init
```

そのリポジトリにファイルを1個、追加する。

```
touch foo
git add foo
git commit -m "committing the file foo"
```

コミットを行うと、Gitがブランチmasterを作成する。既製のブランチのリストを次のコマンドで表示する。

```
git branch
```

あなたのリポジトリは、図9.4の状態である。

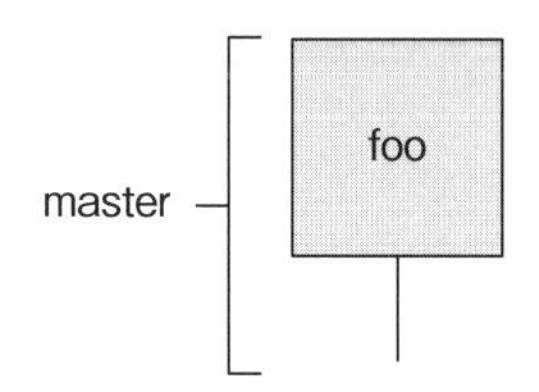

❖図9.4　あなたのemptyリポジトリには1本のブランチmasterがある

上記のコマンドは次の1行を返すはずだ。

```
* master
```

ここで星マーク（*）は、あなたがいる現在のブランチを表現する。そして、fooというファイルがmasterブランチに属していることを、あなたは知っている。けれども、ここでひとつ新しいブランチを作ろう。

```
git branch dev
```

devという新しいブランチができた。このブランチが利用できることを次のコマンドで確認する。

```
git branch
```

こんどは、devとmasterという2つのブランチが見える。*は、依然としてmasterの頭にある。それは、いまもあなたがmasterの中にいるという意味だ。あなたのリポジトリの状態を図9.5に示す。

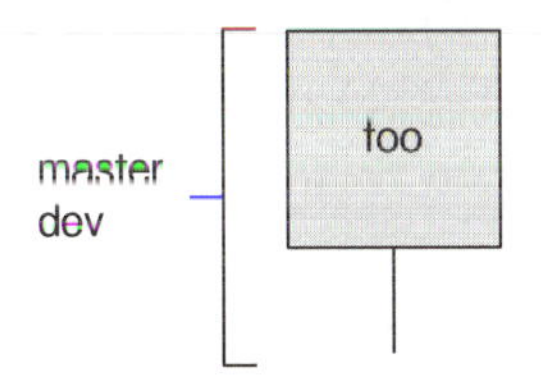

❖図9.5　あなたのリポジトリに、2つのブランチがある

devは、masterのブランチとして作成した。その内容は、最初はmasterの内容とまったく同じである。もしかしたら、次のように考えると分かりやすいかもしれない。「このリポジトリには、fooのコピーが2つあるのだ。片方はmasterブランチに属していて、もう片方はdevブランチに属しているのだ」と。その考えを図9.6に示す。

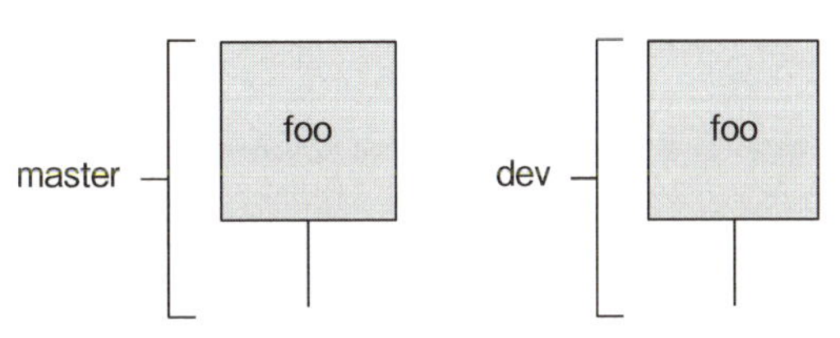

❖図9.6　同じ2つのブランチに対する、もうひとつの考え

断っておくが、図9.6はGitの内部構造を反映したものではない。けれども、2つのブランチがそれぞれ自分のコピーを持っていると考えた方がいまは分かりやすいだろう、という話だ。新しいブランチのファイルをアクセスするには、`git checkout`コマンドを使ってそのブランチをチェックアウトする。次のようにタイプしよう。

```
git checkout dev
```

ここで言う「チェックアウト」は、カウンターで精算することではない。Gitのチェックアウトは、作業ディレクトリをブランチの内容を反映するように変更する処理だ。ただし、いまはdevもmasterも同じだから、これら2つのブランチの間に違いはない。

では、次のコマンドをタイプしよう。

```
git branch
```

すると、devとmasterの2つのブランチが見えるが、こんどはdevがカレントブランチになっている。ここでmasterブランチを削除する。それには、`git branch`コマンドで`-d`スイッチを使う。

```
git branch -d master
```

masterが消えたことを確認するため、次のようにタイプする。

```
git branch
git checkout master
```

第1の改行はdevブランチだけ表示する。第2のコマンドはなにやら謎めいたエラーを出すだろう。

pathspec 'master' did not match any file(s) known to git.

(試訳：パス指定子'master'は、gitが知っているファイルのどれともマッチしませんでした)。

その意味は、masterが存在しないということなのだ。

この時点で、あなたのemptyリポジトリには1本のブランチしか入っていない。それは、devという名前のブランチであり、そのブランチに1個のコミット（fooというファイルをコミットしたもの）が含まれている。masterが必須ではないことを、これで証明できた！

あなたの組織にとって最も大切なブランチは、誰もが「最も大切なブランチ」と認めているブランチだろう。それがmasterという名前であることもときどきあるが、たいがいは別の名前だ。v1.0かもしれないし、devかもしれないし、意味ありげなコード名かもしれない。どのブランチが他のすべてのブランチに優先するかは、あなた（あるいは、あなたの組織）が選ぶことである。基本的な慣例（convention）のいくつかは第17章で述べる。

9.2 いつ、どうやってブランチを作るか

プロジェクトが進捗すると、しばしば開発の路線を分岐させる必要が生じる。マスターブランチ（あなたのチームが「マスター」とみなしているブランチ）は、「使えるコードベース」を表現するのが典型的だ。つまり一般に、マスターブランチのコードは、クリーンで正しくビルドでき、製品の環境に配置（デプロイ）できるといった性質のものだ。したがって、マスターそのものを直接、開発作業には使いたくないのが典型的なケースである。その場合、マスターブランチのコピーを作り、そのコピーで作業を進めたいだろう。

職場によっては、別のアプローチが採用されているかもしれない。けれども、あなたは個人用のリポジトリを持っているのだから、自分の作業は自分の個人的なブランチで行うことが可能だ。「自分がどのブランチで開発しているのか」に細心の注意が求められるのは、共同作業の必要があるときに限られる。この本では、マスター（master）を「使えるコードベース」（working code base）として扱うことになる。

たいていの場合、ブランチを作りたいのは新しいコードを入れるときと既存のコードを修正するときだ。この2つが一般的なシナリオであり、どちらの場合もマスターのコピーが必要となる。次の2項では、これらのシナリオに対処する目的でマスターの新しいブランチを作成する。

9.2.1 ブランチで新しいコードを入れる

たとえば、あなたのコードベースに新機能を追加することになったと仮定しよう。その新しい仕事の実装には、数日かかるかもしれない。その間もマスターブランチは使える状態にしておく必要があるから、新しい開発のためにマスターのブランチ（コピー）を作ることにする。

ブランチを作ると、開発に新しい路線（支線）が導入される。これによって、あなたのコードベースが分岐する。新しい路線でコミットを行うと，その支線はマスターから完全に分離される。おかげで、あなたは既製のビルドに悪影響を与えることなく独自にコミットして、あなたの仕事を追跡管理することが可能になる。

図9.7を見ていただきたい。新しい支線（new_featureというブランチ）は、本書の慣例に従って上向きに成長する。このブランチには、まだ何もコミットされていない。その代わりに、Gitはnew_featureという別のリファレンスを作っている。このリファレンスは、いまはマスターと同じコミットを参照しているが、それは一時的なことだ。

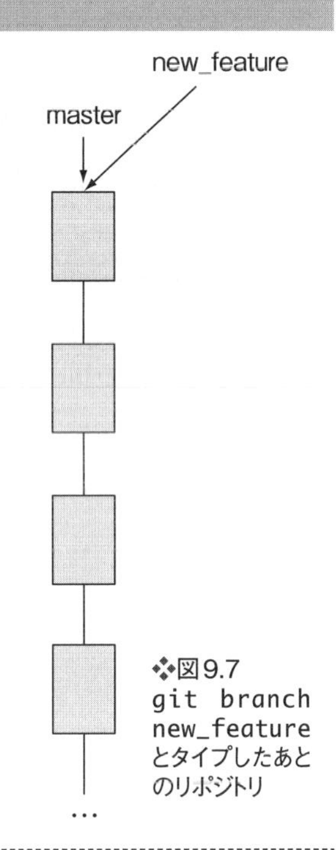

❖図9.7
git branch new_feature とタイプしたあとのリポジトリ

演習

コマンドラインで、これまでの章で作業してきたmathディレクトリに移動する（この章の「演習」コラムは、何も断り書きがなければ、どれも、このディレクトリで実行する）。

```
cd $HOME/math
```

あなたのリポジトリにあるブランチのリストを見る。

```
git branch
```

このとき返されるのは1本のブランチ、* masterである。分岐を作るために次のコマンドを打ち込む。

```
git branch new_feature
```

また、これをタイプしよう。

```
git branch
```

こんどは2本のブランチが見えるはずだ（図9.8）。ただし、*マークは依然としてマスターブランチに付いている。

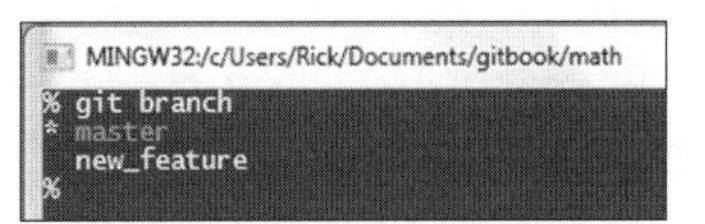

❖図9.8
新しいブランチを作成

新しいブランチでコミットする

さきほどの「演習」で開発に新しい路線が導入された。これは、あなたのマスターブランチの支線である。この新しいブランチを使えるように、作業ディレクトリを切り替えてからコミットの実行を開始しよう。次の「演習」を終えると、あなたのリポジトリは図9.9に示す状態になる。

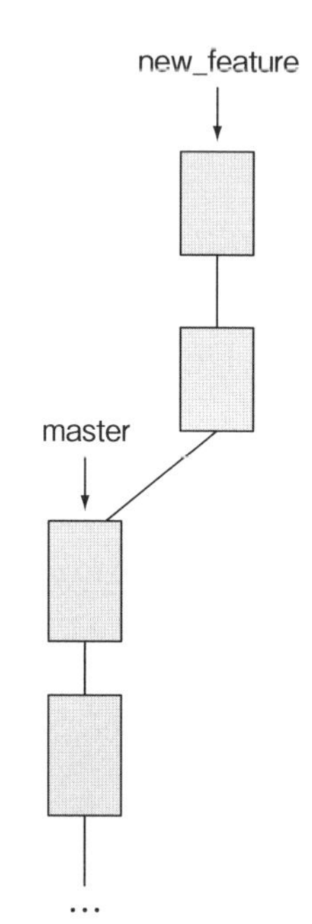

❖図9.9
開発の新しい路線でのコミット。こちらで新しくコミットを行うたびに（図では上方向に）ブランチが成長する

演習

まずは、あなたのリポジトリの内容をgitkで調べよう。gitkは、複数のブランチを視覚的に理解するにも便利なツールだ。mathディレクトリで次のようにタイプする。

```
gitk
```

すると、図9.10のようなウィンドウが現れる。

新しい第2のブランチは、masterブランチのすぐ右隣に表示されている。gitkは、こうして状態を図式化するのだ。よく見るとmasterが太字になっている。これは、masterが「カレントブランチ」（current branch）だということを示している。

gitkを終了し、コマンドラインウィンドウに戻る。new_featureブランチへと切り替えるため、次のコマンドを打ち込む。

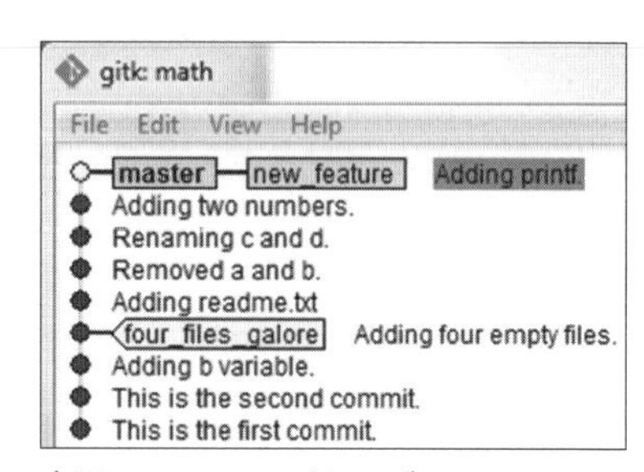

❖図9.10　gitkで新しいブランチを見る

```
git checkout new_feature
```

すると、作業ディレクトリがnew_featureブランチに切り替わったことを示すメッセージ（Switched to branch 'new_feature'）が現れる。この時点で、この新しいブランチはmasterのコピーだが、こちらのブランチでコミットを行うとmasterとは違うものになる。

この「開発の支線」に新たに2つのコミットを行うため、次のようにタイプしよう。

```
echo "new file" > newfile.txt
git add newfile.txt
git commit -m "Adding a new file to a new branch"
echo "another new file" > file3.c
git add file3.c
git commit -m "Starting a second new file"
```

これらのコミットをGUIで見るためにgitkとタイプすると、図9.11に示す画面が現れるはずだ。ここでいったんgitkを終了する。

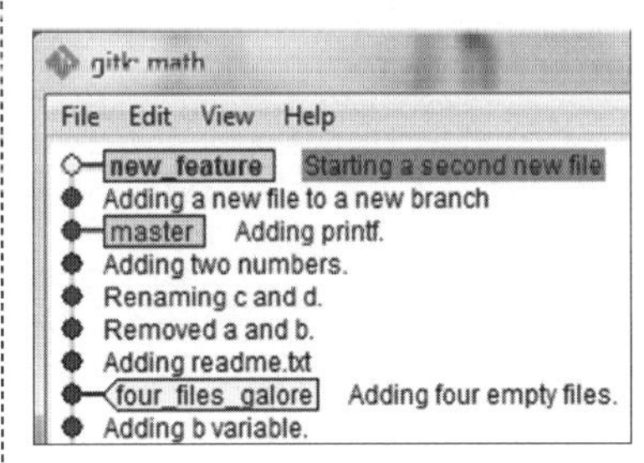

❖図9.11　新しいブランチで2つのコミットを行った

図9.11と、このセクションで最初に描いた経路（図9.9）を比べてみよう。この2つは、ほとんど同じものだ。あなたは新機能の開発を、別のブランチ（new_feature）で開始した。そこで開発作業を行えばmasterに影響を及ぼすことはない。

git logでブランチを見る

gitkと同様に、git logでも複数のブランチを表示できる。ターミナルでツリー表示を表示するには、*や|のような記号が使われる（これらは、この項であとに登場するリスト9.3で実際に見ることになる）。

演習

コマンドラインウィンドウで、いまmathディレクトリにいることを確認し、次のようにタイプする。

```
git log --graph --decorate --pretty=oneline --all --abbrev-commit
```

これによって、リスト9.1に示すような出力が得られる。

▶リスト9.1　git logで複数のブランチを見る

```
* 15f75dd (HEAD, new_feature) Starting a second new file
* 0e29c71 Adding a new file to a new branch
* 5bfd3c8 (master) Adding printf.
* 34d51d1 Adding two numbers.
* bd6a2c4 Renaming c and d.
* 3788018 Removed a and b.
* ba8ca57 Adding readme.txt
* 737f38b (tag: four_files_galore) Adding four empty files.
* 6bb3f6a Adding b variable.
* 5e31795 This is the second commit.
* 56e7d7d This is the first commit.
```

ほとんどのターミナル（端末）ウィンドウで、HEADとブランチとタグは、識別しやすくするために それぞれ別の色で表示される。コマンドラインですべてのブランチを表示させるためのスイッチが--allである。

もしあなたがコマンドラインで長時間過ごすタイプならこれを知っておくとよい。けれど、ブランチの数が増えていくと、全体を視野に入れるためにgitkに頼る必要が生じるのではないだろうか。

● その先にあるもの ●

Gitには、組み込みの別名（alias）システムがあるので、さきほどのセクションで示したような長いコマンドを短い別名で利用できる。別名を使えば、git log --graph --decorate--pretty=oneline --all --abbrev-commitとタイプする代わりにgit lolとタイプするだけでよいのだ。

Gitで別名を作るには、git configコマンドを使う必要がある。これは、第2章であなたのユーザー名とメールアドレスを登録するのに使ったコマンドだ。上記の別名（git lol）を作るには、次のコマンドを使う。

```
git config --global alias.lol "log --graph --decorate --pretty=oneline ⏎
--all --abbrev-commit"
```

これをタイプする必要があるのは1回だけだ。その後はgit lolとタイプできる（私がgit lolを使うのは一般的な別名だからだ。GitHubでgit lolをサーチすると、いろいろ出てくるだろう）。

git configコマンドは、今後の章でも使うことになる。これは別名を作るだけでなく、Gitの様々なコマンドのデフォルトのふるまいを変更するために利用できる。

ブランチの名前

ブランチの名前を決めるのに、なにか制限か規約のようなものが存在するのだろうかと思われているかもしれない。たしかにブランチ名は、git check-ref-formatのチェックに合格しなければならない。そのルールは、git check-ref-format --helpとタイプすれば確認できる。ルールの大部分は、特殊な文字（スペース、?、*など）や文字シーケンス（..）を禁止するものだ。アルファベットと数字だけを使っている限り、問題はない。

ブランチ名に関する「命名規約」（naming conventions）ということなら、私は様々なものを見てきた。キャメルケースのブランチ名（空白で区切らず語頭に大文字を使う。MyBigBranchなど）、大きな番号を使うブランチ名（たとえば、BUG14015）、フォルダ名のような形式（たとえば、branch/rick/bug1）などいろいろあるが、これらは単なる取り決めである。ブランチ名をどのように決めるべきかについてのガイドラインを、Gitは定めていない。なにか有意義な規約を定めるとしたら、その取り決めはあなた自身かあなたの組織が行うことだ。

ブランチの切替

リポジトリの図を描くときに、斜線を使うことが多くなってきた。それは（いまのところ）2回の新しいコミットが別のブランチで行われたことを強調するためだ（図9.12を参照）。

gitkの画面で見ると、new_featureの先端からmasterの先端に向かう線は単なる直線のようだ。とはいえ、この2つのブランチの内容は異なっている。そのことを実際に確認するのが次の課題だ。

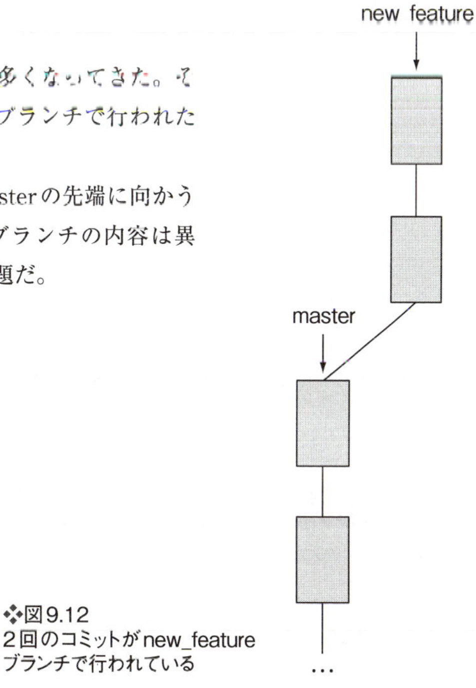

❖図9.12
2回のコミットがnew_featureブランチで行われている

演習

2つのブランチを切り替えて、作業ディレクトリがそれに対応する内容に変化することを観察する。いまは、new_featureブランチに入っているはずだ。次のようにタイプして確認しよう。

```
git branch
```

すると、masterとnew_featureという2つのブランチが表示される。そのうち、new_featureの頭に*マークが付いていれば、それがカレントブランチだ。確認したら次のコマンドをタイプする。

```
git branch -v
```

すると、リスト9.2に示すような出力が得られるはずだ。

▶リスト9.2　git branch -vの出力

```
  master      35e2b05 Adding printf.
* new_feature ebcd35d Starting a second new file
```

この-vスイッチは、ブランチの先端のSHA1 IDを表示させる（第8章の「課題」をやっていたら、masterの先端は"Fixed commit"になっているはずだ）。ここで、次のようにタイプする。

```
ls
```

あなたのディレクトリには、2つの新しいファイルが含まれているだろう（newfile.txtとfile3.c）。そこで次の2つのコマンドを打ち込む。

```
git checkout master
ls
```

こんどは、newfile.txtとfile3.cが表示されない図9.13のような出力になるはずだ。

```
% git branch
  master
* new_feature
% ls
another_rename  file3.c  math.sh  newfile.txt  readme.txt  renamed_file
% git checkout master
Switched to branch 'master'
% ls
another_rename  math.sh  readme.txt  renamed_file
%
```

❖図9.13　ブランチを切り替えると、作業ディレクトリが変化する

この2つのブランチが「互いに依存しない独立した存在」だということは重要なので、常に意識していよう。では次に、masterに対してコミットしたらどうなるかを見る。

演習

mathディレクトリ（masterブランチ）で、次のようにタイプする。

```
echo "A small update." >> readme.txt
git add readme.txt
git commit -m "A small update to readme."
```

これで、あなたのリポジトリ全体は、図9.14に示すものとなる。

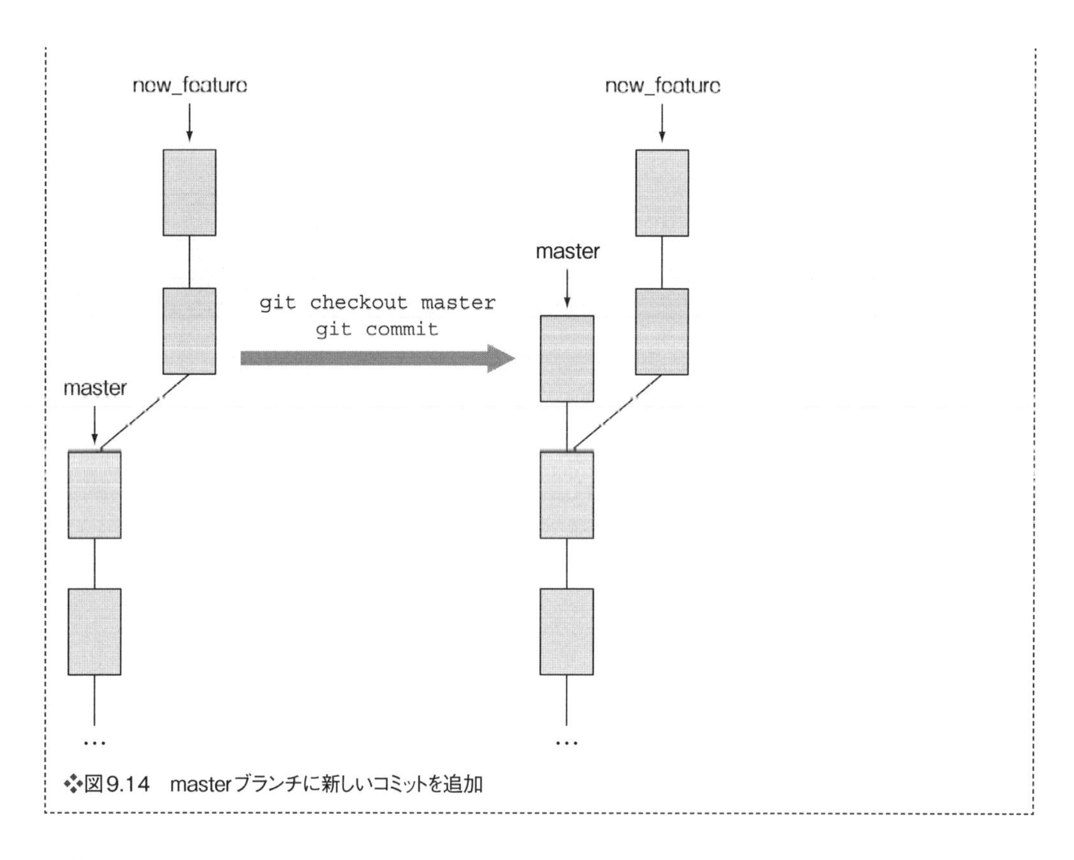

❖図9.14　masterブランチに新しいコミットを追加

新しいコミットにより、masterブランチが1コミット分上向きに成長している。new_featureブランチは、この変更による影響をまったく受けていない。

複数のブランチを表示するようにgitkを調節する

この最後のコミットから、2つのブランチが独立していることがより明瞭になったと思う。では、このヒストリーをgitkで観察して、ブランチ間の切り替えを学習しよう。

演習

gitkを起動する。このとき表示されるブランチがmasterだけ、という点に注目しよう（図9.15）。

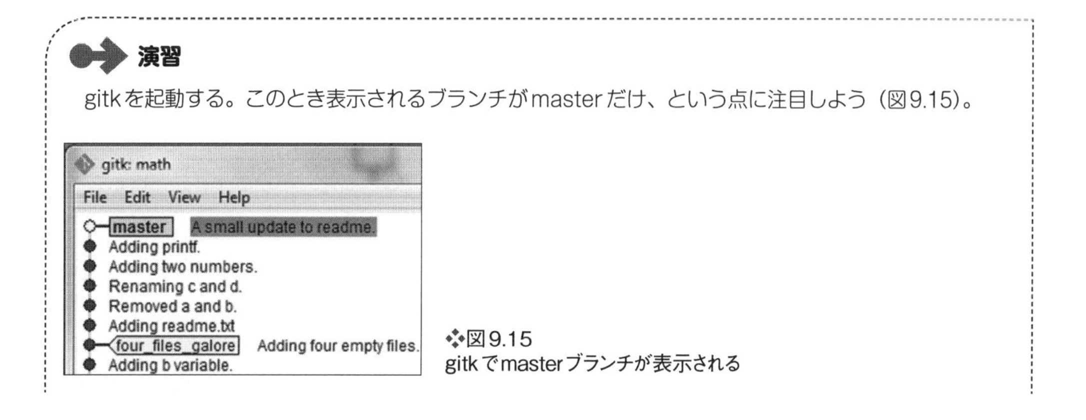

❖図9.15
gitkでmasterブランチが表示される

コミットを実行すると2つのブランチの先端が分かれるので、他のブランチからは見えなくなる。

gitkの設定で、他のブランチも見えるようにしよう。View（ビュー）メニューからNew View（新規ビュー）を選択する。これによって複雑なウィンドウが現れる。そのタイトルは、「Gitk View Definition -- Criteria for Selecting Revisions」（Gitk ビュー定義 — リビジョンの選択条件）というものだ（図9.16）。

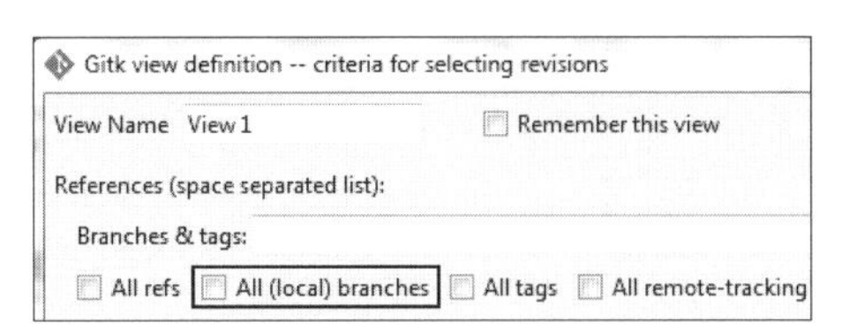

❖図9.16　gitkのビューをAll (local) branches（全ての(ローカルな)ブランチ）に設定。

ここで行う変更は、[All (Local) Branches]（全ての<ローカルな>ブランチ）というオプションの選択だ（図9.16でマークされているチェックボックスをクリック）。変更が適用されるように、ウィンドウの下辺にある［Apply (F5)］（適用）ボタンをクリックする。そして、gitkにこの変更を記憶させるため、ウィンドウの右上にあるRemember This View（このビューを記憶する）のチェックボックスをクリックする（このビューにユニークな名前を付けるには、その左にあるView Nameフィールドに記入する。そうすれば、その名前がメニューに出てくるようになる）。それから［OK］ボタンをクリックすると、gitkは図9.17に示すような画面になるはずだ。

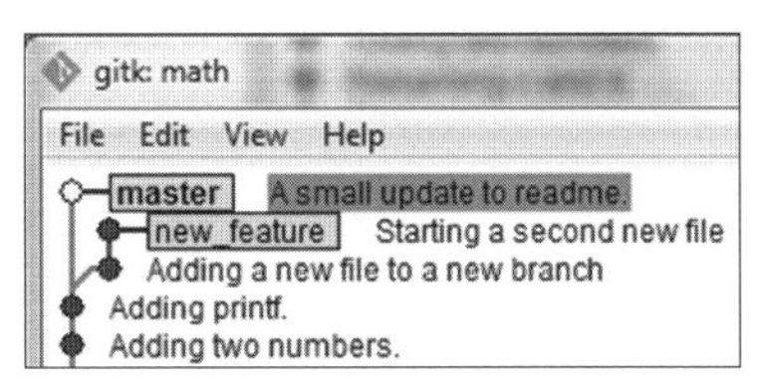

❖図9.17　2つのブランチが表示される

いったんgitkを終了しよう。

図9.17とさきほどの経路（図9.14）を比較すると類似点は明らかだろう。gitkでもこのビューを表現できることが、これで分かった。

演習

このリポジトリのディレクトリで、次のようにタイプする。

```
git log --graph --decorate --pretty=oneline --all --abbrev-commit
```

この章のコラム「その先にあるもの」で、この長いコマンドの別名を作る方法を紹介した。もしあなたが、その別名（alias.lol）を作っていたら、いまがそれを使うチャンスだ。

このコマンドで、次に示すような出力が得られる。

▶リスト9.3　git log --graph --decorate --pretty=oneline --all --abbrev-commit

```
* e150c19 (HEAD, master) A small update to readme.
| * b1641b2 (new_feature) Starting a second new file
| * eafc3ce Adding a new file to a new branch
|/
```

```
* f48c719 Adding printf.
* 58ee0fc Adding two numbers.
* d3ae3ea Renaming c and d.
* dd87c91 Removed a and b.
* 11a90b4 Adding readme.txt
* 12a7b37 (tag: four_files_galore) Adding four empty files.
* 907b870 Adding b variable.
* 56d7919 This is the second commit.
* c57cd5c This is the first commit.
```

ここで注目すべきポイントは、リスト9.3の分岐点である（このリストでは f48c719）。図9.17のGUIで表現された分岐が、このgit logコマンドではASCII文字を使ってこのように描かれる（あなたのコミットメッセージは、これまでの「課題」の完了具合によって異なるかも知れないが、分岐は見えるはずだ）。では、gitkを使って、ブランチを切り替えてみよう。

演習

再びgitkプログラムを起動し、前回の「演習」で設定した、[All (Local) Branches]（全ての<ローカルな>ブランチ）ビューに切り替えよう。

左上のブランチウィンドウペインで、new_featureブランチの上にカーソルを置いて、コンテキストメニューを出す。WindowsやUnix/Linuxでは、右マウスボタンをクリックすればコンテキストメニューが現れる。Macでは、タッチパッドを2本指でクリックする必要があるだろう。すると、図9.18に示すようなメニューがポップアップするはずだ。

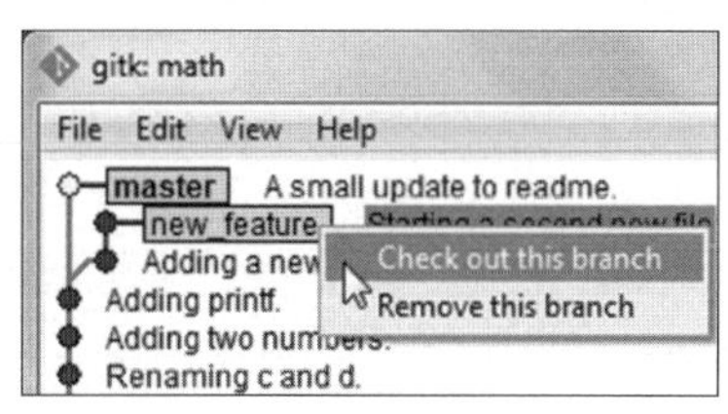

❖図9.18　gitkでブランチをチェックアウトするコンテキストメニュー

Check Out This Branch（このブランチをチェックアウトする）というメニュー項目をクリックしよう。gitkを終了する。コマンドラインで、new_featureブランチに切り替わったことを確認するため、次のようにタイプする。

```
git branch
```

すると、new_featureの頭に星マーク（*）が付いているはずだ。

9.2.2 ブランチで修正を入れる

ブランチは、変更箇所をコードベースの他の部分と切り離す手段にもなる。前項では、masterの先端で新しいブランチを作った。このブランチ（new_feature）は、あなたが開発している新機能を表現するものだ。けれども、バグ修正を行うためにブランチを作ることの方が多いかもしれない。そして修正は、リポジトリのヒストリーにおいてもっと前の部分に発生する傾向がある。

図9.19では、bugfixブランチがコミット`29c7e58`で作成されている。これはmasterよりも2つ前のコミットだ。Gitでは、任意のコミットを新しいブランチの開始地点として指定できる。

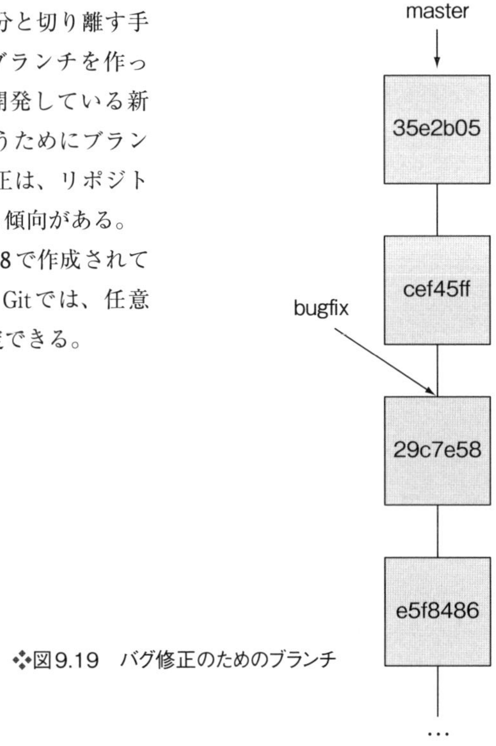

❖図9.19　バグ修正のためのブランチ

演習

コマンドラインで、mathディレクトリから次のようにタイプする。

```
git checkout master
git log --oneline
```

第1のコマンドは、masterブランチに切り替えるためのものだ。第2のコマンドは、ヒストリーのリストをSHA1 ID付きで表示する。次に、`Renaming c and d.`というラベルのコミットを探し、そのSHA1 IDをコピーするかメモしておく。次にコマンドラインで次のようにタイプする。

```
git branch fixing_readme YOUR_SHA1ID
git checkout fixing_readme
```

ただし、YOUR_SHA1IDは、さきほどコピー（あるいはメモ）した`Renaming c and d.`コミットのSHA1 IDで置き換える。

このとき、あなたのリポジトリは図9.20の状態になっているはずだ。gitkとタイプしてそれを確認しよう。

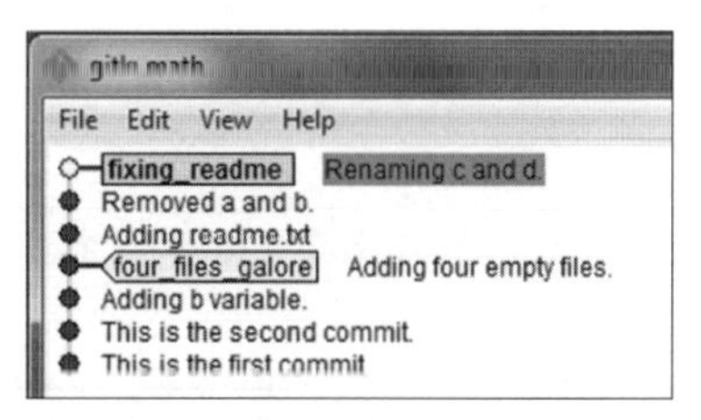

❖図9.20
過去を開始点としてブランチを作る

9.3 その他のブランチ操作を実行する

これまでに2つのブランチを作り、その片方でコミットを行った。ほかにも学んでおくべきブランチ操作がいくつかある。

9.3.1 より高速なブランチ

ブランチは、驚くほど高速に作ることができる。他のバージョン管理システムと違って、Gitはサーバとの対話処理を必要とせず、ファイルをコピーする必要もない。それはGitのアーキテクチャの恩恵である（コミットが自分の親へのポインタを持っている）。このため、git branch／git checkoutの操作が高速なのだ。ブランチを使うのも、作成と同じくらい高速にできる。

高速なブランチ操作の利点をもっと生かすために役立つ便利なショートカットがある。git checkoutの-bスイッチを使うと、ブランチを作成してそのブランチをチェックアウトする処理を1ステップで実行できる。

演習

コマンドラインで、mathディレクトリから次のコマンドをタイプする。

```
git checkout -b another_fix_branch fixing_readme
```

そして、次のようにタイプする。

```
gitk
```

このとき、あなたのブランチリストは図9.21のように見えるはずだ。

もうgitkは終了してよい。

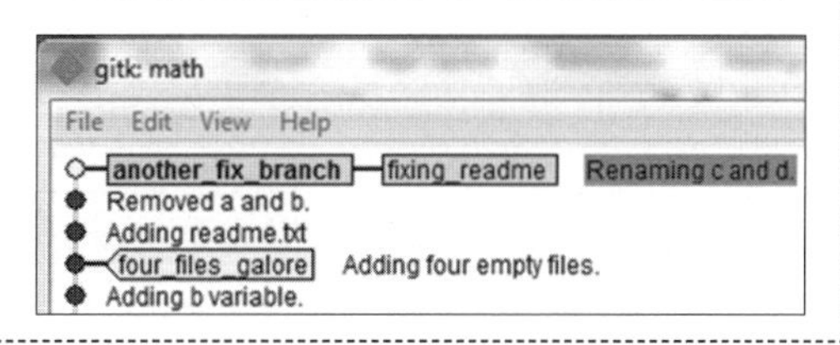

❖図9.21
もうひとつのブランチを作成

さて、図9.22のコマンドを注意して見よう。ここでは2つの処理を一度に行っている。

❖図9.22　git checkout -bコマンド

このコマンドには3つの引数がある。-bスイッチ、作成する新しいブランチの名前、そしてこの新しいブランチを作成する開始地点だ。

さきほどの「演習」で使った開始地点は、その前に作ったブランチだった。現在のブランチを開始地点として使ってもべつに不都合はない！ 開始地点は、コミットのSHA1 IDでもタグでもよい。

新しいブランチの名前は、普通ならばgit branchコマンドに渡すはずの名前だ。そして-bスイッチは、checkoutに対して「このブランチを作成したら、即座にそのブランチに切り替えろ」という指令を送る。

git checkoutの、この形式を暗記しておこう。なぜなら、ブランチを作るときは、必ずといっていいほどそれを即座に使いたいはずだから。

9.3.2　ブランチの削除

ブランチを削除する必要が生じることもある。ブランチは開発の支線である。ある種のブランチは、すぐ行き止まりになるかもしれない。何か実験をするためにブランチを作る場合、その実験が成功しないこともあるだろう。

間違って不要なブランチを作ってしまうこともある。前項で見たように、ブランチはとても簡単に作ることができる。削除も簡単だ。ブランチを削除するには、git branchの-dスイッチを使う。この章の最初に行った「演習」で、ブランチを削除したのを覚えているだろうか（masterブランチの削除）。

演習

コマンドラインウィンドウのmathディレクトリで、次のようにタイプする。

```
git checkout master
git branch -d fixing_readme
```

どのブランチが残っているかを確認するため、次のコマンドをタイプする。

```
git branch
```

あなたは、前節で作成したfixing_readmeブランチをいま削除した。このように削除が簡単なのだから、自分のコードベースで実験をしたいときは、いつでも気軽にブランチを作るようになっていただきたい。ブランチは、あなたの開発を、他の仕事から（また、他のブランチから）隔離する。「このリポジトリのコピーが欲しいな」と思ったときは、即座に「新しいブランチを作ろう」と考えるべきなのだ。

ただし、`git branch -d`コマンドには注意が必要だ。この操作は失敗が許されず、Gitは本当にブランチを削除する。Gitは、いまいるブランチを削除するという明白な間違いからはあなたを守ってくれるが、もし保存したいブランチを間違って削除してしまったらどうすればよいだろうか。そのときは、Gitが提供するメッセージを使ってブランチを簡単に作り直すことができる。

演習

masterブランチにいることを確認してから、次のようにタイプする。

```
git branch -d another_fix_branch
```

削除の実行後にGitが提供するメッセージに注目しよう。次のリストのような出力が得られるはずだ。

▶リスト9.4　git branch -dからの出力

```
% git branch -d another_fix_branch
Deleted branch another_fix_branch (was d6cc762).
```

削除メッセージにあるSHA1 IDは、あなたが削除したブランチの開始地点である。このときあなたは、「いまやった削除は間違いだった」と気がつく。すぐに次のようにタイプすれば、同じブランチを作り直すことができる。

```
git checkout -b another_fix_branch d6cc762
```

ただしあなたは、Gitが返したメッセージにあったのと同じSHA1 IDを指定しなければならない。
ブランチが元に戻ったことを、前にも使った次の`git log`コマンドで確認しよう。

```
git log --graph --decorate --pretty=oneline --all --abbrev-commit
```

もし何かの理由でSHA1 IDを失ってしまったら、そのときは`git reflog`が頼りになる。このコマンドは、あなたがこれまでにブランチを切り替えたすべての記録を表示してくれるのだ。
次のコマンドをタイプする。

```
git reflog
```

これで、リスト9.5に示すような出力が得られるはずだ。

▶リスト9.5　git reflogの出力

```
158b7ef HEAD@{0}: checkout: moving from master to another_fix_branch
2bd20cb HEAD@{1}: checkout: moving from another_fix_branch to master
158b7ef HEAD@{2}: checkout: moving from fixing_readme to another_fix_branch
158b7ef HEAD@{3}: checkout: moving from master to fixing_readme
```

この出力のなかで、`moving from master to another_fix_branch`という行を見つけよう。この行の最初にあるSHA1 ID（リスト9.5では、`158b7ef`）が、another_fix_branchのSHA1 IDだ。このSHA1 IDを使えば、さきほど紹介した`git checkout -b`コマンドを実行できる。

9.4 ブランチを安全に切り替える

ブランチの作成と切替が簡単なので、コードベースにおけるマルチタスク的な作業も簡単になる。けれども、なにかの作業中に（作業ディレクトリ内の変更を、まだコミットしていないときに）、他のブランチへとチェックアウトすることをGitは許可しない。だから、いまの仕事をどこかに「隠しておく」（一時的に退避させる）必要がある。

9.4.1 作業をスタッシュに隠す

Gitには、あなたの作業を一時的に退避させる機構がある。それは、`git stash`コマンドだ。このスタッシュを使えば、あなたの全作業を一時的に保存してクリーンな作業ディレクトリを作ることができる。スタッシュは、「一時的なコミット」のようなものだ。次に、最も一般的なユースケースを調べよう。

演習

いまあなたが、mathリポジトリのanother_fix_branchというブランチにいることを確認しよう。次のようにタイプする。

```
git status
```

もし、そのブランチにいなければ、次のコマンドを打ち込む。

```
git checkout another_fix_branch
```

これで正しいブランチに入った。このとき、あなたの好きなエディタでmath.shを編集する。次の1行をファイルの末尾に加えよう。

```
c = 0
```

あなたのリポジトリが、作業中の状態であることを確認する。

```
git status
```

math.shに、"modified:"（変更された）というマークが付いているはずだ。

このとき、あなたの上司から、masterブランチの何か重要な問題を「見てくれ」と頼まれたとしよう。次のコマンドで切り替えられるだろうか。

```
git checkout master
```

いや、リスト9.6に示すようなエラーメッセージが出るはずだ。

▶リスト9.6　git checkoutコマンドからのエラー

```
error: Your local changes to the following files would be overwritten ⏎
by checkout:
        math.sh
Please, commit your changes or stash them before you can switch branches.
Aborting
```

このエラーの意味は明らかだ[*1]。いまブランチを切り替えたら、現在の仕事が失われてしまうだろう。いますぐ変更をコミットすることは、(git commit -aを使えば) 可能だろうが、もし仕事が完了していない状態なら、まだコミットをしたくないはずだ。git resetでコードをステージングエリアから降ろすこともできるだろう。だが、いま本当にやりたいことは、正式なコミットを行うことなくあなたの変更を一時的に退避させることだ。それこそ、git checkoutのエラーメッセージが示唆しているgit stashの仕事である。

訳注＊1：(試訳)
エラー：次のファイルへの、あなたのローカルな変更は、チェックアウトしたら上書きされてしまいます。
math.sh
ブランチを切り替える前に、変更をコミットするか、スタッシュしてください。
実行を打ち切ります。

演習

mathリポジトリで、次のようにタイプする。

```
git stash
```

こうすると、リスト9.7に示すようなメッセージが出てくるだろう。

▶リスト9.7　git stashの出力例

```
Saved working directory and index state WIP on another_fix_branch: ⏎
29c7e58 Renaming c and d.
HEAD is now at 29c7e58 Renaming c and d.
```

このメッセージは、あなたが途中まで進めた仕事（WIP=Work In Progress）を保存しましたよ、と言っている。舞台裏でGitは、その仕事全体をあるコミットに保存するのだが、そのコミットには、git stashコマンドでなければ到達できない仕組みになっているのだ。変更の状態をチェックしよう。

```
git status
```

こうしておけば、あなたはgit checkoutでmasterブランチをチェックアウトできる。

```
git checkout master
```

9

9.4.2　スタッシュをポップする

さきほどのシナリオに話を戻す。あなたとあなたの上司はもうmasterを見ていない。あなたは、another_fix_branchでやっていた仕事に戻りたい。

演習

another_fix_branchに戻ろう。

```
git checkout another_fix_branch
```

ここで、あなたが何を退避させたかを見ておこう。それには、git stash listを使える。

```
git stash list
```

これが示す項目は1つで、あなたが先ほど退避させた仕事(WIP)である。この仕事を現在のブランチに戻すため、次のようにタイプする。

```
git stash pop
```

すると、リスト9.8に示すような出力が得られるはずだ。

▶リスト9.8　git stash popの出力

```
On branch another_fix_branch
Changes not staged for commit:
  (use "git add <file>..." to update what will be committed)
  (use "git checkout -- <file>..." to discard changes in working directory)

        modified:   math.sh

no changes added to commit (use "git add" and/or "git commit -a")
Dropped refs/stash@{0} (48569a9917d430bad9aaa856e6ce1a05bc1701da)
```

スタッシュをポップすると、退避させていた内容がスタッシュリストから消えて、あなたの作業ディレクトリに戻される。git stash popコマンドを実行したあと、あなたの作業ディレクトリは、あなたがgit stashを行う前と同じ状態に戻る。スタッシュは、自分のために書いておくメモにも似ている（中断されたら、その仕事をメモしておけば、自分の頭もリポジトリも安全に切り替えられるだろう）。

9.5 課題

下記の課題は、これまで「演習」で作業してきたmathリポジトリを使って行う。もしあなたが、これまで問題なく続けてこられたのなら、いますぐ課題に進んでかまわない。

けれども、自分のmathリポジトリがおかしな状態になってしまったり、少し違っているので正しい状態のmathリポジトリにしてから課題をこなしたいと思っているのなら、本書のWebサイトからソースコードのzipファイル（LearnGit_SourceCode.zip）をダウンロードしていただきたい。その中にmake_math_repo.shという名前のスクリプトが入っている。このスクリプトをコマンドラインで次のように実行する。

```
bash make_math_repo.sh
```

これによって、mathディレクトリの中に新しくリポジトリが作成される（既存のmathディレクトリは、スクリプトの実行前に削除する必要がある）。このスクリプトは、9.4.2項までのステップと課題のすべてに従って新たにリポジトリを作る。スクリプトの実行が終わると、そのリポジトリは、another_fix_branchというブランチに切り替わり、そこにはまだコミットされていない（git addとgit commitを行っていない）編集済みのファイルが1つ残る。スクリプトにはこれらのステップがドキュメントとして記載されているので必ずコードを読んでいただきたい。

9.5.1 GUIを使ってブランチの作業をする

1. Git GUIを使ってnew_featureブランチの`git checkout`ができるか、試してみよう。
2. gitkを使って、another_fix_branchブランチと同じ箇所を開始地点とする別のブランチを追加する。
3. 第8章で作ったタグ（four_files_galore）の位置からブランチを作る。この操作をGit GUIとgitkの両方でやってみよう（この2つのブランチには別の名前を与える必要がある）。どちらが簡単だろうか？
4. これら3つのブランチをGit GUIとgitkの両方を使って削除する。

9.5.2 頭の準備運動

1. ブランチを間違って作ってしまったとき、削除する代わりに名前を変更することは可能だろうか？
2. 9.2.2項では、`Renaming c and d`という文字列を含むコミットのSHA1 IDを探す必要があった。このSHA1 IDを`git rev-parse`コマンドを使うときはどうやって識別できるだろうか？
3. 9.2.1項で長い`git log`コマンドを紹介したが、これら全部のスイッチが何を行うものかを調べてみよう（コマンドのうち、一部のスイッチを外して実行してみると分かる）。
4. ブランチを削除すると、そのブランチのコミットはどうなるのか？

9.5.3 another_fix_branchで作業を続ける

あなたが最後にanother_fix_branchを離れたときmath.shに変更を加えたが、まだその変更をコミットしていない状態だった。コミットする代わりに、変更を「なかったこと」にするため、次のようにタイプしよう。

```
git checkout    math.sh
```

1. ここでは、`git checkout`コマンドのどの形式を使っているのだろう。その答えは、`git checkout --help`で探そう。
2. 次の行を、math.shファイルに追加しよう（まだ、another_fix_branchの中にいる）。

```
c=1
```

この変更をコミットしよう。

これで、あなたのリポジトリは図9.23の状態にならないだろうか？

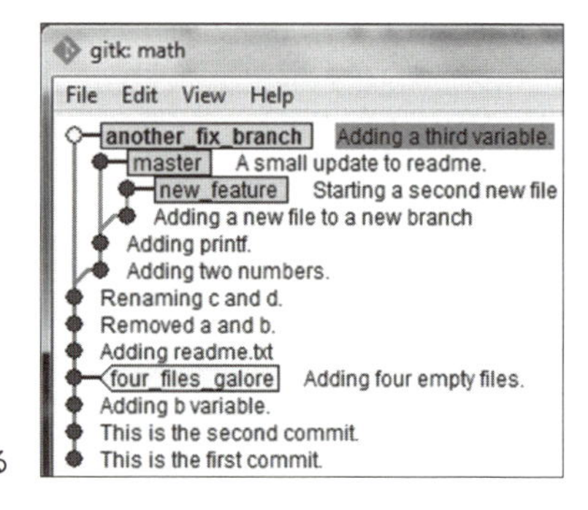

❖図9.23
コミットを、another_fix_branchに追加する

9.5.4 複数のブランチを見る

この「課題」の冒頭で述べたzipファイルには、make_lots_of_branches.shというスクリプトも入っている。これを、あなたのコマンドラインウィンドウから実行しよう。

```
bash make_lots_of_branches.sh
```

このスクリプトは、lots_of_branchesというディレクトリの中にリポジトリを作る。実行には時間がかかるが、このリポジトリの中に40個のブランチを作成し終えれば終了するから、しばらく待っていただきたい。それから次に示す課題をこなそう。

1. このサンプルに含まれるブランチの開始地点は、どのコミットだったのか？
2. その開始地点から、branch_30までにいくつのコミットがあるか？
3. 3つのブランチに、それぞれrandom_prize_1、random_prize_2、random_prize_3というタグが付いている。それらのブランチは何か？ branch_40のanswers.txtというファイルを見て正解を確かめよう。
4. random_tag_on_fileというラベルのタグを見つけよう。どのブランチがこのタグを「含んでいる」（contains）だろうか？（その答えを出すには、`git branch`コマンドを使うこと）。
5. `git log --oneline --decorate --simplify-by-decoration --all`とタイプしよう。このコマンドは何を言っているのだろうか？さらに、`--graph`スイッチを追加したら、何が見えるだろうか？

9.6 さらなる探究

図9.24は、コマンドラインの一部を示している。タイプしているコマンドは`ls`だ。その前にある長いテキストは、すべてが詳細なコマンドプロンプトである。

あなたは、標準のプロンプトに慣れているかもしれない。`$`か、`>`か、スーパーユーザーなら`#`だ。Windowsの場合、(「Windows システム ツール」か「アクセサリ」に含まれている)「コマンド プロンプト」は、ドライブ文字を含むプロンプトを出すだろう（たとえば、`C:¥>`)。Macでは、プロンプトが`$`で、その前にホスト名が付いているのが普通だ。

ほとんどのコマンドラインシステムでは、このデフォルトのプロンプトをもっと記述性の高いものに変更することが可能だ。Git BASH for Windowsをインストールすると、いつでもカレントディレクトリのブランチ名を教えてくれる、カスタマイズされたプロンプトが出てくる。もしあなたがBASH環境を使っているのなら（Git BASHなら間違いなくBASHだし、Macでもほとんどの Unix/Linuxサーバでも、BASHを使っているはずだ）そのカスタマイズを探索したい人は、Git用にプロンプトをカスタマイズするコードを、読んでおくとよい。次に示すサイトにそのコードがある（英文）。

```
https://github.com/git/git/blob/master/contrib/completion/git-prompt.sh
```
[*2]

訳注＊2：このコードを読むには知識が必要だ。訳者の参考書は、川村正樹著『bash Manual&Reference』（秀和システム、1999年）。Macのターミナルについては、Daniel J. Barrett著『Macintosh Terminal』（O'Reily, 2012）が手軽なポケットガイドだ。

```
Git Bash

Rick@MININT-OSPDAI2 ~/Documents/gitbook/math (new_feature)
21:56 506> ls
another_rename  file3.c  math.sh  newfile.txt  readme.txt
```

❖図9.24　凝り性のコマンドプロンプト

9.7 この章のコマンド

❖表9.1　この章で使ったコマンド

コマンド	説明
git branch	すべてのブランチのリストを表示
git branch dev	devという名前のブランチを新規に作成する（このブランチはHEADと同じコミットを指し示す）
git checkout dev	あなたの作業ディレクトリを変更して、devという名前のブランチを反映させる
git branch -d master	masterという名前のブランチを削除する
git log --graph --decorate --pretty=oneline --all --abbrev-commit	リポジトリの履歴をすべてのブランチを通じて閲覧する（9.2.3項を参照）
git config --global alias.lol "log --graph --decorate --pretty=oneline --all --abbrev-commit"	上記の`git log`コマンドのために`lol`という名前の別名（alias）を作る（9.2.1項のコラム「その先にあるもの」を参照）
git branch -v	すべてのブランチのリストをSHA1 ID情報を付けて表示
git branch fixing_readme YOUR_SHA1ID	YOUR_SHA1IDを開始地点としてブランチfixing_readmeを作る
git checkout -b another_fix_branch fixing_readme	ブランチfixing_readmeを開始地点としてブランチanother_fix_branchを作り、即座にチェックアウトする
git reflog	これまでに（`git checkout`によって）行ったブランチ切替のすべての記録を表示する
git stash	現在進行中の作業（WIP）をスタッシュ（安全な隠し場所）に入れて、`git checkout`を実行できるようにする
git stash list	スタッシュに退避させたWIPのリストを表示
git stash pop	最後にスタッシュに入れた内容を現在の作業ディレクトリに反映させ、スタッシュから消去する

ブランチをマージ（統合）する

この章の内容

前章では、複数のブランチを作り、あなたのコードベースを分岐させた。そこで学んだように、別のブランチで作業するのは開発の本線（メインライン）とは異なる支線で作業するということだ。そうして別のブランチで開発した仕事を開発の本線に組み込みたいときは、図10.1に示すように、`git merge`を使う必要がある。1文字のラベルを持つ箱がコミットを表現している。

ブランチはコードベースを分岐させ、マージは分岐したコードベースを統合する。図10.1では、コミットBでコードベースを分岐させ、masterとnew_featureという2本のブランチを作っている。そして、この2本のブランチのそれぞれで、何度かコミットしている。次に、`git merge`を使ってnew_featureとmasterをコミットFで統合し、1本の流れに戻している。`git merge`がこの章の主な話題だが、`git mergetool`によってアクセス可能ないくつかのグラフィカルツールも扱う（これらは後ほど紹介する）。ブランチを作るのは本当に簡単なので、`git merge`コマンドは重要なツールだ。

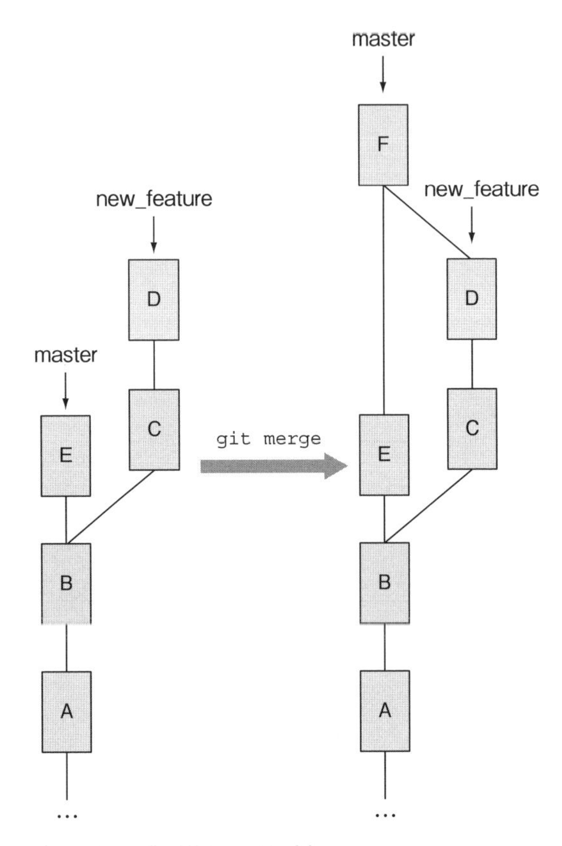

❖図10.1　典型的なマージの例

10.1 マージを「合流」に見立てる

`git merge`コマンドを実行するとき、あなたは指定のブランチを、現在チェックアウトしているブランチが何であれ、それにマージすることになる（図10.2を参照）。

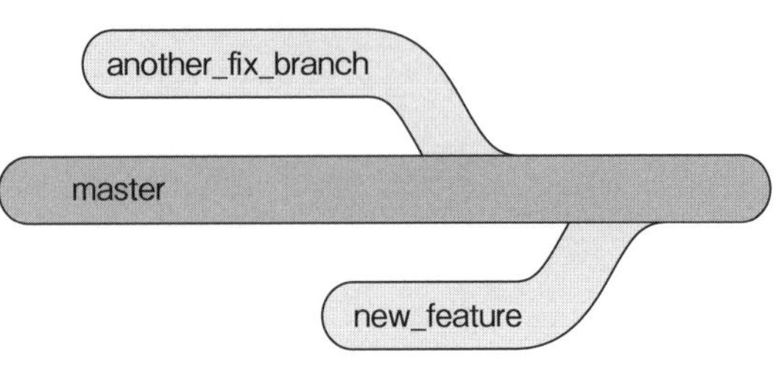

❖図10.2　ブランチは、現在のブランチにマージされる

例として、あなたのmathリポジトリで、`git checkout master`を使ってmasterブランチにチェックアウトしたとしよう。このリポジトリには、他にanother_fix_ branchとnew_featureという2本のブランチがあり、これらはmasterにマージできる。あなたの作業ディレクトリの内容はいまmasterブランチであり、`git merge`を実行することによってanother_fix_branchまたはnew_featureをそれに併合することが可能だ。

そこで図10.2の「見立て」だが、ちょうど道路図のように見えないだろうか。あなたが走っている高速道がmasterブランチであり、その高速道への「入り口」が前方に2つ見えている。それらが`git merge`コマンドであり、そこで他のブランチが合流する。Gitの道路で、これらの「入り口車線」がいつ現れるかは、あなたが決めることだ。

あなたは、どのブランチでもチェックアウトでき、そのなかに、どのブランチでもマージできる。けれども実際には、ある1本のブランチを、すべてのマージを受け付けるブランチと指定するのが普通だ。それは、典型的にはmasterだが、前節で見たようにどのブランチでもよい。

10.2 マージを実行する

マージの結果としてのコミットには、2つ（あるいは、それ以上）の親コミットが存在する。図10.1で、マージコミットFには、EとDという2つの親コミットがあった。マージの実行は簡単で、`git merge`コマンドを呼び出すだけだ。今後のセクションと「演習」の課題では、まずブランチについての理解を復習してから`git merge`を使って実習する。

10.2.1 少なくとも2本のブランチから

試しにマージをやってみよう。それには少なくとも2本のブランチを作る必要がある。この章ではbugfixブランチで作業を行うが、そのコミットポイント（先端）はmasterブランチよりも古い。このリポジトリは図10.3に示すような状態であり、bugfixブランチは第9章の9.2.2項で示したステップを使ってこれから作成する。

このリポジトリでは、コードベースを分岐したあと、masterブランチにはコミットCとFが追加され、bugfixブランチにはコミットEとDが追加されている。

これからこのリポジトリを作成し、masterとbugfixという2本のブランチをマージする。

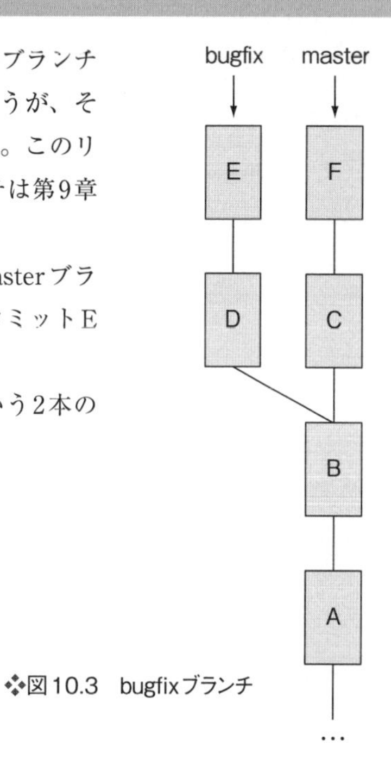

❖図10.3 bugfixブランチ

演習

本書のWebサイトからmake_merge_repos.shというスクリプトをダウンロードし、それをコマンドラインウィンドウで実行する。その手順は、次のようなものだ。

```
cd $HOME
bash make_merge_repos.sh
```

これを実行すると、mergesampleというディレクトリができ、その中には図10.3のように2本のブランチを持つリポジトリが含まれている。この2本のブランチを探索しよう。次のようにタイプする。

```
cd mergesample
git checkout master
```

こうすると、masterブランチの内容があなたの作業ディレクトリに置かれる。このブランチには、README.txt、bar、baz、fooという4つのファイルが入っている。bazというファイルは小さなスクリプトで、次のようにタイプすれば実行できる。

```
bash baz
```

ところが、このスクリプトにはバグがあって、division-by-zero（ゼロで除算をしました）というエラーメッセージが出る。このファイルの内容を見れば（`cat baz`とタイプ）、「なるほど、そういうエラーが出るはずだ」と納得するだろう。では、次のようにタイプしよう。

```
git checkout bugfix
bash baz
```

こちらのブランチには、そのプラグラムの修正版が含まれていて、実行するとコマンドラインに1という数字が出力される。ここで、次のコマンドを使おう。

```
git log --graph --decorate --pretty=oneline --all --abbrev-commit
```

これで、リスト10.1に示すような出力が得られるはずだ[*1]。

訳注＊1：git 2.6.2の表示では、1行目で、`(HEAD, bugfix)`の部分が`(HEAD -> bugfix)`となる。このリストのように表示されるバージョンのGitも現役で使われているので、このままとした。以下、同様。

▶リスト10.1　あとでマージすることになる、2本のブランチ

```
* 115df4c (HEAD, bugfix) Ugh, I was dividing by zero!
* 6e0c5d3 Adding echo to check error.
| * f771da4 (master) Committing bar.
| * 1d4640c Committing foo.
```

```
|/
* b47c153 (tag: bug_here) Committing baz.
* a3c8e23 Committing the README.
```

このリポジトリをgitkでも開いてみよう。gitkのビュー設定で、`All (local) branches`（「全ての(ローカルな)ブランチ」）を許可すれば（方法は図9.16を参照）、ツリーが図10.4のように表示されるはずだ。

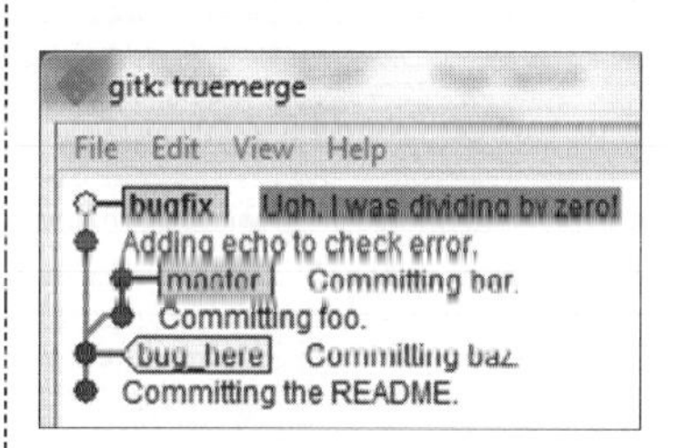

❖図10.4　これからマージする2本のブランチ

これは、図10.5のシナリオを表現するツリーになるはずだ。この図では、それぞれの箱がコミットで、その横にあるのがそれぞれのコミットメッセージだ。この2本のブランチの違いを調べる方法を次の項で学ぼう。

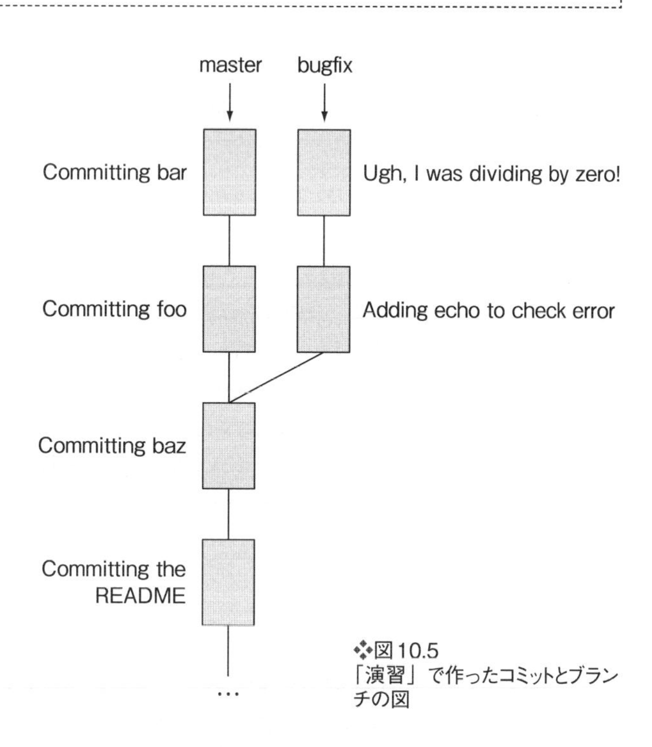

❖図10.5
「演習」で作ったコミットとブランチの図

10.2.2　2本のブランチの差分をチェックする

`git diff`コマンドには、2本のブランチの差分を調べるのに利用できる興味深い構文がある。

演習

前項で作業したmergesampleディレクトリで、次のようにタイプする。

```
git diff master...bugfix
```

2本のブランチの間に3個のピリオドがあることに注目。これによって、次のリストに示す出力が得られる。

▶リスト10.2　2本のブランチ間でgit diff

```
diff --git a/baz b/baz
index 56d6546..1c52108 100644
--- a/baz
+++ b/baz
@@ -1,3 +1,4 @@
 a=1
-b=0
+b=1
 let c=$a/$b
+echo $c
```

この形式の`git diff`から得られる出力は、bugfixとmasterの2つのブランチ間の差分を、最初に違いが出た場所から相対的に表現している。これは、マージによって何が行われるかを事前に示すプレビューなのだ。この`git diff`コマンドに渡す「ブランチの順序」が重要である。masterが先に、bugfixがあとに置かれている。道路のたとえ話で言えば、本線のmasterに支線のbugfixが合流するのだ。

リスト10.2で、`a/baz`という文字列は、masterブランチに存在するbazファイルを表す。そして`b/baz`という文字列は、bugfixブランチに存在するbazファイルを表す。

`diff`の出力を見ると（詳しくは第6章の記述を参照）、ここではmasterのbazファイル（`a/baz`）をbugfixのbazファイル（`b/baz`）に変換する手続きを示している。だからこそ、`git diff`コマンドに渡すリストでmasterを先に置き、その次にbugfixを置いたのだ。マージを行う前に、ブランチの違いを理解しておくのは有益なことだ。それによって、bazファイルをマージした結果を予測できるのだから。

● その先にあるもの ●

リスト10.2を読むと、Gitがマージを、どう実行するかについて、かなりの洞察が得られる。

変数**b**は、masterブランチでは0に設定されている（**b=0**）。ところがbugfixブランチでは、**b**に1が設定されている（**b=1**）。Gitは、これらの変更がある一定の順序で発生すること、そして、数値だけが変更されることを指摘できる。だからGitは、0を1に変えることで、このマージを実行するだろう。

echoステートメントは、bugfixブランチで追加された新しい行である。masterには、この行が存在しなかった。だからGitは、この行を追加することによってマージするだろう。

git diffのもうひとつのバリエーションも、ブランチの違いを分析する役に立つ。

演習

mergesampleディレクトリで、次のようにタイプする。

```
git diff --name-status master...bugfix
```

これによって、次の出力が得られる。

▶リスト10.3 git diff --name-statusの出力

```
M       baz
```

ここでMは、bazがmasterにマージされる変更の「状態」(status)を意味する*2。このコマンドは、こんな簡単なケースでは使う意味がないが、もっと大きなリポジトリで複数のファイルがマージされる場合、それらのファイルがどうなるか概略を知るのに便利である。

これで影響を受けるファイルがbazであることが分かった。このマージを完成させよう。

訳注＊2：git diffの--name-statusは「diff出力を制限するオプション」のひとつで、変更状態(status：たとえばM)と名前(name：たとえばbaz)だけを表示し、差分そのものは表示しない。statusの一覧はドキュメントの--diff-filterの項にある(A:Added、C:Copied、D:Deleted、M:Modified、R:Renamedなど)。

10.2.3 マージを実行する

bugfixの変更をmasterに取り込むために、git mergeを使う。

演習

mergesampleディレクトリで、次のようにタイプする。

```
git checkout master
git merge bugfix
```

あなたが使っているGitのバージョンによっては、このときGitのデフォルトエディタが開き、新しいメッセージの入力を求められるだろう。デフォルトのメッセージはすでに存在する。それは、Merge branch 'bugfix'(ブランチ'bugfix'をマージする)というものだ。

だからエディタでは、次のようにタイプすればよい(viなどの場合)。

```
:wq
```

これでメッセージが保存され、その時点でGitはこの2本のブランチをマージする。このとき、リスト10.4に示すような出力が得られるはずだ。

▶リスト10.4　git mergeの出力

```
Merge made by the 'recursive' strategy.
 baz | 3 ++-
 1 file changed, 2 insertions(+), 1 deletion(-)
```

では、git logの出力でマージを観察しよう。次のようにタイプする。

```
git log --graph --decorate --pretty=oneline --all --abbrev-commit
```

この長いコマンドをgit lolという別名で簡単に入力する方法は、第9章で述べた。このログ出力は、リスト10.5のようなものになるはずだ。

▶リスト10.5　詳細なgit log出力

```
*   71a0b88 (HEAD, master) Merge branch 'bugfix'
|\
| * 115df4c (bugfix) Ugh, I was dividing by zero!
| * 6e0c5d3 Adding echo to check error.
* | f771da4 Committing bar.
* | 1d4640c Committing foo.
|/
* b47c153 (tag: bug_here) Committing baz.
* a3c8e23 Committing the README.
```

さらに、gitkの画面でも出力を見ておこう。それは、図10.6のようになるはずだ。gitkの画面が、リスト10.5とどのように対応しているかを確認しよう。

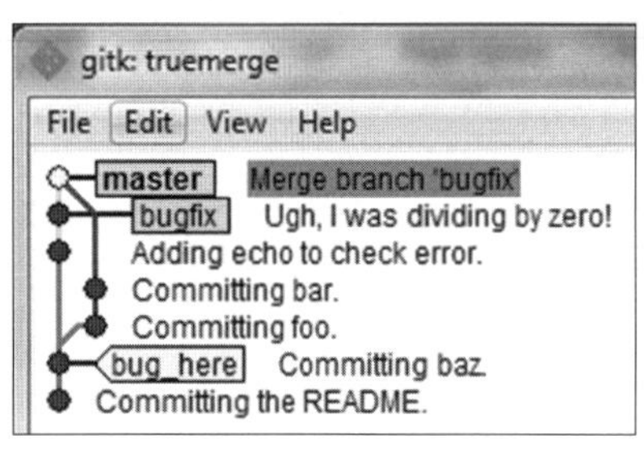

❖図10.6　gitkで見るマージ

10.2.4 マージコミットの親

マージの結果として、そのマージを表現する新しいコミット（マージコミット）ができる。さきほど「演習」で作ったマージコミットには2つの親がある。それは、masterブランチ側の最後のコミットと、bugfixブランチ側の最後のコミットだ。

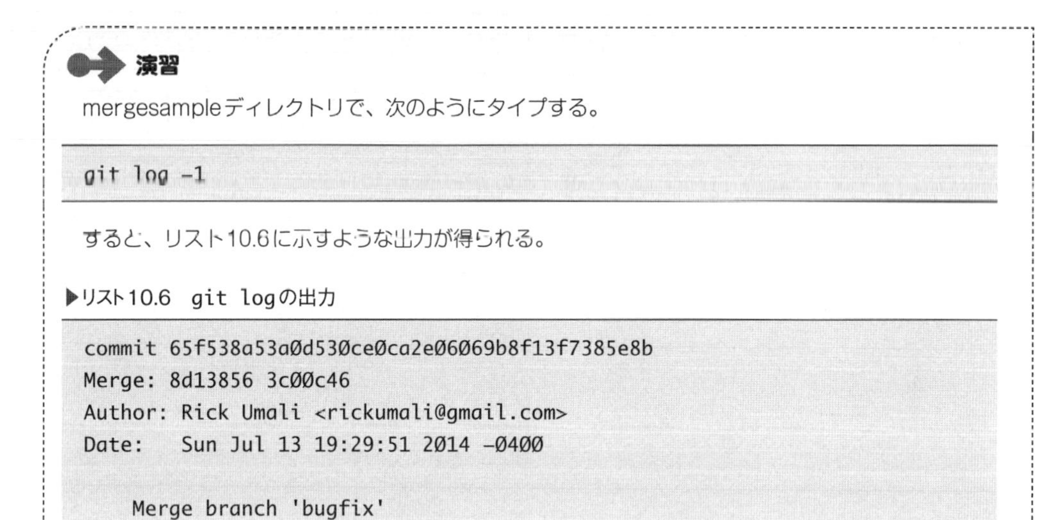

演習

mergesampleディレクトリで、次のようにタイプする。

```
git log -1
```

すると、リスト10.6に示すような出力が得られる。

▶リスト10.6 git logの出力

```
commit 65f538a53a0d530ce0ca2e06069b8f13f7385e8b
Merge: 8d13856 3c00c46
Author: Rick Umali <rickumali@gmail.com>
Date:   Sun Jul 13 19:29:51 2014 -0400

    Merge branch 'bugfix'
```

Merge:から始まる行に注目しよう。この行には、このマージコミットを作った2つのコミットが表示されている。これは、gitkで見た方がわかりやすい（図10.7）。

gitkは、このコミットに2つの親（Parent）があることを示している。カラー画面では、片方の親が赤い字で、もう片方の親が青い字で表示されるだろう。これらの色はgitkのツリービュー（図10.8）で表示されるブランチの色に対応している。

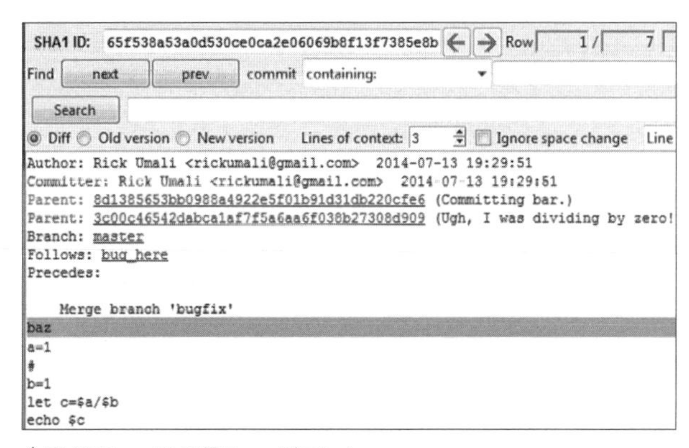

❖図10.7 gitkで見るマージコミット

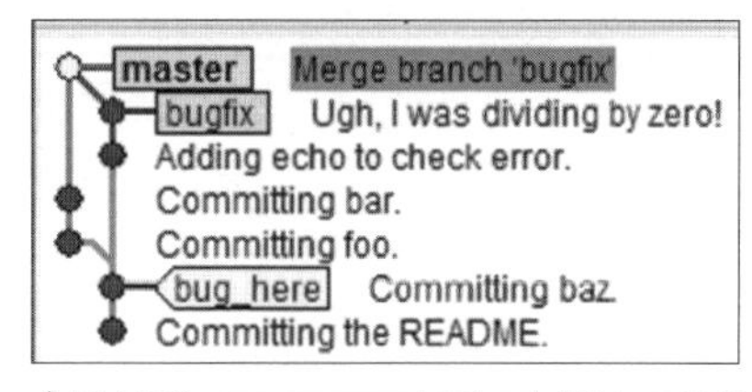

❖図10.8 mergesampleで、もうひとつのツリービューを見る。ブランチの色に注目

図10.9は、このマージの様子を描いたものだ。

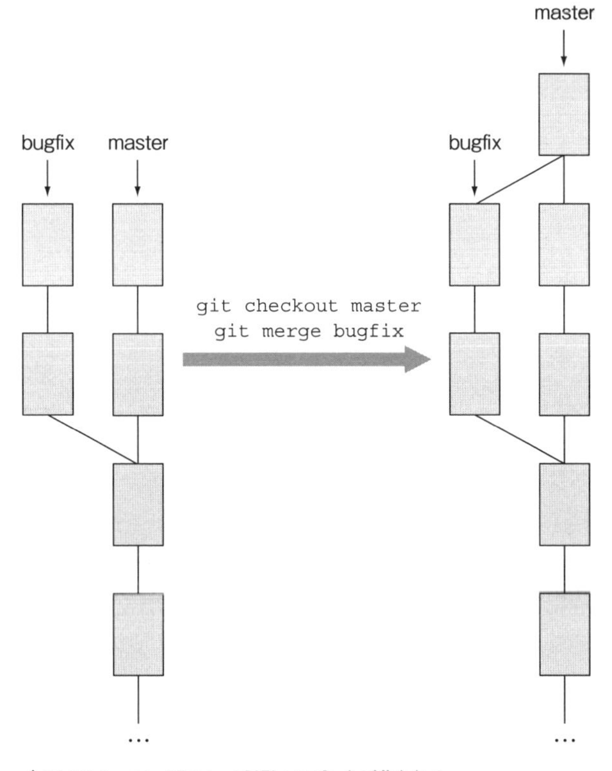

❖図10.9　マージによって新しいコミットが作られる

10.2.5　Git GUIでマージを実行する

git guiでも、現在のブランチにマージしたいブランチを選択できる。

演習

まずはmergesampleを、再び元の状態に戻す必要がある。そのために、mergesampleディレクトリを削除してから、make_merge_repos.shによって再び作成しよう。次のようにタイプする。

```
cd $HOME
rm -rf mergesample
bash ./make_merge_repos.sh
```

このあと、mergesampleディレクトリからGit GUIを開くが、その前にマージ先となるブランチをチェックアウトしておくことが重要だ。

```
cd mergesample
git checkout master
git gui
```

GUIが現れたら、図10.10に示すように、Merge（マージ）メニューからLocal Merge（ローカル・マージ）を選択する。

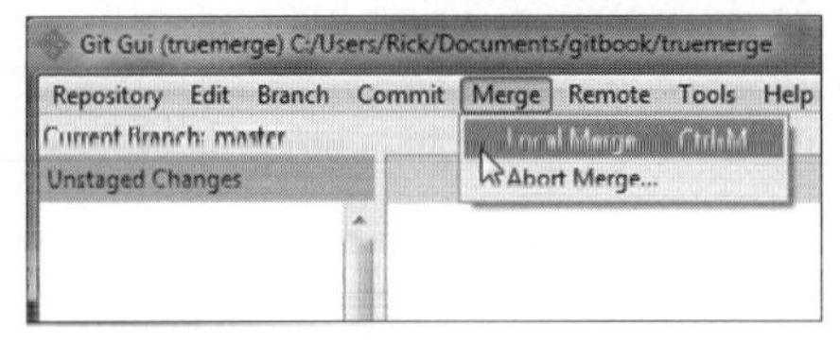

❖図10.10　Git GUIでマージを実行する

これによって、図10.11に示すウィンドウが現れる。ここには、あなたのカレントブランチ（ここではmaster）にマージできるブランチ（Revision）のリストが表示される。

このマージは自動的に行うことが可能なので、Merge（マージ）ボタンをクリックすれば、図10.12のように成功を表すウィンドウが出力されるだろう。

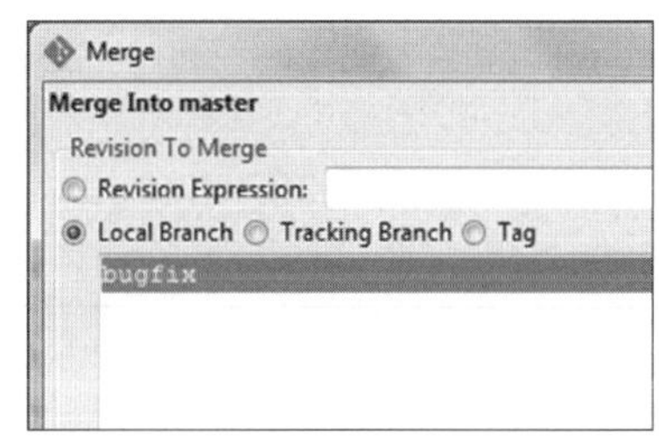

❖図10.11　masterにマージするブランチ（リビジョン）を選択する

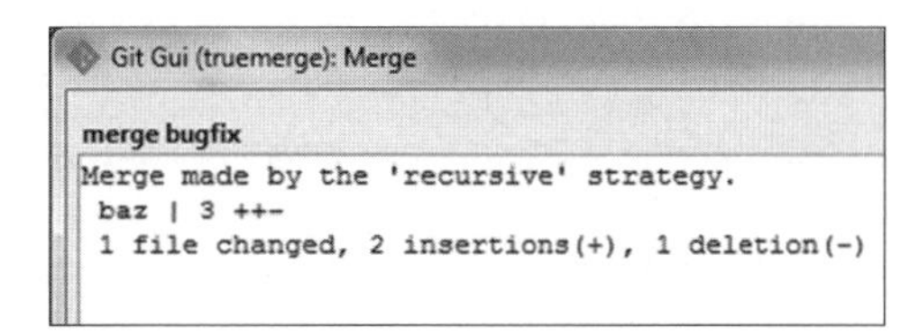

❖図10.12　bugfixをGit GUI経由でマージできた

10.3　マージの競合に対処する

前節で、2本のブランチ間で変更されていたのは、ただ1個のファイルbazだけであり、その2本のブランチをきれいにマージできた。2本のブランチで行われた変更をどのようにマージすべきか、Gitは自動的に決定できた。だが、いつもそうなるとは限らない。

10.3.1 Gitが対処できない差分を理解する

前節でbazに対して行われた2回の変更を図10.13に示す。bugfixブランチでは、b変数の値を0から1に変更した（これで、「0による除算」のエラーを修正）。さらに、echoステートメントを追加した。

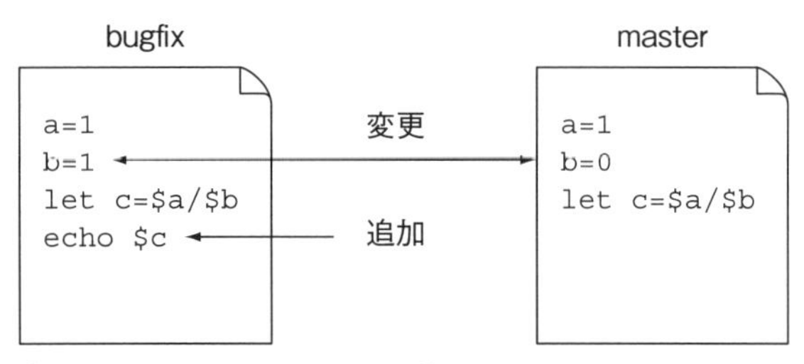

❖図10.13 bugfixとmasterの差分

Gitがマージの方法を決めるのに使うアルゴリズムにとって、こういう種類の変更は単純なものである。けれども、ほとんどの変更はそれほど単純ではなく、そうした変更の結果として「競合」*3が発生する。

訳注＊3：conflict。「コンフリクト」とカナ書きされることも多いが、動詞としても使われているので、本書では「競合／競合する」と訳した。

演習

さきほどと同様に、mergesampleディレクトリを初期状態に戻そう。これを行うには、mergesampleディレクトリを削除してから、make_merge_repos.shスクリプトをもう一度実行する必要がある。次のようにタイプしよう。

```
cd $HOME
rm -rf mergesample
bash make_merge_repos.sh
```

競合状態を作るためにmasterブランチのbazファイルを編集し、printfステートメントを追加しよう。その前に、次のようにタイプする。

```
cd mergesample
git checkout master
```

あなたの好きなエディタを使って、bazファイルの末尾に次の1行を追加しよう。

```
printf "The answer is %d" $c
```

あるいは（もしエディタを使いたくなければ）コマンドラインで、次の通りタイプする方法もある（ただし慎重に！）。

```
echo 'printf "The answer is %d" $c' >> baz
```

bazファイルの、現在の2つのバージョンの違いを図10.14に示す。

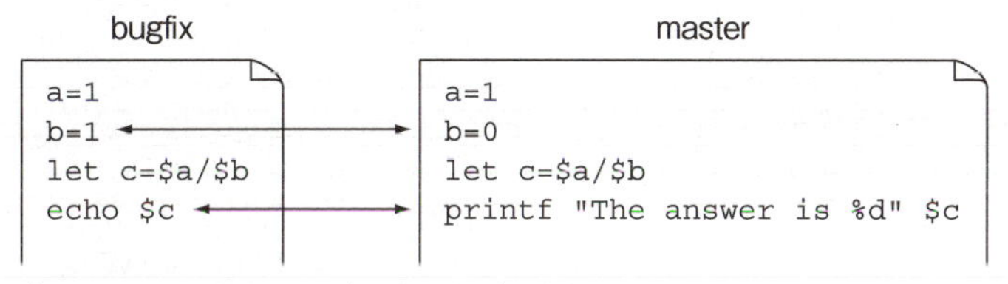

❖図10.14　結果として（最後の行で）競合が生じている

この変更をコミットしよう。

```
git commit -a -m "Adding printf"
```

次に、bugfixブランチのマージを試みよう。

```
git merge bugfix
```

すると、リスト10.7に示すようなエラーメッセージが出るはずだ。

▶リスト10.7　マージの競合（conflict）

```
Auto-merging baz
CONFLICT (content): Merge conflict in baz
Automatic merge failed; fix conflicts and then commit the result.
```

上記の「演習」で示したのは、グループで開発しているときに発生しがちなシナリオのひとつだ。2人以上の開発者が同じ1個のファイルを変更するのは典型的なケースである。この場合、誰かがbugfixブランチでbazファイルに変更を加え、他の誰かがmasterブランチで同じファイルに変更を加えたということになるだろう。場合によっては（前節で見たように）Gitがマージの方法を決めることが可能だ。けれども、それ以外のケースではGitがマージの方法を決めることができないから、あなたが対処する必要が生じる。

10.3.2　競合するハンクを直接編集してファイルをマージする

Gitがリスト10.7のメッセージを生成したときには、すでに競合するファイルを書き換えている。自分で計算できる行はマージするが、助けが必要な部分にはそれを示す特別なマーカを残すのだ。ファイルを開いてみると、<<<、>>>、===で始まる行で区切られた領域が見えるのだ。bazには、次のリスト10.8に示す行が入っているだろう。

▶リスト10.8　マージされたファイル（競合するハンクを含む）

```
a=1
b=1
let c=$a/$b
<<<<<<< HEAD  ←――――――――――――――――――――――――――― ❶HEAD変更の始まり
printf "The answer is %d" $c
=======  ←――――――――――――――――――――――――――――――― ❷競合する変更の区切り
echo $c
>>>>>>> bugfix  ←――――――――――――――――――――――――― ❸bugfix変更の終わり
```

❶と❷の間にある行は、HEADコミットの中にあるコードを表す。HEADは、常にカレントブランチを見ているということを思いだそう。だから、この状況で見ているのはmasterブランチである（さきほどあなたは、`git checkout`でmasterブランチをチェックアウトしている）。❷と❸の間にある行は、bugfixブランチにあるコードを表す。❶と❷の間にある変更は「ローカルな変更」（local change）であり、❷と❸の間にある変更は「リモートの変更」（remote change）である。

Gitで任意のファイルをマージするのは単純明快な作業だ。正しいハンクを採用（pick）し、その他のハンクを削除すればよい。また、マーカも削除する必要がある。たとえば、もしmasterブランチが正しいと決めたら、修正後のファイルはリスト10.9のようになるだろう。

▶リスト10.9　修正済みファイルの例（master優先）

```
a=1
b=1
let c=$a/$b
printf "The answer is %d" $c
```

ここでは、HEAD（つまりmaster、つまりlocal）の変更を採用し、bugfix（つまりremote）の変更を削除した。逆に、もしbugfixの`echo`が好ましければ、修正後のファイルはリスト10.10のようになるだろう。

▶リスト10.10　修正済みファイルの例（bugfix優先）

```
a=1
b=1
let c=$a/$b
echo $c
```

リスト10.9や、リスト10.10のようなファイルができたら（その編集には、好きなエディタを使える）、そのファイルに対して、いつものように`git add`と`git commit`を実行できる。それでマージは完了する（ただし、これらのステップはいま実行しないでおこう。他のツールで競合を解決する方法を次の項で調べるのだから）。

10.3.3 マージツールでファイルをマージする

競合するハンクが複数あるとき、あるいはハンクの競合をはっきりと確認したいときは、マージツール（merge tool）の利用を考慮すべきだ。このグラフィカルツールは「3者間マージ」（three-way merge）を詳細に表示する。3者間マージとは何だろうか？ 図10.15を見ていただきたい。

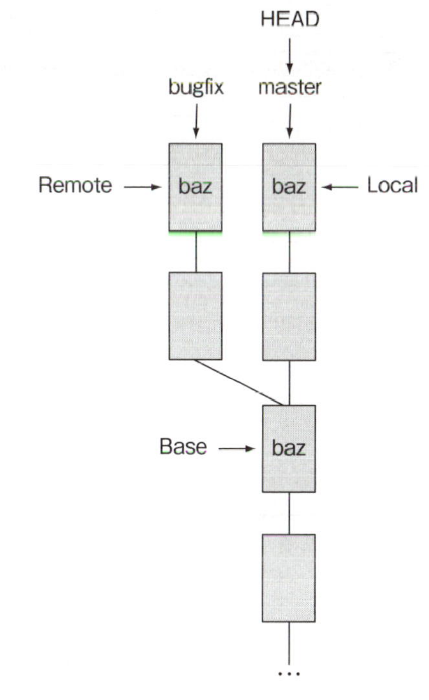

❖図10.15　3者間マージ

bazファイルが複数のブランチで編集された結果として、bazファイルのバージョンが3種類できている。最初の2つはもう明らかだろう。それらは、あなたの2つのブランチに存在する。bazの片方のバージョンはbugfixブランチにあり、もう片方のバージョンはmaster（HEAD）にある。第3のバージョンはそれほど明白ではない。それは、あなたがmasterとbugfixの2つのバージョンを作るベースとなったバージョンつまりオリジナルのbazである。

マージは、これら3つのバージョンに名前を割りあてる（図10.15のラベル：Remote、Local、Base）。Baseはオリジナルのバージョンだ。Git用語で、これを「共通祖先」（common ancestor）と呼ぶ。Localは、あなたの現在のブランチ（すなわちmaster）のバージョンだ。Remoteは、あなたがマージしようとしているブランチ（この場合はbugfix）のバージョンである。

次の「演習」では、3種類のマージツールを調べ、それらが3者間マージの競合（conflict）をどのように表示するかを見る。

演習

mergesampleディレクトリで、次のようにタイプする。

```
git mergetool
```

（このセクションは、まだ競合が解決されていないことを前提とする。もしファイルを修正して解決してしまったら、10.3.1項の「演習」で示した手順をもう1度繰り返そう。）

すると、コマンドウィンドウに、リスト10.11に示すような（プラットフォームによって異なる）プロンプトが現れる*4。

訳注＊4：このプロンプトはマージツールが設定されている場合。初期状態では何も設定されていないだろう。訳者はWindowsの環境でKdiff3をインストールし、設定した。詳細は翔泳社による本書のWebサイトに示す。他のルールの場合も概略は同様である。`git mergetool`の英文マニュアルページは、`https://www.kernel.org/pub/software/scm/git/docs/git-mergetool.html`にある。

▶リスト10.11　git mergetoolのプロンプト

```
Merging:
baz

Normal merge conflict for 'baz':
  local: modified file
  remote: modified file
Hit return to start merge resolution tool (kdiff3):
```

ここで［Return/Enter］キーを押すとウィンドウが現れるだろう。そのウィンドウがあなたのマージツールだ。図10.16にキャプチャしたスクリーンは、Unix/Linuxのマージツール（gvimdiff）だが、このツールは設定によりWindowsでも使える*5。

訳注＊5：Windowsでgvimdiffを使う方法については次の情報が手がかりになる。
gvimdiff mergetool for msysgit：
`http://stackoverflow.com/questions/11028882/gvimdiff-mergetool-for-msysgit`
gvimdiffをUbuntuにインストールする方法は次のとおり
Ubuntu manuals - gvimdiff：
`http://manpages.ubuntu.com/manpages/raring/man1/gvimdiff.1.html`
ただし、gvimdiffは、gvimを利用するそうで、Ubuntuでgvim、gvimdiffを実行するには、vim-gnomeパッケージをインストール必要があるとのことである。
vim-gnomeパッケージの詳細：
`http://packages.ubuntu.com/ja/precise/vim-gnome`

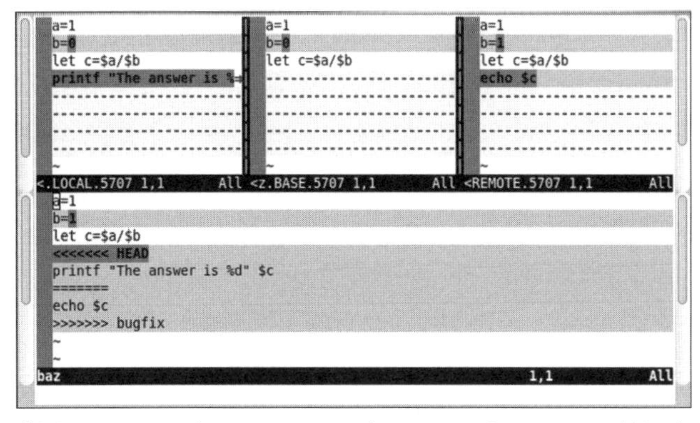

❖図10.16　マージツール、gvimdiff（Linux/UnixとWindowsで使える）

図10.17にキャプチャしたのはWindowsで利用できるマージツール、KDiff3の画面だ。

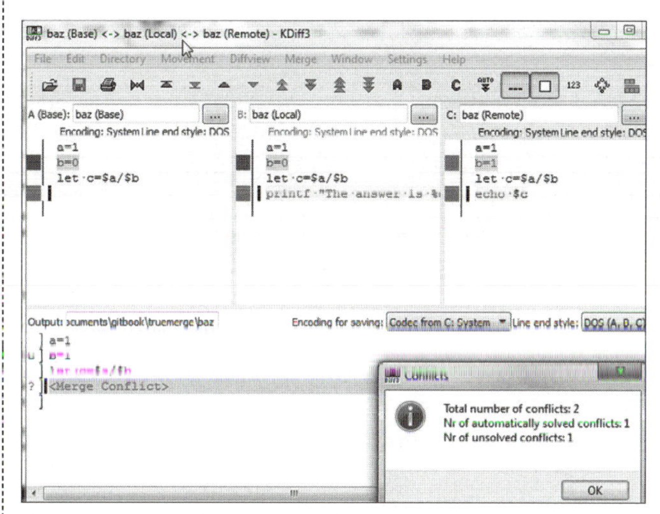

❖図10.17　マージツール、KDiff3（Windows用）

図10.18は、Mac用のマージツールでopendiffというものだ[*6]。

訳注＊6：訳者の環境では、Xcodeとともにopendiffをインストールしてあった。
Xcodeをインストールしてコマンドラインツールを使う方法については次の情報がある（英文）。
`http://railsapps.github.io/xcode-command-line-tools.html`
これによれば、ターミナルで、

```
$ xcode-select -p
```

とタイプして`/Applications/Xcode.app/Contents/Developer`と出れば、Xcodeパッケージのインストールは完了している。

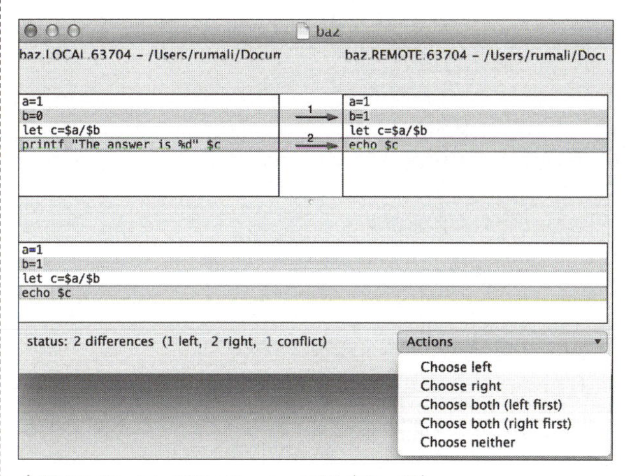

❖図10.18　マージツール、opendiff（Mac用）

これらのツールの設定（configuring）は難しいかもしれない。というのは、これらはGitのディストリビューションで提供されないからだ。これらのツールの設定方法は、オンラインリソースで記述されている。それ以上のヘルプあるいはリソースのポインタを求めるには、本書のフォーラムに問い合わせていただきたい（本書のWebサイトから訪問できる）。

ツールを実行できたら、競合している行（conflicted line）を選択できる状態になる。それぞれの競合（コンフリクト）について、マージツールでは対応する行を、カレントブランチまたはマージしようとしているブランチのどちらでも選択できる。図10.16、10.18で赤い色で強調されているのが競合している行だ。図10.17のKdiff3では、左下ペインに？マークが現れていることに注目しよう。

図10.19のスクリーンショットは、この競合をKDiff3（Windows）で解決する方法を示している。まず、競合している行にカーソルを置く。次に、ツールバーから［B］のボタンをクリックして、ローカルブランチの変更を採用（pick）する。

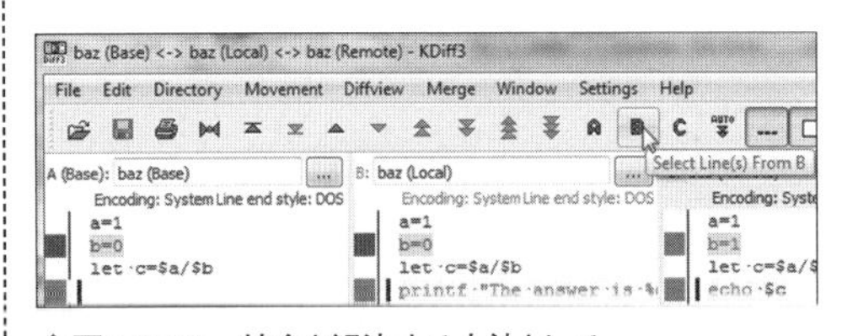

❖図10.19　競合を解決する方法として、B:（ローカル）のバージョンを選択する

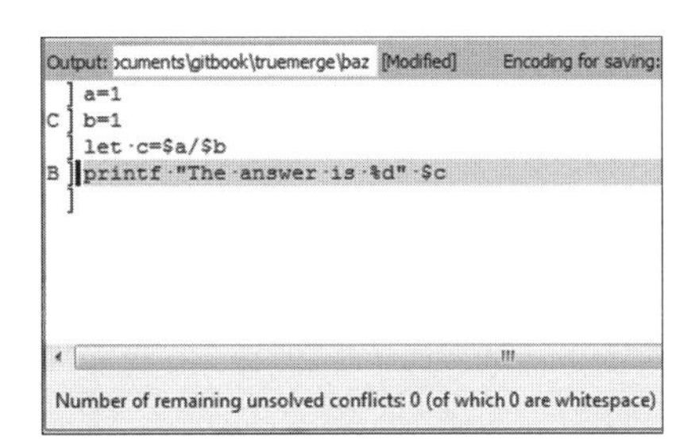

❖図10.20　すべての競合が解決した（KDiff3）

［B］ボタンをクリックしたあと、マージされたファイルを示すメインウィンドウには、もう？マークが表示されていない（図10.20）。この時点で、ファイルを保存できる（FileメニューでSaveを選択するか、フロッピーディスクのアイコンをクリックする）。

マージが完了したかどうかを`git mergetool`コマンドが検出してくれる。ここで`git status`とタイプすると、コミットすべき変更が存在することが分かる。ということは、`git add`は暗黙のうちに実行されているということだ。だから、`git commit`コマンドでコミットを行おう。

10.3.4　マージを中止する

ときには、マージを断念あるいは中止（abort）する必要があるかもしれない。中止する理由は通常、マージするブランチの選択を間違えたか、開始地点として使うべきブランチをチェックアウトし忘れたかのどちらかだろう。それを予防する方法のひとつは、Git GUIを使って少なくともあなたの現在のブランチにマージできるブランチのリストを確かめておくことだ！

もしあなたがマージの途中なら、`git diff`とタイプすることで競合しているハンクを見ることができるはずだ。この情報がマージを中止すべきかどうかの判断に役立つだろう。マージを中止するには、`git merge --abort`とタイプする。

もしあなたがすでにマージを実行していて元に戻す必要があるのなら（つまり、前のバージョンに戻すには）、より高度なテクニックが必要となる。その手順は、第16章で説明しよう。

10.4 fast-forwardマージを実行する

Gitにおけるマージの特別なケースのひとつが、fast-forward merge（「早送りマージ」）と呼ばれるものだ。これは、マージするブランチが、ターゲットブランチの子孫（descendant）であるときに使える。この節では、子孫とは何かを理解したうえで、早送りマージを行うことにする（「早送り」という言葉の意味もそれでわかるだろう）。

10.4.1 「直系の子孫」という概念を理解する

前章で学んだように、masterブランチのなかで`git checkout -b new_feature`とタイプすれば、新たにnew_featureブランチをmasterをベースとして作成できる。こうして作られたリポジトリは、図10.21に示すような構造になっている。

これでnew_featureブランチを利用できるようになる。このブランチは、コミット待ちの状態だ。

このnew_featureブランチに2回コミットを行ったあと、あなたのリポジトリは図10.22のような状態になる。このときまで、masterには何もコミットしていないことに注意しよう！

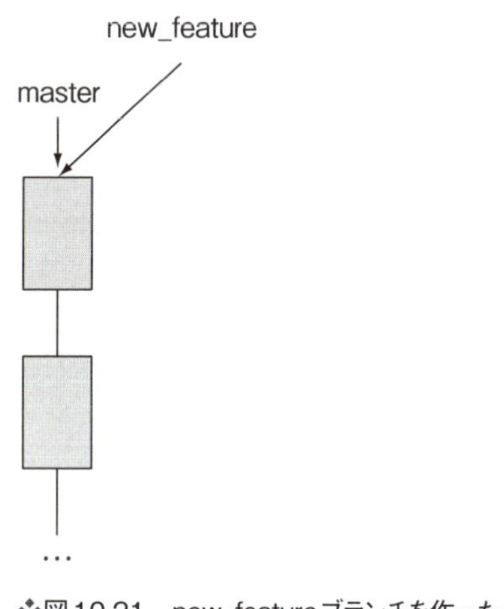

❖図10.21　new_featureブランチを作った

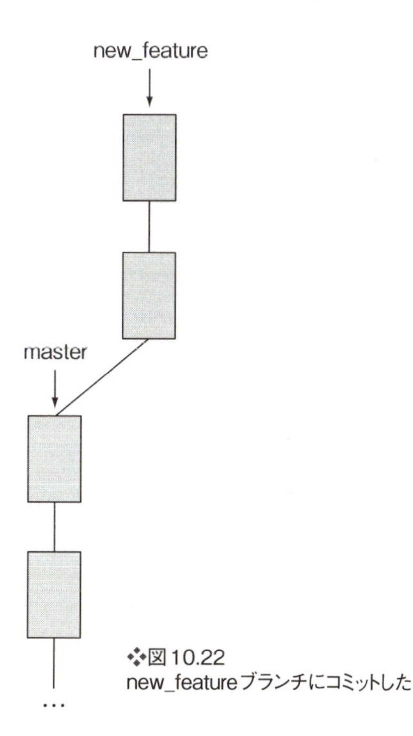

❖図10.22
new_featureブランチにコミットした

それぞれの箱が1回のコミットを表現している。この図を見ると、new_featureブランチの最新コミットからmasterブランチの最新コミットに至る経路を簡単に見つけることができる。この図においてnew_featureブランチに対して行われた2つのコミットは、masterにおける最新コミットの「子孫たち」（descendants）である。

もっと詳しく言えば、あるコミットからその親へ、そのまた親へと遡ってターゲットブランチに到達できるならば、それらのコミットはターゲットブランチの直系の子孫だ（それぞれのコミットは、その親へのポインタを持っていることをお忘れなく！）。図10.23を見ると、new_featureブランチのコミットから矢印を追って系図を遡ることでmasterに到達できる。

このように繋がっている2つのブランチに対してマージを実行すると、Gitはfast-forwardマージを行う。このような2つのブランチを持つリポジトリを作れば、このマージを実際に試すことができる。

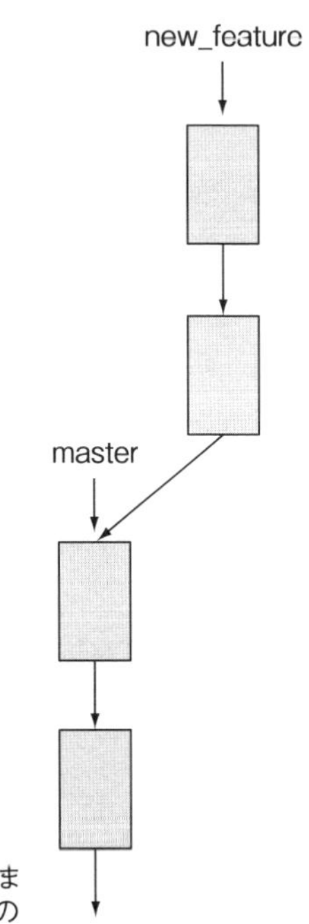

図10.23
もしコミットの親を別のコミットまで順に追跡できれば、それらのコミットは、後者の子孫である

演習

次のようにタイプすれば、新しいディレクトリ（ff）の中に、新しいリポジトリを作成できる。

```
cd $HOME
mkdir ff
cd ff
git init
touch README.txt
git add README.txt
git commit -m "Committing the README."
touch baz
git add baz
git commit -m "Committing baz."
git checkout -b new_feature
touch foo
git add foo
git commit -m "Committing foo."
touch bar
git add bar
git commit -m "Committing bar."
```

あるいは、本書のWebサイトからダウンロードできるzipファイルに入っている、make_merge_ff.shというスクリプトを実行してもよい（その場合は、`bash make_merge_ff.sh`とタイプする）。

それから、次のようにタイプする（前に述べたように、このコマンドに別名（alias）を付けておけば、こんなに長いコマンドをタイプする必要はない。別名を作る方法は、第9章で説明した）。

```
git log --graph --decorate --pretty=oneline --all --abbrev-commit
```

それから、このディレクトリでgitkを開き、すべてのブランチが表示されるようにビューを設定しよう。すると、図10.24に示すようなツリーが見えるはずだ。

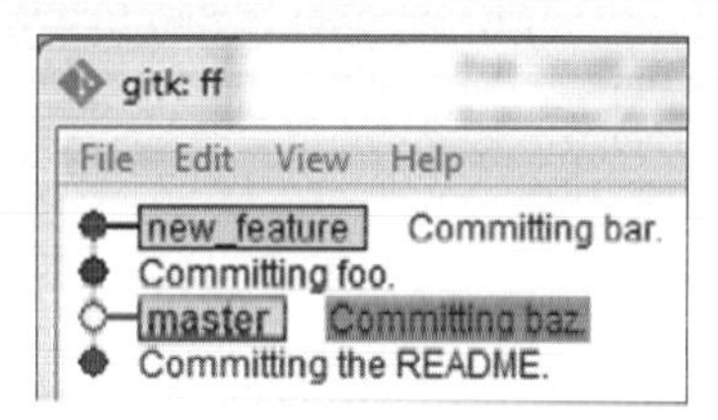

❖図10.24　ffリポジトリの状態をgitkで確認する

図10.24が、図10.23に示した経路と等価だと確認できるだろう。

10.4.2　fast-forwardマージを行う

これで適切な状態になったので、fast-forwardマージを実行できる。

演習

前項で作ったffディレクトリの中で、次のようにタイプする。

```
git checkout master
git merge new_feature
```

これで、fast-forwardマージが実行される。とくに何も指定する必要はないのだ。次に、前項で行ったのと同じチェックをしよう。次のコマンドを使う。

```
git log --graph --decorate --pretty=oneline --all --abbrev-commit
```

また、このリポジトリでgitkを開けば、図10.25に示すようなツリーが表示されるだろう。

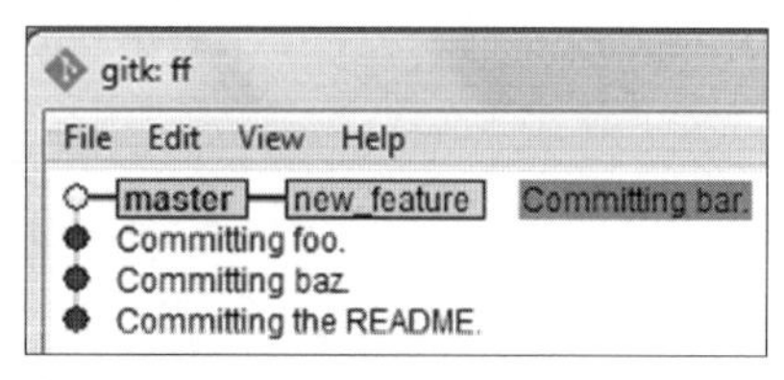

❖図10.25　ブランチがマージされた

そして、さきほどのmergeコマンドからはリスト10.12のような出力が得られたはずだ。

▶リスト10.12　git mergeの出力（fast-forwardマージ）

```
Updating 9d7b1b8..3e7c402  ←❶ masterとnew_featureのSHA1 ID
Fast-forward
 bar | 0
 foo | 0
 2 files changed, 0 insertions(+), 0 deletions(-)
 create mode 100644 bar
 create mode 100644 foo
```

リスト10.12の❶は、2本のブランチのSHA1 IDである。ここで、9d7b1b8はmasterのSHA1 ID、3e7c402はnew_featureのSHA1 IDだ。

マージされるブランチがカレントブランチの直系の子孫であることを検出したら、Gitはローカルブランチ（master）をリモートブランチ（new_feature）上に移動させる。これが、「早送り」（fast-forward）という意味なのだ。図10.26を見ていただきたい。マージを行う前のリポジトリはブランチが2箇所にあったけれど、マージしたあと（矢印の右側）、masterはnew_featureブランチと同じ場所にある。つまり、masterが早送りされたのだ（HEADポインタがマージの結果まで進むのが、AV機器の［早送り］を連想させる）。

図10.26で指摘すべきポイントのひとつは、git mergeを行ったあと、new_featureブランチが削除されたわけではないということだ。このブランチはまだリポジトリに残っている。このnew_featureに、これからファイルを追加・コミットすることは可能であり、それによってmasterとnew_featureは再び分岐する。

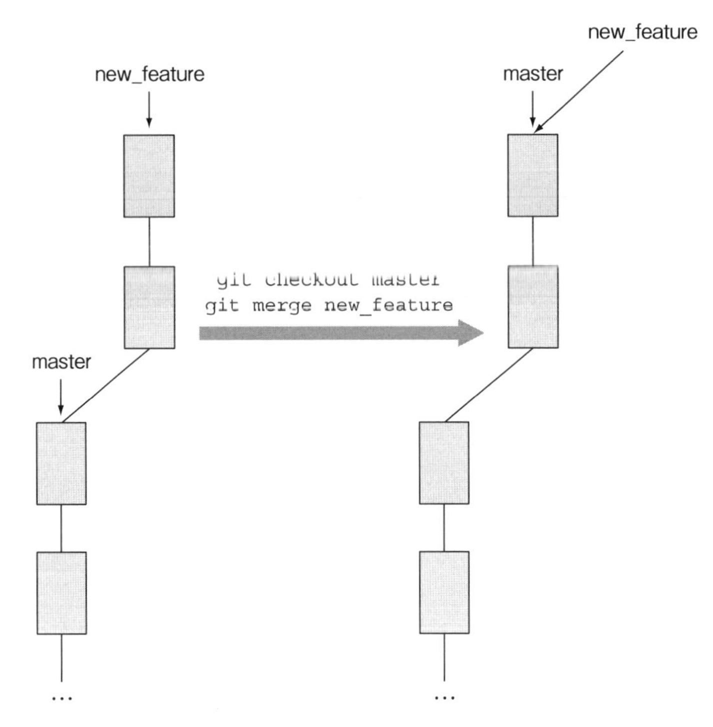

❖図10.26　fast-forwardマージ

10.5 課題

Gitでは、ブランチの作成が容易なので、マージを行うことも多くなる。そこで、覚えておくべき重要なポイントは、マージによって現在のブランチ（つまりHEAD）に他のブランチから変更が持ち込まれるということだ。そこで、以下の質問に答え、課題を実行していただきたい。

1. `git merge`コマンドのマニュアルで、HOW TO RESOLVE CONFLICTSというセクションを読もう。
2. masterからブランチを作り、masterを、そのブランチへマージしようとしたら、どうなるだろうか？
3. 10.2.2項では、マージを実際に行う前に、`git diff master...bugfix`とタイプした。これをいまタイプしたら、どうなるだろうか？ また、masterまたはbugfixに、代わる言葉があるだろうか？ 順序を変えたらdiffはどうなるだろうか？
4. まず、mergesampleディレクトリを削除する。次に、make_merge_repos.shスクリプトを使って、もう一度、それを作りなおす。bugfixブランチに新しいファイルを追加する。この場合、`git diff --name-status master...bugfix`の出力は、どうなるだろうか？
5. 10.4節のfast-forwardマージは、マージ完了時にコミットを作らなかった。たとえfast-forwardマージでも、`git merge`にコミットを追加させるようなスイッチを見つけよう。そのスイッチを使って、同じ「演習」の課題を繰り返してみよう。

10.6 さらなる探究

ブランチのマージは、コンピュータの問題としてかなり深いものだ。Gitは、その根底にあるアーキテクチャのおかげで、クリーンなマージも競合のあるマージも素早く計算できるのだ。Gitには、ツールや構成のオプションがたくさんあって、マージを処理する方法を自在に制御することが可能になっている。

10.6.1 git merge-baseでマージのベースを算出する

マージの実行で重要なステップのひとつが、共通祖先（the common ancestor）、すなわちベース（Base）の算出だ。`mergetool`コマンドを使うと、このベースが表示される。Gitには、このベースのコミットを調べるためのコマンドラインツールがある。それは、`git merge-base`コマンドだ。「課題」のステップ4で行ったように、いったんmergesampleディレクトリをリセットしてから、`git merge-base`を使ってmasterとbugfixの間にあるベースのSHA1 IDを表示してみよう。

10.6.2 競合の表示方法を変更する（merge.conflictStyle）

Gitの構成には、ファイル内で競合するハンクの表示方法を微妙に変化させるための設定がある。`git merge`のドキュメントで`merge.conflictStyle`の記述を探してみよう（CONFIGURATIONの項によれば、デフォルトのスタイルは"merge"だが、"diff3"も選択できる）。この設定を（`git config`を使って）変更したら、10.4節でmasterとbugfixをマージしたときの表示と比べて、競合するハンクがどのように表示されるだろうか？

10.6.3 オクトパスマージを実行する

「オクトパスマージ」（octopus merge）というのは、親が2つよりも多いマージのことだ。この章で見てきたマージはどれも親が2つだった。つまり、masterブランチとそのmasterにマージするもう1つのブランチである。

Gitには、あなたが現在作業しているブランチ（HEAD）に、複数のブランチをマージする能力がある。プロジェクトの管理者（メンテナー）は、これを使って複数のブランチで行われた作業を現在のブランチに取り込むことができる。実際に試してみるには（「課題」のステップ4で行ったように）mergesampleディレクトリをリセットしてから別のブランチを作成し、ファイルをそのブランチに追加してコミットする。それからmasterブランチをチェックアウトする。そして、この新しいあなたが作ったブランチとbugfixブランチの両方をマージしてみよう。

10.7 この章のコマンド

❖表10.1　この章で使ったコマンド

コマンド	説明
git diff BRANCH1...BRANCH2	BRANCH1とBRANCH2の差分を最初に違いが現れた場所から相対的に示す
git diff --name-status BRANCH1...BRANCH2	BRANCH1とBRANCH2の違いをそれぞれのファイルとその状態にリストによって要約する
git merge BRANCH2	BRANCH2を現在の（カレント）ブランチにマージする
git log -1	`git log -n 1`の短縮形（最新のコミットだけを表示する）
git mergetool	2つの競合するブランチの間でマージを実行するのに役立つ外部ツールを開く
git merge --abort	2つの競合するブランチ間のマージを中止する
git merge-base BRANCH1 BRANCH2	BRANCH1とBRANCH2に共通するベースコミットを表示する

クローン（複製）を作る

この章の内容

Gitリポジトリの複製を作るのは、他の人と共同作業を行う最初のステップだ。この章とそれに続く3つの章では、共同作業について学ぶ。リポジトリの複製（クローン）は、元のリポジトリの完全なコピーである。そしてクローンは、元のリポジトリへの特殊なリファレンスを持つ。このリファレンスがあるので、あなたが作ったクローンは、変更を元のリポジトリにプッシュ（push：送信）したり、元のリポジトリから変更をプル（pull：受信）することができる。この特殊なリファレンスは「リモート」（remote）と呼ばれるもので、次の章で詳しく調べる。プッシュとプルについては第13章と第14章で学習する。

この章では、あなたのリポジトリを`git clone`コマンドを使って複製する。その複製を調べて、それが元のリポジトリの完全なコピーであることを確認する方法を知っておこう。クローンで、ブランチがどこに格納されるのか、元のリポジトリの情報をどうやって知るのかも学ぶ。これらはすべて、あなたが既存のリポジトリに対して`git clone`を実行したあとの状況に慣れていくために役立つ知識だ。最後に、図11.1に示すような共同作業を行うための準備として、「ベアリポジトリ」（bare repository）という特殊なクローンを作る*1。これは、本書では1台のマシンで共同作業を学ぶために利用するテクニックだが、GitHubのようなサーバをベースとするGitシステムの基本となっている技術でもある。

訳注＊1：濱野純著『入門Git』13.10.3項によれば、ワークツリーのないリポジトリを、裸のリポジトリ、bare repositoryと呼ぶ。もうひとつ引用すると、「ベアリポジトリは作業ディレクトリを持たないリポジトリで、外部に公開し作業を中継するリポジトリとして使う」（技術評論社『Gitポケットリファレンス』p.50）。この章の訳は、これらの記述を参考にしている。

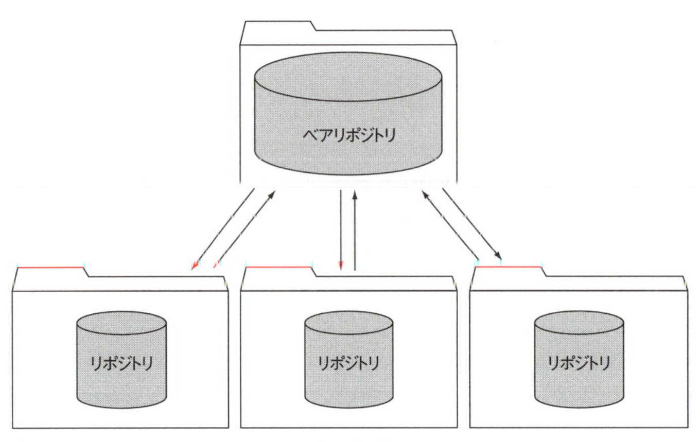

❖図11.1　一群のリポジトリによる共同作業

これらの操作を学ぶのに、そう長い時間はかからないだろう。これらはGitで共同作業を行うための基礎である。

11.1 複製：ローカルなコピーを作る

これまでの章で開発してきたmathプログラムを他の誰かと一緒に開発したくなった、と仮定しよう。その場合、あなたのリポジトリをシェアするには2つの選択肢がある。第1の選択肢は、オペレーティングシステム標準のコピーコマンド（cpなど）を使って、あなたの作業ディレクトリ全体のコピーを作るという方法だ。そのコピーを、あなたが渡したい人に渡す。その人は、あなたのリポジトリの完全な複製を手に入れることになる。

第2の選択肢は、他の人が自分で複製を作れるように、特別なリポジトリを用意するという方法だ。その人は、`git clone`コマンドを使ってあなたのリポジトリのコピーを作る。この2つの方法には重要な違いがある。`git clone`によって作成されるコピーは、元のリポジトリにリンクされるので、オリジナルとの間で変更の送受信が可能になるのだ。このような能力は第1の方法では得られない。

この能力は非常に重要なので、Gitリポジトリのコピーを作るには、`git clone`の機構を使うのが一般的である。もうひとつの利点として、`git clone`を使えばインターネットでの複製が可能となる。これも第1の方法では困難なことだ。

11.1.1 git cloneを使う

`git clone`コマンドは、Gitリポジトリを指定のソースからあなたのマシンのローカルディレクトリにコピーする。また、複製とソースリポジトリの間に特殊なリンクを設定するが、それについては次の章で詳しく調べることにしよう。図11.2に`git clone`コマンドの形式を示す。

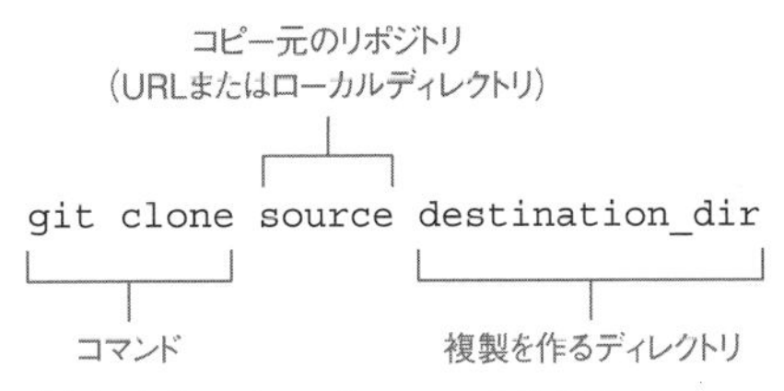

❖図11.2 git cloneコマンドの形式

必要な引数は2つだけだ。ソース（source）リポジトリと、そのコピーを入れるディレクトリである。後者のコピー先（destination-dir）を省略したら、`git clone`はソースリポジトリをベースとしたディレクトリを作る。コピー先ディレクトリは、あなたのマシンのローカルディレクトリである。`git clone`のドキュメントを読むと、sourceにはあなたのマシンのローカルな場所にあるリポジトリでも、（GitHubやBitbucketのような）リモートの場所にあるリポジトリでも指定できることがわかる。リモートの場所については第18章で学ぶから、この章ではローカルな場合を前提としよう。

 **演習**

この課題では、クローンを2つ作る。ひとつはコマンドラインで作り、もうひとつはGit GUIを使って作る。

まず、コマンドラインで作ろう。

```
cd $HOME/math
git checkout master
cd $HOME
git clone math math.clone1
```

ここでmasterブランチをチェックアウトしていることに注目しよう。これがリポジトリのアクティブなブランチである。上記の`git clone`コマンドをタイプすると、mathの複製がmath.clone1というディレクトリの中に作られる。

では次に、Git GUIでクローンを作ろう。まず、Git GUIを起動する。メニューから起動する方法もあるが、コマンドラインからは次のようにタイプすればよい。

```
git gui
```

Clone Existing Repository（既存リポジトリを複製する）オプションをクリックする。表示されたウィンドウで、Source Location（ソースの位置）フィールドの右にあるBrowse（ブラウズ）ボタンをクリックする。ファイルブラウザが現れるので、mathディレクトリのリポジトリを選択する*2。次に、Target Directory（先ディレクトリ）フィールドの右にあるBrowse（ブラウズ）ボタンをクリックする。このときは、$HOME/math.clone2に対応するディレクトリを入力するのだが、この複製先ディレクトリはまだ存在しないので、タイプする必要がある（図11.3を参照）。Clone Type（複製方式）の指定は、Standard（標準）とする。そしてClone（複製）ボタンをクリックする。

訳注＊2：WindowsとMacでは、mathディレクトリを選択するだけでよかったが、Ubuntu環境のファイルブラウザでは、mathの下のサブディレクトリ（あとに出てくるリポジトリ本体、math/.git）を選択する必要があった。ただし「既存リポジトリを複製する」画面は、図11.3の通り。

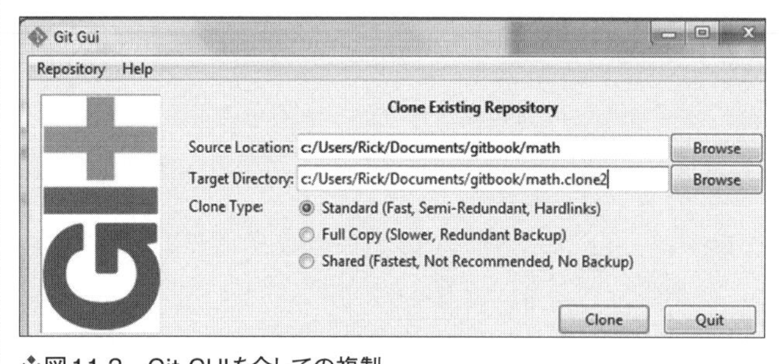

❖図11.3　Git GUIを介しての複製

Git GUIを終了させると、mathリポジトリの複製が2つできている。第1のコピーmath.clone1は`git clone`コマンドで作ったもの、第2のコピーmath.clone2はGit GUIのClone Existing Repository

(既存リポジトリを複製する)機能で作ったものだ。

どちらのディレクトリでもよいが、クローンの中に入ってみよう。そして、(`git log --oneline --all`とタイプすることで)現在のヒストリーが含まれていることを確認しよう。これらのリポジトリは、元のリポジトリにリンクされている。そのリンクは、これらの新しいリポジトリがどのようにブランチを扱うかを調べることで、だんだん見えてくるだろう。

11.1.2 複製の中でブランチを見る

この項では、複製の中で`git branch`コマンドを使うことによって、元のディレクトリへのリンクを見る。元のmathディレクトリには、master、new_feature、another_fix_branchという3本のブランチがあった。それを確認しよう。

演習

元のmathリポジトリにあるブランチを確認するため、次のようにタイプする。

```
cd $HOME/math
git branch
```

この`git branch`コマンドは3本のブランチを示すはずだ。その出力は、次のリストのように見えるだろう。

▶リスト11.1 git branchの出力

```
  another_fix_branch
* master
  new_feature
```

また、gitkでブランチを見ることもできる(図11.4を参照)。少なくとも3本のブランチが見えるはずだ(たとえ4本あっても、心配することはない)。

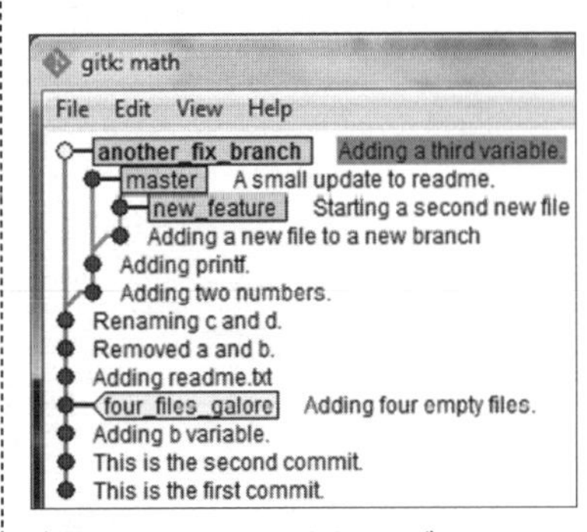

❖図11.4 mathリポジトリのブランチ

すべてのブランチを表示するためには、gitkのビューをAll (Local) Branches（「全ての（ローカルな）ブランチ」）表示に編集する必要がある（これは、9.2.1項で説明した）。この表示を単純化するために、Simple History（簡易な履歴）というオプションを使うこともできる。それには、edit view（ビュー編集）画面の、Miscellaneous options（その他のオプション）から、Simple history（簡易な履歴）にチェックを入れればよい。

すると、gitkウィンドウは、図11.5のように見えるだろう。

リポジトリにブランチが存在することを確認しよう。これが重要なポイントだ。図11.5のように、ブランチを単純化したリストをコマンドラインで表示するには、次のコマンドを使える。

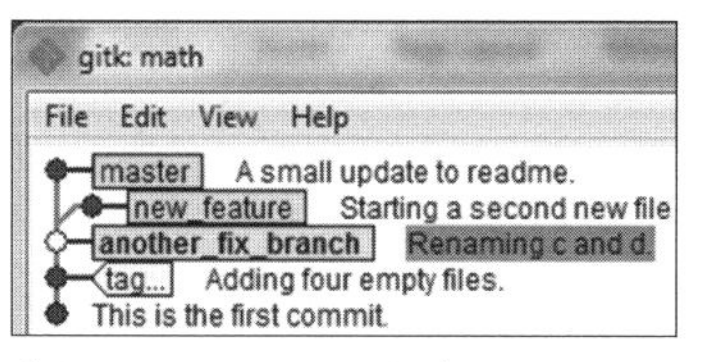

❖図11.5　gitkの出力（simple historyオプションを適用）

```
git log --simplify-by-decoration --decorate --all --oneline
```

これによって、リスト11.2に示すような出力が得られる。この場合も、リストが多少異なっていても気にすることはない。master、new_feature、another_fix_branchという3本のブランチに注目しよう。

▶リスト11.2　git logの出力でブランチを表示する

```
2f84c2a (master) A small update to readme.
835ad57 (new_feature) Starting a second new file
547a17b (HEAD, another_fix_branch) Renaming c and d.
1c18222 (tag: four_files_galore) Adding four empty files.
0231899 This is the first commit.
```

このgit log出力には、さきほどのgit branch出力よりも多くの情報が含まれている。ここには、各ブランチの主要な部分について、そのSHA1 IDとコミットメッセージが表示されている。

Gitリポジトリと、それに含まれているブランチについて考えるには図11.6も役立つだろう。あなたのmathリポジトリには3本のブランチが含まれている。

以上で、元のリポジトリ内のブランチを確認できた。次は複製（クローン）で、これらのブランチがどう見えるかを調べよう。

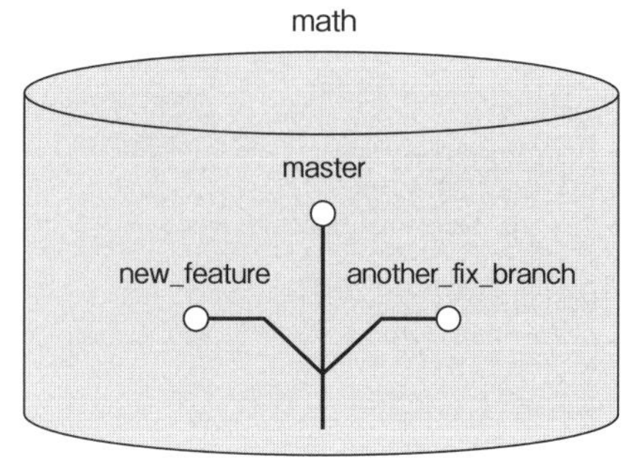

❖図11.6　mathリポジトリと、そのブランチ

演習

複製先のディレクトリに入って、ブランチのリストを出す。

```
cd $HOME/math.clone1
git branch
```

すると、ただ1本のブランチが見えるだろう（どれが見えるかは、mathディレクトリでアクティブだったブランチに依存する）。

リポジトリを複製すると、元のリポジトリでアクティブだった（HEADが指し示していた）ブランチだけが、その複製に現れる。この場合、それはmasterブランチだ。図11.7に示す元のmathリポジトリでは、HEADがmasterを指している。math.clone1に入った複製には、このブランチだけのように見える。math.clone1のHEADはそのブランチを指している。

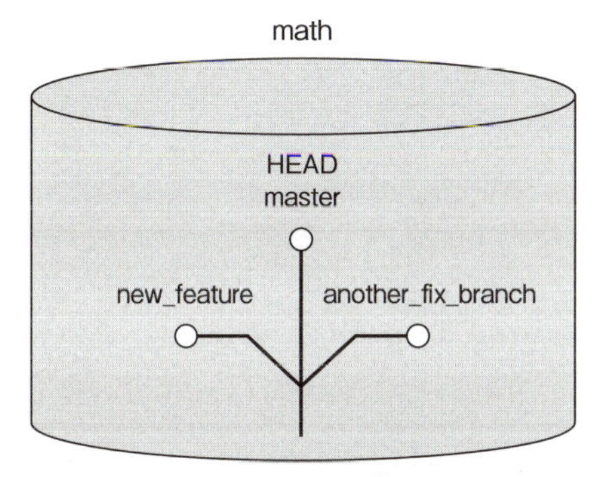

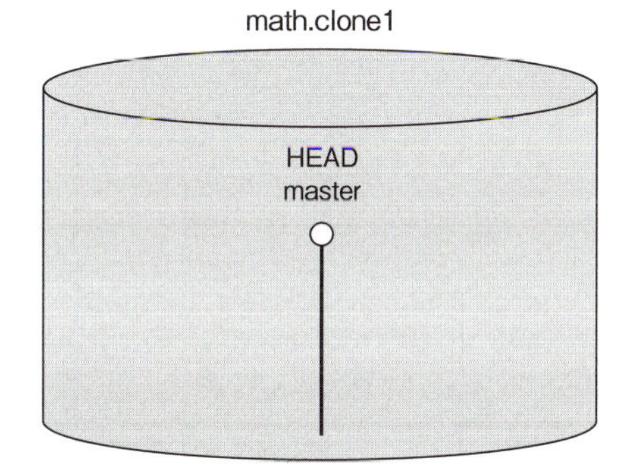

❖図11.7　mathリポジトリの複製には、チェックアウトしたブランチだけがある

他の2本のブランチはどこにあるのだろう。複製を作ると、アクティブなブランチ（元のリポジトリでHEADが指し示していたもの）がチェックアウトされる。他のブランチを複製の中で見るには、`git branch`コマンドの`--all`スイッチを使う必要がある。

演習

複製したリポジトリにあるすべてのブランチのリストを見るために、`git branch`の`--all`スイッチを使う。

```
cd $HOME/math.clone1
git branch --all
```

これで、次のような出力が得られる。

11

▶リスト11.3　git branch --allの出力（注釈つき）

```
* master
  remotes/origin/HEAD -> origin/master
  remotes/origin/another_fix_branch       +
  remotes/origin/master                   + ←── ❶リモートで利用できるブランチ
  remotes/origin/new_feature              +
```

リスト11.3には、リモートとして利用できる3つのブランチ❶が示され、それにはanother_fix_branchとnew_featureが含まれるが、これらの名の前に`remotes/origin/`という文字列が付いている。これは、ブランチを`origin`という名のリモートから追跡（track）していることを示す。remoteは、複製から元の（original）リポジトリへ向かうリンクである。`remotes`と複数形になっているのは、複数のリモートを持つことをGitが許可しているからだ。リモートについては、次の章で詳しく述べる。図11.8がこれらの言葉を理解する役に立つだろう。

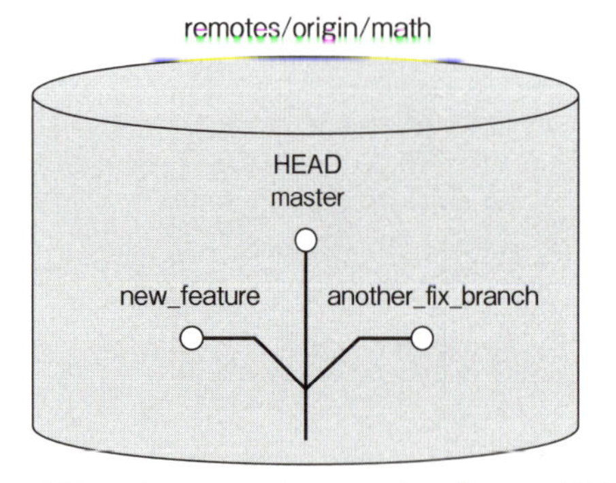

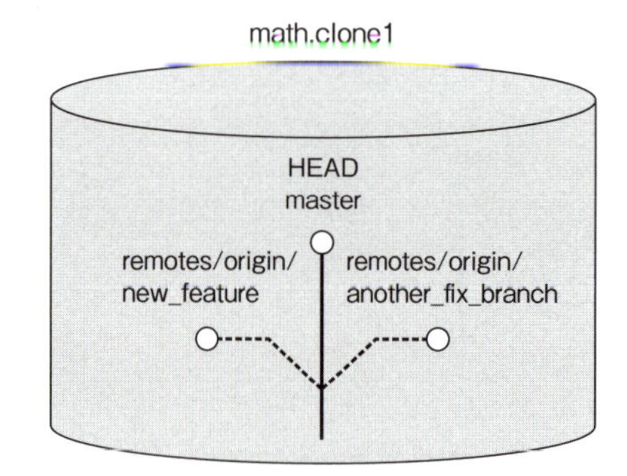

❖図11.8　remotesと、originと、ブランチの追跡（トラッキング）

図11.8で、オリジナルのリポジトリ（math）には`origin`という名のリモートを示すラベルがある。リモート（remote）は「もうひとつのGitリポジトリのアドレス」だと考えてよい。このリポジトリの複製を、math.clone1ディレクトリに作るとき、Gitはmath.clone1ディレクトリでmasterブランチだけをチェックアウトする。ただし、複製にはリポジトリ全体がコピーされるので、元のリポジトリから他のブランチを記録し、追跡することが可能である。

図11.8では、このような「リモート追跡ブランチ」（remote-tracking branch）を破線で示している。それらの複雑な名前（remotes/origin/new_featureとremotes/origin/another_fix_branch）も、ブランチが`origin`という名前のリモートに存在することを示している。次の項では、これらのブランチを複製したリポジトリからアクセスする方法を調べよう。

11.1.3 ブランチをチェックアウトする

前に述べたように、`git clone`はいつもリポジトリ全体をコピーする。複製されたリポジトリでも、元のリポジトリに存在したブランチならどれでも再現できる。それに必要なファイルとヒストリーが複製にも入っているからだ。他のブランチを再現するには`git checkout`を使う。

演習

元のリポジトリに存在した、another_fix_branchをチェックアウトしよう。math.clone1ディレクトリで次のようにタイプする。

```
git checkout another_fix_branch
```

これによって、リスト11.4に示すような出力が現れるはずだ（試訳：「ブランチanother_fix_branchを、originからのリモートブランチanother_fix_branchを追跡するよう設定しました。新しいブランチ、'another_fix_branch'に切り替えました。」）。

▶リスト11.4　リモート追跡ブランチをチェックアウトする

```
Branch another_fix_branch set up to track remote branch ⏎
another_fix_branch from origin.
Switched to a new branch 'another_fix_branch'
```

これで、図11.9に示すような状況になった。

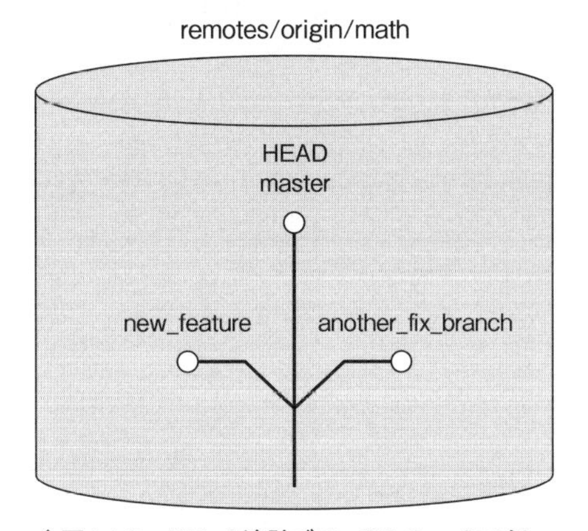

❖図11.9　リモート追跡ブランチのチェックアウト

図11.9で、右側にあるリポジトリが複製だが、その中にanother_fix_branchへのリファレンスが2つに増えている。1番はanother_fix_branchという名前のローカルブランチであり、2番は元のリ

モート追跡ブランチだ。破線ではなく実線が引かれているのはチェックアウトしたことを示す。そして、HEADはanother_fix_branchを指し示している。

`git checkout another_fix_branch`というコマンドは、次に示す長い形式による`git checkout`のショートカットである。

```
git checkout -b another_fix_branch remotes/origin/another_fix_branch
```

この`-b`を使う形式は8.3.2項にも出てきた。このコマンドにより、another_fix_branchという名前のローカルブランチが作成され、それがチェックアウトされる。このブランチの開始地点（starting point：起点）は、remotes/origin/another_fix_branchという名前のリモート追跡ブランチに設定される。

次の章に進む前に、これまでの内容を理解しておくことが重要だ。originがもし他のサーバ上にあったらどうなるかを想像できるだろうか。さらに、複数の人々が共通のリモートリポジトリをアクセスする様子も想像できるかもしれない。前にも述べたように、リポジトリの複製作り（cloning）は、共同作業に欠かせない最初の一歩なのだ。

11.2 ベアリポジトリを使う作業

いまはリポジトリの複製について解説しているのだから、Gitリポジトリとは何か、そしてどこに存在するのかをここで明らかにするのが適切だろう。

第4章で使った、`git init`コマンドは、あなたがそのとき入っているディレクトリ（カレントディレクトリ）で、Gitリポジトリを初期化するものだ。そのとき何が起きるのかを、図11.10に示す。

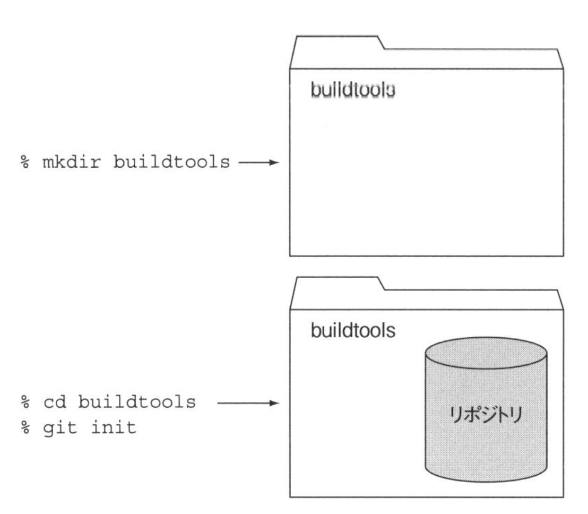

❖図11.10　`git init`でリポジトリを作る過程

この例では、buildtoolsディレクトリの中にGitリポジトリが存在する。このbuildtoolsディレクトリが、あなたの作業ディレクトリだったことを思い出そう。リポジトリは、その作業ディレクトリの内部に隠された、もうひとつのディレクトリであり、その中に、ファイルやサブディレクトリが含まれている。すべてのGitコマンドは、この「隠しディレクトリ」(hidden directory)内部のファイルやディレクトリを利用し、操作する。たとえあなたの作業ディレクトリに他のサブディレクトリが存在するとしても、そのリポジトリ全体が完全にこのディレクトリの中に含まれる。

11.2.1 Gitリポジトリのファイルを見る

一般に、あなたの作業ディレクトリは、「Gitコマンドを実行できる場所」である。そのリポジトリは、さきほど述べたように隠しディレクトリ(サブフォルダ)の中にある。あなたの作業ディレクトリがリポジトリだと思うのが簡単な捉え方であり、両者を同一視してもたいていの場合は問題は生じない。

演習

math.clone1ディレクトリの中で、lsコマンドを使ってリポジトリのファイルを調べよう。次のようにタイプする。

```
ls -a
cd .git
ls -F
```

ls -aコマンドは、隠しディレクトリを含めた、そのディレクトリのリストを表示させる。そして、ls -Fコマンドは、そのディレクトリのリストの中で、すべてのフォルダにスラッシュ(/)を付けて表示する。したがって、上記のコマンドからは、リスト11.5に示す出力が得られる。

❖リスト11.5　リポジトリディレクトリの中に入って調査する

```
$ ls -a
./  ../  .git/  another_rename  math.sh  readme.txt  renamed_file

$ cd .git

$ ls -F
HEAD    description  index  logs/     packed-refs
config  hooks/       info/  objects/  refs/
```

ここで重要なのは、この.gitディレクトリが存在し、そのディレクトリがリポジトリの本体だということだ。リポジトリを複製するときは、このディレクトリを操作し、コピーする。

この`.git`ディレクトリには様々なオブジェクトが含まれる（第9章で学んだように、ブランチを追跡管理するためのオブジェクトもある）。これらの内部機構はいまのところ重要ではないが、その詳細はGitヘルプページの`gitrepository-layout`に記述されている（オンラインで読める英語版のURLは`http://git-scm.com/docs/gitrepository-layout`。日本語に訳されている解説本、`http://git-scm.com/book/ja/v2`の、10章「Gitの内側」にも詳細な記述がある。）

11.2.2 git cloneでベアリポジトリを作る

この`.git`ディレクトリそのものは、いわば「裸のディレクトリ」（bare directory）である。それが重要だという理由は、元のディレクトリに対して、自分のリポジトリへのコミットをプッシュする場合（それは第13章で実際に行うが）元のリポジトリが「裸のディレクトリ」であることが望ましいからだ。「裸のディレクトリ」は、共同作業にとってきわめて重大なのである。

「裸のディレクトリ」だけで構成されるGitリポジトリ（ベアリポジトリ）を作るには、`git clone --bare`を使う。

演習

mathリポジトリから、Gitのベアリポジトリを作成する。

```
cd $HOME
git clone --bare math math.git
cd math.git
ls -F
```

ディレクトリを見つけるために`ls -F`を使う。このコマンドによって、次のリストに示すような出力が得られるはずだ。

▶リスト11.6 math.gitディレクトリの内容

```
$ ls -F
HEAD  config  description  hooks/  info/  objects/  packed-refs  refs/
```

このリストが、リスト11.5とほとんど同じだということに注目しよう（ただし、さきほどのディレクトリには、アクティブであることを示すlogsディレクトリがあった）。図11.11にいま何をしたかを示す。最初は上の図の状態であり、そこで`git clone`コマンドを実行した結果が、矢印の下である。

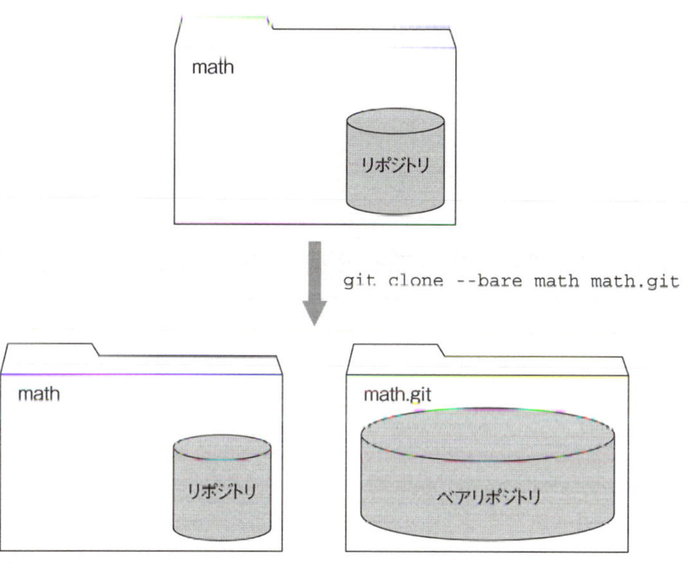

❖図11.11　git clone --bareの実行結果

最初に1個のリポジトリがあった。そのリポジトリの複製を作り、math.gitという名前の別のディレクトリの中に置いた。今回は--bareスイッチを使ったので、math.gitディレクトリは「裸のディレクトリ」になった。図11.11を見ると、そのリポジトリがmath.gitディレクトリ全体を占めている。本書では、「裸のディレクトリ」をこのように図式化する。この図は、「裸のディレクトリ」に作業ディレクトリを入れるスペースがないことを示している。

math.gitディレクトリにあるのは、このリポジトリのファイルだけだ。このように作られたリポジトリを、「ベアリポジトリ」（bare repository）という。このmath.gitディレクトリの内部では、どのようなGit操作も行うことができない。なぜなら、作業ディレクトリが存在しないからである。けれども、math.gitのクローニング（複製作り）は可能であり、このリポジトリにコミットをプッシュすることもできる。

11.2.3　ベアリポジトリからのクローニング

ベアリポジトリには、もうひとつオリジナルへのリファレンスを持たないという重要な特徴がある。クローンには複製元リポジトリへのリファレンスがあるが、ベアリポジトリは完全にスタンドアローンの（孤立した）リポジトリである。このため（そして作業ディレクトリを持たないという事実があるので）、ベアリポジトリはしばしばリポジトリの公式なコピー（official copy）とされる。ベアリポジトリを更新する方法はプッシュ（push）だけである。そして、その内容を取り出す方法はクローンかプル（pull）かのどちらかである。

演習

ベアリポジトリからクローン（複製）を作る。

```
cd $HOME
git clone math.git math.clone3
```

クローンに作業ディレクトリがあることを確認するため、次のようにタイプする。

```
cd math.clone3
git log --oneline --all
```

すると、math.clone1と同じリストが得られるはずだ。

図11.12に、これら2回の「演習」で何をしたかを示す。

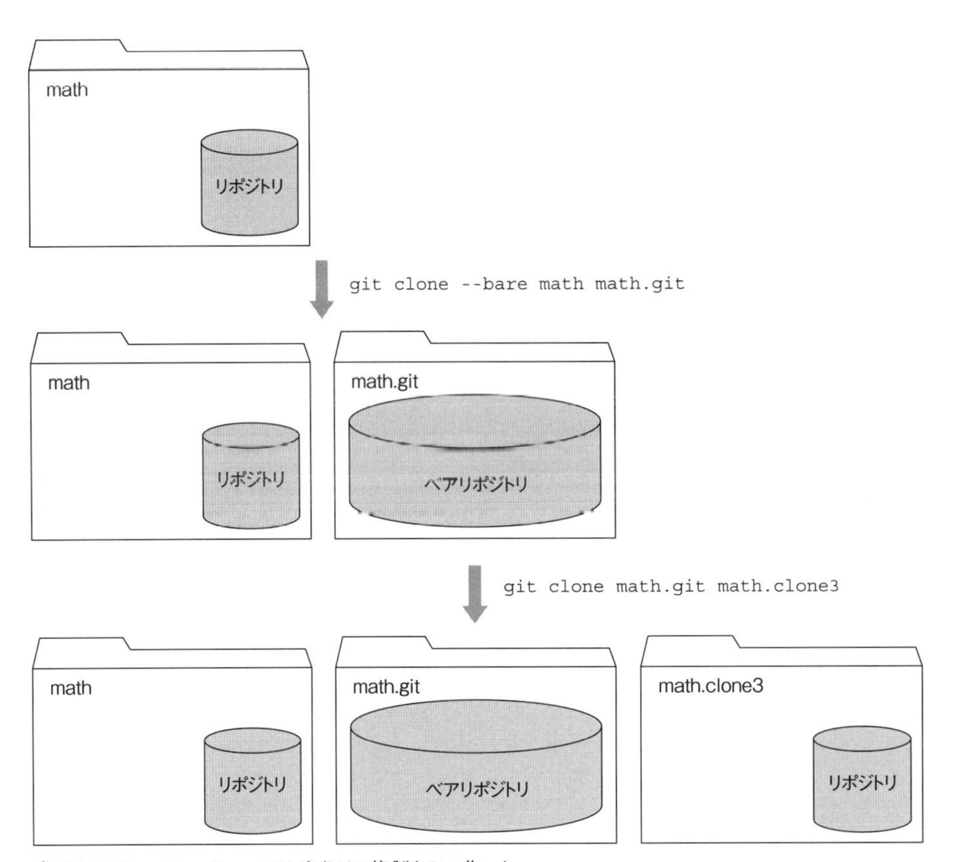

❖図11.12　git cloneでリポジトリの複製を2つ作った

2つ新しいディレクトリを作った。どちらにもmathリポジトリの複製が入っている。だが、片方は「ベアリポジトリ」である（この本では「裸のディレクトリ」を、リポジトリだけを含むディレクトリとして描いている。そういう形式のリポジトリが、ベアリポジトリである）。

mathリポジトリの複製を作るために`git clone`を実行した。3つのディレクトリ（math、math.clone2、math.clone3）では、Gitの処理（たとえば新しい変更のコミットや、新しいブランチのマージ）を実行できるだろう。けれども、もうひとつのmath.gitはリポジトリだけの「裸のディレクトリ」だ。作業ディレクトリを持たないこのベアリポジトリは、あなたのコードの正式版（official version）にすることができるだろう。

もし環境によって、ディレクトリの共有や複数のユーザーがサポートされていたら、このmath.gitリポジトリを公式版にすることに決めてもよい。そうすれば、他の人々もそのクローンを作ることができ、これにコミットをプッシュすることも可能になる（読者は、GitHubのようなGitホスティングサイトに対して、インターネット経由でプッシュするにはどうすればいいのかと思っているかもしれない。その方法は、第13章と第18章で解説する）。

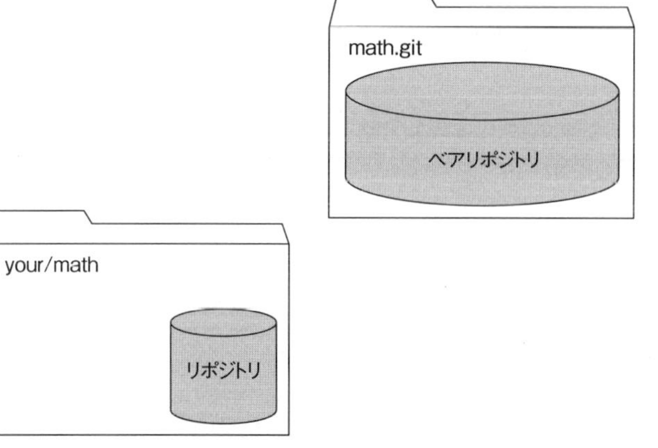

❖図11.13　math.gitからyourディレクトリに、最初のクローンを作る

図11.13では、`git clone math.git`によってこのリポジトリの複製を作った（ここでは、「あなたのリポジトリ」という意味で、your/mathというディレクトリにした。その中にリポジトリが入っている）。このyour/mathディレクトリに、作業ディレクトリとリポジトリの両方が含まれることに注目しよう。

あなたに、Bobという名前の同僚がいるとしよう。するとBobも、やはり`git clone math.git`を使ってこのリポジトリの複製を彼のディレクトリの中に作ることができる。彼は、図11.14に示すように、mathの複製を彼のディレクトリ (bob/math)の中に作る。

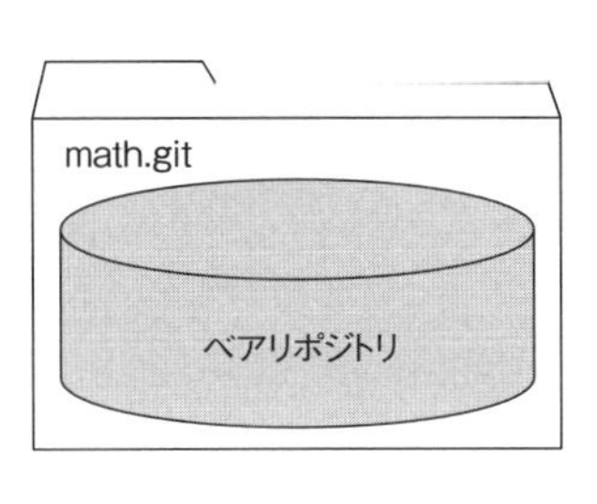

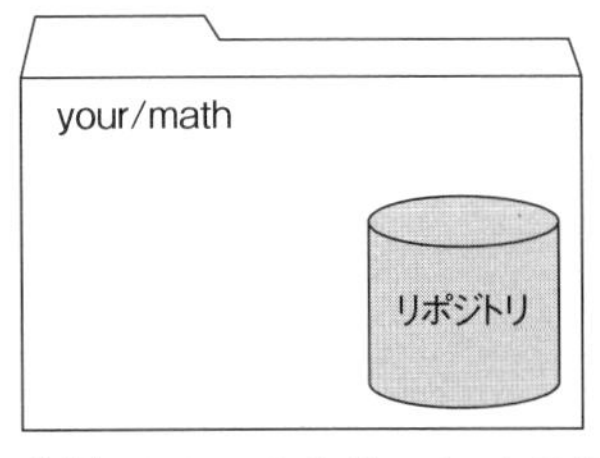

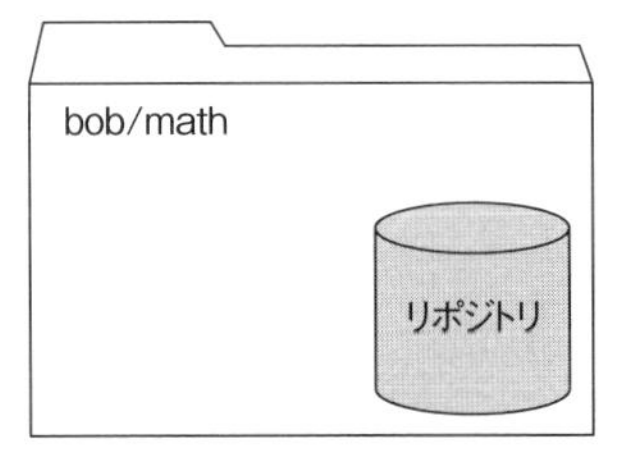

❖図11.14　Bobがmath.gitの複製を彼のディレクトリの中に作る

ここでmath.gitは、中心的なコピー（centralized copy）の役割を果たしている。ただしGitでは、どのソースからの複製も可能なので、Bobは（もしアクセスできるのなら）your/mathディレクトリからも同じように簡単に複製を作ることができるだろう。

この例をさらに拡張するため、Carolという名前の同僚を想定しよう。彼女もあなたのチームに入って、そのリポジトリをアクセスする必要が生じた。そこでCarolに「そちらのcarolディレクトリから、`git clone math.git`とタイプすればいいのですよ」と伝える。こうして、carol/mathディレクトリが作られる（図11.15）。これでmath.gitリポジトリの複製が3つできた。

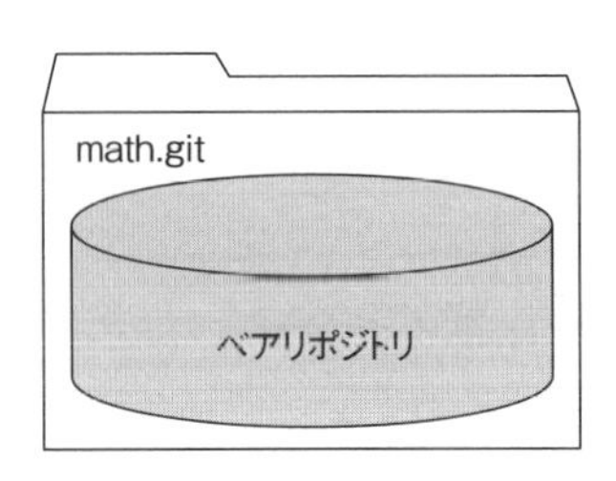

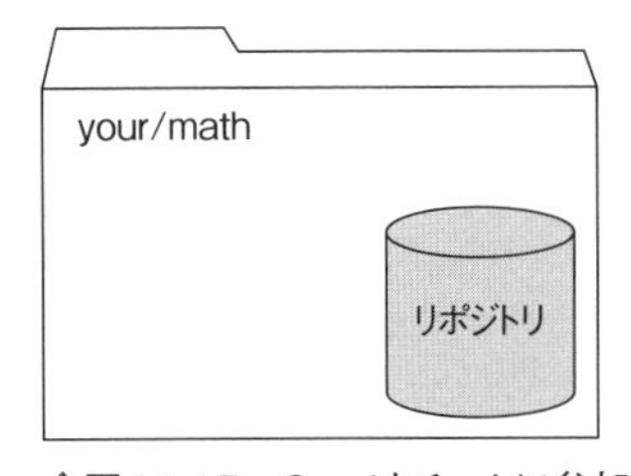

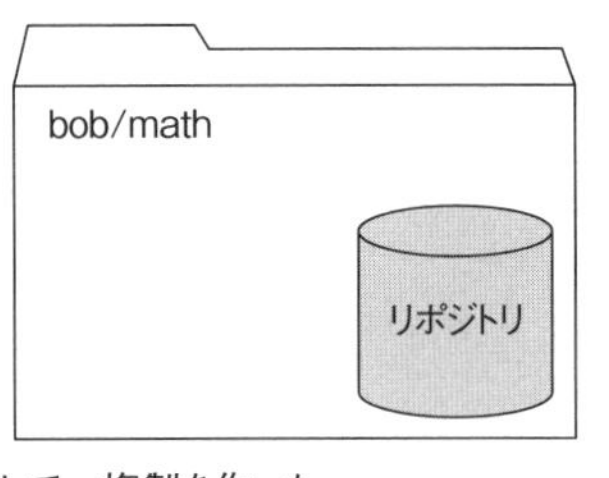

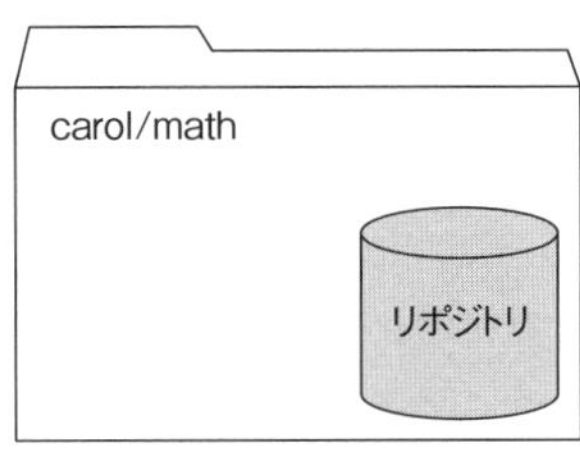

❖図11.15　Carolもチームに参加して、複製を作った

このシナリオをあなたのPC上で作るのを必須課題にしたい。とにかく、この状況についてしばらく考えていただきたい。ベアリポジトリを公式バージョンとして採用するのが適切かどうかは、それ

それの組織が決めることだろう。Carolがリポジトリの複製をBobが持っているコピーから作るのを妨げるものは何もない。math.gitを削除して、bob/mathを新たな公式バージョンとして宣言することを何も妨げはしない。これは分散型バージョン管理システムの重要な特徴である。

あなたのローカルコンピュータにベアリポジトリを作れば、外部サーバを使わずに共同作業の方法を学ぶことができる。GitHubやその他のGitサーバでホスティングされているのは、ベアリポジトリなのだ。共同作業に関する、今後の章ではmath.gitというベアリポジトリを単純な独習用GitHubのつもりで扱う。

11.3 git ls-treeでリポジトリ内のファイルを見る

リポジトリ全体のクローンを作成できたことは、これまで`git log --oneline --all`というコマンドを使って確認してきた。けれども、これによってわかるのは、リポジトリ全体のヒストリー（コミットのリスト）が得られるということだ。すべてのファイルが存在することを確認できないだろうか。それには、`git ls-tree`を使える。このGitコマンドは、あるツリーに含まれる全ファイルのリストを表示するのだ。

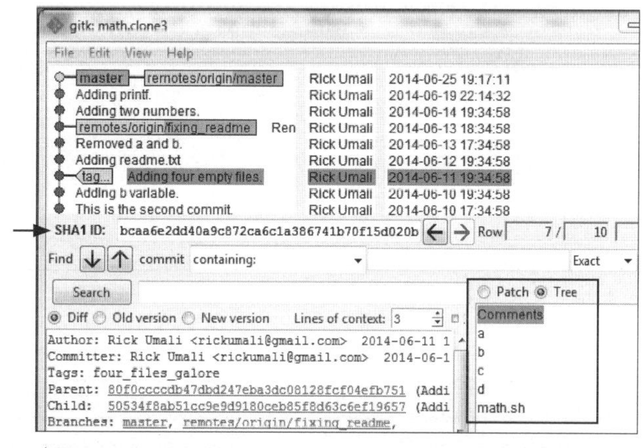

❖図11.16　それぞれのコミットに、ファイルのツリーが含まれている

Gitでは、どのコミットにもファイルのツリーが含まれる、ということを思い出そう。コミットのツリーはgitkツールで見てきた。コミットを選択すれば、それに対応するツリーが表示された。図11.16では、`Adding four empty files`のタグを選択している。このときgitkは、そのSHA1 IDを示す（図11.16で、矢印のマークを付けてある行に、`bcaa6e`で始まるSHA1 IDを表示する）。

このツリーには、a、b、c、d、math.shというファイルが含まれている（図11.16で右下にあるペインに注目しよう）。

演習

これから、math.clone3ディレクトリに入って、`git ls-tree`コマンドを使う。このコマンドは引数を1つ受け取る。それは、SHA1 ID（コミットのID）か、ブランチかタグの名前だ。これらはどれも、一連のコミットへのポインタである。次のようにタイプしよう。

```
cd $HOME/math.clone3
git checkout master
git ls-tree HEAD
```

すると、次のような出力が得られるだろう。

▶リスト11.7　git ls-tree HEADの出力

```
100644 blob e69de29bb2d1d6434b8b29ae775ad8c2e48c5391    another_rename
100644 blob 41c57fac1f6c7eab44a0c2c181f934eb3b0040e0    math.sh
100644 blob 26f994161380366e6fed57f80203c0af2dfb9fe8    readme.txt
100644 blob e69de29bb2d1d6434b8b29ae775ad8c2e48c5391    renamed_file
```

ここで表示されているのは、HEADの位置にあるファイル（カレントブランチ）のツリーだ。

git tagによってタグを付けたとき（8.4節）のファイルを見ることもできる。あのとき付けたタグは、four_files_galoreという名前だった。それらのファイルを見るには、次のようにタイプする。

```
git ls-tree four_files_galore
```

すると、次のリストに示すような出力が得られる。

▶リスト11.8　git ls-tree four_files_galoreの出力

```
100644 blob e69de29bb2d1d6434b8b29ae775ad8c2e48c5391    a
100644 blob e69de29bb2d1d6434b8b29ae775ad8c2e48c5391    b
100644 blob e69de29bb2d1d6434b8b29ae775ad8c2e48c5391    c
100644 blob e69de29bb2d1d6434b8b29ae775ad8c2e48c5391    d
100644 blob 5bb7f6370f458be09d74514bab11178bf39fe4d8    math.sh
```

このgit ls-treeコマンドは、あなたのGitヒストリーのうち、どの部分についてもファイルのリストを表示できる便利なものだ。クローンで作業するときも、git ls-treeを使うことでソースリポジトリの全部のファイルが揃っていることを確認できる[*3]。

訳注＊３：git ls-treeで表示されるメタデータ（その他の情報）について、詳しくは濱野純著『入門 Git』の第2章「Gitの基本概念」を参照。ls-treeで見るデータ構造はtree（ツリー）。そのエントリとして表示されるblob（ブロブ）はファイルを表現するデータ構造。行の先頭にある6桁の数字は「型」で、100644は通常のファイル（実行可能なファイルは100755）。

11.4 課題

ずいぶん多くのクローンを作ってきたが、さらに以下の課題と質問をこなせば、クローニングの処理についてどれほど理解できているかを確認できるだろう。

1. コピーコマンドで作ったリポジトリと、`git clone`で作ったリポジトリとの違いを11.1節で学んだ。実際に確認するため、次に示すコマンドをタイプしよう。これは`cp`コマンドを使って、mathリポジトリのコピーを作る*4。

   訳注＊4：`cp`コマンドの`-r`オプションは再帰的(recursive)という意味で、ディレクトリのツリー構造全体をコピーする。`rm`コマンドの`-r`オプションも同じ意味で、ディレクトリ構造全体を削除する。

   ```
   cd $HOME
   cp -r math math.copy
   ```

   次に、mathディレクトリとmath.copyディレクトリの両方の中で`git log --oneline --all`とタイプしよう。それで結果が同じだと確認できる。だが、こうして作ったコピーがクローン（複製）とは異なるという点を確認するために、`git branch --all`を使ってこれまでに作ったクローンと比較しよう。今回作ったコピーにはリモート追跡ブランチが存在しないことがわかる。

2. 複製元のリポジトリで、現在アクティブなブランチをmaster以外のブランチに設定してから複製を作ってみよう。mathディレクトリで、たとえば`git checkout another_fix_branch`とタイプする。この状態のmathディレクトリからクローンを作ろう。そして、作成したクローンの初期ブランチがanother_fix_branchであることを確認しよう。

3. リモート追跡ブランチのひとつで`git checkout`を試みたらどうなるだろうか？ それは可能だろうか？ この章で学んだように、リモート追跡ブランチ（remote-tracking branch）は`git branch --all`コマンドの出力で名前に`remotes`が入っているブランチだ。

4. `git checkout`には（11.1.3項で紹介した）長い形式がある。これを使って、新規のローカルブランチを作ろう（リモート追跡ブランチとは別の名前にする）。

5. 同じ開始地点（starting point：起点）を利用できるブランチの数に上限はあるのだろうか？

6. `git clone`コマンドの`--origin`スイッチを使って、`origin`以外の別の名前を指定してみよう。そうして作ったクローンの中で`git branch --all`コマンドを使い、その表示に`origin`という文字列が入っていないことを確認しよう。`origin`の代わりに使う名前はあなたの好きな名前でよい。

11.5 さらなる探究

`git clone`では、リポジトリのうち最近の部分だけ複製することも可能だ。それには、`git clone`コマンドで`--depth`スイッチを使う。`--depth`スイッチの引数をいろいろ変えることで（最初は`--depth 1`、次に`--depth 2`など）どのくらい小さなリポジトリになるか確認できるだろう*5。

訳注＊5：git-clone(1) Manual Pageから引用（試訳）：

`--depth <depth>`

「浅い複製」（shallow clone）を作る。ヒストリーは、<depth>で指定された数のリビジョンだけに短縮される。

この--depthスイッチを使うためには、（図11.2で示した）ローカルディレクトリの指定をURL形式に変える必要があるだろう。ローカルディレクトリを指定する場合のコマンドは、git clone math math.clone1のようになる。このコマンドでは、mathがソースすなわちローカルディレクトリmathを参照している。けれども、このコマンドに--depthスイッチを渡したら、次の警告が出るだろう（試訳：ローカルクローンの--depthは無視されました。代わりにfile://を使ってください）。

```
--depth is ignored in local clones; use file:// instead.
```

これを回避するには、ソースをfile://URL形式で指定する必要がある。この構文の詳細は、git cloneのドキュメントにある「Git URLs」のセクションに書かれている[*6]。

git cloneで、もうひとつ探究したいスイッチに、--no-single-branchというのがある。このスイッチと、--depth 1を組み合わせると、あなたのリポジトリにある全部のブランチについて、それぞれ1個のコミットで構成されるリポジトリが得られるのだ。そのリポジトリをgitkで見た画面を図11.17に示す。

訳注＊6：『Pro Git』2nd Edition日本語版、https://git-scm.com/book/ja/v2の「4.1 プロトコル」にある「Localプロトコル」のセクションも参照。著者のマシンで、mathディレクトリを指定するには、file:///home/rick/mathと書く（pwdコマンドの出力がヒントになる）。

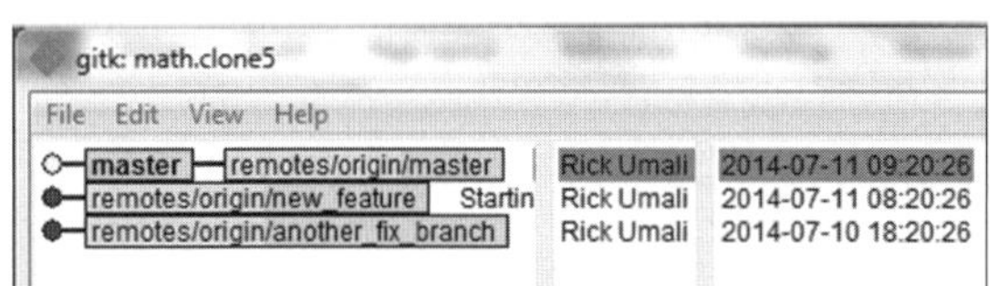

❖図11.17
gitkが表示しているクローンはmathの複製だが、--depth 1と--no-single-branchのスイッチをgit cloneに渡して作成したもの。

11.6 この章のコマンド

❖表11.1 この章で使ったコマンド

コマンド	説明
git clone source destination_dir	ソース（source）の位置にあるGitリポジトリのクローンを、複製先ディレクトリ（destination_dir）に作る
git log --oneline --all	すべてのブランチから、すべてのコミットログエントリを表示する（通常のgit logは、カレントブランチからのエントリだけを表示する）
git log --simplify-by-decoration ⏎ --decorate --all --oneline	ヒストリーを、簡略形式で表示する
git branch --all	ローカルブランチだけでなく、リモート追跡ブランチも表示する
git clone --bare source destination_dir	ソース（source）の位置にあるGitリポジトリのクローンを、複製先ディレクトリ（destination_dir）に、ベアリポジトリとして作る。複製先ディレクトリの名前（destination_dir）は、規約に従って.gitで終わるようにすべきだ
git ls-tree HEAD	HEAD（カレントブランチ）のすべてのファイルを表示する

リモートとの共同作業

この章の内容

Gitでの共同作業についての章は全部で4つある。その2つめの章に入った。第11章では、リポジトリの「複製」(clone) について学んだ。続くこの章では、リモートについて学び、リモートを操作するgit remoteコマンドを使う。クローンはどれも複製元へのリファレンス(参照)を含むが、そのリファレンスが、「リモート」(remote) である。リモートは、ある場所に戻るポインタの役割を果たすが、その場所はあなたのコンピュータにあっても、インターネットにあってもよい。リモートは、クローンとともに共同作業の基礎となる。

git remoteコマンドを使うと、リモートを調査し、更新することができる。そして、git ls-remoteコマンドは、あなたのローカルリポジトリと元の(オリジナル)リモートリポジトリとの同期の確認に使える。この章を読むと、Gitにおける共同作業のモデルを理解しやすくなる。また、git pushとgit pullを紹介する第13章、第14章の記述もそれで読みやすくなるのだ。

12.1 リモートは遠く離れた場所

図12.1に、math.clone、math.bob、math.carolという3つのリポジトリがある。これらのリポジトリは、どれもmath.gitというベアリポジトリから作られている。

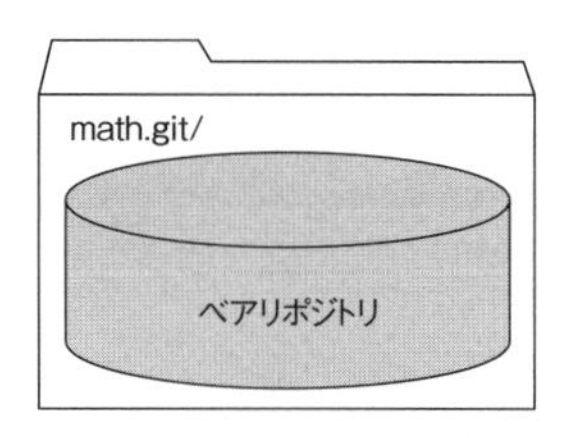

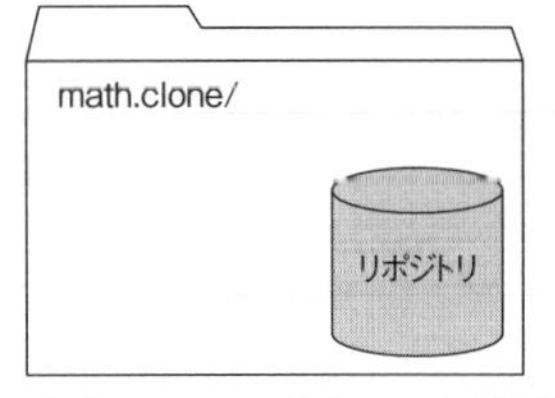

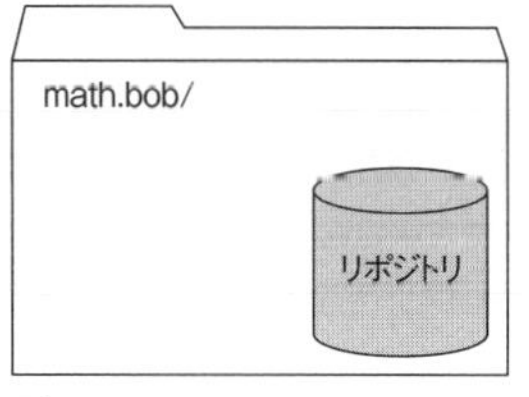

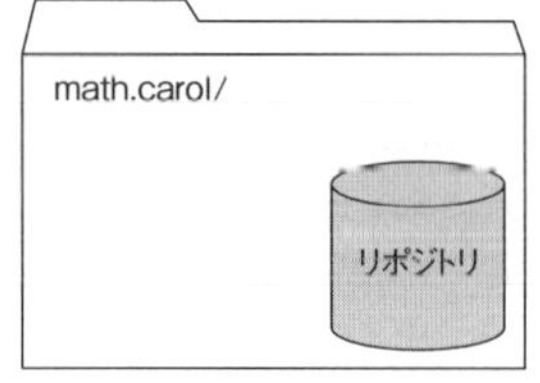

❖図12.1 リポジトリの小さな集列

2段目のリポジトリ(math.clone、math.bob、math.carol)は、math.gitを複製元としてgit cloneコマンドによって作ったクローンで、それぞれmath.gitへのリファレンスを持っている。それらのリファレンスはremoteと呼ばれるもので、元リポジトリの場所(location)を示す。

演習

前章の「演習」をすべてこなしてきた方は、この課題を完了している。このセクションは、それらのステップを全部繰り返すものなので、不要な部分は飛ばしてかまわない。これは一定のmathリポジトリが存在するという前提で、話を進めるための準備なのだ。

もしあなたが、完成したmathリポジトリを持っていなければ、本書のWebサイトからLearnGit_SourceCode.zipファイルをダウンロードし、その中からmake_math_repo.shというスクリプトを取り出していただきたい（このスクリプトは、第9章の課題で使ったものだ）。これを実行するためには、次のようにタイプすればよい。

```
cd $HOME
bash make_math_repo.sh
```

これで、作業の開始地点となるmathディレクトリが作成される。スクリプトの実行後、そのリポジトリは9.4.2項の末尾で述べた状態になる。その状態から抜け出すために、次のステップを実行する。

```
cd math
git checkout -f master
```

これによって、ブランチがmasterに切り替わる（編集中の変更は保存されない）。その複製を作るために、次のコマンドを使う。

```
cd ..
git clone --bare math math.git
```

もし「math.gitは、既に存在します」（math.git already exists）という意味のエラーが出たら、もうmath.gitリポジトリを作ってあるということだ。上記の`git clone`コマンドで作った「ベアリポジトリ」を、今後の共同作業（クローン、プッシュ、プル）のソースとして使う。

図12.1の、残りのクローンを作るには、このベアリポジトリをソースURLとして指定する。それには、下記のコマンドを打ち込めばよい。

```
git clone math.git math.clone
git clone math.git math.bob
git clone math.git math.carol
```

これによって、図12.1でmath.gitの下に並ぶ3つのクローンができる。

Gitの分散型アーキテクチャを使うソフトウェアプロジェクトの共同作業は`git clone`から始まる。前章で学んだように、複製はリポジトリのコピーを作る作業だ。ここで重要なのは、それぞれのクローンに複製元へのリファレンスすなわち「リモート」が含まれているということだ。

12.1.1 git remoteで複製元を分析する

前章で作成したクローンは、どれも自分の複製元を知っている。つまり、自分のオリジン（origin：起源）を知っているのだが、それはリモート（remote）のおかげだ。そのことを確認するには、`git remote`コマンドを使える。このコマンドは、クローンが持つ複製元リポジトリへのリファレンスを、様々に操作する方法を提供する。だから`git remote`コマンドには数多くの形式があるが、そのうちいくつかを実際に使ってみよう。

演習

作成したmath.cloneリポジトリで、`git remote`を実行する。次のようにタイプしよう。

```
cd $HOME
cd math.clone
git remote
```

これは`git remote`コマンドの最も単純な形式で、リモートの名前だけを表示する。リモートは、それぞれ1個の名前を持っている。上の`git remote`コマンドは、originという名前のリモートが1つあることを示すだろう。さらに、次のようにタイプする。

```
git remote -v show
```

この`git remote -v show`コマンドは、「リモートURL」を表示する。以上、2つの`git remote`コマンドを実行すると、次のリストのような出力が得られる。

▶リスト12.1　`git remote`の出力

```
$ git remote
origin

$ git remote -v show
origin  c:/Users/Rick/Documents/gitbook/math.git (fetch)
origin  c:/Users/Rick/Documents/gitbook/math.git (push)
```

最後の出力（`git remote -v show`からのもの）は、フェッチ（fetch）とプッシュ（push）の操作に使うオリジン（origin）がどこにあるかを示している。フェッチは、リモートからファイルをダウンロード（受信）する操作であり、`git remote`コマンドにとって、プル（pull）と同じ意味である。逆に、プッシュは、ファイルをリモートにアップロード（送信）する操作である。いずれにしてもいま使っているリモートはあなたのローカルマシン上の別ディレクトリなのだが、この章では後にインターネットのどこかにあるサーバをリモートとして使うことになる。プッシュとフェッチについては、今後の章で詳しく説明しよう。

ここで重要なのは、`git clone`コマンドに与えたソースURLがリモートURLとして設定される、ということだ（Gitが、`math.git`を「math.gitへの完全なパス」へと展開する）。

図12.2を見ていただきたい。originは、複製元であるmath.gitリポジトリ（ディレクトリ）を指し示すリモートの名前だが、その名前は「あなたのリポジトリが持つローカルな名前」である。この図の矢印は、複製元（ソース）に向かうリモート参照（あるいはポインタ）を表現している。

詳しく言えば、git cloneによってリモート追跡ブランチ（remote-tracking branch）が、新しいリポジトリの中に作られる。それは前章で説明したが、これらに特別な名前が与えられる理由は、元のソースリポジトリに存在するブランチを追跡しているからだ。

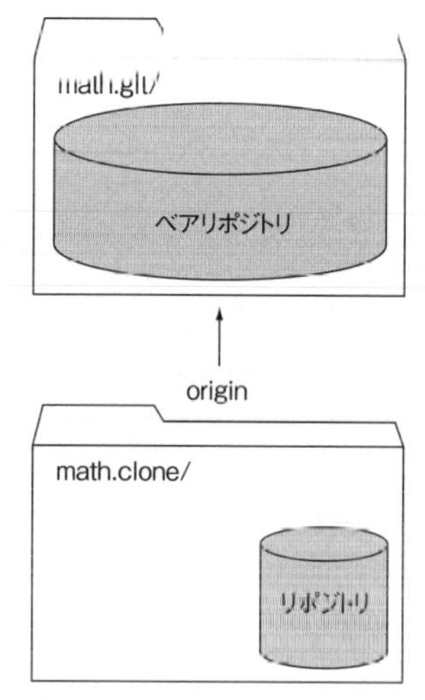

❖図12.2　originは、ローカルに存在する名前である

図12.3のmath.cloneリポジトリは、3つのリモート追跡ブランチを持っている。

- remotes/origin/master
- remotes/origin/new_feature
- remotes/origin/another_fix_branch

これら3本のブランチは元のリポジトリに存在していたものであり、リモート追跡ブランチはあなたのローカルリポジトリの中でこれらのブランチを追跡し参照する「ブックマーク」的な役割を果たす。

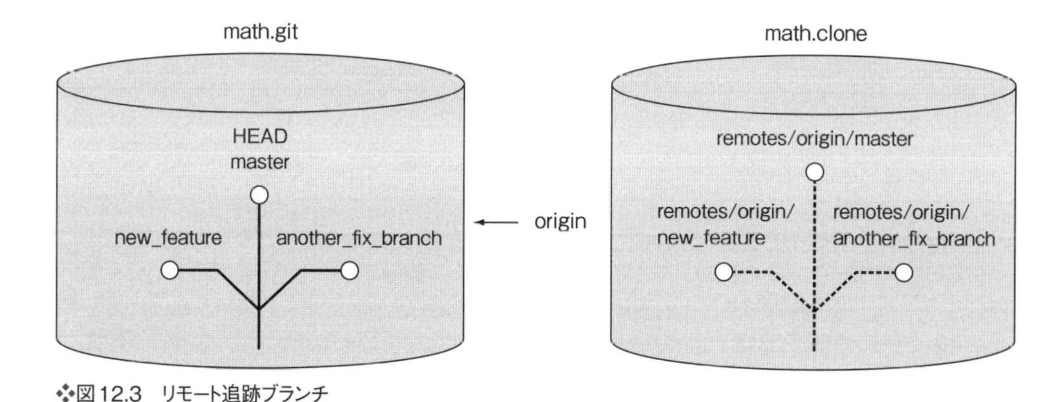

❖図12.3　リモート追跡ブランチ

リポジトリのクローンはすべてのコミットを複製するから、それらのコミットを構成するディレクトリとファイルを全部、取り込むことになる。リモート追跡ブランチは、普通のブランチと同様にその開発ラインで行われた最後のコミットを指し示す。そして、すべてのコミットはその親へのポインタを持っているから、ヒストリー全体を取り込むことができるのだ。

12.1.2　リモートの名前を変える

originという言葉は、git cloneコマンドがデフォルトでリモートに付ける名前である。もし名前を変えたければ、この文字列を別のものに変えることが可能だ。

演習

math.cloneディレクトリの中で、次のようにタイプする。

```
git branch --all
git remote -v show
```

すると、次のような出力が得られる。

▶リスト12.2　git branch --allとgit remote -v showの出力

```
$ git branch --all
* master
  remotes/origin/HEAD -> origin/master
  remotes/origin/another_fix_branch
  remotes/origin/master
  remotes/origin/new_feature

$ git remote -v show
origin  c:/Users/Rick/Documents/gitbook/math.git (fetch)
origin  c:/Users/Rick/Documents/gitbook/math.git (push)
```

次に、`git remote`を使ってoriginという名前を別の名前に変える。

```
git remote rename origin beginning
```

これも`git remote`コマンドの一種だが、リモートの名前をoriginからbeginningに変更した（この変更は、あくまでローカルなものだ）。本当に名前が変わったことを、次のようにタイプして確認しよう。

```
git branch --all
git remote -v show
```

すると、次に示すような出力が得られるだろう。

▶リスト12.3　ブランチとリモートを見る

```
$ git branch --all
* master
  remotes/beginning/HEAD -> beginning/master
  remotes/beginning/another_fix_branch
  remotes/beginning/master
  remotes/beginning/new_feature

$ git remote -v show
```

```
beginning        c:/Users/Rick/Documents/gitbook/math.git (fetch)
beginning        c:/Users/Rick/Documents/gitbook/math.git (push)
```

ここでoriginというのは、リモートの呼び名に過ぎない。だから、このように名前を変えることが可能なのだ。この変更によって影響を受ける人はあなただけである。図12.4にその状況を示す。

この図12.4と図12.2を、またリスト12.3とリスト12.2をそれぞれ比較してみよう。リモートの名前以外はすべて同じである。

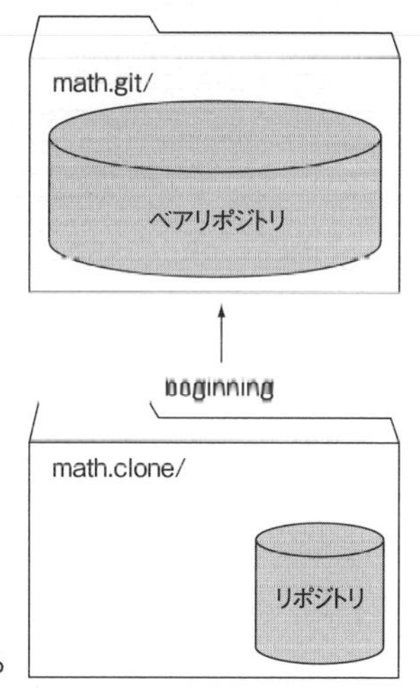

❖図12.4　リモートの名前を変えたら

12.1.3　リモートを追加する

リモートは、あとから追加することさえ可能だ。たとえクローンを作ったあとでも、さらに、もう一つのリモートを追加できる。そのリモートは、あなたが追跡したいもうひとつのリポジトリを表現する。リポジトリで共同作業を行うとき、貢献者たちがそれぞれ自分のリポジトリで活発に開発を進めているとしたら、最初に複製したリポジトリだけでなく、その人たちのリポジトリもリモートとして追加するのが有益だろう。ここでは、BobとCarolのリポジトリを例とする。図12.5を見ていただきたい。

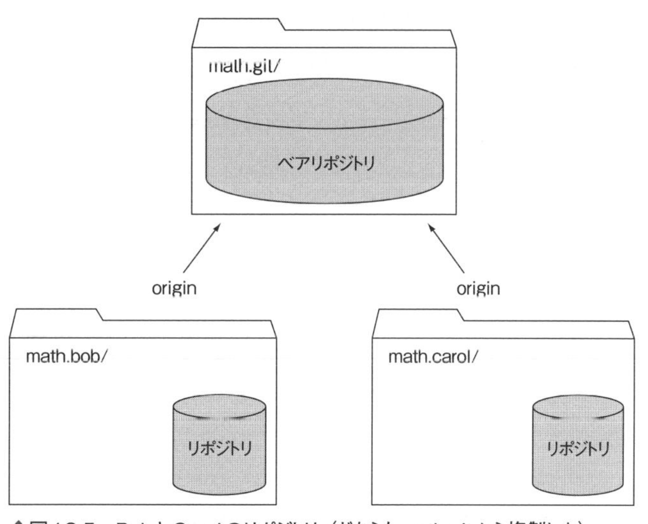

❖図12.5　BobとCarolのリポジトリ（どちらもmath.gitから複製した）

math.bobも、math.carolも、複製元のmath.gitを指し示すoriginという名のリモートを持っている。もしCarolがBobと協力したいのなら、Carolは

Bobのリポジトリを指し示すリモートを作りたいだろう（逆も、また同じだ)。それを行ってみよう。

演習

math.carolリポジトリに、Bobのリポジトリへのポインタを追加するには、git remote addコマンドを使う。次のようにタイプしよう。

```
cd $HOME/math.carol
git remote add bob ../math.bob
```

これによって、bobという名前の新しいリモートが作られる。それは、次のようにタイプすれば表示される。

```
git remote
git remote -v show
```

この2つのgit remoteコマンドから、リスト12.4に示すような出力が得られるはずだ。

▶リスト12.4　2つのgit remoteコマンドの出力

```
$ git remote
bob
origin

$ git remote -v show
bob     ../math.bob (fetch)
bob     ../math.bob (push)
origin  c:/Users/Rick/Documents/gitbook/math.clone (fetch)
origin  c:/Users/Rick/Documents/gitbook/math.clone (push)
```

上記の「演習」を終えたあと、あなたの環境は図12.6に示す状態になっている。

どのリポジトリでも、リモートで指し示すことが可能だということはもう明らかだろう。けれど、これらのリモートを作るのは、いったい何のためだろうか？ リモートは共同作業のためにある。リモートとは、あなたが協力できる他のリポジトリなのだ。

Carolのリポジトリはmath.gitから複製したのだから、その複製元リポジトリに何か変更があれば、Carolはそれを自分のリポジトリに取り入れることができる。また、CarolはBobのリポジトリへのリモートを追加したのだから、Bobのリポジトリからも変更を取り入れることができる。さらにCarolは、自分自身のリポジトリに対して行った変更をBobのリポジトリに、あるいはmath.gitにある公式なリポジトリにプッシュすることもできるのだ。

たぶん現実の世界では、CarolとBobはmath.gitだけをリモートとするだろうし、math.gitはおそらくGitHubに置かれるだろう（これについては第18章で述べる)。けれどもGitは、このような「リポジトリ間の共有」をリポートしているのであり、それはgit remoteコマンドで構築できるのだ。

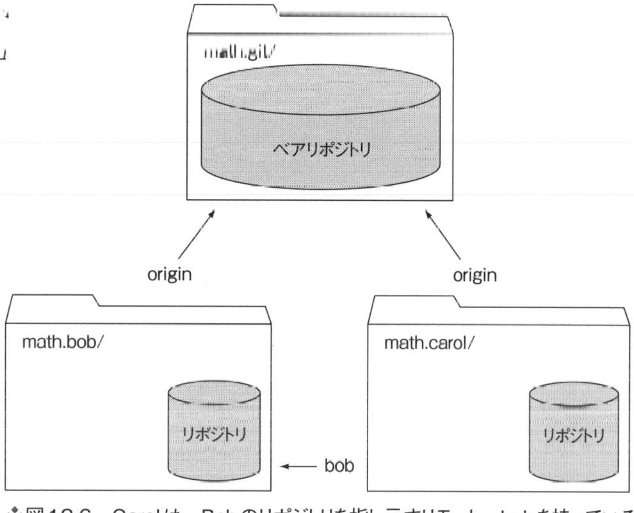

❖図12.6　Carolは、Bobのリポジトリを指し示すリモート、bobを持っている

12.2 リモートを調査する

git remote showコマンドが示したように、Gitのリポジトリでは、他のリポジトリへのプッシュ（送り出し）も、他のリポジトリからのフェッチ（取り込み）も行うことができる。リスト12.4に示したのは、math.carolリポジトリから行った、git remote -v showコマンドの出力だ。そのどちらのリポジトリにも、Carolはプッシュとフェッチの両方を実行できる。これを示したのが図12.7だ。

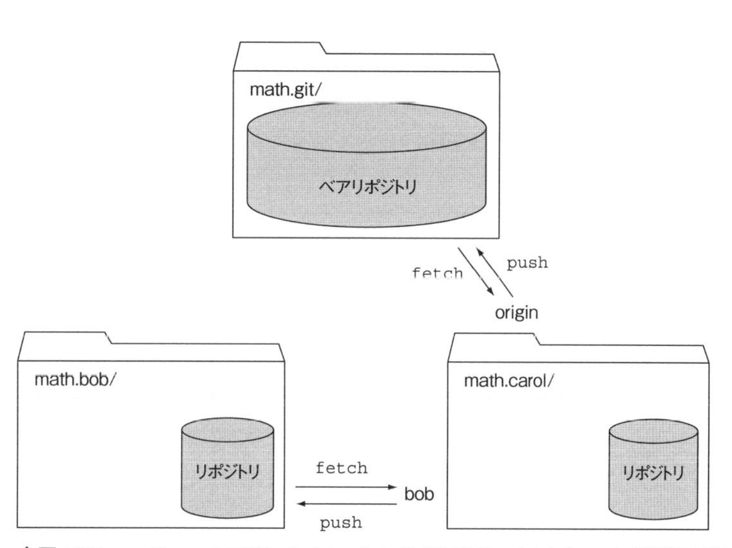

❖図12.7　math.carolからは、bobとoriginのどちらにも、fetchとpushを実行できる

プッシュとフェッチ（つまりプル）は、次章とその次の章で実際に行うことになる。けれども、その前の小さな一歩として、リモートリポジトリの調査（クエリ）をやってみよう。それにはgit ls-remoteコマンド

を使える。このコマンドはリモートリポジトリに存在するリファレンス（ブランチとタグ）のSHA1 IDを、リストにして返すものだ。

演習

math.carolディレクトリで、次のようにタイプする。

```
git ls-remote
git ls-remote origin
git ls-remote bob
```

`git ls-remote`コマンドは、引数なしでも、1個の引数を付けても実行できる。その引数はリモートでなければならないが、それは複製元リポジトリの名前（たとえばorigin）でも、あとで追加した別のリモートの名前（たとえばbob）でもよい。3つのコマンドは、どれも次に示すようなリストを出すだろう。

▶リスト12.5　`git ls-remote`の出力

```
From c:/Users/Rick/Documents/gitbook/math.git
4465c540dc79718076bcf66951d27fb65152a895 HEAD
23d30770e5b8b0e42bc5927a0a348a6912963aff refs/heads/another_fix_branch
4465c540dc79718076bcf66951d27fb65152a895 refs/heads/master
dc6f60f417c011bafe6284d362a06e39f9f3cb69 refs/heads/new_feature
f4b5a261dfdcdc5d9081b2ecc252a62f198b01c3 refs/tags/four_files_galore
ef47d3fd293bc13321270e88af284f63d6f85f84 refs/tags/four_files_galore^{}
```

これらは、originという名のリモートに存在するリファレンス群のSHA1 IDだ。リポジトリを複製すると、これらのSHA1 IDも複製される。これらのSHA1 IDと、現在のローカルリポジトリ（math.carol）にあるSHA1 IDとを比較するには、次のようにタイプすればよい。

```
git ls-remote .
```

このコマンドで、最後のピリオド（.）は現在のローカルリポジトリを表現する。これも、同様なリストを出すはずだ！

リスト12.5の最初の行に注目しよう。これは、あなたが接続している相手がどのリモートなのかを示している。けれども、このコマンドはリモートの名前ではなく、リモートのパスまたはURLを表示する。2回目に`git ls-remote`を使ったとき、コマンドラインでリモートを指定した（`git ls-remote origin`）。この場合、どのリモートのリストを表示しているのかは、このコマンド行でわかる。

第1行に続くそれぞれの行は、SHA1 IDとリファレンス名で構成される。これらのリファレンスは、たぶん見覚えのあるものだろう。これらは、あなたのブランチ名（前に`refs/heads`が付いているもの）とタグ名（前に`refs/tags`が付いているもの）である。

SHA1 IDも、お馴染みのものだろう。これらは、あなた自身のブランチとタグのSHA1 IDだ。それは、`git ls-remote .`を使って確認できる。最後のピリオドは、現在のローカルリポジトリを示すものだ。これらのSHA1 IDが同じなのは、math.carolがmath.gitのクローンだからだ！ 図12.8に現在の状況を示す。2つのリポジトリの片方は、もう片方のクローンである。

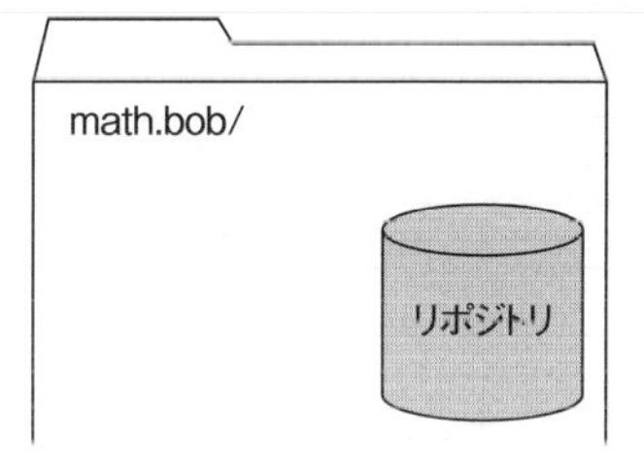


```
4465c5 HEAD
4465c5 master
4465c5 remotes/origin/HEAD
23d307 remotes/origin/another_fix_branch
4465c5 remotes/origin/master
dc6f60 remotes/origin/new_feature
f4b5a2 tags/four_files_galore
```

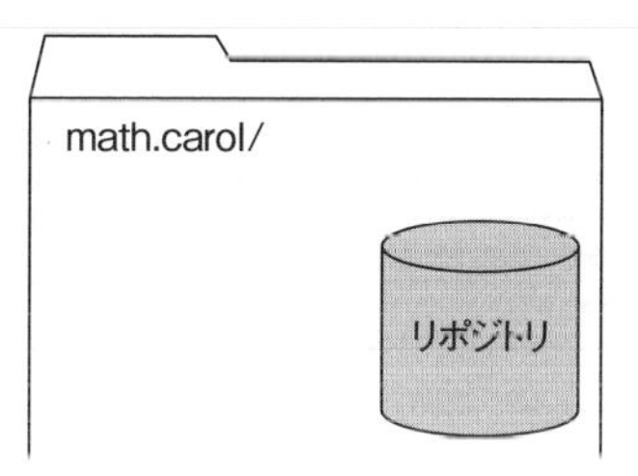


```
4465c5 HEAD
4465c5 master
4465c5 remotes/origin/HEAD
23d307 remotes/origin/another_fix_branch
4465c5 remotes/origin/master
dc6f60 remotes/origin/new_feature
f4b5a2 tags/four_files_galore
```

❖図12.8　それぞれのリポジトリにリファレンスのリストがある。これらはクローンなので、それらの初期値はまったく同じだ

これらのSHA1 IDが、まったく同じであることに注目しよう。

もうひとつの重要なポイントは、`git ls-remote`がリモートリポジトリへのネットワーク接続を行い、そのリファレンスのリストを表示するコマンドであることだ。

では次に、math.bobリポジトリに変更を加えてみよう。

演習

math.bobリポジトリにちょっとした変更をコミットするため、次のコマンドを入力する。

```
cd $HOME/math.bob
echo "Small change to file" >> another_rename
git commit -a -m "Updating this file."
```

それからmath.carolリポジトリを訪れて、リモートを調査する。

```
cd $HOME/math.carol
git ls-remote
git ls-remote origin
git ls-remote bob
git ls-remote .
```

これら4つの出力を見ると、`git ls-remote bob`の出力には、他の3つの出力と異なる部分がある。まず1行目のHEADのSHA1 IDが違う！

`git ls-remote bob`の出力は、あなたがmath.bobリポジトリに対して最後に行ったコミットのSHA1 IDを示している。HEAD（と、refs/heads/master）は、いまではその新しいSHA1 IDを持っているはずだ。それも確認しておこう。

演習

math.bobリポジトリに対する最後のコミットを取得しよう（これは現在のブランチ、masterに対するものだ）。そのため、次のようにタイプする。

```
cd $HOME/math.bob
git branch
git log -1
```

前に述べたように、**`git log -1`**は最後に行われたコミットだけを表示する。その出力は、リスト12.6のようなものになるはずだ。

▶リスト12.6　math.bobリポジトリにコミットされた変更

```
commit db106c748e5b6aa90cc63de3d25cb5dcbebbcfc6
Author: Rick Umali <rickumali@gmail.com>
Date:   Sat Aug 9 19:59:46 2014 -0400

    Updating this file.
```

今度はmath.carolディレクトリに移動して、このSHA1 IDが**`git ls-remote bob`**の出力に含まれるHEADの行に対応することを確認する。

```
cd $HOME/math.carol
git ls-remote bob
```

この出力は、リスト12.7のようになるはずだ。

▶リスト12.7　`git ls-remote bob`の出力

```
db106c748e5b6aa90cc63de3d25cb5dcbebbcfc6 HEAD
db106c748e5b6aa90cc63de3d25cb5dcbebbcfc6 refs/heads/master
4465c540dc79718076bcf66951d27fb65152a895 refs/remotes/origin/HEAD
23d30770e5b8b0e42bc5927a0a348a6912963aff refs/remotes/origin/another_fix_
branch
4465c540dc79718076bcf66951d27fb65152a895 refs/remotes/origin/master
dc6f60f417c011bafe6284d362a06e39f9f3cb69 refs/remotes/origin/new_feature
f4b5a261dfdcdc5d9081b2ecc252a62f198b01c3 refs/tags/four_files_galore
ef47d3fd293bc13321270e88af284f63d6f85f84 refs/tags/four_files_galore^{}
```

これを見ると、HEAD（および、refs/heads/master）が、新しいコミットになっている。refs/remotes/origin/HEADは、以前のコミットである。なぜだろうか？ それは、あなたがmath.bobリポジトリに対して行った変更を、まだmath.gitリポジトリにプッシュしていないからだ（図12.9を参照）。変更をプッシュする方法は、次の章で学ぶ。

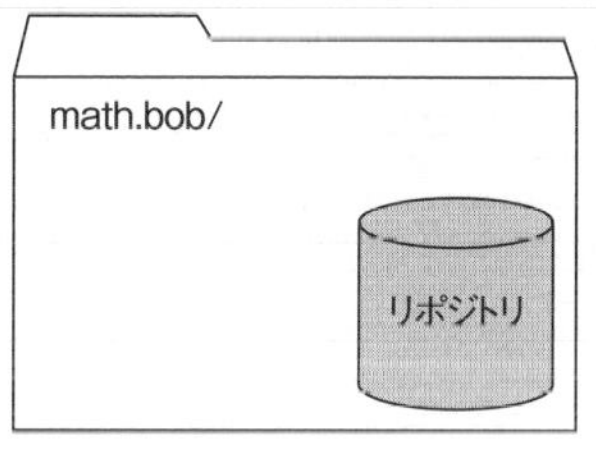

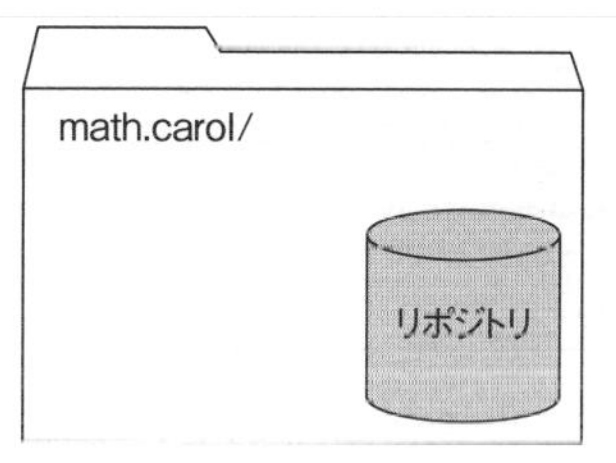


```
db106c HEAD
db106c master
4465c5 remotes/origin/HEAD
23d307 remotes/origin/another_fix_branch
4465c5 remotes/origin/master
dc6f60 remotes/origin/new_feature
f4b5a2 tags/four_files_galore
```

```
4465c5 HEAD
4465c5 master
4465c5 remotes/origin/HEAD
23d307 remotes/origin/another_fix_branch
4465c5 remotes/origin/master
dc6f60 remotes/origin/new_feature
f4b5a2 tags/four_files_galore
```

❖図12.9　math.bobには新しいコミットがあり、リファレンスのリストが、math.carolと異なる

図12.9は、math.bobのmasterブランチとHEADが変更されたことを示している。math.bobリポジトリにもっと変更を加えるため、こんどはブランチを追加する。

演習

math.bobリポジトリにブランチを追加するため、次のようにタイプする。

```
cd $HOME/math.bob
git checkout -b a_new_branch
```

前にも行ったように、このコマンドはただ新しいブランチ（a_new_branch）を作成するだけではなく、そのブランチをチェックアウトする（それによってHEADが更新される）。では、この新しいブランチがmath.carolから`git ls-remote`で見えるかどうかを、次のコマンドで調べよう。

```
cd $HOME/math.carol
git ls-remote bob
```

すると、出力の中に、新しいブランチを示す行が含まれている。

```
db106c748e5b6aa90cc63de3d25cb5dcbebbcfc6        refs/heads/a_new_branch
```

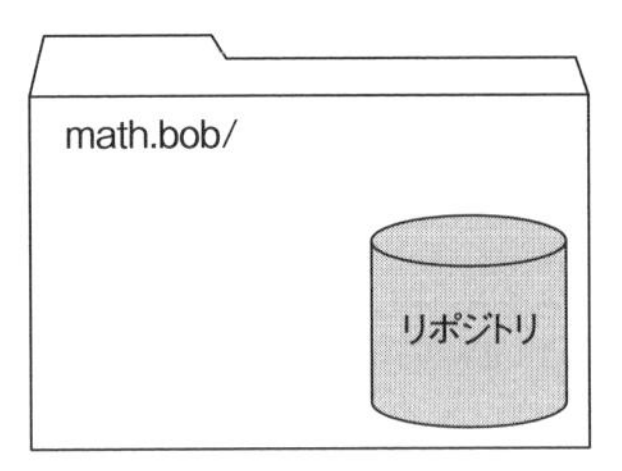


```
db106c HEAD
db106c master
db106c a_new_branch
4465c5 remotes/origin/HEAD
23d307 remotes/origin/another_fix_branch
4465c5 remotes/origin/master
dc6f60 remotes/origin/new_feature
f4b5a2 tags/four_files_galore
```

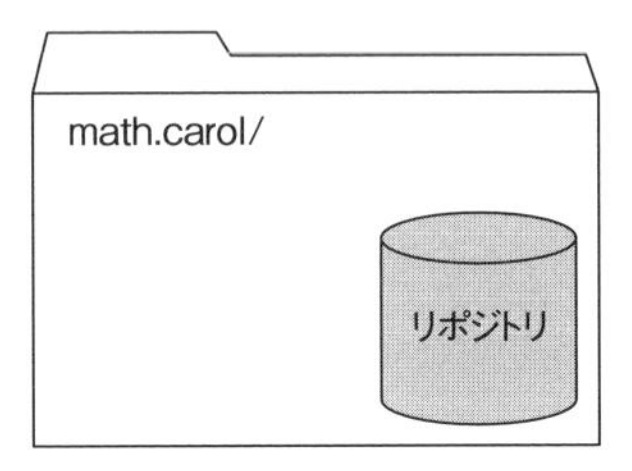


```
4465c5 HEAD
4465c5 master
4465c5 remotes/origin/HEAD
23d307 remotes/origin/another_fix_branch
4465c5 remotes/origin/master
dc6f60 remotes/origin/new_feature
f4b5a2 tags/four_files_galore
```

❖図12.10　math.bobには新しいブランチがある。math.carolには、それがない

図12.10に示すように、この新しいブランチ（a_new_branch）は、`git ls-remote bob`の出力に現れる。

ここでは、リモートに問い合わせて最新情報を取得している。なぜなら（これは重要なポイントだから繰り返すが）、新しいブランチが作られたことを知らせてくれるサーバが実行されているわけではないからだ。他のリポジトリに問い合わせて、はじめて何か変更が発生したことが分かるのだ。

リモートの問い合わせ（interrogating）は、今後の章で見ることになる相互作用の基本である。これらは、次の章、その次の章を学ぶための基礎なのだから時間をかけて理解していただきたい。

12.3 遠く離れた場所からクローンを作る

では最後に、本当の意味で「リモート」（遠隔）なリポジトリとやりとりしよう。つまり、インターネット上に存在するリポジトリだが、それは第2章の終わりで既に行っている。あのときはGitHubのページに行ってそのクローンURLを取得し、それを`git clone`コマンドのソースURLとして使ったのだ。今回も既知のURLから複製を作る。

演習

今回はコマンドラインから、私がGitHubに置いたmathリポジトリのバージョンを複製していただこう。それには、次のようにタイプする。

```
cd $HOME
git clone https://github.com/rickumali/math.git math.github
```

このコマンドは、https://github.com/rickumali/math.gitをソース（複製元）URLとして使う。ディスティネーション（複製先）URLは、math.githubである。このコマンドの出力は、だいたい次に示すリスト12.8のようになる。

▶リスト12.8　GitHubからgit cloneでmathリポジトリを複製する

```
Cloning into 'math.github'...
remote: Counting objects: 35, done.
remote: Compressing objects: 100% (17/17), done.
remote: Total 35 (delta 7), reused 34 (delta 6)
Unpacking objects: 100% (35/35), done.
Checking connectivity... done.
```

このgit cloneコマンドとこの章でタイプしてきた同じコマンドとの違いは、このgit cloneが指定するソースの場所がインターネット上にある、という1点だ。では、このリモートをgit remoteコマンドを使って調べてみよう。

演習

math.githubディレクトリに入って、次のようにタイプする。

```
git remote -v show
```

すると、次の出力が得られるはずだ。

▶リスト12.9　git remote -v showの出力

```
origin      https://github.com/rickumali/math.git (fetch)
origin      https://github.com/rickumali/math.git (push)
```

これまでに調べたクローンと違って、今回のリモートはあなたのローカルマシン上に存在しないURLである。今度こそ本当にリモートな（遠く離れた）場所だ。しかし、GitHubとの相互作用が発生したのは、ただ一度、あなたのディレクトリにリポジトリをダウンロードしたときだけだ。リポジトリのダウンロードが終わったら、リモートとの相互作用は、もう発生しない。

12.4 課題

リモートは、ある場所に戻るためのポインタとして使われる。その場所は、（これまで複製に使ってきたmathディレクトリのように）あなたのコンピュータにあっても、（さきほどの例のように）インターネットにあってもよい。リモートは、クローンと同じく共同作業の基礎である。

12.4.1　あなたのmath.githubクローンを調べる

この項では、まずSHA1 IDが複製しても同じであることを確認する。それは、分散型バージョン管理の基本事項である。

1. math.githubディレクトリで、`git log --oneline --decorate`とタイプする。
2. リモート追跡ブランチ、another_fix_branchのSHA1 IDは何だろうか？
3. `cf47d3f`というSHA1 IDのタグまたはブランチがあるだろうか？ この課題で理解すべき重要なポイントは、このリポジトリのクローンであれば、このSHA1 IDが常に同じになる、ということだ。この点を十分に認識するために、できれば同じリポジトリの複製を別のコンピュータで作ってみよう。
4. math.githubに含まれるSHA1 IDは、math.bobやmath.cloneと同じだろうか。違うとしたら、なぜだろうか？

12.4.2　手作業でリモートを作る

math.bobリポジトリから、math.carolリポジトリを指し示す`carol`という名前のリモートを作ろう。次に、math.bobで行ったような変更をCarolのリポジトリの中で行い、その変更をmath.bobから`git ls-remote`を使って調査しよう。

12.4.3　git remoteのその他のサブコマンド

この章では、`git remote`を使って、リモートの追加と名前の変更とリスト表示を行った。`git remote`コマンドは、他にリモートの削除やリモートURLの更新にも使える。これらのサブコマンド（`remove`と`set-url`）について、`git remote`のヘルプで調べてみよう。そして、mathリポジトリのクローンで、これらのコマンドの実験をしてみよう。

12.4.4　Git GUIで複製を作る

Git GUIを使ってリポジトリのクローンを作ろう。Git GUIを最初に起動したとき、図12.11に示すような画面が現れる。ここで、Clone Existing Repository（既存リポジトリを複製する）をクリックする。それから、「ソースの位置」(Source Location) として、`https://github.com/rickumali/math.git`というGitHub URLを指定する。次に、複製先ディレクトリ（Target Directory）を指定する。図12.12では、前の「演習」で使ったのと同じ複製先ディレクトリを指定している。これで、うまくいくだろうか？

複製の結果が、コマンドラインで`git clone`を実行した結果と同じであることを確認しよう。

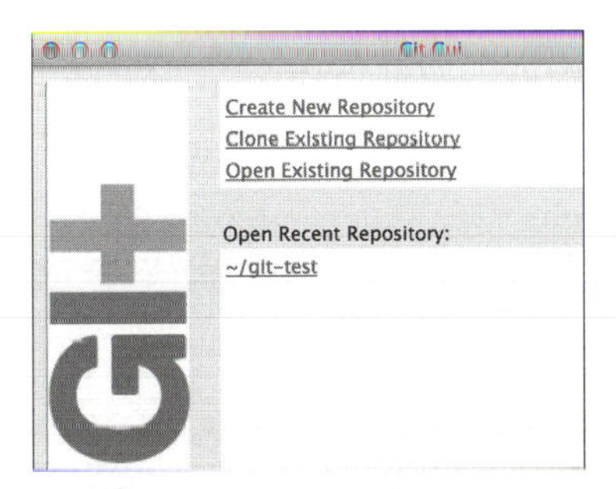

❖図12.11　Git GUIの初期画面

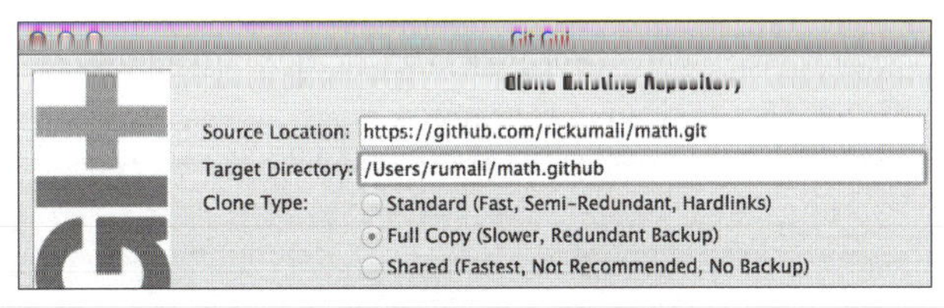

❖図12.12　Git GUIで既存リポジトリを複製する

12.4.5　もうひとつのリモートURLをアクセスする

GitLabという、もうひとつのコード共有Webサイトにmathリポジトリを作ってある。このサイト（`https://gitlab.com/rickumali/math`）を訪問していただきたい。そして、このリポジトリからクローンを作ってみよう。ただし、`git clone`のソースURLとして、`https://gitlab.com/rickumali/math.git`を使う必要がある。SHA1 IDは、どれも同じだろうか？

12.5　さらなる探究

コマンドラインで`git ls-remote`を実行するとき、環境変数の指定によってネットワークの通信内容をトレースすることができる。math.githubでもその他のmathクローンでもよいが、コマンドラインで、`GIT_TRACE_PACKET=1 git ls-remote`とタイプしよう。

すると、次に示すような出力が得られるはずだ。

▶リスト12.10　`git ls-remote`でネットワークの働きをトレースする

```
packet:          git< # service=git-upload-pack
packet:          git< 0000
packet:          git< 4465c540dc79718076bcf66951d27fb65152a895
➡ HEAD\0multi_ack thin-pack side-band side-band-64k ofs-delta
➡ shallow no-progress include-tag multi_ack_detailed
➡ no-done symref=HEAD:refs/heads/master agent=git/2.0.3
packet:          git< 23d30770e5b8b0e42bc5927a0a348a6912963aff
➡ refs/heads/another_fix_branch
packet:          git< 4465c540dc79718076bcf66951d27fb65152a895
➡ refs/heads/master
packet:          git< dc6f60f417c011bafe6284d362a06e39f9f3cb69
➡ refs/heads/new_feature
```

```
packet:          git< f4b5a261dfdcdc5d9081b2ecc252a62f198b01c3
➡ refs/tags/four_files_galore
packet:          git< ef47d3fd293bc13321270e88af284f63d6f85f84
➡ refs/tags/four_files_galore^{}
packet:          git< 0000
From https://github.com/rickumali/math.git
4465c540dc79718076bcf66951d27fb65152a895  HEAD
23d30770e5b8b0e42bc5927a0a348a6912963aff  refs/heads/another_fix_branch
4465c540dc79718076bcf66951d27fb65152a895  refs/heads/master
dc6f60f417c011bafe6284d362a06e39f9f3cb69  refs/heads/new_feature
f4b5a261dfdcdc5d9081b2ecc252a62f198b01c3  refs/tags/four_files_galore
ef47d3fd293bc13321270e88af284f63d6f85f84  refs/tags/four_files_galore^{}
```

12.6 この章のコマンド

❖表12.1　この章で使ったコマンド

コマンド	説明
git checkout -f master	masterブランチをチェックアウトする。現在のブランチに変更があれば、それらは破棄される
git remote	現在のリポジトリにあるリモートの名前を表示する（複数あるかもしれない）
git remote -v show	リモートの名前を、対応するリモートURLとともに表示する
git remote add bob ../math.bob	bobという名前のリモートを追加する。そのリモートは、ローカルリポジトリ../math.bobを指し示す
git ls-remote REMOTE	リモートリポジトリREMOTEのリファレンスを表示する（現在のローカルリポジトリを指定するには、REMOTEとして.を使う）
GIT_TRACE_PACKET=1 git ls-remote REMOTE	リモートとのネットワーク通信の内容を表示する

変更をプッシュ（送出）する

この章の内容

Gitで共同作業を行う方法について学習を続けよう。これまで学んだのは、リポジトリの複製（git clone）とリモートとの通信（git remote）である。前の章では、あなたのローカルコンピュータに図13.1に示す環境を作った。クローンとリモートの作成は、これから学ぶ2つのコマンド（git pushとgit pull）のための基礎となる。

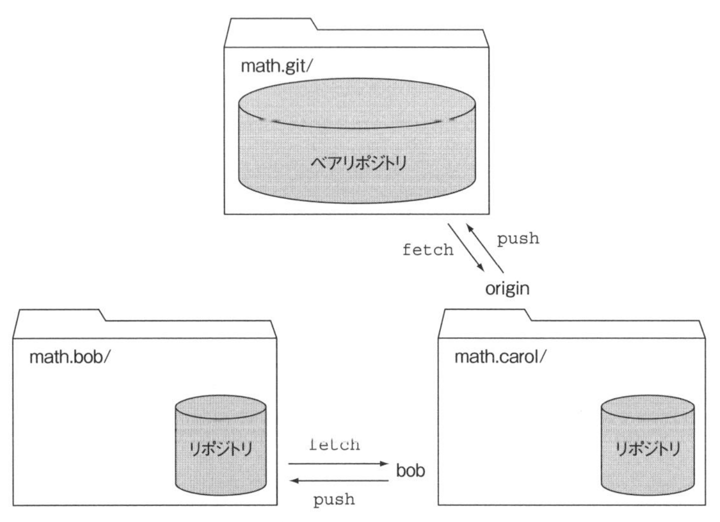

❖図13.1　Carolはファイルをプッシュできる

この章で学ぶgit pushコマンドは、Gitの共同作業の前半に相当する（後半のgit pullは、次の章で解説する）。git pushが重要なのは、それによって変更をシェア（共有）できるからだ。これから学ぶように、git pushはあなたが行った変更を、プッシュ先のリポジトリにマージする。そのとき競合が発生するかもしれないが、その事態から回復する方法も学ぶ。ブランチ内の変更をプッシュするだけでなく、リモートにあるブランチやタグを作成／削除するのもgit pushの仕事だ。それを行う方法もこれから見ていく。

13.1 プッシュは変更をリモートに送り出す

これまで行ってきた作業は、どれもあなたのローカルリポジトリのみに影響を与えるものだった。第12章で学んだgit ls-remoteコマンドを使えば、リモートリポジトリの内容をリストで表示することもできる。これから学ぶgit pushコマンドは、あなたのリポジトリだけでなく他のリポジトリにも直接影響を与える最初のコマンドになる。

13.1.1　パーミッションが必要です

git pushは、他のリポジトリを変更するのだから、そのリモートにgit pushを実行するには、適切な「パーミッション」（permission）が必要である[*1]。

あなたがGitHubから作ったmathクローンで、git pushを試してみよう。

訳注＊1：パーミッションは「使用許可」あるいは「アクセス権」とも呼ばれる。ファイルには一般に「読み込み」「書き込み」「実行」の3つのパーミッションがあり、Unix等のシステムでは「所有者」「グループ」「その他」のユーザーに、これら3つのパーミッションが個別に設定される。普通のファイルは、「所有者」以外のユーザーに「書き込み」パーミッションを与えない設定になる。

演習

math.githubというディレクトリを、既に作ってあることを確認しよう。これは、https://github.com/rickumali/mathから複製した、mathリポジトリのクローンだ。このディレクトリは前章で作成した。プッシュを行うため、次のようにタイプしてみよう。

```
cd $HOME/math.github
git push origin master
```

このとき、GitHubのログインプロンプトでユーザー名（username）とパスワード（password）の入力を求められる。登録済みならばそれらを入力しよう。すると、リスト13.1に示すようなエラーが表示されるだろう。登録していなければ、Ctrl-Cを押すことで、ログインプロンプトを通過できる。

▶リスト13.1　git pushの、パーミッションによるエラー

```
remote: Permission to rickumali/math.git denied to ff-rumali.
fatal: unable to access 'https://github.com/rickumali/math.git/': ⏎
The requested URL returned error: 403
```

このエラーは、あなたがGitHubのユーザー証明を通過したあとで発生するのだが、その理由は、GitHubでこのリポジトリに対してプッシュするためのパーミッションがあなたに与えられていないからだ。前章まで、あなたは自分自身の全部のリポジトリを支配していた。けれども、Gitの共同作業という領域に踏み込むと、適切なパーミッションが必要となる。他のバージョン管理システムほど複雑なパーミッションではないが、それでも存在するのだ。この場合でいえば、リポジトリの所有者である私がこのリポジトリに対してプッシュするためのパーミッションを、あなたに与える必要がある。この件については、第17章と第18章で十分に時間をかけて学ぶことにしよう。

あなたが第12章で作ったリポジトリは、すべてあなたのマシンの管理下にあるのだから、どれでも自由にプッシュできる。だから、あなたのローカルmathリポジトリの間でgit pushを使ってみよう。

13.1.2 プッシュにはブランチとリモートが必要

git pushの働きを見るために、第12章で作ったmathリポジトリを使う。具体的には、bobとcarolのリポジトリと、（あなたのローカルマシンで公式リポジトリにするためベアリポジトリにした）math.gitを使う。図13.2にこれらのリポジトリを示す。

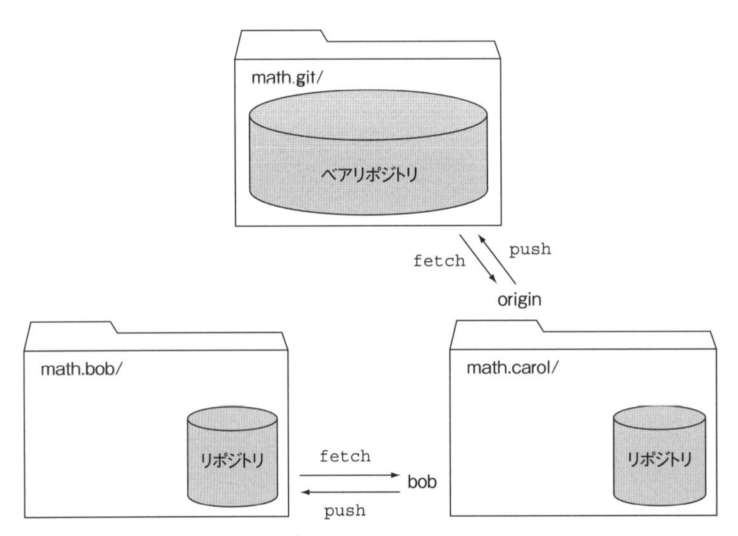

❖図13.2　変更をmath.gitにプッシュする

演習

math.carolディレクトリに入って、そのリポジトリからmath.gitリポジトリにプッシュする。

```
cd $HOME/math.carol
git push origin master
```

Everything up-to-dateというメッセージが出るだけかもしれない*2。

訳注＊2：前章の課題でmath.carolを変更していたら、Everything up-to-dateではなく、次のようなメッセージが表示されるが、このプッシュによってup-to-dateになるから、支障はない。

```
$ git push origin master
Counting objects: 3, done.
Delta compression using up to 8 threads.
Compressing objects: 100% (2/2), done.
Writing objects: 100% (3/3), 309 bytes | 0 bytes/s, done.
Total 3 (delta 1), reused 0 (delta 0)
To C:/usr/local/home/math.git
   71d4c43..724a4f7  master -> master
```

張り合いがないと思われるかもしれないが、それでもGitは大量の仕事をこなしているのだ。つまり、ローカルリポジトリとリモートリポジトリを比較している。もしローカルリポジトリに変更があったら、Gitはその変更をプッシュする。まだ変更を加えていなければ、`git push`は何もしないのだ。

さきほどのコマンドが、どのように構成されているを図13.3に示す。

`git push`コマンドのこの形式には、2個の引数を渡す。ひとつは、あなたが変更をプッシュする相手、すなわちリモートであり、もうひとつはあなたがプッシュしたい変更を含んでいるブランチだ。これは、すべてを明らかに示しているので、最も安全な形式の`git push`だ。この章では、あとにひとつも引数を渡さないとき、どのように`git push`が働くかを見ることになる（また、13.4節の、図13.13で、もうひとつの形式を見ることになる）。

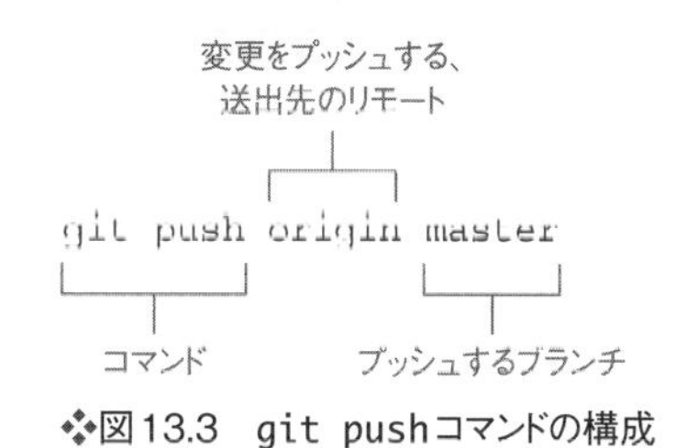

❖図13.3　git pushコマンドの構成

では、実際にcarolからmainリポジトリに変更をプッシュしよう。

演習

math.carolディレクトリで、ファイルをひとつ編集する。次のようにタイプしよう。

```
cd $HOME/math.carol
git checkout master
echo "Added a line here." >> renamed_file
git commit -a -m "Updated renamed_file"
```

まず、masterブランチに入る。次にコミットを行ったら、Gitは（短縮形で）新しいSHA1 IDを表示する。

この時点で、Gitはリモートにない変更をあなたが加えたことを知っている。次のようにタイプしよう。

```
git status
```

すると、次のようなメッセージが現れる。

▶リスト13.2　git statusの出力（リモート追跡ブランチよりも1コミット進んでいます。）

```
On branch master
Your branch is ahead of 'origin/master' by 1 commit.
  (use "git push" to publish your local commits)
nothing to commit, working directory clean
```

このメッセージには、かなり多くの情報が含まれているが、そのほとんどは自明なことだろう。重要なのは、「このブランチは 'origin/master' よりも 1コミット 進んでいます」（your local branch is ahead of 'origin/master' by 1 commit）という行だ[*3]。その新しいコミットは、さきほどrenamed_fileに対して行った変更である。'origin/master'は、リモートoriginにあるブランチmasterを意味する。このメッセージには、`git push`と書かれているが、もっと確実なコマンドを使おう。次のようにタイプする。

訳注＊3：試訳を示す。「このブランチは 'origin/master' よりも 1コミット 進んでいます。（あなたのローカルコミットを発行するには"git push"を使えます）コミットすべきものはなく、作業ディレクトリはクリーンな状態です。」

```
git push origin master
```

この構文は、あなたが、どのローカルブランチでも（いまあなたがいるブランチも含めて）プッシュできることを示している。

この`git push`コマンドは、リスト13.3に示すように、その処理内容と状態を報告するだろう。

▶リスト13.3　git pushコマンドからの出力

```
Counting objects: 7, done.
Delta compression using up to 4 threads.
Compressing objects: 100% (2/2), done.
Writing objects: 100% (3/3), 287 bytes | 0 bytes/s, done.
Total 3 (delta 1), reused 0 (delta 0)
To /Users/rumali/math.git
   4465c54..b9af80a  master -> master
```

Gitは、ここでオブジェクトを圧縮して書き込むという仕事を行っているが、ほとんどの表示は単なるデバッグ出力だと思ってよい。本当に重要なのは最後の1行である。

```
4465c54..b9af80a  master -> master
```

これは、リモートリポジトリ（ディレクトリはmath.git）で、masterブランチのSHA1 IDが、`4465c54`から`b9af80a`に変わった、という知らせである。それは、あなたが新しいコミットを、このリモートにプッシュしたからだ。では、math.carolリポジトリで最後に行われた2回のコミットについて、SHA1 IDを調べよう。

演習

このリポジトリで最近行われた2つのコミットについて、SHA1 IDのリストを表示させ、それらが`git push`コマンドの報告と一致することを確認する。次のようにタイプしよう。

```
git log -2
```

ここで使っている-2というスイッチは、-n 2の短縮形で、git logの出力をコミット2回に制限する。このコマンドの出力は、次のようなものになるはずだ。

▶リスト13.4　git log -2の出力

```
commit b9af80a0d435ef74f5c72197311544c37a23ea91
Author: Rick Umali <rumali@firstfuel.com>
Date:   Thu Aug 21 20:30:27 2014 -0400

    Updated master/renamed_file

commit 4465c540dc79718076bcf66951d27fb65152a895
Author: Rick Umali <rickumali@gmail.com>
Date:   Wed Aug 6 08:54:56 2014 -0500

    A small update to readme.
```

比較してみると、最後の2回のコミットはgit pushの出力4465c54..b9af80a master -> masterに対応している。git push出力は、先にブランチの古いSHA1 ID（4465c54）を、そのあとにプッシュ後の新しいSHA1 ID（b9af80a）を報告している。

13.1.3　git pushの成功を確認する

このプッシュを分かりやすく説明するために、図13.4を描いた。コミット（Aというラベルの短い縦線）によって、ローカルリポジトリ（右下にある、math.carol）のmasterブランチに何か変更が追加された。その変更を、リモートのmath.gitリポジトリにプッシュすると、そのコミットが対応する変更とともにリモートに送られる（Bというラベルの長い矢印）。

あなたが行った新しいコミットが、リモートリポジトリに送られていることをどうすれば調べられるだろうか。第12章で学んだgit ls-remoteコマンドを使えば、リモートリポジトリの

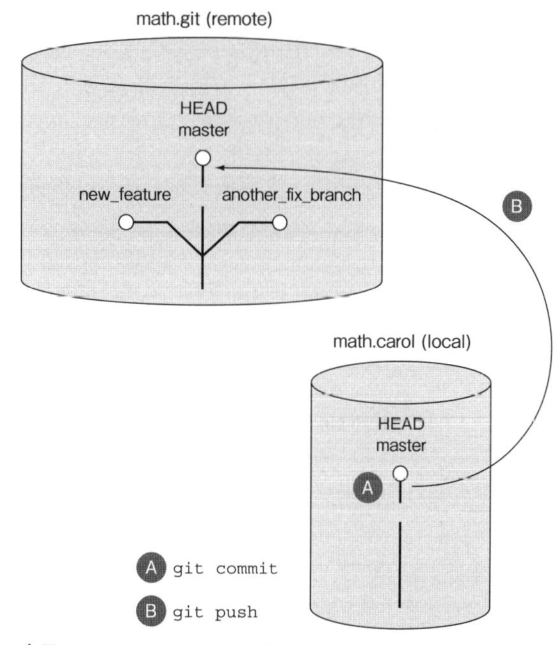

❖図13.4　git pushの図解

ブランチを問い合わせることができる。これを使って、リモートに最新のSHA1 IDがあることを確認できる。

演習

math.carolディレクトリの中で、次のようにタイプする。

```
git ls-remote origin
```

このコマンドの出力を見よう（リスト13.5）。注目すべきポイントは、`refs/heads/master`というリファレンスだ。これには、あなたが最後に行ったコミットと同じSHA1 IDが含まれているはずだ。

▶リスト13.5　git ls-remote originの出力

```
From /Users/rumali/math.git
b9af80a0d435ef74f5c72197311544c37a23ea91   HEAD
23d30770e5b8b0e42bc5927a0a348a6912963aff   refs/heads/another_fix_branch
b9af80a0d435ef74f5c72197311544c37a23ea91   refs/heads/master
fc85daffa32ce38362b28ed846cdd12fff5429c5   refs/heads/new_feature
f4b5a261dfdcdc5d9081b2ecc252a62f198b01c3   refs/tags/four_files_galore
ef47d3fd293bc13321270e88af284f63d6f85f84   refs/tags/four_files_galore^{}
```

これを見ると、`refs/heads/master`のSHA1 ID（`b9af80a`）は、math.carolにおける最後のコミットと同じである（あなたのリポジトリでこのことを確認しよう。そちらのSHA1 IDは、このテキストのSHA1 IDとは違っているはずだ）。

だが、このように目で見て比較するのはちょっと面倒だ。もっと良い方法がある。`git remote`コマンドのshowというサブコマンドを使うのだ。

演習

math.carolディレクトリの中で次のようにタイプする。

```
git remote -v show origin
```

すると、次のリストに示すような出力が得られる。

▶リスト13.6　git remote -v show originの出力（注釈付き）

```
* remote origin
  Fetch URL: /Users/rumali/math.git
  Push  URL: /Users/rumali/math.git ◀──── ❶プッシュURL
```

```
HEAD branch: master ◀────────────── ❷HEADブランチ
Remote branches
  another_fix_branch tracked   +
  master             tracked   + ◀── ❸リモートブランチ(3本)
  new_feature        tracked   +
Local branches configured for 'git pull': ◀── ❹プルできるブランチ
  master merges with remote master
Local refs configured for 'git push': ◀── ❺プッシュできるブランチ
  master pushes to master (up to date)
```

この出力には大量の詳細が含まれているから、注意深く読み進めていこう。プッシュURLは、❶だ。これは、このカレントディレクトリの作成時に`git clone`コマンドで指定した複製元リポジトリである。

もし同じコマンドをmath.githubディレクトリで発行したら、プッシュURLの表示はGitHubのURL（`https://github.com/rickumali/math.git`）になるはずだ。

そのリモートリポジトリの、現在のHEADブランチ❷はmasterだ。もしmath.gitディレクトリでブランチを切り替えたら、それに従って❷も変化するだろう。

リモートで利用できる全ブランチのリストが❸だ。このリモートには、master、another_fix_branch、new_featureという3本のブランチがある。`git clone`を行ったとき、Gitはそのときmath.gitにあったブランチのすべてに、リモート追跡ブランチを作成している。

ローカルブランチについて、❹はリモート側にマージできるブランチを示しているが、これについては次の章で説明する。いまは、この部分が`git pull`に関するものだということだけ認識しておこう。それまで何をチェックアウトしたかによって、この部分に2つ以上のブランチが現れる場合もある。

さらにローカルブランチについて、❺はGitがリモートにプッシュできるブランチを示している。このリストは❹に似ているが、その理由は`git clone`または`git checkout`がカレントブランチ❷を、それに対応するリモートブランチに割り当てるからだ。

❺の行には、`(up to date)`というラベルが付いている。その意味は、ローカルな変更のすべてがoriginと「同期されている」（in sync）ということだ。それは当然のことだろう。いまmath.carolに対して行った変更をmath.gitにプッシュしたばかりなのだから。

では、この出力を、math.bobディレクトリの場合と比較しよう。math.bobのoriginもmath.gitリポジトリである。ただしmath.bobでは、最新の変更を取り込む処理を行っていない。

演習

math.bobディレクトリに入って、次のようにタイプしよう。

```
git remote -v show origin
```

これは前回の「演習」と同じコマンドだが、いまは別のディレクトリに入っている。だからローカルはmath.bobのリポジトリだ。これによって、次のような出力が得られるだろう。

▶リスト13.7　git remote -v show origin（同期していない状態）

```
* remote origin
  Fetch URL: /Users/rumali/math.git
  Push  URL: /Users/rumali/math.git
  HEAD branch: master
  Remote branches:
    another_fix_branch tracked
    master             tracked
    new_feature        tracked
  Local branches configured for 'git pull':
    master merges with remote master
Local refs configured for 'git push':
    master pushes to master (local out of date) ←── ❶プッシュできるブランチ
```

❶を見ると、math.bobのローカルブランチmasterが同期していない（`up to date`ではなく、`out of date`になっている）。なぜだろうか。それは、さきほどmath.carolで行った`git push`のおかげでmath.gitリポジトリに変更が生じているのに、math.bobではその変更を取り込む処理をまだ行っていないからだ。

図13.5を見れば、math.bobのローカルブランチmasterが「古くなっている」（out of date）という理由がよく分かるだろう。

図13.5で、Aの矢印は、math.carolからmath.gitに向かう`git push`を示している。この処理によって、新しいコミットがmath.gitに追加されている。ところが、Bの矢印が示す`git pull`はまだ実行されていないので、math.bobには、リモートの更新が取り込まれていない（up to dateではない）。だから、math.bobでの`git remote`コマンドの出力で、同期していないと報告されたのだ。math.bobを同期させる方法は、第14章で学ぶ。

コードベースの同期を保つこと（変更をリモートに戻すプッシュと、新たな変更をリモートから取り込むプル）は循環的な作業である。この章ではプッシュ側を説明しているが、これは同期を保つプロセス全体の半分にすぎないのだ。もしあなたが、あるプロジェクトに貢献するのなら、あなたの変更をプッシュすることが期待される。だが、そのプロジェクトのリポジトリが頻繁に変更されるのなら、新しい変更をあなたのローカル作業ディレクトリに取り込む（pullする）必要があるはずだ。もっとも、あなたがプロジェクトを追跡しているだけなら（たとえば、あるGitリポジトリをエンドユーザーとして利用するだけなら）必要なのは`git pull`だけかもしれない。

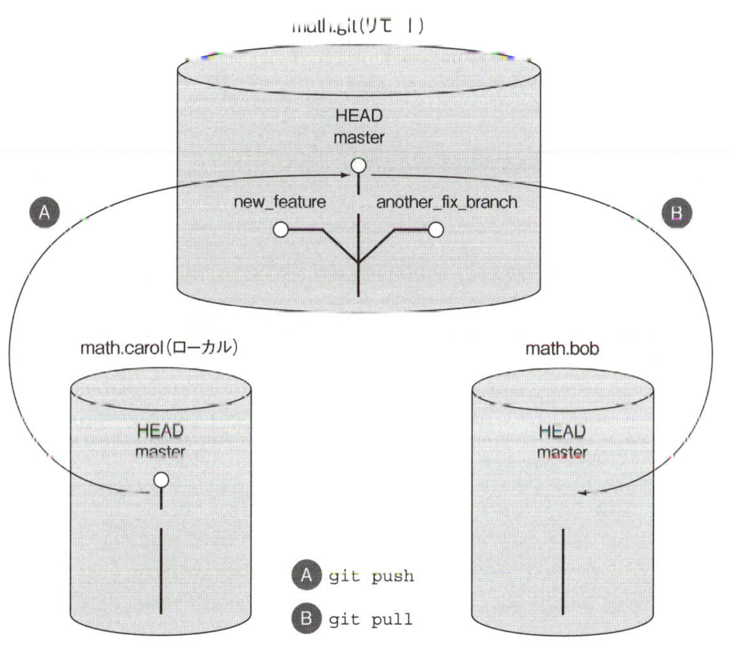

❖図13.5　math.bobは同期していない

13.2 プッシュの競合を理解する

いまは、math.carolへの変更がmath.gitリポジトリにプッシュされているが、math.bobには、math.gitから、その変更を取り入れていない。だから、math.bobは同期していない。この状態で、math.bobに変更を加えたら、何が生じるかを見よう。

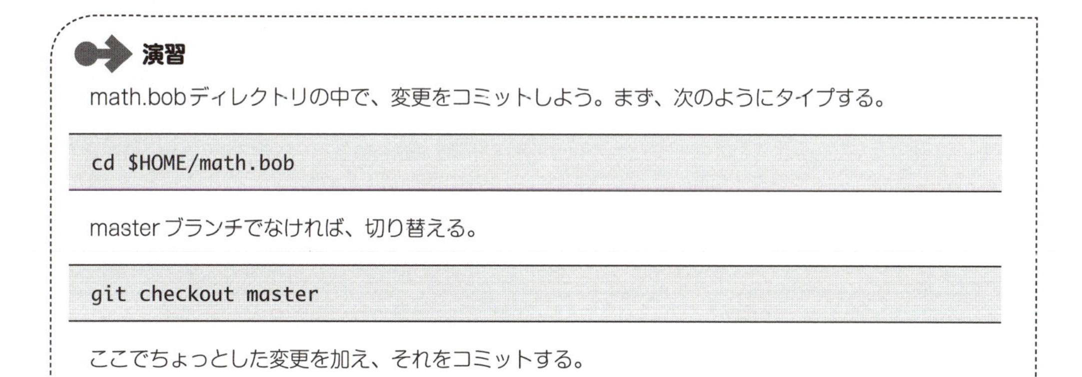

演習

math.bobディレクトリの中で、変更をコミットしよう。まず、次のようにタイプする。

```
cd $HOME/math.bob
```

masterブランチでなければ、切り替える。

```
git checkout master
```

ここでちょっとした変更を加え、それをコミットする。

```
echo "Small change to file" >> another_rename
git commit -a -m "Updating this file."
```

このコミットで、変更がmath.bobリポジトリに入る。その変更をmath.bobのリモートにプッシュするには、次のようにタイプする。

```
git push origin master
```

その結果、次に示すようなエラーメッセージが表示される。

▶リスト13.8　git pushエラー

```
To /Users/rumali/gitbook/math.git
 ! [rejected]        master -> master (fetch first)
error: failed to push some refs to '/Users/rumali/gitbook/math.git'
hint: Updates were rejected because the remote contains work that you do
hint: not have locally. This is usually caused by another repository pushing
hint: to the same ref. You may want to first integrate the remote changes
hint: (e.g., 'git pull ...') before pushing again.
hint: See the 'Note about fast-forwards' in 'git push --help' for details.
```

このメッセージは、注意して読むべきだ[*4]。とくに、次のヒントが重要だ。

`Updates were rejected because the remote contains work that you do not have locally. This is usually caused by another repository pushing to the same ref`[*5]

これは、図13.6に示す状態を記述している。

あなたは先に、math.carolからmath.gitへと変更をプッシュした（ラベルAの矢印）。math.bobから同じ操作を行おうとしたとき（ラベルBの矢印）、Gitが文句を言ったのはmath.bobがmath.gitと同期していないからだ。リモートに対して変更をプッシュできるのは、それらの変更がリモートに存在する変更の子孫である場合に限られる。`git push`は、math.gitリポジトリにマージ（統合）する

訳注＊4：メッセージの詳細を示す。1行目（To）はプッシュ先（この場合はoriginが指し示すmath.gitの場所）を示している。2行目（！[rejected]）は、プッシュが却下されたことを指摘し、プッシュ元とプッシュ先のブランチを示したあとに（fetch first）と呼びかけている（「先にフェッチを行ってください」という意味）。3行めは、「エラー：<リモートリポジトリ>に、なんらかのリファレンスをプッシュできませんでした」という意味。ヒントの最初の部分は、訳注*5に示すので飛ばす。ヒントの残りの部分は「またプッシュする前に、リモートの変更を（`git pull`によって）統合するのが良いでしょう。詳しくは、'git push -help'で表示されるドキュメントの、'Note about fast-forwards'というセクションを、お読み下さい」という意味。

訳注＊5：試訳を示す。「更新が却下された理由は、リモートに、あなたのローカルが持っていない作業が存在するからです。それは普通、他のリポジトリから同じリファレンスに対してプッシュが行われたことが原因です」

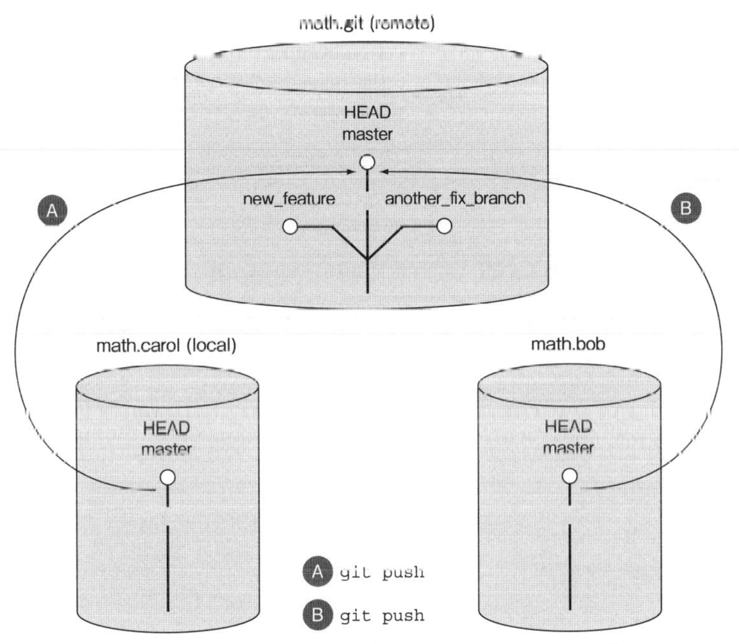

❖図13.6　math.bobとmath.carolの両方が、math.gitにファイルをプッシュしている

のと等価なのだ。

マージについて忘れていることがあれば第10章を読み返そう。Gitでブランチをプッシュできるのは、あなたがプッシュしようとするコミットがリモート上のブランチの子孫である場合に限られる。それが「fast-forward」（早送り）マージだ。

math.carolリポジトリからの`git push`は、その条件を満たしていた（図13.7を参照）。

このプッシュ（リスト13.3に出力を示したもの）が許可されたのは、math.carolの新しいコミットCがコミットBの子孫であり、コミットBがmath.gitリポジトリに入っていたからである。

math.bobリポジトリからの、却下された`git push`は、図13.8に示す状況である。

このプッシュが却下されたのは、math.bobがプッシュしようとしたコミット（D）の親がBであるからだ。math.gitは、コミットBを持っているが、その子はCである。この矛盾を解決するために、math.bobはまず先にmath.gitを取り込まなければならない。そのためには`git pull`コマン

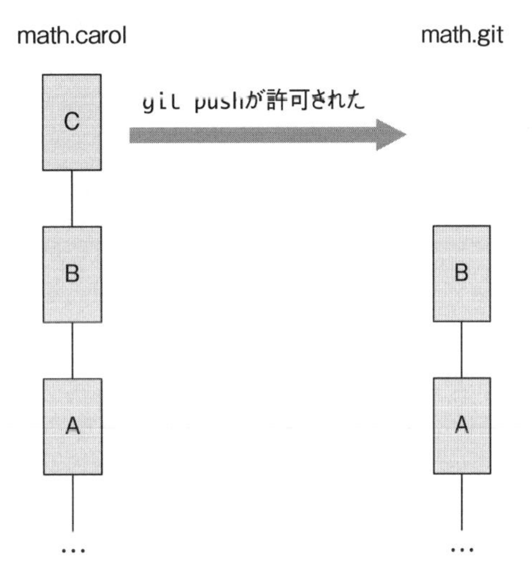

❖図13.7　このプッシュが許可されたのは、math.carolがmath.gitを「早送り」できたから

ドを使う必要がある（詳細は第14章で学ぶ）。

この章の「課題」で紹介するように、git pushコマンドには--forceというスイッチがある。その強制力を発揮してこのエラーを突破することも可能だが、それはリモートリポジトリを、やみくもに変更する強硬な策だ。変更をメインリポジトリにプッシュしたら、それは公開（publish）されたものとみなされる。既に公開された変更を--forceによって上書きしたら、リモートリポジトリから変更を取り込む（pullする）ユーザーに影響を与えることになる。いったんプッシュした変更を書き換えるべきではない。このエラーメッセージが示しているように、変更をリポジトリにプッシュするとき競合が見つかったら、そのリポジトリから変更を取り込むのが先決問題である（それは次の章で行う）。

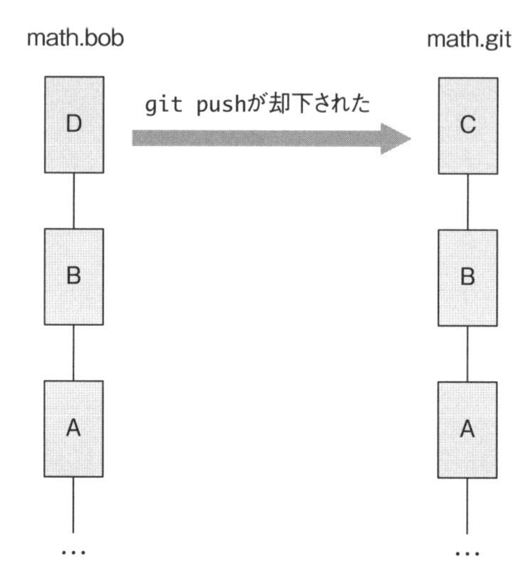

❖図13.8　このプッシュが許可されないのは、math.bobがmath.gitを「早送り」できないから

13.3 ブランチをプッシュする

これまでの節では、git pushに2つの引数を使ってきた。ひとつは複製元のリモート（典型的にはorigin）であり、もうひとつはプッシュするブランチ（典型的には、master）である。この節では、これら2つの引数を省略できるケースについて学ぶ。なぜ省略できるかといえば、git checkoutはローカルブランチとそれに対応するリモート追跡ブランチの名前が一致する場合、それらを自動的に関連付けるからだ。

たとえば、あなたのmath.gitリポジトリには、master、another_fix_branch、new_featureという3本のブランチがある。このリポジトリをmath.carolに複製するとき、git cloneは3本のリモート追跡ブランチを作る。その名前は、remotes/origin/master、remotes/origin/another_fix_branch、remotes/origin/new_featureである。

あなたのクローンに入っているリモート追跡ブランチは、すべて「上流」のバージョンを追跡している。「上流」（upstream）という言葉は、元になった（originalの）ソースを意味する。あなたがローカルブランチのひとつをチェックアウトするとき、それと同じ名前のリモート追跡ブランチがあれば、Gitはそのローカルブランチがリモートブランチを追跡するものだと想定する。

では、上記のリモート追跡ブランチのひとつであるローカルブランチをチェックアウトしよう。それによって、このふるまいを観察できる。

演習

math.carolリポジトリから、リモート追跡ブランチのひとつであるローカルブランチをチェックアウトする。次のようにタイプしよう。

```
cd $HOME/math.carol
git checkout another_fix_branch
```

これによって、次のような出力が得られるだろう*6。

▶リスト13.9 git checkoutの出力

```
Branch another_fix_branch set up to track remote branch ⏎
another_fix_branch from origin.
Switched to a new branch 'another_fix_branch'
```

訳注＊6：試訳を示す。「ブランチanother_fix_branchを、originからのリモートブランチanother_fix_branchを追跡するように、設定しました。新しいブランチ'another_fix_branch'に切り替えました。」

この形式の`git checkout`は、第11章で解析した。another_fix_branchは、既存のリモート追跡ブランチのひとつと同じ名前なので、このコマンドは、`git checkout -b another_fix_branch remotes/origin/another_fix_branch`と等しい。これまで`git push`を学んだので、リスト13.9のメッセージをよく理解できるはずだ。

`git clone`がリモート追跡ブランチを設定し、`git checkout`が、それらのブランチを同じ名前を持つリモートブランチに自動的に関連付けるので、このブランチに対する`git push`は引数なしで呼び出すことができる。

演習

まずは、another_fix_branchにあるファイルのひとつに変更を加えよう。次のようにタイプする。

```
echo "Small change" >> another_rename
git commit -a -m "Small change"
```

これで、あなたのローカルブランチに変更がコミットされた。その結果を見るため、次のようにタイプしよう。

```
git status
```

このコマンドの出力は、ローカルコミットを発行するのに`git push`を呼び出すことができる、と述べている。では、次のようにタイプしよう。

```
git push
```

たしかにリモートブランチもローカルブランチも指定する必要がなかった（ただし、あとで示すリスト13.14のように、push.default設定がないという警告メッセージを受けるかもしれない。このプッシュは期待どおりに実行されるが、この警告の意味を理解するために、13.6節を読んでいただきたい）。

このショートカットは、git checkoutによって設定されたものだ。対応するリモート追跡ブランチを持つブランチをgit checkoutすると、引数無しのgit pushによってそれをプッシュできるようになる。

けれども、新しいローカルブランチを作ったらどうなるだろうか？ その新しいブランチを上流に公開するとしたら？ それを自動的にプッシュする方法はあるのだろうか？

演習

math.carolディレクトリの中で、masterから新しいローカルブランチを作成する。

```
git checkout -b new_branch master
```

このショートカットは第9章で紹介した。このコマンドは、masterをベースとして新しいブランチを作る（その指定が、-bスイッチと、その引数、new_branchだ）。図13.9は、このコマンドをタイプしたことで、あなたの2つのリポジトリに何が起きたかを示している。

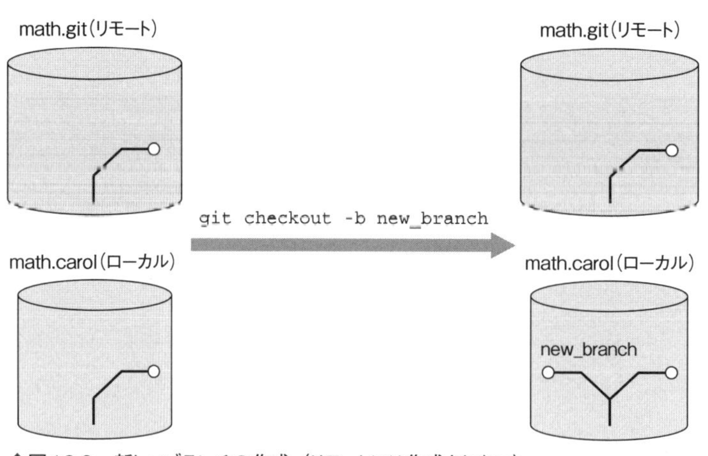

❖図13.9　新しいブランチの作成（リモートには作成されない）

図13.9の左側が実行前の状態であり、さきほどのgit checkoutコマンドを実行したあとが右側である。それを見ると、ローカルリポジトリだけがgit checkoutコマンドによって変更されている。では、この新しいブランチを引数なしで上流にプッシュできるかやってみよう。次のようにタイプする。

```
git push
```

この場合、次のリストのようなメッセージが現れるだろう（push.defaultの設定がないと、前述の長い警告が出て、その先に現れる）。

▶リスト13.10　上流の設定なしでgit pushを行った結果

```
fatal: The current branch new_branch has no upstream branch.
To push the current branch and set the remote as upstream, use

    git push --set-upstream origin new_branch
```

そのメッセージで提案された通りのコマンドを打ち込むことができる。

```
git push --set-upstream origin new_branch
```

いま打ち込んだコマンドは、単にブランチをプッシュするだけでなく、あなたのローカルリポジトリに、そのリモート追跡ブランチを作成する。このコマンドの結果を図13.10に示す。

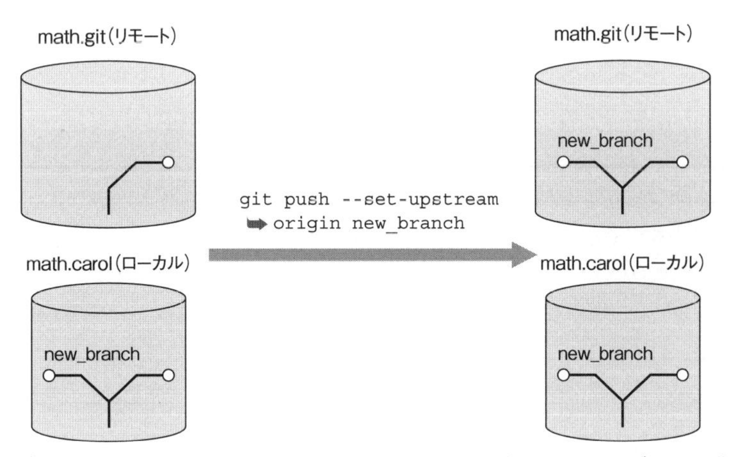

❖図13.10　git push --set-upstreamコマンドを介して、上流のブランチを作る

左側は、git pushを実行する前の2つのリポジトリである。右側は、new_branchがリモートリポジトリにプッシュされたことを示している。

このあとは、new_branchを引数なしでこのリモートにプッシュすることが可能になる。最後のコマンドの出力を次のリストに示す。

▶リスト13.11　git pushによって上流のブランチが設定された

```
Total 0 (delta 0), reused 0 (delta 0)
To c:/Users/Rick/Documents/gitbook/math.git
 * [new branch]      new_branch -> new_branch
Branch new_branch set up to track remote branch new_branch from origin.
```

git pushを--set-upstreamスイッチ付きで実行する必要があるのは最初の1回だけだ。このスイッチを使うと、Gitはその情報を構成ファイルに保存するので、繰り返す必要がなくなる。

● その先にあるもの ●

この--set-upstreamスイッチは上流ブランチ（upstream branch）を設定し、その情報をGitの構成ファイル（configuration file）に書く。Gitの構成ファイルは、git configコマンドでアクセスすることができる。これを使えば、構成に設定されている値をどれでも確認できる。

math.carolディレクトリで、次のようにタイプしてみよう。

```
git config --get-regexp branch
```

このコマンドは、branchという文字列とマッチする構成設定（configuration settings）を取り出す。git configの--get-regexpスイッチは、正規表現（regular expression）による取得（get）を意味するので、この場合、branchという言葉が含まれる設定のすべてが返される。それは次のようなリストになるはずだ。

```
branch.master.remote origin
branch.master.merge refs/heads/master
branch.another_fix_branch.remote origin
branch.another_fix_branch.merge refs/heads/another_fix_branch
branch.new_branch.remote origin
branch.new_branch.merge refs/heads/new_branch
```

それぞれの構成設定が、1個の空白に続けてその値を示している。それぞれの設定が、branch.<name>.remoteとbranch.<name>.mergeのペアになっていることに注目しよう。このため、それぞれのブランチに別々の値を設定できる。あなたが設定で指定するブランチが、<name>の部分だ。

branch.<name>.remoteという構成設定は、プッシュ先のリモートを指定する。branch.<name>.mergeという構成設定は更新すべきブランチを指定する。ただし、プッシュのデフォルト設定は、push.defaultの設定値によっても制御される。push.default設定は非常に重要なので、13.6節で詳しく述べる。

13.4 リモートにあるブランチを削除する

前節では、新しいブランチを作ってそれをリモートにプッシュした。これによってリモートに新しいブランチが作られる。しかし、そのブランチが不要になったときはどうなるのだろう？

ローカルリポジトリの中では、`git branch -d`コマンドによってブランチを削除できる（図13.11を参照）。このコマンドでブランチを削除する方法は、9.3.2項で説明した。

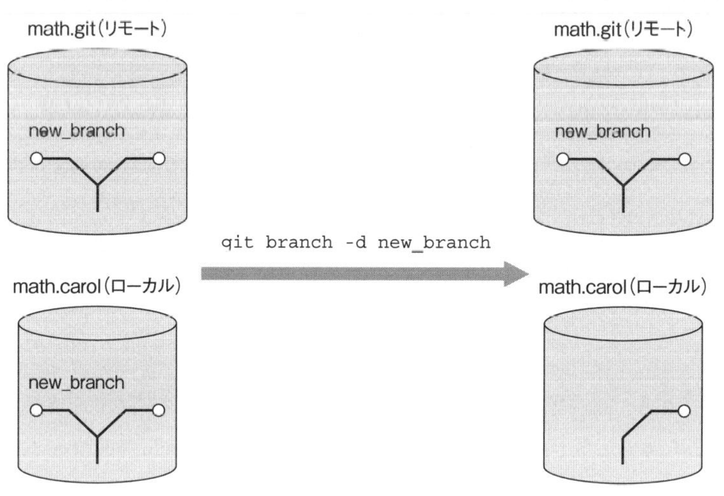

❖図13.11　ローカルブランチを削除しても、リモートブランチは削除されない

図13.11の左側は、ローカルおよびリモートに存在するリポジトリの、`git branch -d`コマンドを実行する前の状態を示している。右側は、そのコマンドを実行したあとの状態だ。それを見ると、new_branchはローカルリポジトリから削除されているが、リモートにはまだ存在している。リモートブランチを削除するコマンドは、`git push`で、コロン（:）のあとにブランチ名を付ける。それを試してみよう。

演習

math.carolリポジトリで、先にローカルブランチの削除を実行する。次のようにタイプしよう。

```
git checkout master
git branch
git branch -d new_branch
git branch
```

最初にmasterブランチをチェックアウトする。これによって、new_branchの削除が可能になる（これから削除しようとしているブランチに居座っているわけにはいかない）。次に、現在のブランチのリストを見る（`git branch`）。それから、ブランチのひとつ（new_branch）を削除し、もう一度、現在のブランチのリストを見る。これで、new_branchをローカルに削除できたことは確認できる。けれども、リモートにはまだそのブランチが存在する。次のようにタイプしよう。

```
git ls-remote origin
```

このコマンドの出力にはnew_branchが入っている。それは、refs/heads/new_branchという名前でリストに入っている。これをリモートから削除するには、次のようにタイプする。

```
git push origin :new_branch
```

これによって、次のリスト13.12に示すメッセージが出てくる。

▶リスト13.12　ブランチを削除したあとのメッセージ

```
To /Users/rumali/gitbook/repo.git
 - [deleted]         new_branch
```

これで、図13.12に示す状態になった。左側は、2つのリポジトリの`git push`を行う前の状態だ。`git push`を行ったあとの右側の図を見ると、リモートリポジトリからもnew branchが削除されている。

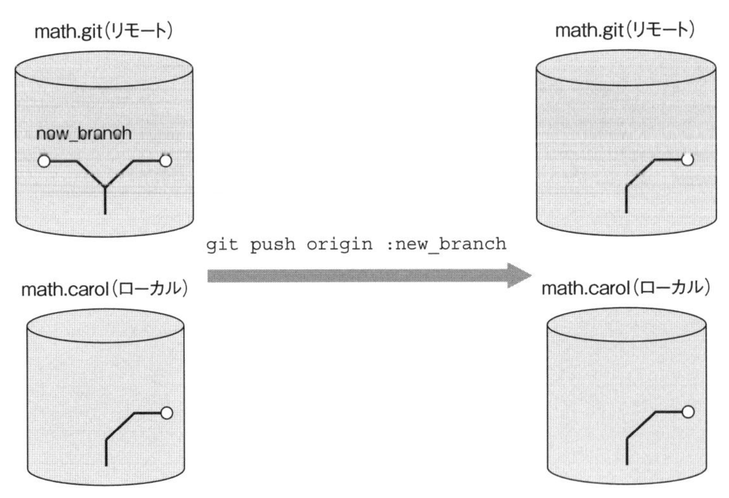

❖図13.12　リモートブランチを削除する方法

`git push`コマンドでコロンを使う場合、このコマンドに渡す最後の引数がより複雑な意味を持う。図13.13に示すように、このgit pushコマンドの最後の引数はrefspec（リファレンス指定）と呼ばれる。これは、コロンで区切られた文字列で、ソース側ブランチ（src）とディスティネーション側ブランチ（dest）の対応を示す。

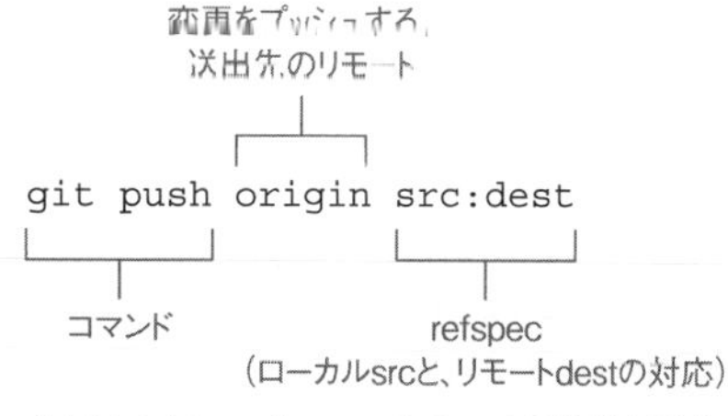

❖図13.13　git pushの、より複雑な構文（refspec付き）

図13.13を見ると分かるが、`git push origin master`を使うのは、`git push origin master:master`を使うのと等価である。Gitは、あなたのローカルブランチmasterを、リモートブランチmasterにプッシュする。この完全な形式から`src`を削除すると、`:master`という文字列が残る。これでGitには「そのリモートブランチを削除せよ」という指示になる。

ただし、この構文を使うときは、本当に注意しなければならない。いったんリモートへのプッシュ権限（パーミッション）を得たら、この形式の`git push`で、どのブランチでも削除できてしまう。この操作に、Gitはセーフティーネットを提供しないのだ。

13.5　タグのプッシュと削除

タグのふるまいも、リモートにプッシュしたり、リモートから削除する処理ではブランチと同様だ。リポジトリを複製すると、複製元リポジトリに含まれていた全部のタグがコピーされる。ローカルリポジトリで作業を続けていると、自分でタグを付けたいときがあるかもしれない。そういうローカルなタグを共同作業をしている人たちと共有するには、それらを個別にリモートにプッシュする必要がある。

演習

math.carolで既存のタグを見よう。次のようにタイプする。

```
git tag
```

four_files_galoreという1個のタグがある。では、このリポジトリに、もうひとつタグを作ろう。次のようにタイプする。

```
git checkout master
git tag -a two_back -m "Two behind the HEAD" HEAD^^
git log --decorate --oneline
```

これは、（最後のコミットである）HEADから2つ前のコミットにtwo_backというタグを付ける。HEAD^^という風変わりな構文は、HEADからコミット2つ戻すという意味だ（これらは第8章で学んだ）。そして最後の`git log`コマンドで、タグがどこにあるかを確認する。

git ls-remoteを使うことで、そのタグがリモートのoriginに存在しないことを確認しておこう。次のようにタイプする。

```
git ls-remote
```

このタグをプッシュするため、次のようにタイプする。

```
git push origin two_back
```

これで、リスト13.13に示すような出力が得られるだろう。

▶リスト13.13　タグをプッシュする

```
Counting objects: 1, done.
Writing objects: 100% (1/1), 166 bytes | 0 bytes/s, done.
Total 1 (delta 0), reused 0 (delta 0)
To /Users/rumali/gitbook/math.git
 * [new tag]         two_back -> two_back
```

ブランチをプッシュする場合と違って、リモートにタグをプッシュすることをgit pushで明示的に指定する必要があり、省略はできない（ただしgit pushには-tagsスイッチがあるが、これはあなたが作成したローカルタグをすべてプッシュするから、それでは都合が悪いときもあるだろう）。

タグを削除するには、前節で示したブランチ削除と同じ構文を使う。

演習

math.carolで、リモートにtwo_backというタグがあることを確認する。

```
git ls-remote
```

そのタグを削除し、リモートから消えたことを確認する。

```
git push origin :two_back
git ls-remote
```

ただし、これによって削除されるのは、リモート側のタグだけだ。ローカルなタグはまだ存在している。これを削除するには、git tagコマンドで-dスイッチを使う。

```
git tag -d two_back
```

13.6 プッシュをsimpleに設定する

2014年にリリースされたGit 2.0で、引数を渡さないときの`git push`の動作を決定する構成に変更が加えられた。引数なしで`git push`を使うと、次のリストのように長大な警告が出てくるかもしれない*7。

▶リスト13.14　git pushの警告メッセージ

```
% git push
warning: push.default is unset; its implicit value is changing in
Git 2.0 from 'matching' to 'simple'. To squelch this message
and maintain the current behavior after the default changes, use:

  git config --global push.default matching

To squelch this message and adopt the new behavior now, use:

  git config --global push.default simple

See 'git help config' and search for 'push.default' for further information.
(the 'simple' mode was introduced in Git 1.7.11. Use the similar mode
'current' instead of 'simple' if you sometimes use older versions of Git)

(以下略)
```

訳注＊7：原著には「Gitの古いバージョンを使っているときに」、というただし書きがあったが、新しいバージョン(2.6.2)で、さらに長い警告が出た。このため、ただし書きの部分を割愛し、以下に、新しいバージョンで現れるメッセージの試訳を付ける。内容は、リスト13.14と同様、追加された記述がある(※で始まる段落2つ)。

警告 push.defaultが設定されていません。そのデフォルト値は、Git 2.0で、'matching'から'simple'に変わっています。このメッセージの表示を止め、デフォルト変更後も従来のふるまいを保つには、次の設定を使ってください。

```
git config --global push.default matching
```

このメッセージの表示を止め、新しいふるまいを採用するには、次の設定を使ってください。

```
git config --global push.default simple
```

※push.defaultに'matching'を設定すると、gitはローカルブランチを、リモートブランチに存在し、同じ名前を持つブランチへとプッシュします。

※Git 2.0からは、より控えめな'simple'がデフォルト値として使われています。そのふるまいは、「'git pull'がカレントブランチの更新に使うリモートブランチ」に対応するカレントブランチだけをプッシュする、というものです。

より詳しい情報は、'git help config'で'push.default'を検索してください。('simple'モードは、Git 1.7.11で導入されました。もしあなたが、もっと古いバージョンのGitを使うときがあれば、'simple'と同様な'current'というモードを使ってください)。

この警告が出るのを止めるには、この警告で指定されているコマンド、git config --global push.default simpleを使う必要がある。このコマンドは、simpleという値を、構成のpush.defaultに設定する。そして、--globalスイッチにより、この設定はあなたがアクセスするリポジトリのどれにもグローバルに使われる。

git configについては、第20章で詳しく説明する。

git pushが定義するpush.defaultの構成には、表13.1に示す値のうちどれか1つを設定できる。

❖表13.1　push.defaultのコンフィギュレーションに使える値

push.default 設定値	意味
nothing	sourceとdestinationが指定されなければプッシュしない
current	カレントブランチをプッシュして、同名のブランチを更新する
upstream	動作はcurrentと同様（上流にプッシュする）
simple	upstreamと同様だが、ブランチ名が上流のブランチと同じかをチェックする
matching	リモートに同名のブランチを持つ全部のブランチをプッシュする

詳しい記述は、git configドキュメントのpush.defaultの項にあるので、そちらを読んでいただきたい。初心者に推奨されている値は、simpleだ。これを設定するため、次のようにタイプしよう。

```
git config --global push.default simple
```

このように設定すれば、シェアするつもりのないブランチをリモートにプッシュするミスを予防できる。Gitの開発者たちがこの新しい設定を採用したのは、初心者の混乱を減らすためである。

Gitのコンフィギュレーションは、第20章でもっと詳しく説明しよう。

13.7 課題

git pushコマンドは、自分のリポジトリからコミットを発行（publish）するのに使う。以下の課題は、その認識を強化するのに役立つだろう。また、このコマンドの興味深い側面をいくつか紹介する。

1. git pushのヘルプを読んでおこう。とくに、Note About Fast-Forwardsのセクションを読もう。
2. math.gitからもうひとつのクローンを作り、その新しいクローンでいくつか変更を行ってそれらをプッシュする。他のリポジトリから見て、math.gitが違っていることを確認しよう。
3. ブランチまたはタグを削除する構文では、ブランチ名またはタグ名の前に、1個のコロン（:）を置く。この構文は、refspec（リファレンス指定）の一部である。refspecは、ソースおよびディスティネーションのブランチまたはタグを指定するための略記法（shorthand）だ。このリファレンス指定について、git pushのヘルプにある記述を読んでおこう。

4. 13.2節で見たように、`git push`で指定するローカルブランチを、リモートブランチにマージできないとき(fast-forwardな更新ではないとき)、そのプッシュは失敗する。ただし、`--force`というオプションが存在する。これを使った実験もやっておくとよいが、このスイッチを使うときは注意が必要だ。次の第14章で学習するように、`git push`に失敗したとき推奨されるのは、まず`git pull`を使うという方法だ。

5. 複数のタグを作り、それから`git push --tags`を使ってそれらすべてのタグをリモートにプッシュしてみよう。

6. carolからbobに対してプッシュを試みよう。そのとき表示されるエラーメッセージはどう意味だろうか？

7. `git config`のヘルプで、Filesというセクションとコンフィギュレーション設定の`push.default`を読んでおこう。

13.8 さらなる探究

この章では、Git GUIもgitkもほとんど使っていない。`git push`のサポートは、Git GUIプログラムにあるが、本書を執筆している時点で、gitkにはプッシュのサポートがない。

Git GUIで、Remote（リモート）メニューからPush（プッシュ）を選択しよう。このとき現れるダイアログボックス（図13.14）から、math.gitリポジトリにブランチをプッシュしてみよう。

Git GUIによる`git push`では、ブランチの関係を頭の中に入れておく必要がある。Git GUIから得られるのは、ソースとして利用できるブランチのリストくらいだ。

gitkを使い、ビュー編集で「全てのリモート追跡ブランチ」(All remote-tracking branches）を有効にしておけば（図13.15)、リモート追跡ブランチを見ることができる。

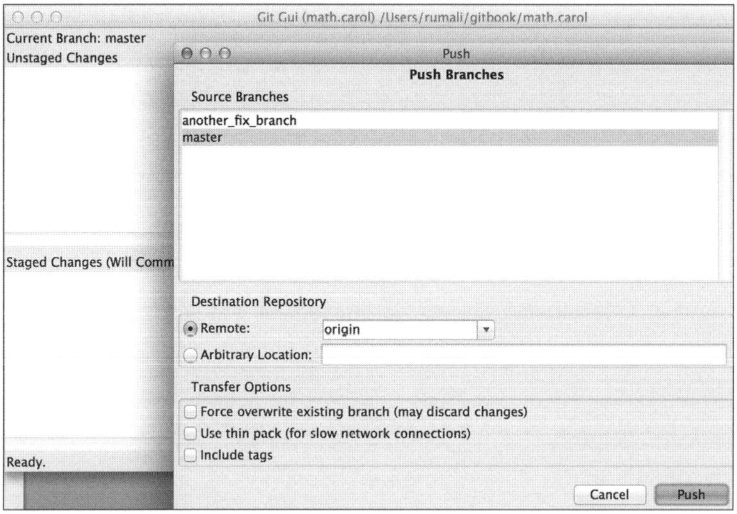

❖図13.14　Git GUIによる`git push`のサポート

このビューを適用してmath.bobリポジトリを見ると、図13.16に示すようなビューを見ることができるだろう。

この図に示す最初の2行（remotes/origin/masterとmaster）を見ると、masterの最後のコミット（`Updating this file`）がリモートに存在しないことが分かる。もしmasterをリモートにプッシュしたら、そのコミットはマージできないので、プッシュは却下されるだろう。

Gitk: edit view View 1 -- criteria for selecting revisions
View Name View 1 Remember this view
References (space separated list):
Branches & tags:
All refs All (local) branches All tags All remote-tracking branches

❖図13.15　リモート追跡ブランチのビューを有効にする

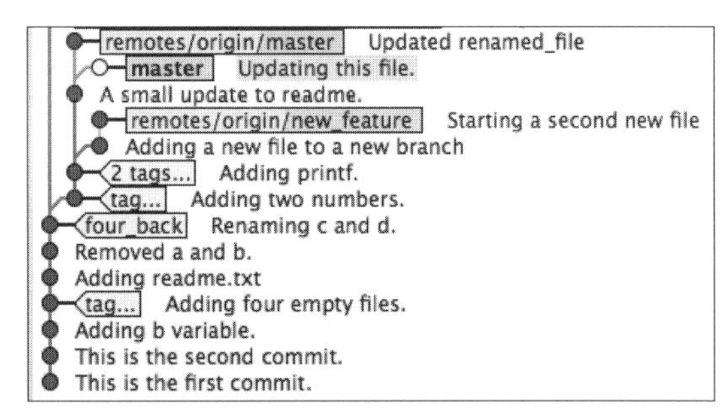

❖図13.16　math.bobでリモート追跡ブランチを見る

13.9 この章のコマンド

❖表13.2　この章で使ったコマンド

コマンド	説明
git push origin master	masterブランチをoriginという名前のリモートにプッシュする
git push	現在のブランチを、デフォルトのリモート追跡ブランチにプッシュする。デフォルトは、`git checkout`または`git push --set-upstream`により設定される
git push --set-upstream origin new_branch	originという名前のリモートにあるnew_branchへのリモート追跡ブランチを作成する
git config --get-regexp branch	名前にbranchという言葉が含まれているGit構成設定のリストを表示する
git branch -d localbranch	localbranchという名前のローカルブランチを削除する
git push origin :remotebranch	remotebranchという名前のリモートブランチを、originという名前のリモートから削除する
git tag -a TAG_NAME -m TAG_MESSAGE SHA1ID	SHA1IDにタグを付ける。タグ名にTAG_NAME、メッセージにTAG_MESSAGEを使う
git push origin TAGNAME	TAGNAMEという名前のタグを、originという名前のリモートにプッシュする
git push --tags	すべてのタグをデフォルトのリモートにプッシュする
git push origin :TAGNAME	originという名前のリモートから、TAGNAMEという名前のタグを削除する
git tag -d TAGNAME	あなたのローカルリポジトリから、TAGNAMEという名前のタグを削除する
git config --global push.default simple	Git構成のpush.defaultを、simpleという値に設定する。これは、あなたがアクセスできるすべてのリポジトリに（グローバルに）設定される

同期を保つ（プル）

この章の内容

Gitを使うソフトウェアプロジェクトの共同作業では、あなたのリポジトリとリモートリポジトリとの間で、同期を保つことが要求される。この章は、リポジトリの同期に役立つgit pullコマンドに焦点を絞る。

変更を取り込むgit pullは、変更を送り出すgit pushとは逆の操作だ。追跡しているリモートリポジトリで行われた変更をgit pullで取り込むことによって同期を保つ方法を、これから学ぶ。また、git pullがgit fetchとgit mergeという2つのコマンドで構成されていることも学ぶ。git mergeは第10章で学んだが、このコマンドがgit fetchとの組み合わせでどのように使われるのかを学べば、git pullで遭遇することの多い問題を理解しやすくなる。

14.1 共同作業のサイクルを完結させる

これまでに、(第11章で) クローンを学び、(第12章の) git remoteコマンドによってリモートへのプッシュ (第13章) が可能になることを知った。図14.1の状態で、あなたのクローン (math.carol) は、リモート (math.git) にプッシュできるだけでなく、リモートをフェッチ (プル) することもできる。

リポジトリを複製するとき、Gitはリモートを作成する。そのリモートによってクローンは、複製元リポジトリへのプッシュと複製元リポジトリからのプルの両方を実行できるようになる。リモートによって共同作業のサイクルを設定するのだ。14.2節で学ぶように、git pullはgit fetchとgit mergeという2つのコマンドで構成される。図14.1で、math.gitからmath.carolに向かう矢印にfetch (pull) というラベルが付いているのは、そのためだ。

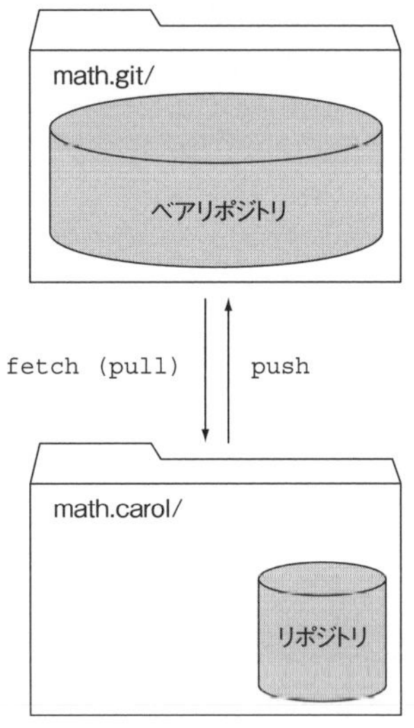

❖図14.1　math.carolとmath.gitとの間で行われる共同作業のサイクル

あなたのコンピュータには、これまでの演習や課題によって、math.gitというリポジトリが構築されている。これを、「公式バージョン」あるいは「公式リポジトリ」とみなして、これまで利用してきた。あなたと共同作業を行う人は、これをソースリポジトリとして使い、あなたのmathプロジェクトの公式なソースコードがそこにあるものと考える。ただしGitに、そのように指定する特別なソフトウェアが存在するわけではない。どれを公式とするかは、プロジェクトのメンバー間で決めることだ。この種の「公式リポジトリ」(official repository) は、中心的なサーバを持たない分散型バージョン管理システムに欠かせないものだ。

変更を加えたら、そのコミットを、(git pushで) 公式リポジトリに発行 (publish) したいだろう。けれども、共同作業をしている人が大勢いるとしたら、変更を発行するのはあなただけではないはずだ。前章で学んだように、変更をリモートにプッシュできるのは自分のリポジトリがリモートと同期している場合に限られる。その同期のために、`git pull`が必要なのだ。

演習

これから、2つのリポジトリが公式リポジトリと同期していない状況を作成する。それから、同期を回復するために`git pull`を使う方法を学ぶ。

この章で使う環境をセットアップする最良の方法は、make_math_repo.shスクリプトを使ってmathディレクトリを再構築することだ。現在のmathディレクトリを使うと、この章のリストの一部と一致しない場合があるので、混乱の元になるかもしれない。

そのスクリプトは、本書のWebサイトからダウンロードしたzipファイルに入っている。実行前に、あなたのmathディレクトリを削除していただきたい（これまでに行った作業を保存したければ、ディレクトリの名前を変更しよう）。そして、スクリプトを用意したら、次のようにタイプする。

```
cd $HOME
bash make_math_repo.sh
```

第9章の「課題」で述べたように、このmake_math_repo.shスクリプトは、mathリポジトリを9.4.2項を実行した後の状態にする。この状態から抜け出すため、次のようにタイプする。

```
cd math
git checkout -f master
```

それから、クローンを作る（既存のmath.git math.carol math.bobを、削除または改名しておく）。

```
cd ..
git clone --bare math math.git
git clone math.git math.carol
git clone math.git math.bob
```

$HOMEディレクトリで次のようにタイプする。

```
git clone math.git math.bill
```

Billのリポジトリを作ったら、そのmath.billの中に入ってコミットを行う。

```
cd math.bill
echo "Small change" >> another_rename
git commit -a -m "Small change"
```

この変更を、math.gitにプッシュしよう。

```
git push
```

これで、図14.2に示す状態になる。

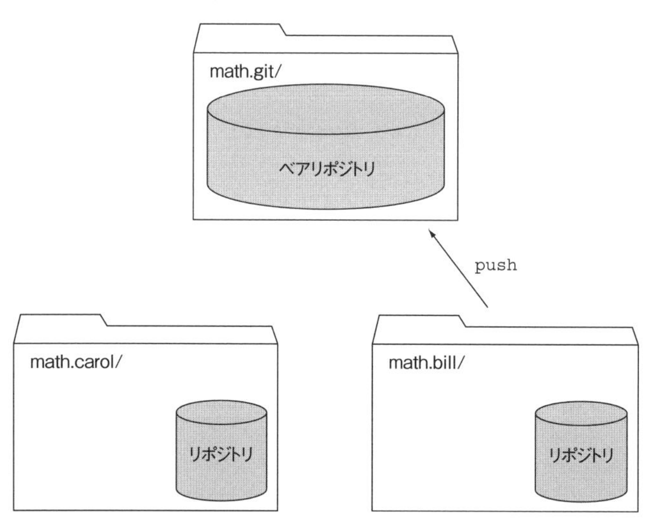

❖図14.2　サイクルの半分（Billからのプッシュ）

図14.3を見ると、small_changeというラベルが付いているコミットがmath.billリポジトリの中にある。**`git push`**を実行すると、math.gitがそのsmall_changeコミットによって更新される。けれども、math.carolは、まだ更新されていない（つまり、small_changeコミットはmath.carolリポジトリに入っていない）。

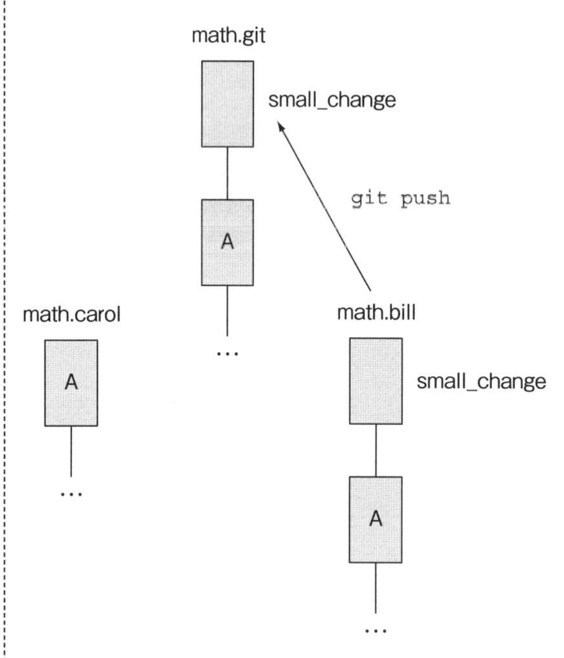

❖図14.3　math.billからプッシュした後のヒストリー

math.carolの側から、math.gitが変わっていることを確認しよう。次のようにタイプする。

```
cd $HOME/math.carol
git remote -v show origin
```

すると、次のリストのような出力が得られるはずだ。

▶リスト14.1 git remote -v show originの出力

```
* remote origin
  Fetch URL: c:/Users/Rick/Documents/gitbook/math.git
  Push  URL: c:/Users/Rick/Documents/gitbook/math.git
  HEAD branch: master
  Remote branches:
    another_fix_branch tracked
    master             tracked
    new_feature        tracked
  Local branch configured for 'git pull':
    master merges with remote master
  Local ref configured for 'git push':
    master pushes to master (local out of date)
```

このリストで、`Local refs configured for 'git push'`のセクションを見ると、masterに`local out of date`というマークが付いている（プッシュの対象であるlocalのmasterが、リモートのmasterよりも古い）。このとき`git push`しようとしたら、エラーが起きる。それを試してみよう。

```
git push
```

こうタイプすると、次のリストに示すエラーが出るはずだ。

▶リスト14.2 math.carolから`git push`しようとした結果（失敗）

```
To /Users/rumali/gitbook/math.git
 ! [rejected]        master -> master (fetch first)
error: failed to push some refs to '/Users/rumali/gitbook/math.git'
hint: Updates were rejected because the remote contains work that you do
hint: not have locally. This is usually caused by another repository pushing
hint: to the same ref. You may want to first integrate the remote changes
hint: (e.g., 'git pull ...') before pushing again.
hint: See the 'Note about fast-forwards' in 'git push --help' for details.
```

math.carolはmath.gitを複製しただけで変更していないのだから、math.carolからの`git push`は何も更新しないはずだ。けれどもGitは、プッシュを行うときは必ずリポジトリの同期をチェックする。このときのmath.carolは、math.gitに加えられた変更と同期していないので、Gitはmath.gitへのプッシュを許可しない。

もしpushが成功したら（強制的な`git push --force`を使えばそうなるが）、math.gitは、math.billからプッシュしたコミットを失ってしまうだろう。だから、math.carolリポジトリをmath.gitと同期させるため、次のようにタイプしよう。

```
git pull
```

これによって次のような出力が得られる（この`git pull`コマンドの出力では、リモートURLの拡張子（.git）が省略されていることに注目しよう）。

▶リスト14.3　成功した`git pull`

```
remote: Counting objects: 8, done.
remote: Compressing objects: 100% (2/2), done.
remote: Total 3 (delta 1), reused 0 (delta 0)
Unpacking objects: 100% (3/3), done.
From /Users/rumali/gitbook/math
   ab05274..e5c34ed  master     -> origin/master
Updating ab05274..e5c34ed
Fast-forward
 another_rename | 1 +
 1 file changed, 1 insertion(+)
```

これで共同作業の「後半」が終わり、図14.4に示すようにサイクルが完結した。

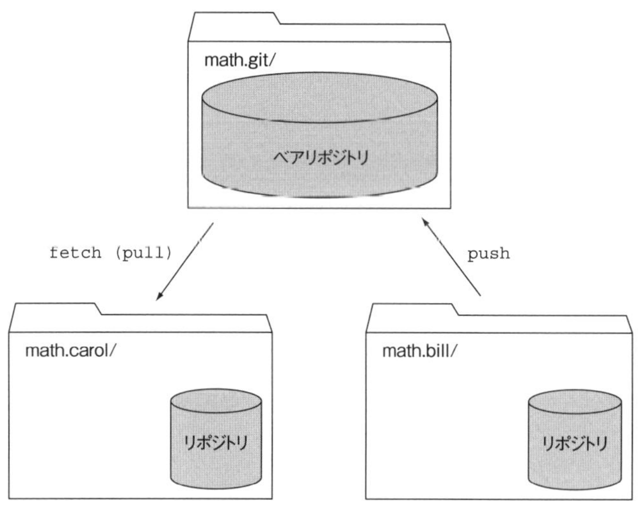

❖図14.4　サイクルの後半を完了させる

図14.5は、完結したサイクルをコミットを使って示している。

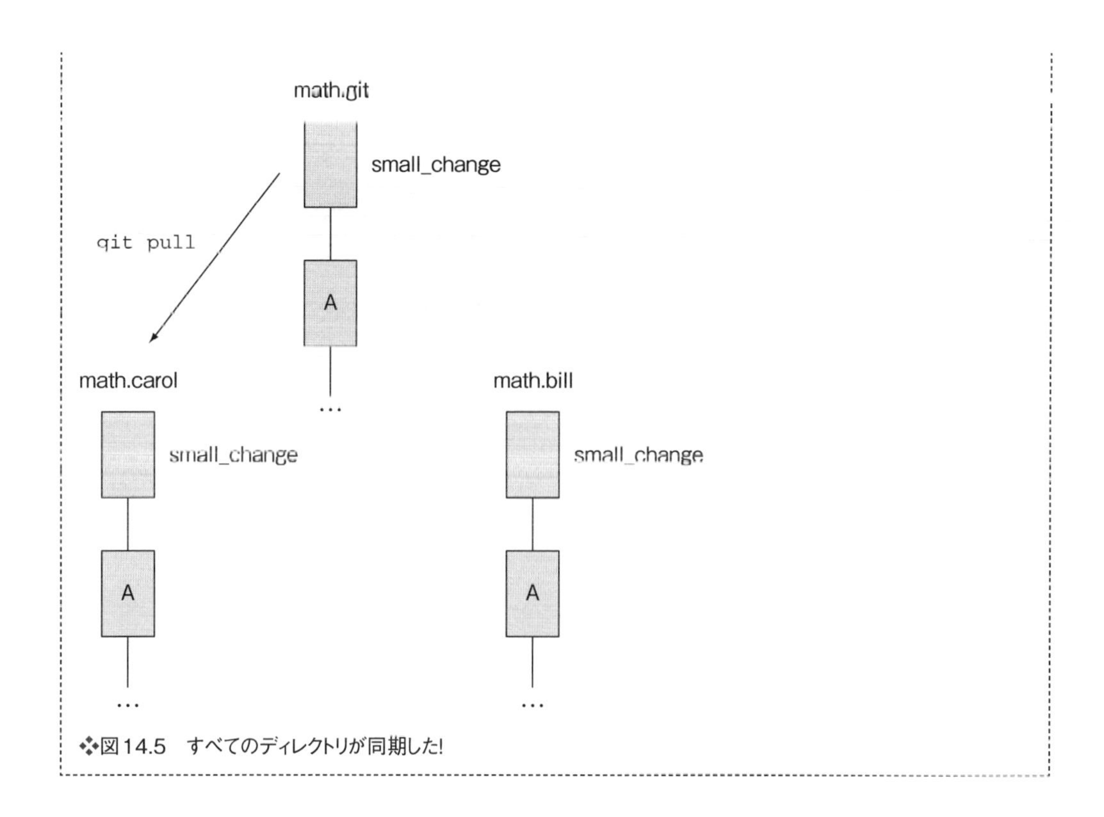

❖図14.5　すべてのディレクトリが同期した!

14.2 git pullを使う（2部構成）

git pullは2部構成の操作だ。第1部は、ローカルリポジトリにリモートリポジトリの内容を取り込む（フェッチする）。第2部でgit pullは、そのローカルリポジトリをリモートリポジトリと同期させるため、ローカルブランチとリモート追跡ブランチのマージを実行する。

このようにマージを行うので、git pullはgit pushよりもはるかに複雑だ。git pullは、ただgit pushを逆にしただけの操作ではない。git pushは、クリーンに（fast-forwardに）マージできる変更だけをプッシュする。それより複雑なマージだと、自動的に処理できず介入が必要になる。つまり、あなた自身がローカルリポジトリのマージを行ってから、その結果をプッシュすることになる。

git pullのヘルプページを読むと、DESCRIPTIONの最初の段落に、次のような記述がある（試訳）：「デフォルトモードのgit pullは、git fetchと、それに続くgit merge FETCH_HEADとの略称です」。この2つのステップを丁寧に調べていこう。そういう詳細を知っていれば、なぜgit pullでときどき衝突が生じるのか、その理由を理解しやすくなるからだ。

14.2.1 リモートリポジトリからファイルを取得する（git fetch）

git fetchは、git pullコマンドの第1段階だ。これは完全に独立したコマンドで、1個のリポジトリからファイルを取り出し、それらをあなたのリポジトリに組み込む。正確に言えば、git fetchが取り出すのはリファレンスだが、それはブランチやタグのことだ。それらは、あなたのローカルリポジトリに届くと、（参照されるファイルとともに）あなたのリポジトリの上に置かれる。これらの新しいリファレンスは、第11章で見たリモート追跡ブランチを使って、追跡される。

演習

このセクションでは、あるリポジトリに変更を作り、それらの変更を、別のリポジトリからフェッチする。変更は、math.billリポジトリで行い、そこからmath.gitにプッシュする。このmath.gitリポジトリを、math.billとmath.carolの両方が、ソースリポジトリ（origin）として使っている。

前に行ったのと同じように、math.billで、ちょっとした変更を加える。

```
cd $HOME/math.bill
echo "Tiny change" >> another_rename
git commit -a -m "Another tiny change"
```

math.billリポジトリだけに存在するコミットが、1つできた。この変更を発行（publish）するため、次のようにタイプする。

```
git push
```

これによって、変更がmath.gitにプッシュされる。これで、pushとpullで構成されるサイクルの前半が終了する（図14.6）。

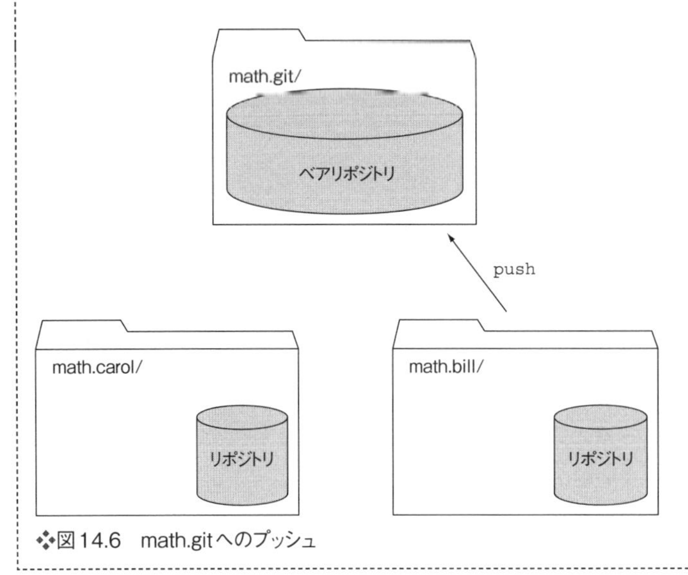

❖図14.6　math.gitへのプッシュ

これまでの実験でわかったように、math.carolとmath.gitを同期させるためには`git pull`を行う必要がある。しかし、いまは`git fetch`を行おう。そうすれば、`git pull`が何を行うかを詳しく観察できるからだ。けれどもその前にmath.carolリポジトリの現在の状態を確認しよう。

演習

math.carolリポジトリで、コミットのログを調べるために次のようにタイプする。

```
cd $HOME/math.carol
git log --decorate --oneline --all
```

これによって、次のリストのような出力が現れる（ただしSHA1 IDは異なる）。

▶リスト14.4　`git log --decorate --oneline --all`の出力

```
195f2a1 (HEAD, origin/master, origin/HEAD, master) Small change
9517faf A small update to readme.
3682ea9 (origin/new_feature) Starting a second new file
eff9bb7 Adding a new file to a new branch
ebe9470 Adding printf.
133c8e4 Adding two numbers.
9a3e7f4 (origin/another_fix_branch) Renaming c and d.
a405b46 Removed a and b.
 ...
```

`--decorate`スイッチは、`git log`出力に主な情報を追加する。それによって、出力を理解しやすくなるのだ。リスト14.4で注目すべき所は、次の3行である。

```
195f2a1 (HEAD, origin/master, origin/HEAD, master) Small change
```

```
3682ea9 (origin/new_feature) Starting a second new file
```

```
9a3e7f4 (origin/another_fix_branch) Renaming c and d.
```

それぞれのエントリには、コミットのSHA1 IDと、括弧で囲まれたリファレンスのリストと、ログメッセージの引用が含まれている。リファレンスの前に`origin/`が付いているのは、リモート追跡ブランチである。

第1行は、math.carolリポジトリの現在のコミットを示していて、そのSHA1 IDは`195f2a1`である（あなたのSHA1 IDは違っているだろう）。あなたの作業ディレクトリはこのコミットを参照していて、そのことがHEADというラベルによって示されている（第8章で使った「たとえ」で言えば、HEAD（頭）は再生ヘッドのようにいつも現在のブランチを指している）。

第1行の、カッコで囲まれたラベル（デコレーション）を見ると*1、これがmasterブランチだということもわかる。そして、リモートリポジトリ（math.git）が、origin/masterとorigin/HEADの両方のリモート追跡ブランチについて、いまは同じSHA1 IDを持っていることも判明する。ここで指摘すべき重要なポイントは、あなたが`git fetch`または`git pull`を実行するまで、これらのリモート追跡ブランチは更新されないという事実である。

第2行と第3行は、リモート追跡ブランチのorigin/new_featureとorigin/another_fix_branchをそれぞれのコミット（`3682ea9`と`9a3e7f4`）によって示している。このリストには、ローカルブランチがない（あなたのリストには、あるかもしれない）。けれども重要なのは、リモート（math.git）で、new_featureとanother_fix_branchがこれらのコミットであるということだ。

これをgitkプログラムで確認してみよう。

訳注＊1：デコレーションは、gitのバージョンによって異なるようだ。git version 2.5.0および2.6.2では、`(HEAD -> master, origin/master, origin/HEAD) Small change`と表示された。

演習

math.carolリポジトリで、次のようにタイプする。

```
gitk
```

「ビュー編集」(view configuration) の画面で、「全ての（ローカルな）ブランチ」(all (local) branches) と、「全てのリモート追跡ブランチ」(All remote-tracking branches) を表示するように設定する（図14.7）。後者を設定していないと、リモート追跡ブランチを示すラベルが出てこない。

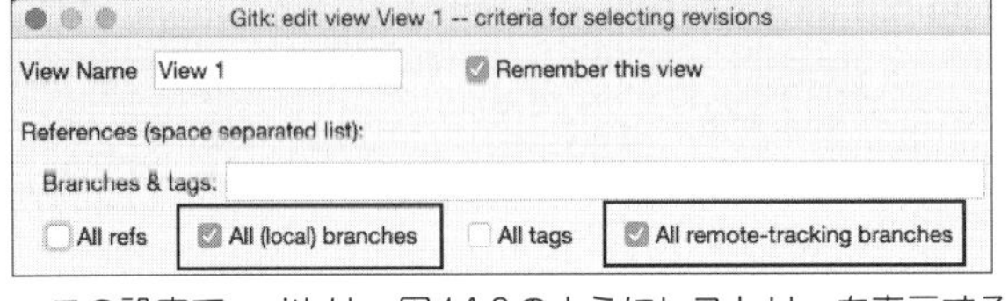

図14.7
gitkのビュー編集で、ローカルブランチとリモート追跡ブランチを全部表示させる

この設定で、gitkは、図14.8のようにヒストリーを表示するだろう。

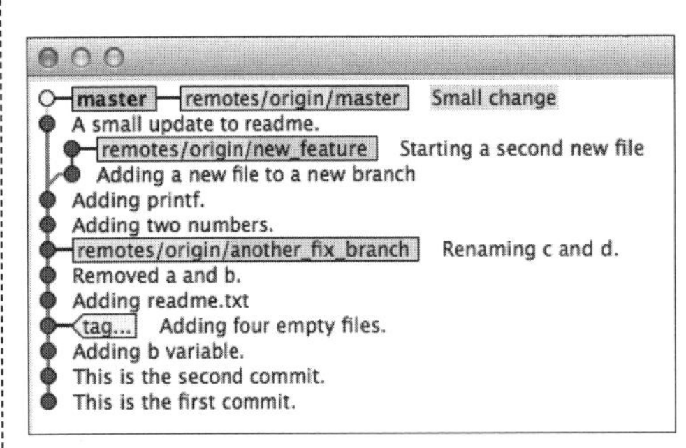

図14.8　gitkが表示するヒストリー。リモート追跡ブランチのラベルが加わっている

もし、あなたのgitkでビューの表示が違っていたら、「ビュー編集」（Edit view）の「その他のオプション」（Miscellaneous options）で、「簡易な履歴」（Simple history）がクリックされていないかチェックしよう。11.1.2項で見たように、このオプションを選択していると、表示がかなり簡易化されてしまう。ビューを確認したら、gitkを終了する。

これでmath.carolのログを確認できたから、次に`git fetch`を実行しよう。これによってmath.carolリポジトリが更新され、それまであったオブジェクトの上に新しいオブジェクトが置かれる。

演習

次のようにタイプする。

```
cd $HOME/math.carol
git fetch
```

すると、次のような出力が得られるだろう。

▶リスト14.5　git fetchの出力

```
remote: Counting objects: 9, done.
remote: Compressing objects: 100% (2/2), done.
remote: Total 3 (delta 1), reused 0 (delta 0)
Unpacking objects: 100% (3/3), done.
From /Users/rumali/gitbook/math
    195f2a1..7746e35  master     -> origin/master
```

さらに、リモートブランチが更新されていることを確認するため、前回と同様、次のようにタイプする。

```
git log --decorate --all --oneline
```

その結果、次のリストに示すような表示が得られる。

▶リスト14.6　git log出力（git fetchの実行後）

```
7746e35 (origin/master, origin/HEAD) Another tiny change
195f2a1 (HEAD, master) Small change
9517faf A small update to readme.
3682ea9 (origin/new_feature) Starting a second new file
 ...
```

このリストが、リスト14.4と違っていることを確認できるはずだ。最初の2行に注目しよう。

```
7746e35 (origin/master, origin/HEAD) Another tiny change
195f2a1 (HEAD, master) Small change
```

これを見ると、現在のHEAD（master）は、第2行でいまも`195f2a1`を指し示しているが、masterのリモート追跡ブランチ（origin/master）は`7746e35`で、それが第1行にある。これを、gitkでも見ておこう。math.carolディレクトリで、次のようにタイプする。

```
gitk
```

すると、図14.9に示すようなビューが現れるだろう。

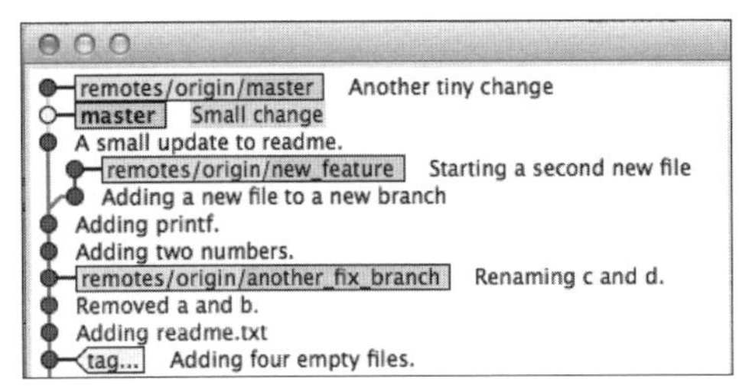

❖図14.9　リモートのorigin/masterが、ローカルのmasterブランチよりも先に進んでいる

これで明らかになったと思うが、`git fetch`は新しいオブジェクト（masterへの新しいコミット）を取り込んで、あなたのローカルリポジトリの上に重ねて置いたのだ。この状態を、第9章と第10章で使ったブランチの図を使って表現すると、図14.10のようになる。

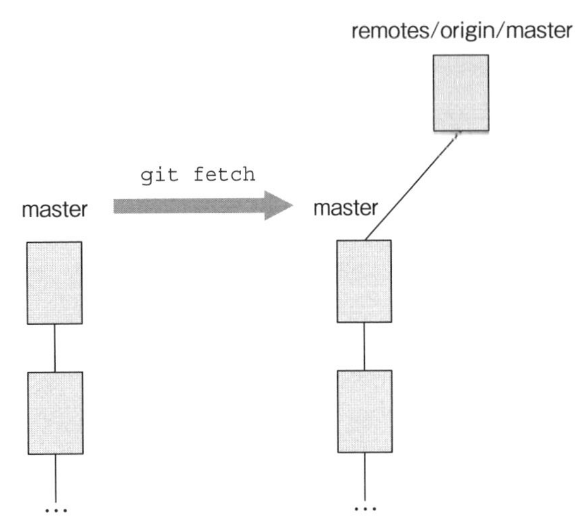

❖図14.10　フェッチの実行後、新しいコミットがローカルリポジトリの上に置かれている

このローカルリポジトリをリモートと一致させるには、マージを行う必要がある。

14.2.2 2本のブランチをマージする（git merge）

git pullの第2の段階は、git merge FETCH_HEADの実行だ。FETCH_HEADとは何か？ それは前項でフェッチしたリモートブランチへのリファレンスだ。図14.11を見ていただきたい。

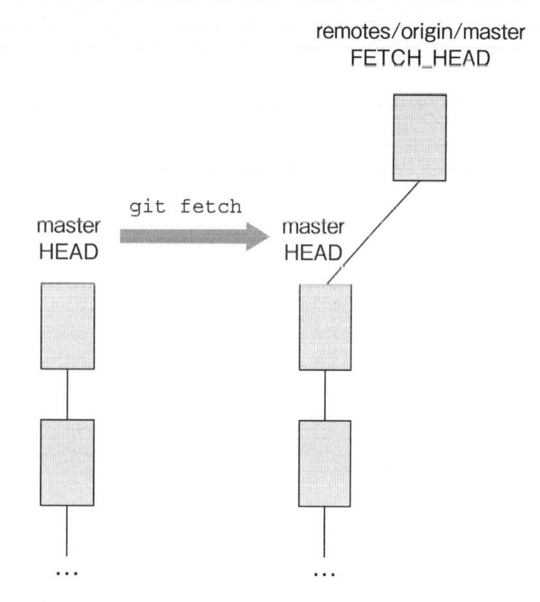

❖図14.11 HEADとFETCH_HEADによる参照（図14.10にラベルを追加したもの）

図14.11を図14.10と比較してみよう。git fetchを実行すると、FETCH_HEADにはリモートにあるHEADのSHA1 IDが必ず含まれる。そしてgit mergeは、これを使ってその変更をあなたのブランチにマージできる。HEADがカレントブランチを指しているのと同様に、FETCH_HEADはフェッチした中で最新のリモート追跡ブランチを指している。

なお、HEADとFETCH_HEADが大文字であることに注意。これらの名前について、Gitは大文字と小文字を区別するのだ。

演習

FETCH_HEADを調べて、それがremotes/origin/master（リモート追跡ブランチ）と同じであることを確認しよう。math.carolディレクトリで次のようにタイプする。

```
git rev-parse FETCH_HEAD
```

これによって、リモートのmasterブランチにある最新コミットを指し示すSHA1 IDが得られる。このリモートmasterブランチは、既にあなたのローカルリポジトリに置かれているということを忘れてはいけない。これは、origin/masterという特別な名前によってアクセスできる。次のようにタイプしよう。

```
git rev-parse origin/master
```

このコマンドの出力は、FETCH_HEADで得られたのと同じSHA1 IDだ。

そして、HEADとFETCH_HEADという2つのコミットIDがあるのだから、その2つのブランチの間でどのような差があるのかを、Gitに表示させられる（これは第10章で学んだ）。次のようにタイプしよう。

```
git diff HEAD..FETCH_HEAD
```

これによって、次のリスト14.7に示す出力が得られるはずだ。

▶リスト14.7　git diffの出力

```
diff --git a/another_rename b/another_rename
index 86d347f..fb7f0ae 100644
--- a/another_rename
+++ b/another_rename
@@ -1 +1,2 @@
 Small change
+Tiny change
```

最後に（これが最も重要だが）、FETCH_HEADはgit mergeの引数となる。

演習

実際にマージを行うため、次のようにタイプする。

```
git merge FETCH_HEAD
```

すると、次のリストに示すような出力が得られる。

▶リスト14.8　git merge FETCH_HEADからの出力

```
$ git merge FETCH_HEAD
Updating 195f2a1..7746e35
Fast-forward
 another_rename | 1 +
 1 file changed, 1 insertion(+)
```

この出力は、おそらくあなたの予想通りだろう。math.carolでは何も変更を行っていないのだから、単純な「早送り」（fast-forward）になって、math.billからmath.gitにプッシュされた最新のコミットがこのリポジトリにマージされている。

図14.12は、FETCH_HEADが指し示すブランチ（remotes/origin/master）を、ローカルmasterブランチにマージした状態を示している。git pullが、git fetchとgit mergeの両方を行うということをよく理解していれば、もっと複雑なマージとgit pullに遭遇したとき状況を理解するのに役立つだろう。

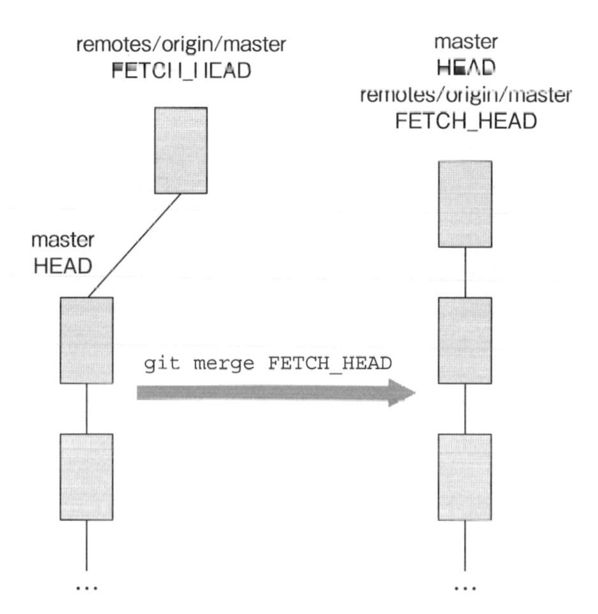

❖図14.12　結果がfast-forwardとなった`git merge`

14.3 git pullのマージ

前節で述べた`git pull`のサイクルは、最も実行が簡単なものだった。なぜかというと、math.billの中で変更を加えそれをmath.gitにプッシュしたとき、math.carolには変更がなかったからである。そのmath.carolの中で`git pull`を行うと、math.billからの変更は早送り（fast-forward）マージとして組み込むことができる。

第10章で学んだマージと同じように、`git pull`におけるマージのステップも、きれいに解決する場合もあればマージの結果として競合が生じる場合もある。

14.3.1 きれいなマージ

「クリーンマージ」（clean merge）とは、Gitが自動的に解決できるマージのことだ。たとえば、もし2つのリポジトリが、同じファイルの同じ行に同じ変更を行っていたとしたら、Gitのマージは、その違いを自分で解決できる。けれども`git pull`は`git merge`を自動的に行うので、予想しなかったGitのふるまいを見て、驚くことがあるかもしれない。

 **演習**

math.carolディレクトリで、新しいコミットを作る。

```
cd $HOME/math.carol
echo "Small change 2" >> another_rename
git commit -a -m "Small change 2 from carol"
```

math.billディレクトリでも、同じことを行う。

```
cd $HOME/math.bill
echo "Small change 2" >> another_rename
git commit -a -m "Small change 2 from bill"
```

この変更をmath.gitにプッシュしよう。math.billディレクトリで次のようにタイプする。

```
git push
```

ここで重要なのは、2つのリポジトリでブランチの先端に「それぞれ別のSHA1 IDを持つコミット」が存在する、ということだ。Gitは、その2つのブランチをマージする必要がある。この点を確認するために、math.carolとmath.billの両方のディレクトリでgitkを実行してみよう。すると、masterブランチに同じ変更が加わっているが、それらのSHA1 IDが異なっていることがわかる（図14.13）。

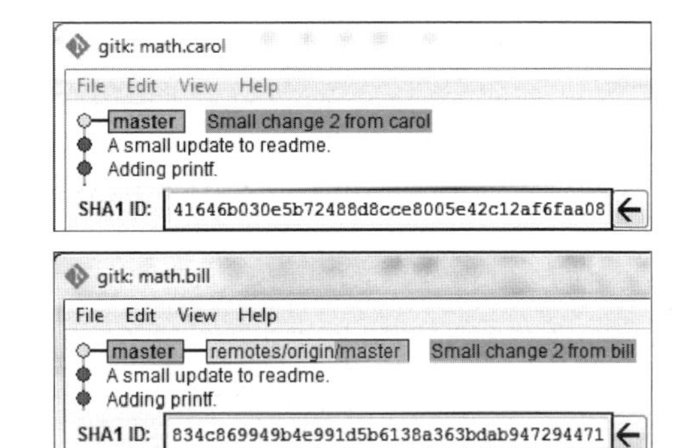

図14.13　まったく同じ変更を行っても、コミットのIDが違っている[*2]

訳注＊2：図の2-3行目の表示は、実行結果と異なっているだろう（図14.16、14.17、リスト14.12も同様）。Another tiny changeと、Small changeのコミットが、A small update to readmeの前にあるはず。

図14.13を見ると、math.carolとmath.billでは最後のコミットのSHA1 IDが異なっている。だからGitには、この2つのブランチをマージする必要が生じる。けれども両方のファイルに同じ変更が加えられているから、Gitは、これらのファイルを自動的にマージできる。ファイルの競合がないからだ。

演習

math.carolディレクトリで、次のようにタイプする。

```
git pull
```

すると、次のどちらかになる。リスト14.9に示すメッセージが出力される（1）か、あるいは図14.14に示すようにGitのデフォルトエディタでテキストファイルを開いた状態（2）になる（デフォルトエディタを変更する方法は、第20章で学ぶ）。（1）は、「自動的にコミットされるクリーンマージ」であり、（2）は、「自動的にコミットされないクリーンマージ」である。

次に示すのは、「自動的にコミットされるクリーンマージ」のリストだ。

▶リスト14.9　クリーンマージの`git pull`（1）

```
remote: Counting objects: 9, done.
remote: Compressing objects: 100% (2/2), done.
remote: Total 3 (delta 1), reused 0 (delta 0)
Unpacking objects: 100% (3/3), done.
From c:/Users/Rick/Documents/gitbook/math
   db106c7..fe04975  master     -> origin/master
Merge made by the 'recursive' strategy.
```

そして図14.14は、「自動的にコミットされないクリーンマージ」である。

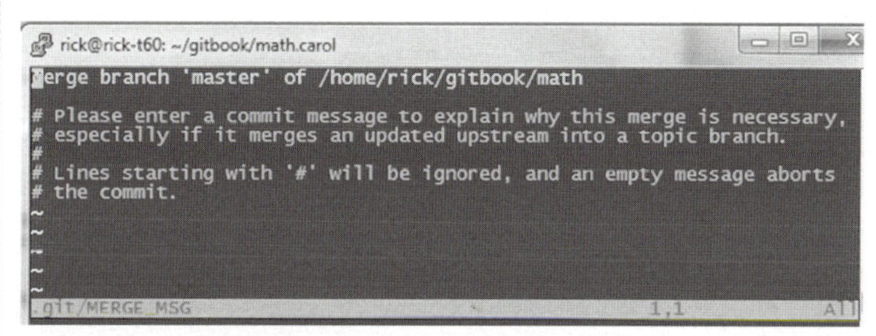

❖図14.14　クリーンな`git pull`によって、Gitのデフォルトエディタに入る（2）

この第2のケースは理解しにくい。何が起きているのだろうか？　このケースを、次の14.3.2項で先に説明しよう。もっと単純な第1のケースは、その次の14.3.3項で説明する。

14.3.2　自動的にコミットされないクリーンマージ

Gitのデフォルトエディタに入った場合、既に`git pull`が`git merge`をきれいに実行していて、ただコミットメッセージをあなたに求めているだけなのだ。だから、図14.14に示すようにエディタウィンドウが開いて、「コミットメッセージを入力してください」（Please enter a commit message）というコメントが出ている。

しかもGitは、デフォルトのメッセージを提供している。あなたがエディタを終了させたら、`git pull`は`git commit`を実行してくれる。

だが詳細を見るため、空のコミットメッセージを作ることでこのマージをキャンセルしよう。

演習

このコラムは、git pullの結果が「自動的にコミットされないクリーンマージ」になった場合のためにある。それは、git pullを行った結果として、エディタウィンドウが出てくる場合だ。もしそうでなければ、あなたのgit pullは「自動的にコミットされるクリーンマージ」なのだから、14.3.3項まで飛ばしていただきたい。

もしあなたが、Gitのデフォルトエディタ（vi）に入ったら、次のように（正確に）タイプしよう*3。

訳注＊3：GNU nanoがデフォルトエディタの場合、操作方法が異なる。たとえば［^K］（Ctrl-K）の繰り返しで全部の行を削除し、画面をクリアしたところで、［^O］で保存（Enter）、［^X］で終了。

```
:%d
:wq
```

第1行は、現在のエディタメッセージから全部の行を削除する。第2の行は、メッセージを保存して終了する。これで、空のメッセージ（empty commit message）ができる。メッセージが空なので、git pullが実行したgit commitは失敗する。そのとき、あなたのスクリーンは、次のリストのようになっているはずだ。

▶リスト14.10　クリーンマージ：自動的なコミットメッセージをキャンセルした後

```
remote: Counting objects: 8, done.
remote: Compressing objects: 100% (2/2), done.
remote: Total 3 (delta 1), reused 0 (delta 0)
Unpacking objects: 100% (3/3), done.
From c:/Users/Rick/Documents/gitbook/math
   e150c19..834c869  master     -> origin/master
error: Empty commit message.
Not committing merge; use 'git commit' to complete the merge.
```

この出力で重要なのは、次の行だ。

```
e150c19..834c869  master     -> origin/master
```

これは、e150c19という（古い）コミットが、834c869という（新しい）コミットで更新された、という意味である。そして、最後に表示されたNot committing mergeで始まる行は、mergeコマンドからの出力である。これは、現在はマージの途中だ、という意味だ。これらはすべて、gitkを使って、あるいはgit statusを使って確認できる。

演習

math.carolで、いま自動的なコミットメッセージをキャンセルしたところなら、次のようにタイプする。

```
git status
```

すると、次のリストに示す出力が得られるはずだ。

▶リスト14.11　マージをキャンセルした後のgit status出力

```
On branch master
Your branch and 'origin/master' have diverged,
and have 1 and 1 different commit each, respectively.
  (use "git pull" to merge the remote branch into yours)
All conflicts fixed but you are still merging.
  (use "git commit" to conclude merge)

nothing to commit, working directory clean
```

このメッセージは、最初は難解に思える。このステータスメッセージの最初の行は、Your branch and 'origin/master' have diverged（あなたのブランチと'origin/master'は分岐しています）と言っているが、その意味は、この2つのブランチがもう同じ開発路線上にない（枝分かれしている）ということだ。その次の行にある、1 and 1 different commit each, respectively（それぞれに、1個と1個の、異なったコミットがある）というのは、あなたのブランチ（いま、あなたはmasterブランチにいる）に新しいコミットが1個あり、origin/masterにも新しいコミットが1個あるということだ。この行の意味を理解するために、さきほどの行にもういちど注目しよう。

```
e150c19..834c869  master     -> origin/master
```

これは、コミット834c869が、e150c19の先に追加された（あるいは、origin/masterがmasterの上に追加された）という意味なのだ。この状態を、図14.15に示す。

これは、math.carolディレクトリでgitkを実行することによって、図14.16のように見ることができる。

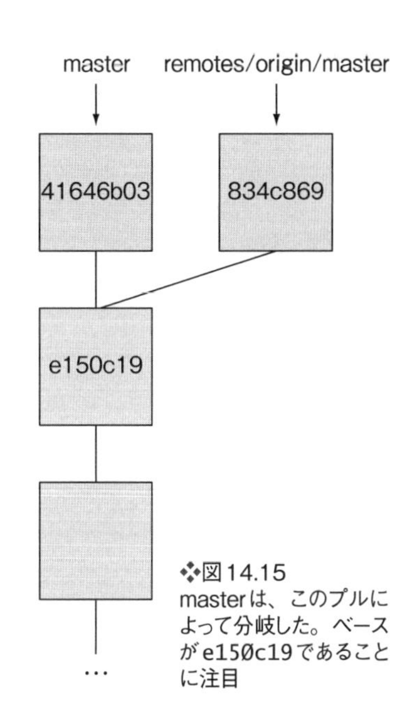

❖図14.15
masterは、このプルによって分岐した。ベースがe150c19であることに注目

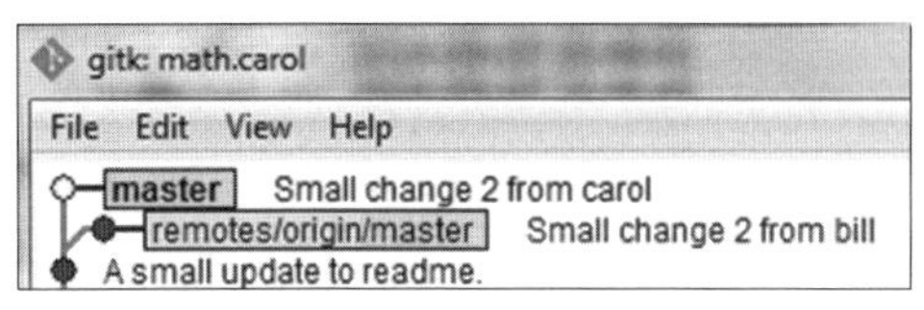

❖図14.16　分岐が発生している

最後に、git logで-graphスイッチを使うことによって、同様なグラフを描くことができる。

演習

math.carolディレクトリで、次のようにタイプする。

```
git log --decorate --graph --oneline --all
```

この出力の最初の部分は、次に示すリストと同様になるはずだ。

▶リスト14.12　git logによるグラフ出力

```
* 41646b0 (HEAD, master) Small change 2 from carol
| * 834c869 (origin/master, origin/HEAD) Small change 2 from bill
|/
* e150c19 A small update to readme.
```

最初の2行が、どういう順序で現れるかは問題ではない。どちらとも決めかねるからエディタが起動されたのだ。Gitは、デフォルトのメッセージを提供しつつ、それに代わる新しいコミットメッセージをあなたが入力できるようにしている。そうすれば、共同作業を行っている人たちに、なぜマージが発生したかを説明するようなコミットメッセージを提供できる。

演習

空のコミットメッセージで中断させたマージを完了させよう。次のようにタイプする。

```
git commit
```

すると、Gitのデフォルトエディタの画面に移行する（それは、-mスイッチでメッセージを渡していないからだ）。このとき、自動的に生成されたコミットメッセージが現れる。話を簡単にするため、これを受け入れることにしよう。次のようにタイプする*4。

訳注＊4：ZZは、viのコマンドで、:wqと同じ働きをする。なお、GNU nanoがデフォルトエディタの場合、操作方法が異なる。この場合、[^O] で保存、[^X] で終了。

```
ZZ
```

するとコマンドラインのプロンプトに戻り、次のリストに示すような短いメッセージが出ている。

▶リスト14.13　典型的なマージのメッセージ

```
[master 655cbee] Merge branch 'master' of /home/rick/gitbook/math
```

14.3.3　自動的にコミットされるクリーンマージ

自動的にコミットされるクリーンマージでは、Gitがコミットメッセージを作成してコミットする。その場合、git commitを実行する必要はまったくない。しかし、コミットメッセージを編集する機会も得られないことになる。もしマージが自動的にコミットされたら、git log -1とタイプすれば自動的に生成されたコミットメッセージを見ることができる（リスト14.14を参照）。

▶リスト14.14　mergeコミット

```
commit 655cbee109eadd98d894639ad57f35ff7ce5bf59
Merge: 41646b0 834c869 ◀──── ❶このコミットの両親
Author: Rick Umali <rickumali@gmail.com>
Date:   Sat Sep 13 14:39:11 2014 -0400

    Merge branch 'master' of c:/Users/Rick/Documents/gitbook/math
```

このコミットは、2つの親（リストの❶に書かれている41646b0と834c869）を結合して1個の新しいコミットにしている（655cbee）。ここでgitkを開いたら、そのマージを見ることができるだろう（図14.17を参照）。

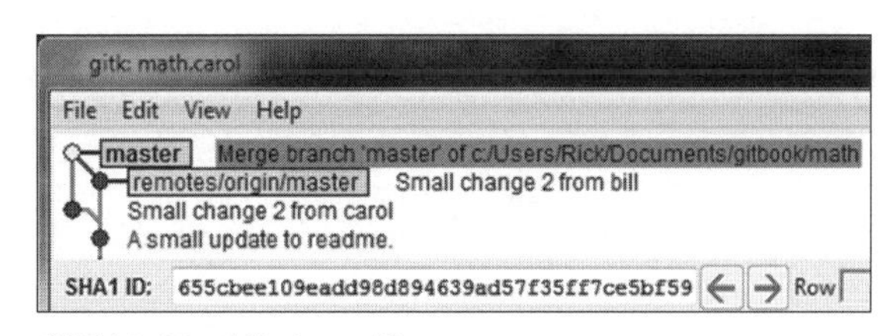

❖図14.17　クリーンマージ

このマージは、自動的にコミットされてもそうでなくても、同じになるはずだ。

14.3.4　競合するマージ

これまでの話よりさらに複雑なのが、「競合するマージ」（conflicted merge）だ。第10章で述べたように、Gitのアルゴリズムで、あらゆる差異を解決できるわけではない。もし2つのブランチで、同じファイルの同じ場所を異なった方法で変更していたら、Gitはその競合を解決する方法を判断できない。git pullを使うときも、それと同じ状況が発生することがある（git pullは、git fetchとgit mergeをこの順番に行うだけなのだから）。

演習

この課題の準備を整えるため、まずは、前回math.carolに加えた変更を元のリポジトリにプッシュする。

```
cd $HOME/math.carol
git push
```

次にmath.billディレクトリに入り、それらの変更をプルする。

```
cd $HOME/math.bill
git pull
```

これでcarolとbillは同期し、メインリポジトリとも同期した。これから、また前回と同様にmath.billリポジトリにコミットを導入して、それをmath.gitにプッシュする。さらに、それと競合するコミットをmath.carolリポジトリに導入する。まずは、math.billディレクトリに入ってコミットを行い、それを中心的なmath.gitリポジトリにプッシュしよう。

```
cd $HOME/math.bill
echo "JKL MNO PQR" >> another_rename
git commit -a -m "JKL part of alphabet"
git push
```

最後の行で、図14.18に示すプッシュが行われる。

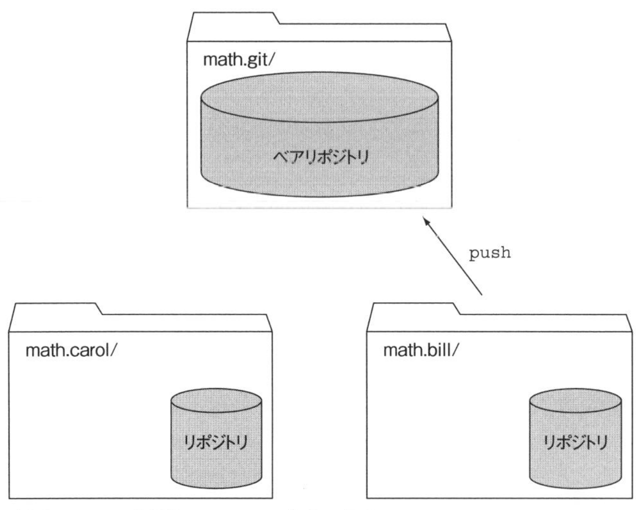

❖図14.18　変更をmath.gitにプッシュする

こんどは、math.carolディレクトリに入ってコミットを行う。

```
cd ~/math.carol
echo "ABC DEF GHI" >> another_rename
git commit -a -m  "ABC part of alphabet"
```

ここまでは、さきほどの図と同じである（まだmath.carolの変更は、math.gitにプッシュされていない）。けれども、同じファイルに競合する編集が加えられている。

次に、math.gitから変更をプルすると、マージの競合に遭遇する。

演習

次のようにタイプする。

```
git pull
```

これで、次のリストのように、CONFLICT（競合）エラーを示す出力が得られるだろう。

▶リスト14.15　git pullの出力（コンフリクト発生）

```
remote: Counting objects: 9, done.
remote: Compressing objects: 100% (2/2), done.
remote: Total 3 (delta 1), reused 0 (delta 0)
Unpacking objects: 100% (3/3), done.
From c:/Users/Rick/Documents/gitbook/math
   834c869..5b84cb4  master     -> origin/master
Auto-merging another_rename
CONFLICT (content): Merge conflict in another_rename
Automatic merge failed; fix conflicts and then commit the result.
```

今回は、即座にプロンプトに戻った。Gitは、another_renameというファイルの変更で発生した競合を、自動的に解決できないので、助けが必要なのだ（最後から2番目の行に、競合するファイルの名前が表示されている。ただしGitは、「競合するファイル」を複数検出したら、それらのすべてを列挙する）。図14.9は、2つのリポジトリの間で、このファイルにある競合を示している。

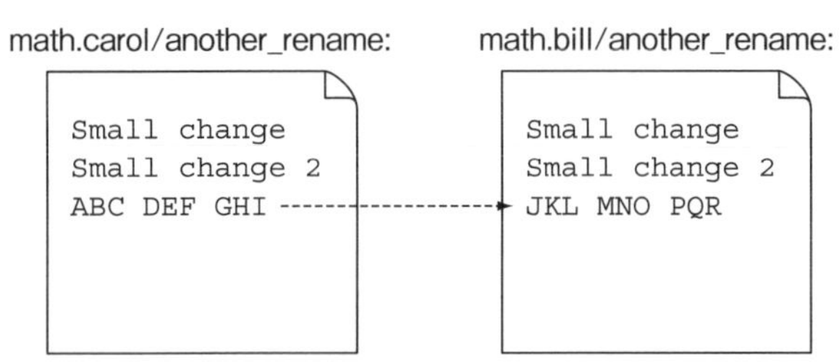

❖図14.19　最後の行が、競合する

この状況は、git statusコマンドで確認できる。

```
git status
```

すると、次のリスト14.16に示すような出力が現れる。1 and 1 different commit each（それぞれに、1個と1個の異なったコミットがあります）というメッセージは、現在のブランチ（master）に新しいコミットが1個あり、origin/masterにも、新しいコミットが1個ある、ということだ（14.3.2項を参照）。

▶リスト14.16　git status（競合のあるマージ）

```
On branch master
Your branch and 'origin/master' have diverged,
and have 1 and 1 different commit each, respectively.
  (use "git pull" to merge the remote branch into yours)
You have unmerged paths.
(fix conflicts and run "git commit")

Unmerged paths:
  (use "git add <file>..." to mark resolution)

        both modified:   another_rename

no changes added to commit (use "git add" and/or "git commit -a")
```

このとき、ファイルを手作業で修正する必要がある。今回のgit pullで、Gitは新しい変更を取り込み（git fetch）、それらをマージしようとした（git merge）。第10章と同じく、競合を含むファイルはGitが問題を検出した行を示すように変更されている。好きなエディタでこのファイル（another_rename）を開こう。すると、ファイルが画面に出るが、競合する行はその末尾に次のリストに示すように現れる（このフォーマットについては、10.3.2項で詳しく説明した）。

▶リスト14.17　競合する2つの行

```
<<<<<<< HEAD
ABC DEF GHI
=======
JKL MNO PQR
>>>>>>> 5b84cb4be250b2a748515d66da76bbad4314f455
```

演習

マージの競合を解決する方法は第10章で解説したので、詳細はその章を読み直していただきたい。とにかく、競合のマージで重要なのは、マージ後のファイルとして適切な行を選ぶことだ。片方のファイルに正しい行があるというのが典型的なケースだが、それに限らず、適切な結果が得られるように編集できる。好きなエディタを使って、another_renameというファイルを開き、（図14.20でカコミ線に入っている）マーク付きの行を削除し、その代わりに、ABC DEF GHI JKL MNO PQRという行を入れよう。

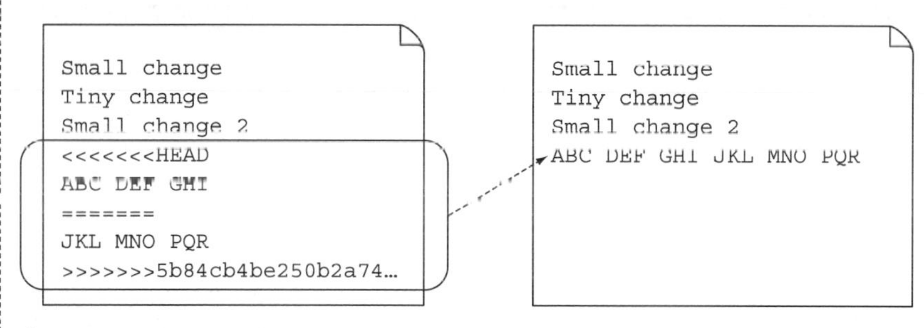

❖図14.20　変更を組み合わせることでマージの競合を解決する。右側が、編集後のマージされたファイル

エディタで修正を終えたら次のようにタイプして、その変更をmath.carolリポジトリにコミットする。

```
git add another_rename
git citool
```

2行目のコマンドによって、図14.21に示すようなGit GUIツールが表示される。これを見ると、コミットメッセージが自動的に生成されている。Commit（コミット）ボタンをクリックして終了する。

❖図14.21　git citool（Git GUIのツール）で変更をコミットする

上記のコミットにはgit citoolを使ったが、代わりにgit commitを使ってもよい。そのとき-mスイッチでメッセージを指定すれば、Gitが自動的に生成するメッセージは上書きされる。

次には、math.carolからmath.gitへと変更をプッシュする必要がある。その後でBillに、その変更をmath.gitからプルさせよう。

演習

これによってmath.carolとmath.billのリポジトリが同期する。次のようにタイプする。

```
cd $HOME/math.carol
git push
cd $HOME/math.bill
git pull
```

14.4 プルをfast-forwardに限定する

早送り（fast-forward）マージが最も扱いやすいことは明らかだ。`git pull`で、カレントブランチの子孫であるコミットだけを取り入れるには、`-ff-only`スイッチを使える。こうすればGitは、fast-forwardマージでなければ、自動的な仕事を行わなくなる。

演習

math.billとmath.carolで、もう一度マージを行うための準備を行う。以下に、そのステップを（少し簡潔にして）示す。

```
cd $HOME/math.bill
echo "ABC" >> another_rename
git commit -a -m "Alphabet (on bill)"
git push
cd $HOME/math.carol
echo "ABC" >> another_rename
git commit -a -m "Alphabet (on carol)"
```

これらによって、2本のブランチをマージする必要が生じる。次に、math.carolディレクトリで、次のようにタイプする。

```
git pull --ff-only
```

これで、次のような出力が得られる。

▶リスト14.10 git pull --ff-onlyのメッセージ

```
remote: Counting objects: 9, done.
remote: Compressing objects: 100% (2/2), done.
remote: Total 3 (delta 1), reused 0 (delta 0)
Unpacking objects: 100% (3/3), done.
From c:/Users/Rick/Documents/gitbook/math
   5b84cb4..1ac8efa  master     -> origin/master
fatal: Not possible to fast-forward, aborting.
```

もしあなたがGit 2.0以降を使っているのなら、これをデフォルトのふるまいとしてGitに登録することも可能だ。次のようにタイプすれば、その設定が行われる。

```
git config pull.ff only
```

このふるまいでは、たとえGitがマージを自動的に実行できるときでも、常にマージを手作業で行う必要がある、ということになる。

このとき、あなたは自分でマージを行い、その変更をmath.carolからmath.gitにプッシュし、それからBillにその変更をmath.gitからプルさせる。

演習

最初の`git pull`は14.3項で見たステップの繰り返しだ。

```
cd $HOME/math.carol
git pull
```

次に示すステップで、math.carolとmath.billを同期させる。

```
git push
cd $HOME/math.bill
git pull
```

14.5 pullの代わりにfetchとmergeを使う

`git pull`は、Gitを使う開発者が「初心者がトラブルを起こしやすいよ」と思っているコマンドのひとつだ。Gitのメーリングリストに「`git pull`は良くない」という、活発なスレッドがあったくらいだ。その欠点のひとつは、マージを実行するとき何が変更されるかを事前に見ることができないという点である。

とくに活発に更新されるリポジトリでは、常に`git pull`を使う代わりに、`git fetch`と`git merge FETCH_HEAD`を使うことを考慮すべきだ（14.2項を参照）。そうすれば、どのファイルがどのようにマージされるかを正確に知ることができる。これは、頻繁にコミットされるアクティブなリポジトリで役立つはずだ。

14

演習

競合するマージの設定をもう一度繰り返す。

```
cd $HOME/math.bill
echo "ABC" >> another_rename
git commit -a -m "ABC (on bill)"
git push
cd $HOME/math.carol
echo "DEF" >> another_rename
git commit -a -m "DEF (on carol)"
```

もしここで、math.carolに`git pull`を実行したら、たちまち競合状態に陥ってしまう。けれども、次のようにタイプしよう。

```
git fetch
git diff HEAD FETCH_HEAD
```

こうすれば、次のリストに示すように2つのコミットの違いが表示される。

▶リスト14.19　`git diff`でHEADとFETCH_HEADの差分を表示

```
diff --git a/another_rename b/another_rename
index cec2e13..c39bef6 100644
--- a/another_rename
+++ b/another_rename
@@ -3,4 +3,4 @@ Tiny change
 Small change 2
 ABC DEF GHI JKL MNO PQR
 ABC
-DEF
+ABC
```

`git diff`は、HEAD側をFETCH_HEAD側に合わせて変更する方法を示している。唯一の違いは最後の行だ（math.billでは`ABC`だが、math.carolでは`DEF`）。`git diff`の出力を見ると、`DEF`を削除して`ABC`を追加すれば、math.carolのanother_renameファイルの内容はmath.billのanother_renameファイルの内容と一致する。

git pullを共通のブランチに使うと、驚くような結果が生じることがある。だから、git pullは良くない（マージに驚かされる）と言われるのだ。けれども、git pullの2段階を個別に実行し、あなたのブランチと更新されたブランチとの差分をgit diffで調べれば、マージのステップにおけるエラーを予測しやすくなるはずだ。

14.6 課題

この章では、ずいぶん学ぶことが多かったが、まだ学習の範囲を広げられる。その一部を、この課題でこなしていただきたい。

1. 最後の節で行ったフェッチの結果をマージしておこう。
2. math.billリポジトリの、すべてのブランチ（master、another_fix_branch、new_feature）に変更を加えてコミットする。git push --allを使って、それらすべてをmath.gitにプッシュする。次にmath.carolから、git fetchを行う。そこでgit log --decorate --all --onelineを行うと、その出力によって、これらすべてのブランチがリモート追跡ブランチ上で進んでいることを確認できるだろうか？
3. git fetchを行うたびに、FETCH_HEADファイルが変わることを確認しよう。それぞれのブランチについてgit checkoutを行い、FETCH_HEADをチェックしよう（それには、git rev-parseを使うか、あるいはファイルを直接見てもよい）。
4. この章では、どの課題でもmath.billからmath.gitに対してプッシュを行い、中心的なGitサーバのシミュレーションをした。こんどは、次のようにタイプしよう。

```
cd $HOME/math.carol
git remote add bill ../math.bill
git branch --set-upstream-to=bill/master
```

こうして、math.billを、carolのリモートとして設定したら、math.gitへのプッシュを行うことなく、すべての課題をこなすことが可能になる。このアプローチは、何を示唆しているだろうか？

math.carolリポジトリのリモートをoriginに戻すには、次のようにタイプする。

```
git branch --set-upstream-to=origin/master
```

5. このリポジトリには、another_fix_branchとnew_featureという、2本のリモート追跡ブランチが含まれている。これらのブランチを、次のようにタイプしてマージしよう。

```
cd $HOME/math.carol
git checkout master
git merge new_feature
```

Gitは、文句を言うだろうか？なぜだろうか？このとき、new_featureをリモート追跡ブランチから直接マージするには、次のようにタイプする。

```
git merge origin/new_feature
```

また、origin/new_featureをベースとして、新しいローカルブランチを作ることもできるだろう。挑戦しよう！

6. FETCH_HEADファイルの内容を調べよう。その内容を、HEADファイルの内容と比較しよう（これらは、作業ディレクトリの下の、.gitディレクトリの中にある）。たとえば、次のようにタイプする。

```
cd $HOME/math.carol
cat .git/FETCH_HEAD
```

14.7 この章のコマンド

❖表14.1　この章で使ったコマンド

コマンド	説明
git pull	あなたのリポジトリを、複製元（上流リポジトリ）と同期させる。このコマンドは、git fetchとgit mergeの2つで構成されている
git fetch	git pullの第1段階。これによって、リモートリポジトリから新しいコミットが取り込まれ、リモート追跡ブランチが更新される
git merge FETCH_HEAD	git pullの第2段階。FETCH_HEADからの新しいコミットを、カレントブランチにマージする
git pull --ff-only	--ff-onlyスイッチを指定すると、FETCH_HEADがカレントブランチの子孫である場合に限り、マージが許可される（fast-forwardマージ）

ソフトウェア考古学

この章の内容

Gitリポジトリを使い始めるときは、その歴史（history）を理解したいと思うだろう。Gitには、過去の詳細を発掘するための様々なコマンドが用意されている。この章では、`git log`、`git short-log`、`git name-rev`を使ってリポジトリの履歴を調査する方法を説明する。また、リポジトリに入っているファイルを把握するのに役立つコマンドとして、`git grep`、`git show`、`git blame`も紹介する。

既存のリポジトリで仕事を開始するとき、とくに大量の貢献（すなわち大量のヒストリー）を持つリポジトリの場合、いわば考古学的な調査を行う必要がある。その調査では、最初は高いレベルからコードベースを俯瞰し、それからもっと詳しく調べるために特定のファイル集合に焦点を絞ることになるだろう。上記のGitツールは、そのようにコードベースの調査をするのに役立つ。発掘を開始しよう！

15

15.1 git logを理解する

`git log`は、リポジトリのタイムライン履歴を表示するコマンドだ。本書で、これまでずっと使ってきたコマンドではあるが、ドキュメントを見ると実に豊富な機能が備わっていることがわかる。そのうち、いくつかをこれから見ていこう。

15.1.1 git logの基本（復習）

第2章で見たように、`git log`は、コミットのタイムラインを最も新しいコミットからルートに至るまで表示する。`git log`の基本的な出力フォーマットは、コミットメッセージ全体を表示する。それを、もっと簡潔な形式にする`--oneline`スイッチについても、そこで学んだ。また、第4章で見た`--stat`スイッチを使えば、コミットで更新されたファイルを、`git log`で表示することができる。

演習

math.carolディレクトリで、あなたのコミット履歴を見るために下記の`git log`コマンドを打ち込む。リストが長くなると、Gitはページャーを使うだろう（Qキーでページャーは終了する）。

```
git log
git log --oneline
git log --stat
```

これらの出力は前章までの課題で作ってきたコミットだから、おなじみのものだろう。

コミット全体は図15.1に示す各部で構成される。

```
commit ebe9470fee8882…
Author: Rick Umali <rickumali@gmail.com>
Date: Sun Sep 7 06:46:40 2014-0500

    Adding printf.

    This is to make the output a little more human readable.

    printf is part of BASH, and it works just like C's printf()
    function.
```

メタデータ / 主題（タイトル） / メッセージ本文

❖図15.1　コミットメッセージの構成

コミットメッセージを書くとき、最初の1行はそのコミットのタイトル（あるいは主題）と考えることができる。--onelineスイッチを使うと、このタイトルが表示される。このテキストは、Gitコマンドが他のデータと並べて表示するので50文字以内の文章にしておくべきだ。

第8章で、--parentsスイッチの使い方を学んだが、いまではマージを行っているのだから、--mergesスイッチの使い方も覚えよう。これは、あなたのリポジトリにあるすべてのマージを見つけるものだ。

演習

git logの出力から、2本のブランチのマージを表現するコミットを識別しよう。math.carolディレクトリで、次のようにタイプする。

```
git log --parents
git log --parents --oneline
```

--onelineスイッチを追加すると、出力がずっと簡潔になる。このとき、およそリスト15.1に示すような出力が得られるはずだ（順序が異なっていたり、別のコミットが加わっていても心配は無用だ。マージコミットを見つけることが重要である）。

▶リスト15.1　git log --parents --onelineの出力（注釈付き）

```
fb9fed6 c4ccf59 20a708a Merge branch 'master' of ../math.bill ← ❶SHA1 IDが3個
c4ccf59 e150c19 JLK Part of Alphabet (on carol)
20a708a e150c19 ABC Part of Alphabet (on bill)
e150c19 f48c719 A small update to readme.
f48c719 58ee0fc Adding printf.
58ee0fc d3ae3ea Adding two numbers.
d3ae3ea dd87c91 Renaming c and d.
dd87c91 11a90b4 Removed a and b.
11a90b4 12a7b37 Adding readme.txt
12a7b37 907b870 Adding four empty files.
907b870 56d7919 Adding b variable.
56d7919 c57cd5c This is the second commit.
c57cd5c This is the first commit.
```

この出力を観察すると、❶には3個のSHA1 IDが含まれている。このコミットを詳しく見るため、次のようにタイプしよう（fb9fed6は、マージコミットのSHA IDとする）。

```
git --no-pager log fb9fed6 -n 1
```

-n 1は、git logの出力を、ただ1個のコミットエントリだけに制限する。そして--no-pagerスイッチは、出力をページ分けしないようGitに指示する（あなたのSHA1 IDは、異なっているはずだ。3個のSHA1 IDを持つエントリを探そう）。

このコマンドからは、次に示すような出力が得られる。

▶リスト15.2　マージコミットのログ（--parentsスイッチ付き）

```
commit fb9fed602170a079db5f5eeb6ee6477eb4fa3fca
Merge: c4ccf59 20a708a
Author: Rick Umali <rickumali@gmail.com>
Date:   Sun Sep 14 21:22:58 2014 -0400

     Merge branch 'master' of ../math.bill
```

このコミットfb9fed6は、コミットc4ccf59と20a708aのマージコミットであることがわかる。こういうマージコミットは、手作業で探す代わりに、--mergesスイッチを使って見つけることができる。

```
git log --merges
```

これによって、マージコミットだけが表示される。

15.1.2　コミットの表示を制限する

--mergesというスイッチは、表示されるコミットの数を制限する（減らす）手段のひとつだ。デフォルトでgit logは、最新のコミットから最初のコミットに至るまで表示する。新しいリポジトリをスキャンして調査するには、この完全なリストが役に立つ。けれども、特定の日時に絞ったり、特定のファイル集合に範囲を狭めるなど、ヒストリーの一部だけを見たいときがある。git logのドキュメントには、Commit Limitingというセクションがあり、表示するコミットの数を何らかの基準に従って削減する方法が記述されている。それらの基準は、たとえば先ほど行った--mergesスイッチと-n 1のように、組み合わせて使うこともできる。

以下のセクションで、git logに各種の基準を指定する方法を説明する。これらはgit logによって表示されるコミットの数を減らすものだ。

ファイルによる制限

ヒストリーの表示を、特定のファイル（または一群のファイル）に制限する方法を知っておこう。

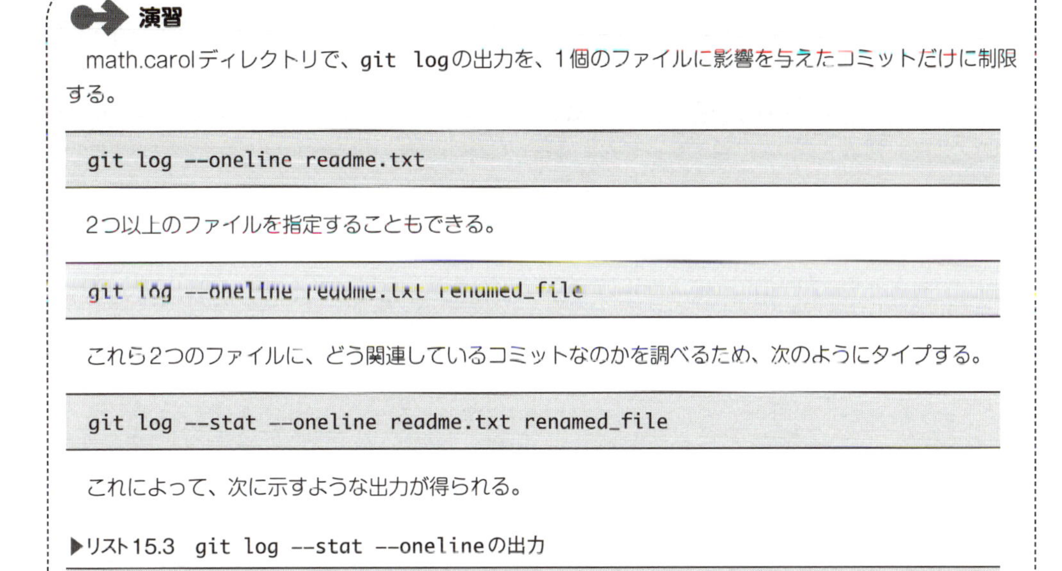

演習

math.carolディレクトリで、`git log`の出力を、1個のファイルに影響を与えたコミットだけに制限する。

```
git log --oneline readme.txt
```

2つ以上のファイルを指定することもできる。

```
git log --oneline readme.txt renamed_file
```

これら2つのファイルに、どう関連しているコミットなのかを調べるため、次のようにタイプする。

```
git log --stat --oneline readme.txt renamed_file
```

これによって、次に示すような出力が得られる。

▶リスト15.3 `git log --stat --oneline`の出力

```
8e07daf Adding a line to renamed_file
 renamed_file | 1 +          ←❶renamed_fileの状態
 1 file changed, 1 insertion(+)
d09f697 Merge branch 'new_feature' of /home/rick/gitbook/math into new_⏎
feature
7f16f04 Adding new line
 readme.txt | 1 +            ←❷readme.txtの状態
 1 file changed, 1 insertion(+)
48c8718 A small update to readme.
 readme.txt | 1 +            ←❷readme.txtの状態
 1 file changed, 1 insertion(+)
2624567 Renaming c and d.
 renamed_file | 0            ←❶renamed_fileの状態
 1 file changed, 0 insertions(+), 0 deletions(-)
50d36bc Adding readme.txt
 readme.txt | 1 +            ←❷readme.txtの状態
 1 file changed, 1 insertion(+)
```

`--stat`スイッチによって表示されるファイル（リストの❶と❷）が、コマンドラインで入力した2つのファイルに対応している。このように`--stat`スイッチを使うと、`git log`はそのコミットで変更されたファイルのうち、コマンドラインで指定されたファイルだけに限定して表示する（それによって、readme.txtとrenamed_fileに関する差異だけが表示される）。

特定のコミットを探し出す

`git log`にある特定の文字列にマッチするコミットメッセージだけを表示させるには、`--grep`スイッチを使ってその文字列を持つコミットメッセージをサーチさせる。たとえば、あなたのプロジェクトでコミットメッセージにバグ番号を入れる決まりになっているのなら、`git log --grep`で特定のバグ番号に関連する全部のコミットを表示できるだろう。

演習

math.carolディレクトリで次のようにタイプする。

```
git log --grep=change
```

こうすれば、コミットメッセージにchangeという言葉が含まれるコミットだけが表示される。

日時による制限

コミットを、ある特定の日時に発生したものだけに制限するには、`--since`（〜以降）と`--until`（〜以前）のスイッチを使える。たとえば、ある特定の日付のあるドキュメントがあったら、その日付以降のコードにどのような変更があったかを調べたいかもしれない。こういった種類の探索に上記のスイッチを利用できる。

演習

math.carolディレクトリで、コミットの日付を調査する。ある2週間に発生したコミットだけを表示することにしよう。日付は、あなた自身で決めなければいけないが、コマンドの形式は次のようなものだ。

```
git log --since 10/10/2014 --until 10/24/2014
```

著者による制限

特定の著者によるコミットだけに制限するには、`--author`スイッチを使える。もちろん、そのためには著者のリストが必要だから、その問題を先に解決しよう。リポジトリから著者のリストを取得するには、`git shortlog`を使うのが簡単な方法だ。

math.carolディレクトリで次のようにタイプする。

```
git shortlog
```

これによって、次のリストに示すような出力が得られるはずだ。

▶リスト15.4　git shortlogの出力

```
Rick Umali (12):
      This is the first commit.
      This is the second commit.
      Adding b variable.
      Adding four empty files.
      Adding readme.txt
      Removed a and b.
      Renaming c and d.
      Adding two numbers.
      Adding printf.
      A small update to readme.
      Small change
      Another tiny change
```

著者のリストに電子メールアドレスを付けるには、-eスイッチを渡す。

```
git shortlog -e
```

著者名と電子メールアドレスのリストを取得したら、それを`git log --author`コマンドに渡すことでその著者によるコミットだけに限定できる。

演習

第12章でGitHubからmathリポジトリを複製して、math.githubディレクトリに入れた。そのディレクトリに入って、`git shortlog`コマンドと`git author`コマンドを使う。

```
cd $HOME/math.github
git shortlog -e
git log --author="Rick Umali"
```

また、名前や電子メールアドレスの一部を使ってサーチすることもできる（Gitでは、名前とメールアドレスを連結させたものが、コミットの著者である）。次のようにタイプしよう。

```
git log --author="Rick"
git log --author="gmail.com"
```

あなたのコードベースに対する変更について情報を集めているとき特定の著者に手がかりを見つけたら、このコマンドを使ってその著者が行った変更を探すことができるだろう。

15.1.3 git logで差分を見る

それぞれのコミットは、リポジトリ全体の個別のバージョンに対応する。コミットは、1個のファイルに対する1箇所の変更かもしれないが、複数のファイルに対する複数の変更を含むかもしれない。しばしば問われるのは、2つのコミットの間で何が違うのかだ。たとえば、コードベースで発生した問題をデバッグしているとき、あるコミットでは適切に動作していたのに、次のコミットから正しく動作しなくなった、と判明したとしよう。その2つのコミットの間で何が違うのかを調べるのに、git logを使うことができる。

演習

次のコマンドは、最新のコミット（HEAD）と、その直前のコミット（HEAD^）との間で変更されたファイルを示す。

```
git log --stat HEAD^..HEAD
```

--statスイッチによって、変更されたファイルのリストが表示される。

ここで、興味深い構文が2つある。そのひとつは、HEAD^だ。HEADの直後にキャレット（^）記号があるので、これはHEADの親を意味する。キャレットなしのHEADならば、現在のコミットを意味する。HEADの代わりに、任意のリファレンス（たとえばブランチやタグ）でも、あるいはSHA1 IDでも使うことができる。もうひとつ興味深い構文は、2個の連続するピリオド（..）だ。これはリビジョンの範囲指定であり、一連のコミットが選択される。ただしこの場合は、2つのコミットが隣接している（HEAD^は、HEADの直前のコミットである）。その後のコミットで何が変わったのかを見たいときは、次のコマンドを使おう。

```
git log --patch HEAD^..HEAD
```

--patchスイッチを使うと、変更の内容が次のリストのように表示される。

▶リスト15.5　git log --patchの出力

```
commit 7746e35930e562304e347ac69929aa276ed345dc
Author: Rick Umali <rumali@firstfuel.com>
Date:   Sun Sep 7 21:51:15 2014 -0400
```

```
    Another tiny change

diff --git a/another_rename b/another_rename
index 86d347f..fb7f0ae 100644
--- a/another rename
+++ b/another_rename
@@ -1 +1,2 @@
 Small change
+Tiny change
```

patchとstatの両方を組み合わせて、--patch-with-statと指定することもできる。けれども普通は、最初に--statで影響されたファイルの数を調べ、それからgit diffを実行してそれらのファイルを個別に調べたいだろう。git diffについては、第6章、および第7章で詳しく述べた。

ファイルの制限をしない限り、git log --patchは2つのバージョンの間で異なっている全部のファイルを表示する。複数のファイルが変更されていたら、複数のファイルが表示されるのだ。個々のファイルがバージョン情報を持っているわけではない。Gitが追跡管理するのは、リポジトリ内のファイル集合全体である。

演習

math.githubディレクトリに入って、複数のファイルにわたる差異を見よう。次のようにタイプする。

```
cd $HOME/math.github
git log --patch ef47d3f^..ef47d3f
```

ここで、片方のSHA1 IDのあとにキャレット（^）を使っていることに注目しよう。これは、ef47d3fの直前のバージョンを意味する。このgit logコマンドは、次に示すリストを出力する。

▶リスト15.6　git log --patchで複数のファイルが現れる

```
commit ef47d3fd293bc13321270e88af284f63d6f85f84
Author: Rick Umali <rickumali@gmail.com>
Date:   Sat Aug 2 18:54:56 2014 -0500

    Adding four empty files.

diff --git a/a b/a
new file mode 100644
index 0000000..e69de29
diff --git a/b b/b
```

```
new file mode 100644
index 0000000..e69de29
diff --git a/c b/c
new file mode 100644
index 0000000..e69de29
diff --git a/d b/d
new file mode 100644
index 0000000..e69de29
```

このリストを見ると、4個のファイルが追加されていて、個々のエントリが次の形式で構成されている。

```
diff --git a/a b/a
new file mode 100644
index 0000000..e69de29
```

これが新しいファイルであることを、Gitは、次の2つの目印によって示している。

- `new file mode`は、これが新しいファイルだということ（そして、ファイルのパーミッションが、モード`100644`だということ）を示している。
- `index 0000000`は、このファイルの前のバージョンが存在しないことを示している。

出力を制限するには、次のようにタイプする。

```
git log --patch ef47d3f^..ef47d3f -- a
git log --patch ef47d3f^..ef47d3f -- a b
```

この形式のコマンドでは、ファイル指定の前に2個の連続するダッシュ（ダブルダッシュ：--）による区切りを置く必要がある。これらのコマンドをタイプすると、`git log`の出力があなたが指定したファイルに限定される。

15.1.4 git name-revでコミットの名前を得る

リポジトリに大量のブランチがあるときは、出力の量を制限するための引数を使いたいだろう。この項では、大量に存在するブランチから、なにか興味深い情報を探す場合について考える。そういうときは`git name-rev`コマンドを使うと、どのコミットにも人間が読みやすい名前を付けられるのでリビジョン（特定のコミット）を指定しやすくなる。

演習

テスト環境を作るため、本書のWebサイト（https://www.manning.com/books/learn-git-in-a-month-of-lunches）からソースコードのzipファイルをダウンロードする。その中に、make_lots_of_branches.shというスクリプトが入っている。このスクリプトは、大量のブランチを含むリポジトリを1つ作成するものだ。これを、あなたの$HOMEディレクトリに置いて、次のようにタイプする。

```
cd $HOME
bash make_lots_of_branches.sh
```

これは、既に第9章の課題で実行済みかもしれない。もし、そうでなければ、このスクリプトを実行しよう。1分くらいかかるから、待っていただきたい。大量のブランチを作り終えたら終了する。その後、次のようにタイプする。

```
cd $HOME/lots_of_branches
git branch
```

この出力は、リポジトリ内のすべてのブランチを含む長いリストになる。もう少し読みやすいリストにするため、git branchの--columnスイッチを使おう。これはブランチのリストを、次のリスト15.7に示すように、コラムに分けて表示するのだ。次のようにタイプする。

```
git branch --column
```

▶リスト15.7　git branch --columnの出力

```
  branch_01   branch_08   branch_15   branch_22   branch_29   branch_36
  branch_02   branch_09   branch_16   branch_23   branch_30   branch_37
  branch_03   branch_10   branch_17   branch_24   branch_31   branch_38
  branch_04   branch_11   branch_18   branch_25   branch_32   branch_39
  branch_05   branch_12   branch_19   branch_26   branch_33   branch_40
  branch_06   branch_13   branch_20   branch_27   branch_34 * master
  branch_07   branch_14   branch_21   branch_28   branch_35
```

ここで、第9章で作ったgit lolコマンドを実行したら、これらすべてのブランチについて全部のコミットが表示されるだろう。それは、git lolコマンドに--allスイッチが含まれているからだ。出力を制限するには、git logコマンドに1個以上のブランチを、引数として渡すことができる。

演習

次のようにタイプする。

```
git log --graph --decorate --oneline --all
```

これは、すべてのブランチを表示する。だが、ブランチの数が多いので、すべての内容を見るのにページャーを使わなければならない（--no-pagerスイッチを指定すれば、ページャーが使用されない）。

```
git log --graph --decorate --oneline branch_03
```

このコマンドは、git log出力を1本のブランチに制限するので、読みやすくなる。では、次のようにタイプしよう。

```
git log --graph --decorate --oneline branch_03 branch_10 master
```

この形式は、git logコマンドに3本のブランチを渡している。するとブランチのリストがツリーで表示されるが、（全部のブランチを見るのではなく）わずかなブランチにコミットを制限したので、ずいぶんリストが読みやすくなっている。

次に示すリスト15.8は、上記のコマンドを私のマシンで実行したものだ。あなたの出力は違っているだろう。それは、スクリプトがブランチのファイルを乱数で作っているからだ。masterブランチのコミットログメッセージはまったく同じだが、SHA1 IDは異なっているはずだ。

▶リスト15.8　git log --graphにブランチの制限を加えた出力（注釈付き）

```
* c524ab7 (branch_03) Commit for file_15360
* ae8c666 Commit for file_28769 ←―――――― ❶コミットae8c666は、branch_03に属する
| * 9ae4e58 (branch_10) Commit for file_23500
| * 7a1adec Commit for file_5795 ←―――――― ❷コミット7a1adecは、branch_10に属する
|/
* ec2c398 (HEAD, tag: four_files_galore, master) Adding four empty files.
* d7bf074 Adding b variable.
* c4df58a This is the second commit.
* a9c7ba1 This is the first commit.
```

コミットのSHA1 IDのあとに（カッコで囲まれた）デコレーション、すなわちラベルがある。このラベルは、そのコミットが属しているブランチを示している。ツリーを見ると、コミットae8c666❶はbranch_03に、コミット7a1adec❷はbranch_10に、それぞれ属していることがわかる。だが、Gitには、あるコミットがどのブランチに属しているかを示すコマンドがあるので、所与のSHA1 IDについて調べる必要があるとき、どのブランチをチェックアウトすればよいかを判定できる。

演習

ここではmath.githubリポジトリを使うので、既知のSHA1 IDを特定して参照できる。次のようにタイプする。

```
cd $HOME/math.github
git log --graph --decorate --oneline
git log 80f5738 -n 1
```

最後のコマンドは、`Removed a and b`というコミットを表示するはずだ。では、このコミットが属しているブランチは何だろうか。それは、次のようにタイプすれば判明する。

```
git name-rev 80f5738
```

この`git name-rev`コマンドは、最も近いブランチをベースとして、コミットの名前を生成する。これが、コミットが属しているブランチを見つける方法のひとつである。コミットが属しているブランチを判定する、もうひとつの方法は、`git branch --contains`を使う。

```
git branch -r --contains ce051a3
```

このコマンドの出力には`origin/new_feature`という文字列が含まれる。それは、このSHA1 IDがnew_featureというリモート追跡ブランチの一部だという意味である。ここでnew_featureブランチをチェックアウトして、`git branch --contains ce051a3`とタイプすれば、`new_feature`という出力が得られるだろう。

`git branch`コマンドの`--contains`スイッチは、所与のSHA1 IDが属するブランチを知りたいときに便利なスイッチだ。

15.2 gitkのビュー編集を理解する

リポジトリの履歴をコマンドラインで掘り下げるのは立派な態度だが、最終的には破綻するかもしれない。Gitソフトウェアのリポジトリ（git-core）には、3万を超えるコミット、500を超えるタグが含まれている。`simplify-by-decoration`スイッチを使っても、500行までしか減らすことができない。たとえページャーを利用しても、ターミナルウィンドウで、これほど多くのコミット、タグ、リファレンスを見るのは困難なことだ。

この節では、GUIツールのgitkに注目し、そのグラフィカルな設計により、コードの探索がどれほど楽になるかを学ぶ。

15.2.1 gitkに特定のブランチだけ表示させる

`git log`と同様に、gitkのGUIでも、デフォルトではカレントブランチのコミットだけが表示される。`gitk`に`--all`スイッチを渡せば、すべてのブランチが表示されるが、特定のブランチだけに注目したいときは、「ビュー編集」とコマンドラインの2つの場所から、それを指定できる。

演習

lots_of_branchesディレクトリに入って、次のようにタイプする。

```
gitk --all
```

gitkのView（ビュー）メニューから、Edit View（ビュー編集）を選択する（図15.2を参照）。

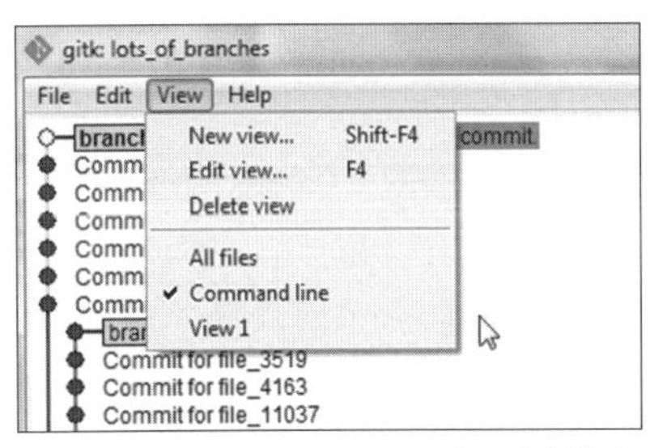

図15.2 `gitk --all`からビューを編集する

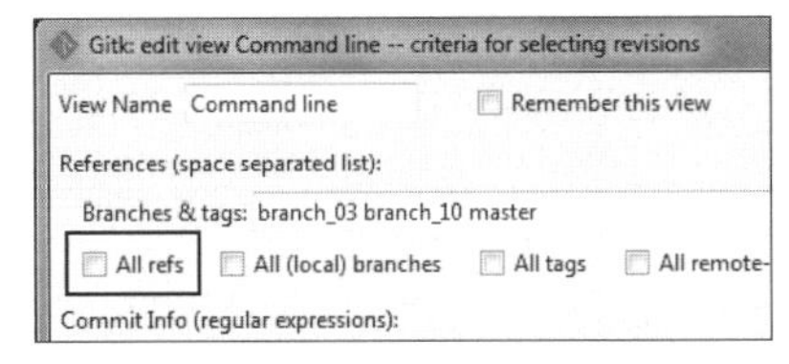

図15.3 「ブランチ&タグ」（Branches & Tags）フィールドでリファレンスを選択

この大きな「ビュー編集」ウィンドウで、表示したいブランチを指定できる。まずは、図15.3で強調されているAll Refs（全てのリファレンス）のチェックを外す。つぎに、Branches & Tags（ブランチ&タグ）というテキストフィールドに、`branch_03 branch_10 master`とタイプする（ブランチはスペースで区切る）。

ウィンドウの最下部にある[OK]ボタンをクリックすると、ビューが更新され、あなたが指定したブランチだけの表示に切り替わる。この新しいビューと最初のビューと比較したものを図15.4に示す。あなたのコンピュータでは、3つのブランチだけを含むビューのスクロールが高速になることを確認できるだろう（すべてのブランチではなく、たった3つのブランチしかないのだから）。

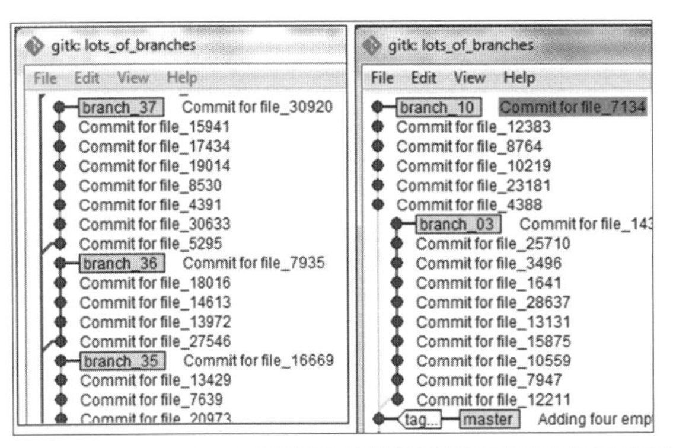

図15.4 2つのgitkビューを比較する（左側は、全部のブランチを含む。右側は、3つのブランチだけを含む）

図15.4は、コマンドラインから`gitk --all`とタイプすることによって起動されたGUIである。そのあとでビュー編集の画面をアクセスしてビューを制限したのだが、特定のブランチだけを表示したいときは、それらをコマンドライン経由でgitkに渡すこともできる。

gitkツールでは、表示されるブランチに注意しよう。ブランチの選択は、「ビュー編集」でもコマンドラインでも制御することが可能だ。

演習

いったんgitkを終了し、コマンドラインでlots_of_branchesディレクトリから次のようにタイプする。

```
gitk branch_03 branch_10 master
```

gitkのGUI画面に、あなたがコマンドラインで指定した3本のブランチだけが含まれていることを確認しよう（図15.5を参照）。

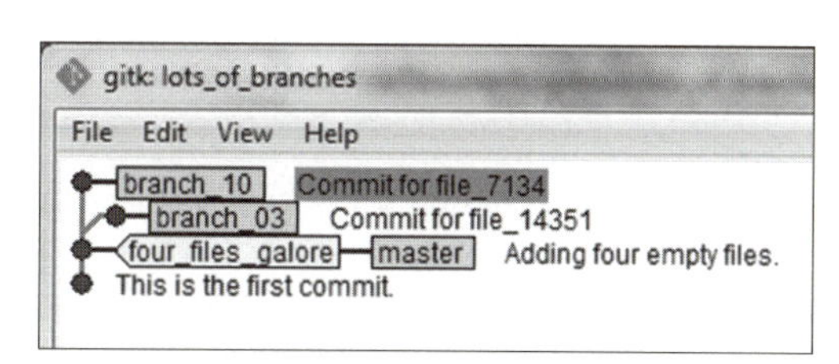

❖図15.5　ブランチの指定でシンプルになったビュー

15.2.2　簡易なビューを使う

次は、すべてのブランチを簡易な履歴で表示する方法を学ぶ。このビューは、11.1.2項で触れた、`--simplify-by-decoration`スイッチを付けたのと同様なものだ。具体的には、ブランチの先端にあるコミットだけが表示される。

演習

gitkを、いったん終了させ、また起動する。図15.6に示すように、View（ビュー）メニューから、New View（新規ビュー）を選択する。

ビュー編集の画面が出たら、次の2つをクリックしてONにする。

- All Refs（全てのリファレンス）
- Simple History（簡易な履歴）

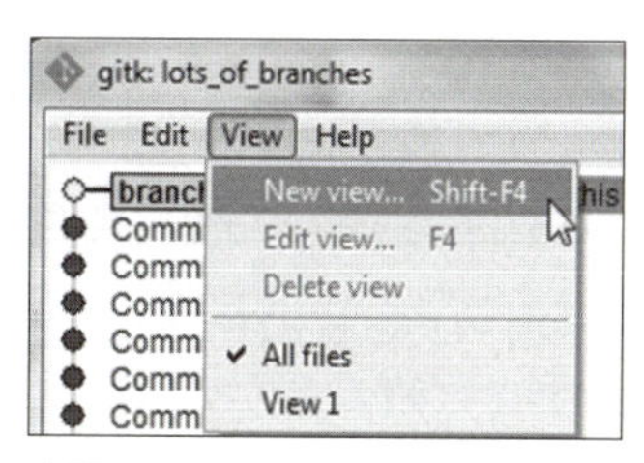

❖図15.6　新規にビューを作成する

Simple History（簡易な履歴）というオプションは、ビュー編集画面の「その他のオプション」（Miscellaneous options）というセクションにある（図15.7）。

[Apply]（適用）ボタンをクリックすると、gitkのビューが図15.8に示すように変化する。

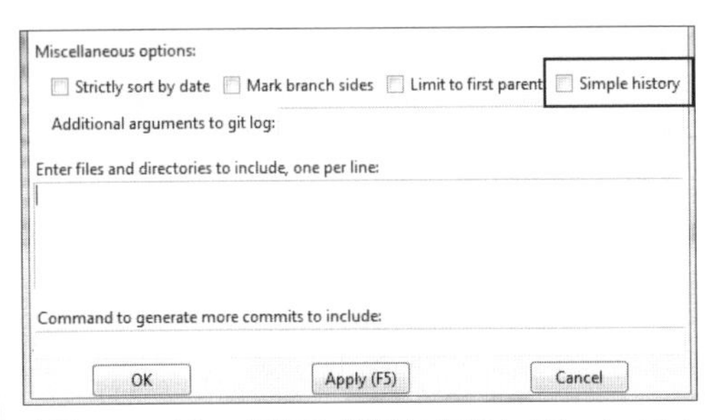

❖図15.7　ビュー編集の「簡易な履歴」（Simple History）設定

❖図15.8　gitkで、全てのブランチを簡易に表示する

編集したビューは、あとで使えるように保存できる。ビュー編集ウィンドウは、[Apply]ボタンを押しただけでは消えない。画面の上の方にView Nameというテキストボックスがあるので、そこに`Simplified All`とタイプしよう。そして、Remember This View（このビューを記憶する）チェックボックスにチェックを入れる（図15.9）。

[OK]ボタンをクリックしてビュー編集を終えると、このビューがgitkのメニュー項目に入る。View（ビュー）メニューをクリックして確認しよう（図15.10）。

これで、いったんgitkを終了できる。

❖図15.9　Simplified Allという名前のビューを作成

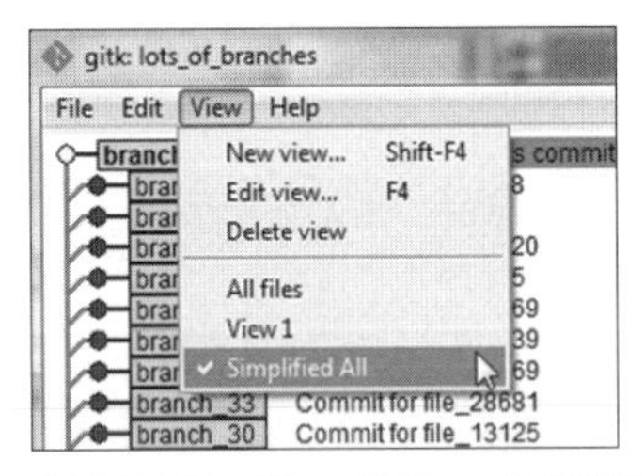

❖図15.10　ビューがメニューに保存されている

15.3 ファイルを調べる

リポジトリの履歴を調べることによって、タイムラインとファイルの両方を見ることができる。確かにこれは、プロジェクトの最も重要なビューに違いない。けれども、いったん概要を掴んだら、次には作業の対象となる特定のファイル（またはファイルの集合）に焦点を合わせる必要が生じるだろう。「ソフトウェア考古学」というアナロジーで言えば、地形の調査を終えたらどこか場所を決めて発掘を開始することになる。開発者ならば、個々のファイルを調べることになるだろう。

15.3.1 関連するファイルを探す（git grep）

ヒストリーを特定の文字列を含むコミットだけに制限する方法は15.1.2項で学んだ。それには、git log --grepコマンドを使った。けれども、これでサーチできるのは、コミットメッセージに含まれるテキストだけである。もしあなたが、特定の文字列を含むファイルを探しているのなら、git grepコマンドを使う必要がある。

演習

math.carolリポジトリで、changeという言葉を含むすべてのファイルを見つけたいとしよう。そのときは、次のようにタイプする。

```
cd $HOME/math.carol
git grep change
```

すると、次のリストに示すような出力が得られるはずだ。

▶リスト15.9 git grepの出力

```
another_rename:small change
```

その出力には、マッチしたファイルの名前（この例では、another_rename）と、マッチしたテキストを含む行が含まれる。サーチするファイル名を指定する必要はない。git grepは、あなたのリポジトリにある全部のファイルから、文字列とマッチしたファイルを探してくれる。

15.3.2 特定のファイルの履歴を調べる

調べたいファイルを特定できたら、たぶんそのファイルだけのヒストリーを調査したいだろう。gitkのウィンドウならば、ある特定のファイルが複数のコミットの間でどのように変化したかを調査できる。その基本は、第8章で説明したが、その機能をもっと詳しく見ていこう。

演習

まずは、math.githubディレクトリに移動しよう。このリポジトリならば、共通のSHA1 IDを使えるからだ。そして、ビューをmath.shという1個のファイルに限定するため、次のようにタイプする。

```
cd $HOME/math.github
gitk math.sh
```

これによって、図15.11のような画面が出るはずだ。

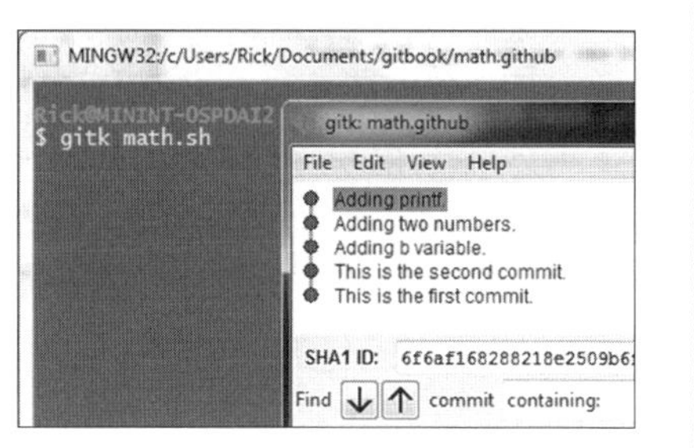

❖図15.11　gitkで、1個のファイルを調べる

このようにgitkを起動すると、math.shファイルに触れたコミットだけが表示される。ここで「ビュー編集」を開くと、Enter Files and Directories to Include, One per Line（含まれるファイル・ディレクトリを一行ごとに入力）というテキストボックスに、math.shという行が入っている（図15.12を参照）。

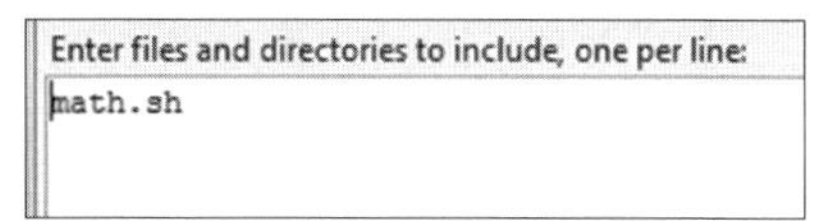

❖図15.12　gitkで1個のファイルを見るときの「ビュー編集」画面

❖図15.13　gitkのdiffウィンドウとコミットログ

演習

ログからコミットをひとつずつ選択しながら、Diff/Fileビューを観察する（画面の各部については、図15.13を参照）。

コミットログ（Commit Log）ウィンドウで、`This is the first commit.`と書かれているコミットを選択する。パッチ／ツリー選択で、パッチ（Patch）を選ぶ。こうすると、Diff/Fileビューは、Diff（パッチ）ビューに切り替わり、これが「ファイルの作成」であることを示すdiffが表示される。

Diff/Fileビューの上に、Diff、Old Version（旧バージョン）、New Version（新バージョン）の3者択一ボタンがあるので、順に切り替えてみよう。すると、図15.14に示すビューが、それぞれ表示される（全部のビューが一度に表示されるわけではない。図15.14は、3つのビューを合成したものである）。

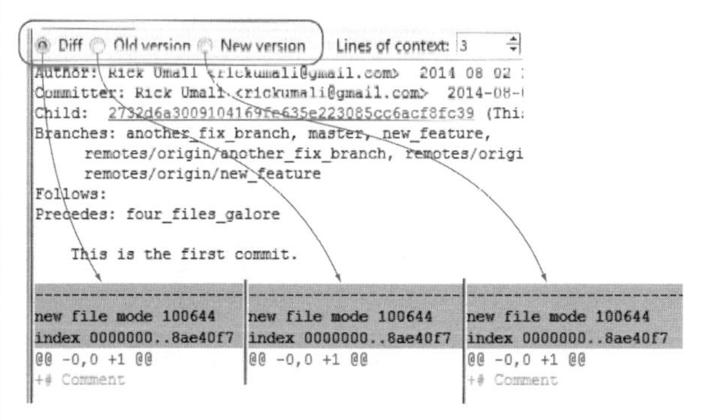

❖図15.14　Diff、旧バージョン、新バージョンを切り替える

これによって、Diff/Fileビューの表示が変化する。Diffビューでは、diffが表示される。ただし、この場合のdiffは、空のファイルと、このファイルの最初のコミットとの差分である。Old Version（旧バージョン）ビューでは、空のFileビューとなる。New Version（新バージョン）ビューでは、そのときのファイルが表示される。

では次に、コミットログで`Adding two numbers.`を選択しよう。すると図15.15に示す3つのビューを切り替えて表示できるようになる。

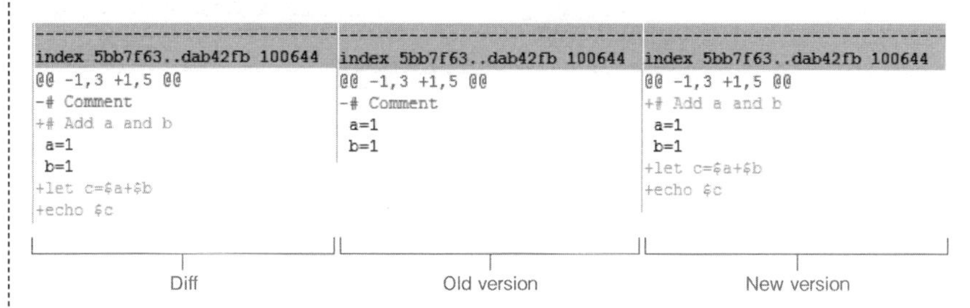

❖図15.15　コミット`Adding two numbers.`の3種類のビュー

これら3つのビューを観察して、それぞれのビューが適切であることを、自分の目で確認していただきたい。これによって、math.shというファイルが、コミット`256d402`（`Adding two numbers.`）と、その親との間で、どのように変化したかを確認できる。

ファイルの変化はコミットごとの違いを示し、個々のコミットはリポジトリ全体を表現している。Patch/Tree（パッチ/ツリー）セレクタのウィンドウには、その特定のコミットで他に変化したファイルのリストを見ることができる（ただし、このmath.githubリポジトリでは、このファイルだけが変化している）。

● その先にあるもの ●

図15.15で見た3つのパッチ（Diff、旧バージョン、新バージョン）は、どれもindex `5bb7f63..dab42fb`という行から始まっている。これらのSHA1 IDは、比較されているファイル（math.shの特定のバージョン）を示すものだ。

`git show`コマンドに、これらのSHA1 IDを指定すれば、その内容を見ることができる。

```
% git show 5bb7f63
# Comment
a=1
b=1

% git show dab42fb
# Add a and b
a=1
b=1
let c=$a+$b
echo $c
```

Gitは、リポジトリにコミットされた、あらゆるファイルのあらゆるバージョンを保存している。`git show`を使えば、特定のバージョンを確認できる。

15.4 コードの特定の行を更新したリビジョンを探す

gitkのDiff/Fileビューは、どのようにファイルが進化したかを調べる方法のひとつだ。コミットを順にクリックすれば、そのファイルが毎回の`git commit`でどう変化してきたかを見ることができる。けれども、ファイルがどう変化したかを把握するには、そのファイルの`git blame`出力を見るという方法もある。この`git blame`コマンドは、ファイルを調べてどの行にどのコミットが貢献したかを知らせてくれる。プログラムのソースファイルであれば、コードの特定の行に貢献したコミットを突き止められるのだ。

15.4.1　git blameをGUIで実行する

git guiコマンドは、git blame出力をサポートしている。まずこれを見るのだが、もしあなたのコンピュータで何か問題があれば、次の項を見ていただきたい。同じリストをコマンドラインで取得する方法を紹介している。

演習

math.githubディレクトリで、前回と同じコマンドにより、math.chをgitkで調べる。Diff/FileビューにコミットAdding two numbers.のmath.shを表示させる。

そのDiff/Fileビューで、コンテキストメニューを出す（それには右クリックか、Macならば2本指クリックを使う）。すると、図15.16に示すような画面になる。

「この行にgit guiでblameをかける」(Run Git Gui Blame on This Line）という項目をクリックする。これによって、図15.17に示すような別ウィンドウが現れる。

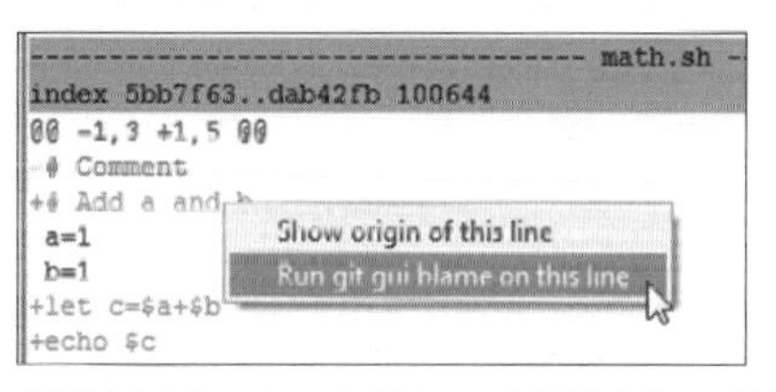

❖図15.16　git guiでblameを起動するコンテキストメニュー

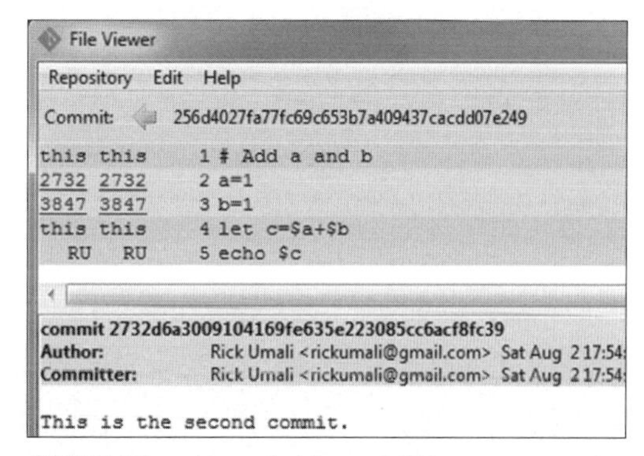

❖図15.17　git gui blameの出力

この新しく出たウィンドウは、この特定のコミットにおけるmath.shファイルの、すべての行を表示する（この場合、図15.17で黄色の帯に入っているコミット256d402が、ログエントリのAdding two numbers.に対応している）。さらに、このファイルの各行には、その特定の行を追加したコミットのSHA1 IDが表示される。

このビューは、ソースコードの特定の行について文脈を調査するとき、強力な手段となる。なぜその行が追加されたのか、そもそもコードにバグを入れたのが誰なのかというのは、何度も繰り返し起こる疑問だろう。git blameを使えばその答えが分かるのだ。

このウィンドウは対話的に作られていて、それぞれのコミットをクリックすることにより時間を遡ることができる。SHA1 IDコラムの外側でどれかの行をクリックすると、このgit gui blameウィンドウの下半分が変化してコミットログメッセージが表示される。

演習

このgit gui blame機能は、実はGit GUIプログラムの一部である。これは、コマンドラインから直接起動することが可能だ。いったんgitk/Git GUIを終了しよう。そして、math.githubディレクトリで次のようにタイプする。

```
git gui blame math.sh
```

こうすると、math.shのカレントブランチにおけるバージョンが現れる。特定のバージョンを指定するには、次のようにタイプする。

```
git gui blame 256d4027 math.sh
```

また、単にファイルブラウザを起動する方法もある。これには、カレントブランチでGitが知っている全部のファイルのリストが表示される。次のようにタイプする。

```
git gui browser master
```

このとき現れる画面を、図15.18に示す。

また、次のような起動方法もある。

```
git gui browser HEAD
```

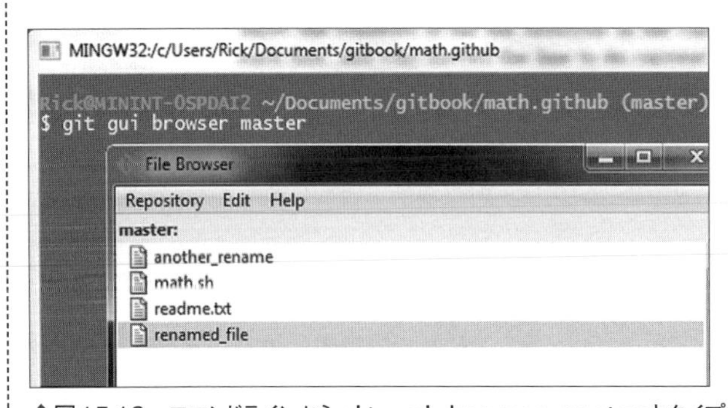

❖図15.18 コマンドラインからgit gui browser masterとタイプすると現れるファイルブラウザ

15.4.2 コマンドラインでgit blameを使う

git blameをGit GUIプログラムで使おうとすると、問題が生じるかもしれない。そんなときは、コマンドラインの機構を使える。

演習

git blameはコマンドラインからでも実行できるが、対話的な操作はほとんどない。コマンドラインから（math.githubディレクトリで）次のようにタイプする。

```
git blame math.sh
```

すると、次のリストに示すような出力が得られる。

▶リスト15.10　git blameの出力

```
256d4027 (Rick Umali 2014-08-05 18:54:56 -0500 1) # Add a and b
2732d6a3 (Rick Umali 2014-08-02 16:54:56 -0500 2) a=1
3847b0be (Rick Umali 2014-08-02 17:54:56 -0500 3) b=1
256d4027 (Rick Umali 2014-08-05 18:54:56 -0500 4) let c=$a+$b
6f6af168 (Rick Umali 2014-08-06 05:54:56 -0500 5) printf "This is the ⏎
answer: %d\n" $c
```

ソースファイルは長大な場合があるので、git blameの出力をファイルに保存するほうが便利かもしれない。それには次のようにタイプする。

```
git --no-pager blame math.sh > math-annotate
```

ここで使っている>記号は、ファイルに出力させるリダイレクションだ。あとは、そのファイルを好みのエディタで見ることができる。

15.5 あとから来る人のためにメッセージを残す

この章で学んだGitツールは、コードベースを調査する様々な方法を提供する。けれども、これらのツールの便利さは、どういうメッセージを開発者が残してくれたかに依存する。

既に見たように、git log --onelineの働きはコミットのタイトルの付け方に依存するし、git log --grepならば検索できるテキストに依存する。コミットメッセージは、未来のあなた自身に向けたメッセージであるとともに、将来そのコードに取り組む（あるいは保守する）人々のために書くものだ。あなたがコミットを行うとき、そのコミットについて一番よく知っているのはあなた自身だ。リポジトリにコミットするときは、変更を行うのに至った理由を具体的にシェアすべきだ。

良いメッセージを残すべきだというのは、コミットメッセージに限った話ではない。ブランチやタグの名前も、有意義なものにすべきだ。v1.37などというのは顧客向けには良いかもしれないが、内部的にはbranch_fix_memory_leakというのが適切かもしれない！

この章に「ソフトウェア考古学」(Software archaeology) というタイトルを付けた理由は、既存のリポジトリで仕事をするとき、残された手がかりを解読する必要にせまられることが多いからだ。そんなときは、コードを理解するだけではなく、そのコードの文脈(前後関係や背景など)も理解しなければならない。ソースコードのコメントから文脈を得られることもあるが、Gitのコミットメッセージから大量の文脈が得られることもあるのだ。コミットメッセージは「つぶやき」ではない。労を惜しまず説明することで読む人に文脈を提供できる。関連事項として、要件、仕様書、ドキュメント、バグリポートなどの外部リソースも列挙すべきだ。

15.6 課題

git logには、130を超えるコマンドラインスイッチがある。何が利用できるのか、午後いっぱい(あるいは一晩)かけてでも、ドキュメントを読んでおきたい。スイッチは、いくつものセクションに分かれている(コミットの制限、整形、diffのオプションなど)。下記の課題をこなすには、このドキュメントを読む必要があるだろう[*1]。

訳注*1:日本語の文献としては、オンラインで読める『Pro Git』2nd Editionの日本語版(https://git-scm.com/book/ja/v2/)の「2.3 コミット履歴の閲覧」に簡単な紹介がある。利用できるオプションをまとめて記述している参考書としては、『Gitポケットリファレンス』(技術評論社)が便利だ(pp.159-164)。

1. git log --mergesコマンドは、マージの結果として作られたコミットのすべてを表示する。この--mergesというスイッチは省略形なのだが、その元はなんだろうか?
2. math.carolリポジトリで、another_renameという名前の新しいブランチを作る。それから、git log another_renameとタイプする。すると、次のようなエラーメッセージが出る(another_renameに両義性があり、リビジョンとファイルのどちらの名前にも解釈できる、という意味)。

```
fatal: ambiguous argument 'another_rename': both revision and filename
```

   指示に従って、ブランチ名とファイルのパス名を分離しよう。

3. git log --onelineの独自のバージョンを作ったときには、いろいろとオプションを指定したが、SHA1 IDを色で強調することまでは行わなかった。出力のうち、SHA1 IDの部分に色を追加するにはどうしたらいいのだろう?
4. gitkで作成したメニュー項目「Simplified All」は、どこに保存されたのだろうか?
5. 1個のファイルに関する情報をgitkに表示させるには、コマンドラインでgitk <filename>とタイプする。それは15.2.1項で学んだが、gitkを起動したあとでそれを行うことができるだろうか?
6. git blameのスイッチで、出力を一群の行だけに限定する方法は?

15.7 さらなる探究

git notesコマンドを使えば、Gitのコミットに任意の「メモ」を追加できる。Gitでは、いったんコミットを行ったら、そのコミットログメッセージはリポジトリのタイムラインに対する変更とともに凍結されてしまう。けれども、たとえばそのコミットから何かのバグが入り込んだと、あとで判明したと仮定しよう。その場合、コミットそのものを変更することなく、その事実を示す短いメモを追加することができる。git notesは、いわばコミットに貼り付ける「付箋紙」のような便利な機能だ。

演習

math.carolリポジトリの最後のコミットにメモを追加しよう。まず、次のようにタイプする。

```
cd $HOME/math.carol
git log -n 1
```

上記のステップで、math.carolディレクトリに入り、そこで最も新しいコミットを表示した。そこで、次のようにタイプする。

```
git notes add -m "This is an attached note"
```

これによって、コミットにメモが追加された。もういちど、次のようにタイプする。

```
git log -n 1
```

すると、次のような出力が現れる。

▶リスト15.11　メモを追加したあとの、git log出力

```
commit 7746e35930e562304e347ac69929aa276ed345dc
Author: Rick Umali <rumali@firstfuel.com>
Date:   Sun Sep 7 21:51:15 2014 -0400

    Another tiny change

Notes:
    This is an attached note
```

Gitのコミットに長いメモを追加するには、git notes addとタイプしてエディタを起動すると

いう方法もある。gitkツールもこれらのメモを認識する。それは、コミットのタイトル（summary）の隣に現れる黄色い箱で表現される（図15.19で強調されている部分を参照）。

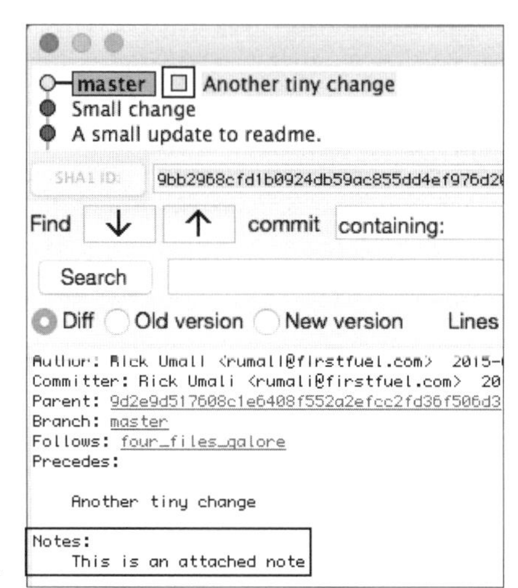

❖図15.19
gitkツールで表示される`git notes`のメモ

15.8 この章のコマンド

❖表15.1　この章で使ったコマンド

コマンド	説明
git log --merges	マージの結果であるコミットのリストを表示
git log --oneline FILE	FILEに影響を与えたコミットのリストを表示
git log --grep=STRING	コミットメッセージがSTRINGを含んでいるコミットのリストを表示
git log --since MM/DD/YYYY --until MM/DD/YYYY	2つの日付の間に作られたコミットのリストを表示
git shortlog	著者名によるコミットの要約
git shortlog -e	著者名によるコミットの要約で、電子メールアドレスも表示する
git log --author=AUTHOR	AUTHORを著者とするコミットのリスト（名前とメールアドレスを表示）
git log --stat HEAD^..HEAD	現在のコミットと、その親の間にあるコミット（と、そのファイル）のリスト
git log --patch HEAD^..HEAD	現在のコミットと、その親の間にあるコミット（と、テキストの変更）のリスト
git branch --column	すべてのブランチのリストをコラムに分けて表示する
git name-rev SHA1_ID	指定したSHA1 IDの名前を最も近いブランチをベースとして表示する
git branch -r --contains SHA1_ID	指定のSHA1 IDを含む、すべてのブランチを識別する（`-r`はリモート追跡ブランチを指定する。これを略すとローカルブランチだけが表示される）
git grep STRING	STRINGを含む、すべてのファイルを探し出す
git gui blame FILE	FILEの`git blame`出力をGit GUIで表示させる（それぞれの行で、どのコミットから来たのかを表示させる）
git gui browser REV	GUIブラウザで、REVというリビジョンのすべてのファイルを表示させる（たとえば現在の作業ディレクトリならば、REVに`HEAD`を使うことができる）
git blame FILE	FILEのblame出力をコマンドラインに表示する
git --no-pager blame FILE > FILE-annotate	FILEのblame出力をコマンドラインで、FILE-annotateに保存する

git rebaseを理解する

この章の内容

git rebaseコマンドは、Gitで最も強力なコマンドのひとつだ。リポジトリのコミット履歴を書き換えるという能力があるから、コミットの並び替え、変更、削除までも可能になる。その能力のすべてを理解しようとしたら、本書の残り全部を費やすことになってしまうだろう。だからここでは、git rebaseを使う主な理由の2つに焦点を絞る。ひとつは複製元リポジトリの変化に対応するため。もうひとつは、マージを行う前にブランチを整理するためである。

リポジトリのクローンを作ると、リポジトリの複製が手に入る。けれども、その複製元リポジトリに対して、あなたと共同作業をしている人が、何らかの変更を加えることも多いだろう。複製をリフレッシュするためにgit pullを使うことはできるが、もしあなたが独自に開発を進めるためにローカルブランチを作っていたら、元のリポジトリから変更を取り入れるため、あなたのブランチを再び同期する必要が生じるかもしれない。それを処理できるのがgit rebaseコマンドだ。アクティブなリポジトリでの共同作業に参加しているのなら、上流ブランチの変化に対応するため、あなたもこのテクニックを使うことになるだろう。上流（upstream）ブランチとは、あなたが作ったブランチの分岐元である。

git rebaseコマンドは、ローカルブランチのgit mergeを行う前に、自分が行ってきたコミットを整理・編集する用途にも使える。この章では、インタラクティブなgit rebase --interactiveコマンドを使って、ローカルブランチのコミットを自在に整理・編集する方法も学ぶ。

そして、git resetも知っておこう。これは、あなたのリポジトリを、ひとつ前の「うまく動いていた既知の状態」に戻すためのコマンドだ。git rebaseコマンドの使い方を間違ってしまったら、そのときは「ひとつ前の使える状態」を見つけるgit reflogとともに、このgit resetが頼りになる。

16.1 git rebaseの2つのユースケース

git rebaseコマンドは、ほとんど常に、他の開発者との共同作業で使われる。個人で開発しているのなら、たぶんgit rebaseを使うことは一度もないだろう。けれども、だれかと一緒に働いているのなら、元のリポジトリに対して行われた変更に対応するために、ブランチの親（分岐元）を変更する必要が生じるかもしれないし、自分のブランチをマージする前に整理する必要が生じることもあるかもしれない。この節では、これら2つのユースケースを論じる。そして16.2節では、実際にgit rebaseを実行する段階に進む。

この章の前提として、masterブランチで活発な開発が行われ、他の人がコミットしているということにする。つまり、あなたはnew_featureブランチで開発を進めているが、他の人たちはその上流ブランチであるmasterでアクティブな開発を行っているのだ。

git rebaseコマンドは、履歴を書き換えるので軽蔑されることが多い。けれどもgit rebaseは、あなたのローカルブランチが古くならないように更新を続ける手段と考えるべきだ。また、あなたのローカルブランチをメインリポジトリにマージする前に、編集して磨き上げる手段にもなる。この2つのユースケースを念頭に置きながら、git rebaseの機構に踏み込んでいこう。

また、git rebaseの対象は、あくまで、あなたのローカルリポジトリ（もっと詳しく言えば、あなたのローカルブランチ）に限定すべきだという点にも注意しよう。git rebaseを使うと、必ず新しいSHA1 IDが作られる。したがって、パブリックなリポジトリにプッシュしているときは、git rebaseを使うべきではない。

16.1.1 git rebaseを使って上流の更新に対応する

あなたのコードを分岐・統合する方法は、第9章と第10章で学んだ。ローカルブランチを作ることで、あなたの開発作業をメインブランチ（典型的にはmaster）から隔離できる。それがベストプラクティスだ。あなたが開発するコードはそのブランチに入る。コードを分岐するブランチは、事実上、あなたの作業の開始地点を作ることになる（図16.1を参照）。

図16.1で、矢印の左側にあるのがmasterブランチである。そこでgit branch new_featureとタイプすると、Xというラベルで示すコミットからnew_featureブランチが作られる。そのXが、masterブランチにおけるあなたの開始地点だ。そして、（git checkout new_featureを使って）new_featureブランチに入ると、masterブランチがあなたの上流ブランチ（元のブランチ）になる。

あなたは、new_featureに対してコミットする。他の人々は、masterに対してコミットする。だから、すぐに図16.2に示す状況になる。この図では、masterブランチに対してコミットが1つ追加され（Y）、new_featureブランチに対して2つのコミットが行われている（AとB）。

このように分かれたブランチをgit mergeを使ってマスターに統合する方法は、第10章で学んだ。マージは、masterとnew_featureを統合し、2つの道を1つに合流させる。けれども、new_

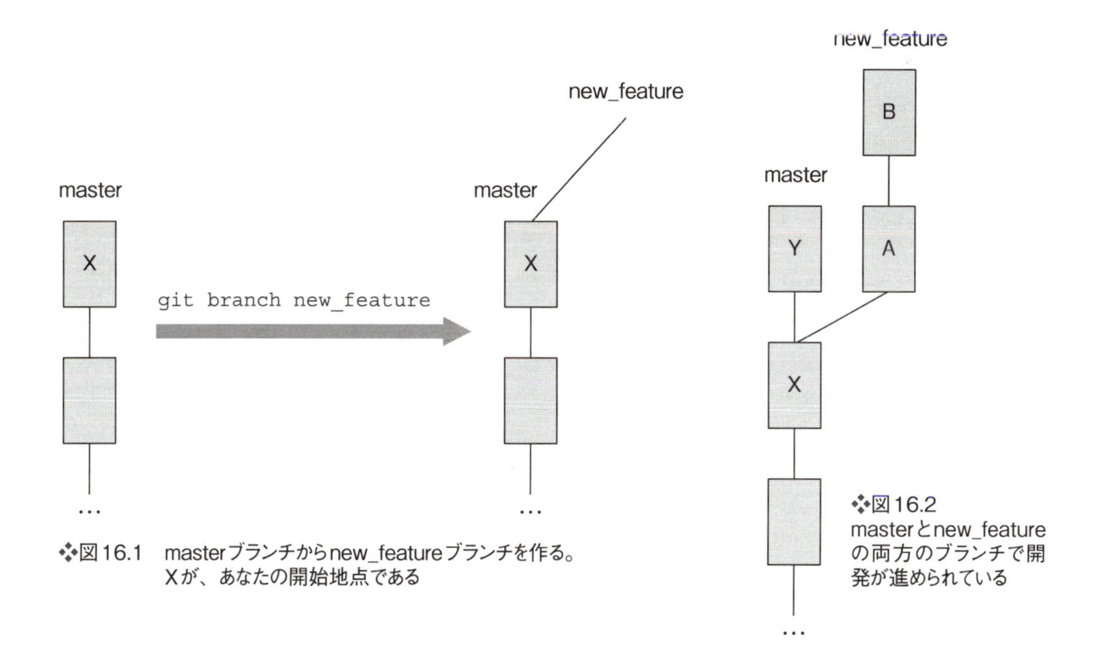

❖図16.1 masterブランチからnew_featureブランチを作る。Xが、あなたの開始地点である

❖図16.2 masterとnew_featureの両方のブランチで開発が進められている

featureがまだマージする段階に達していないのに、new_featureに組み込みたいような最新コミットがmasterに現れたらどうすべきだろうか。もしあなたが最新のコミット（複数あってもよい）をmasterからnew_featureに採用したければ、git rebaseを利用できる。このように、最新のコミットを採用するのは上流の変化に対応するためだ。そのために、git rebaseコマンドであなたのブランチの開始地点（図16.2のX）をYにリセットする。これが、git rebaseの第1のユースケースだ。16.2節ではこの単純なユースケースを扱う。

16.1.2 git rebaseで履歴を整理する

他の人々と共同作業をする場合、いつかは共有リポジトリについて何らかの取り決めが必要になるだろう。これについては次の章で扱うが、このようにチームが従っている規約に合わせてコミットを整理するのもgit rebaseを使う理由のひとつである。

前項と同様なリポジトリを前提としよう。あなたはnew_featureというローカルブランチで作業している。そして、次のリスト16.1に示すgit log出力が、new_featureブランチで行った作業であり、既に7個のコミットを行ったものと仮定する。

▶リスト16.1　git logの出力

```
b8f3239 Fixed last error. This compiled and passed tests!
9afd8a0 Added comment about global.
fb6f863 Incorporated new data structure.
8748134 Fixed spelling mistake.
92ea3ac Fixed script error.
ffcc1f8 Fixed failure on building machine.
bb6ac5e Committing final change for build. Last syntax error!
```

これらのコミットのタイトルを見ると、いくつか重要なものがありそうだ。とくに、Incorporated new data structure（新しいデータ構造を採用）というコミットログは、たとえば、プロジェクトに新しい開発者として参加する人にとって注目すべき重要なコミットだろう。また、いくつかのタイトルは、綴りの間違いを直した（Fixed spelling mistake）とか、コメントを追加した（Added comment about global）とかいう、わりあい日常的な作業を示唆している。ところで、それぞれのコミットが作業ディレクトリ全体を表現している、ということを思い出そう。もしあなたが、SHA1 ID 92ea3ac（スクリプトエラーの修正）と8748134（スペルミスの修正）との差分を見たら、唯一の違いはただ綴りの間違いを直しただけだと分かるだろう。そんなコミットは、不要な詳細かもしれない。

git rebaseを使えば、そういう些細なコミットをスカッシュ（squash：潰して合成）することができる[*1]。git rebaseでコミットをスカッシュすると変更は残るが、コミットログエントリは削除される。このスカッシュ（あるいはスクォッシュ）という言葉は、Gitユーザーの間でしばしば耳にすることがあるだろう。コミットをスカッシュする（1個以上のコミットを潰して合成する）のは、コミット履歴を編集する形式のひとつであり、そのテクニックについては16.4節で詳しく説明する。とにかく、`git rebase`によって、図16.3に示すようにあなたのコミット履歴を書き換えることができるのだ。

図16.3では、コミットの総数を7個から4個に減らしている。それは、不要なコミットのログエントリを削除しつつ、それらの変更を残すという作業である。そして、ここでは`git rebase`がnew_featureブランチのベース（起点）をAからYに変更していることにも注目しよう。

訳注＊1：squash（スカッシュ）の効果は、レモンスカッシュの作り方に似ている。レモンを潰して、その成分を入れたレモンスカッシュが、潰したレモンとは別のものであるように、新しいコミットが作られる。

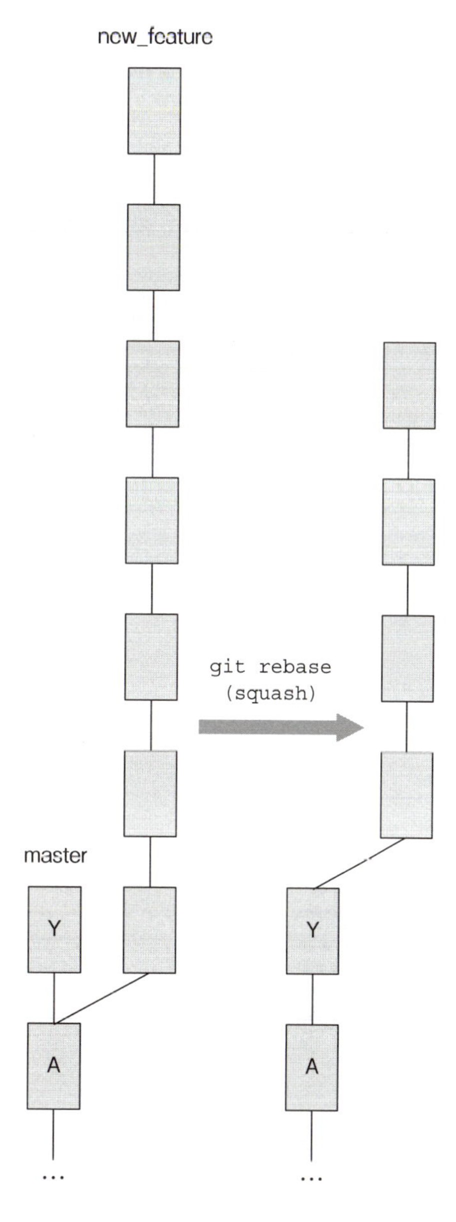

❖図16.3
`git rebase`を使って、いくつか無用なコミットを潰す

16.2 第1のケース：上流に追いつく

rebase（リベース）というのは、ブランチの親を変えるという意味である。上流の変化に対応するため`git rebase`を使うケースで行うのが、まさにその処理だ。`git rebase`の用途で最も重要なのは、あなたのローカルブランチの開始地点を変更することだ。

第1のユースケースは、上流のmasterブランチから新しい変更をあなたのローカルブランチnew_featureに取り込みたい場合である。ただし、new_featureは、まだ準備ができていないのでマージしたくない。この最後の要件は検討を要する重要な事項である。マージの準備が整うまでに、new_featureでの作業が長時間続く事態はありそうなことだろう。だから`git rebase`コマンドを使って、あなたのnew_featureブランチを最新の状態に保つのだ。

図16.4で、あなたのリポジトリは最初は矢印の左側の状態にある。あなたは、別のブランチで新しい機能（new feature）を開発している。その新機能は、リポジトリのコミットXをベースとしている。言い換えれば、コミットXがあなたのブランチの開始地点（あるいは起点）である。この「ベースコミット」Xが、いまではYという1個のコミットだけ先に進んでいることに注目しよう。もしYの変更を、あなたのnew_featureブランチにマージすることなく組み込みたいのなら、あなたのnew_featureをYをベースとするように変更できる。それがリベースである。

この例でYが表現しているコミットは、あるファイルに対する些細な変更である。けれども現実の世界では、コミットYが表現するコードはあなたがnew_featureで開発を続けるのに必要なコードかもしれない。また、現実の世界では、Yが複数のコミットで構成されるかもしれない。

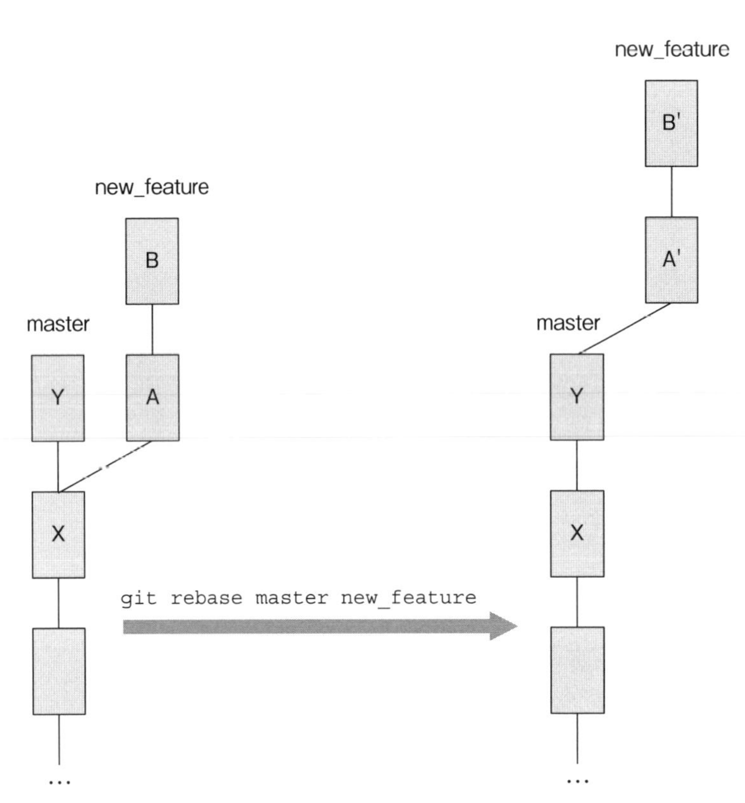

❖図16.4　基礎的な`git rebase`。new_featureのベースをXからYに移し替える。
`git rebase master new_feature`が、その完全なコマンドだ

演習

git rebaseコマンドの最も基本的な形式を、試しに使ってみよう。そのために、make_rebase_repo.shというスクリプトを使って、mathディレクトリを作り直す。このスクリプトは、第9章で紹介したmake_math_repo.shスクリプトのバリエーションだ。このスクリプトをあなたのホームディレクトリにダウンロードしたら、コマンドラインから次のようにタイプする。

```
cd $HOME
rm -rf math
bash make_rebase_repo.sh
cd math
```

このときgitkを開いて、ビュー編集でAll Refs（全てのリファレンス）が選択されていれば、図16.5に示すような表示が得られる（これが図16.4と似ていることに注目しよう）。

これから、new_featureブランチをmasterブランチ上でリベースする。これによって、new_featureにおける一群のコミットを、masterの最新コミット（図16.4でのY）の位置まで、いったん巻き戻し（rewind）、そこから再生（replay）する格好になる。mathディレクトリで、new_featureブランチがあることを確認してから、次のようにタイプする。

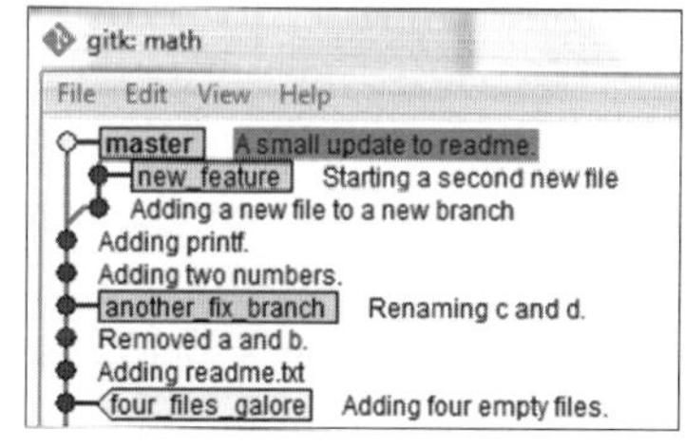

❖図16.5　リポジトリの初期状態

```
git checkout new_feature
```

このnew_featureブランチにある2つのコミットのSHA1 IDを確認しよう。次のようにタイプする。

```
git log --oneline master..new_feature
```

このリストには、2つのコミットが含まれる。..という構文により、masterの先、new_featureまでの間にあるコミットが表示される。new_featureでリベースされるのが、その2つのコミットだ。リベースを実行するため、次のようにタイプする。

```
git rebase master
```

このとき、あなたはnew_featureブランチ上にいなければならない。このコマンドは、現在のブランチ（new_feature）を、masterブランチからの最新のコミットによってリベースするように指示している。その出力を、次に示す。

▶リスト16.2　git rebase masterコマンドの出力

```
First, rewinding head to replay your work on top of it...
Applying: Adding a new file to a new branch
Applying: Starting a second new file
```

gitkを開くと、new_featureがmasterの上に移動していることがわかる（図16.6）。

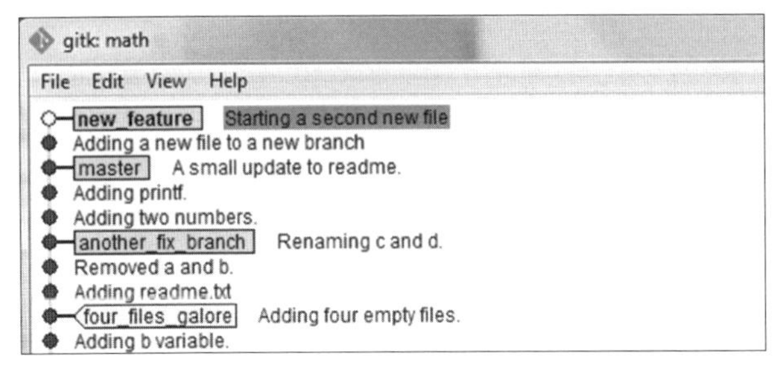

❖図16.6　new_featureの2つのコミットが、masterの上に移動している

また、この2つのコミットのSHA1 IDが変化していることにも注目しよう。それはgitkでも確認できるが、コマンドラインなら、`git log --oneline master..new_feature`か`git log --oneline -n 2`によって確かめられる。

図16.7は、前に見た図と同様だが、new_featureの一部だったオリジナルのAとBというコミットが、リベースによってA'とB'に変更されている。これらは、同じ日付の同じ変更だが、新しいSHA1 IDになっている。そして、もっと重要なポイントとして、new_featureブランチの開始地点が変更され、図16.7のラベルでYの地点になっている。したがって、Yにおける変更は、いまではnew_featureの一部である。

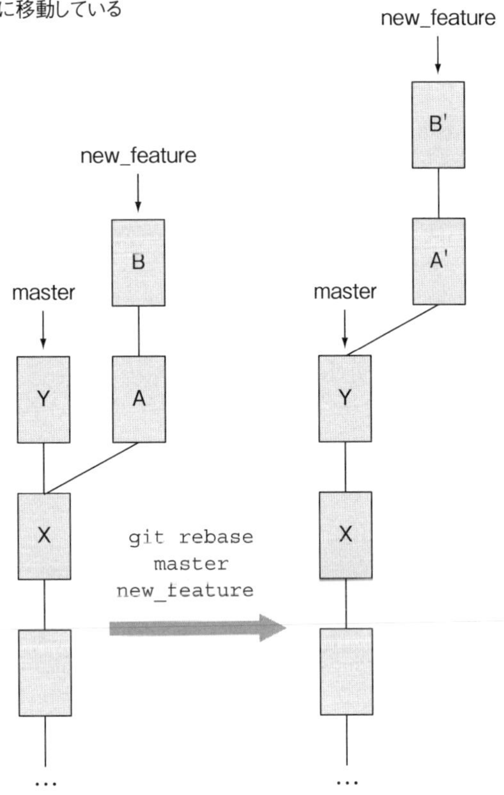

❖図16.7　コミットAとBは、コミットA'とB'とはIDが違う

16.3 git reflogとgit resetを使ってリポジトリを元に戻す

`git rebase`コマンドを、何かのミスで間違って使うことがあるかもしれない。マージの前にコミットの整理をする第2のユースケースについて検討する前に、そういう`git rebase`の失敗から復

旧する方法を見ておこう。

Gitでは、ローカルリポジトリをリセットしてgit rebase実行前の状態に戻すためにgit resetコマンドを使える。第8章で学んだように、HEADは常にGitが（あなたが）見ているブランチ（あるいはコミット）を指し示している。前節で使った、あなたのnew_featureブランチのタイムラインは、図16.8のようになっている（ここではgit rebaseの結果として元のコミットのあとに2個のコミットがあるが、その数は問題ではない）。

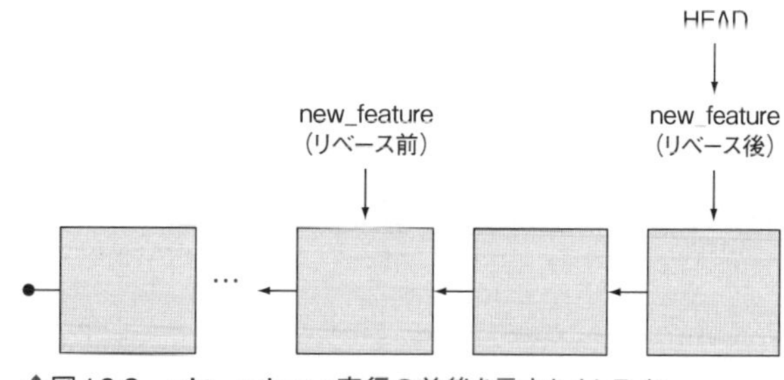

❖図16.8　git rebase実行の前後を示すタイムライン

もしnew_featureを、git rebaseを行う前の古い状態に戻したければ、HEADポインタを以前のnew_featureを指しているコミットにリセットしたいはずだ。そのためにSHA1 IDを特定する必要があるが、それにはgit logを使えない。なぜならgit rebaseコマンドが、元のSHA1 IDを履歴から消してしまったからだ。new_featureの、以前のSHA1 IDを見つけるには、git reflogコマンドを使う必要がある。では、これらのコマンドを使って、このリポジトリをリベースを行う前の状態に戻してみよう。

演習

これから行うセッションの目的は、あなたのローカルリポジトリをgit rebase実行前の状態に戻すことだ。

最初に、git reflogコマンドを使って、コミットの正しい名前を見つける。このコマンドは、HEADの変更履歴をすべて記録している内部リストをアクセスする。あなたが、git checkoutまたはgit rebaseを実行すると、そのたびにHEADが変更される。それらを記録したログがreflogであり、git reflogは、そのログを見せてくれるのだ。reflogは、ローカルヒストリーのようなものだ。git reflogコマンドは、そのヒストリーをアクセスするので、もう消えてなくなった古いSHA1 IDへのリファレンスを参照できる。なにしろgit rebaseは、あなたがリベースするブランチのSHA1 IDを変更するのだから、この機能が重要だ。

mathディレクトリで、次のようにタイプする。

```
git reflog
```

すると、おおよそ次に示すようなリストが得られるだろう。

▶リスト16.3　git reflogの出力（先頭部分のみ）

```
9488bc2 HEAD@0: rebase finished: returning to refs/heads/new_feature
9488bc2 HEAD@1: rebase: Starting a second new file
1a7aa0d HEAD@2: rebase: Adding a new file to a new branch
094e6b3 HEAD@3: rebase: checkout master
f883bbd HEAD@4: checkout: moving from master to new_feature
```

このgit reflog出力の各行には、1個のSHA1 IDとそのSHA1 IDの別名と説明書きが含まれている。ここで必要なのは別名だ。このリストには、HEADが経てきた個々のステップが、すべて列挙されている。git logのリストと違って、これはそれぞれのコミットが親を指しているコミットの連鎖ではない。これはHEADが設定された個々のブランチを記録したリストなのだ。図16.9を見よう。

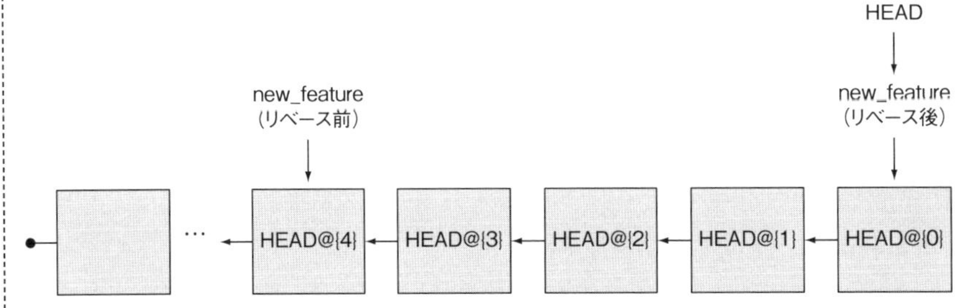

❖図16.9　さきほどのタイムラインに、git reflogに記録されている「HEADが移動した場所」の名前を重ねたもの

この図とリスト16.3を見ると、HEADは、new_featureの古い（git rebaseを実行する前の）バージョンから、HEAD@{3}、HEAD@{2}、HEAD@{1}、HEAD@{0}という4箇所を経由している。これが正しいバージョンだということは、さきほど行ったgit checkout new_featureがHEAD@{4}の説明書きに存在することで分かる。また、git rebaseが、このreflogの最初の4行を占めていることでもそれが分かる。

リセットを行う前に、gitkでコミット履歴を確認しておこう。次のようにタイプする。

```
gitk
```

すると、図16.10に示すような画面が得られるはずだ（ただし、gitkのビュー編集で、All Refs（全てのリファレンス）を選択してあるものとする）。

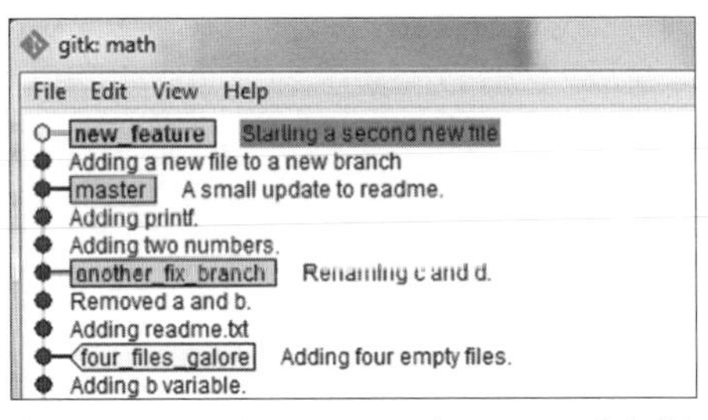

❖図16.10　現在のリポジトリ（git rebase実行後）

このリポジトリを、元の状態に戻すため、次のようにタイプする。

```
git reset --hard HEAD@{4}
```

--hardスイッチにより、ステージングエリアと作業ディレクトリの両方がリセットされる。これによって、リポジトリが元の状態に正しく戻される。上記のコマンドをタイプしたあと、HEADは、あなたがgit rebaseを使う前のnew_branchの古いバージョンに移動する（巻き戻される）。図16.11にそれを示す。

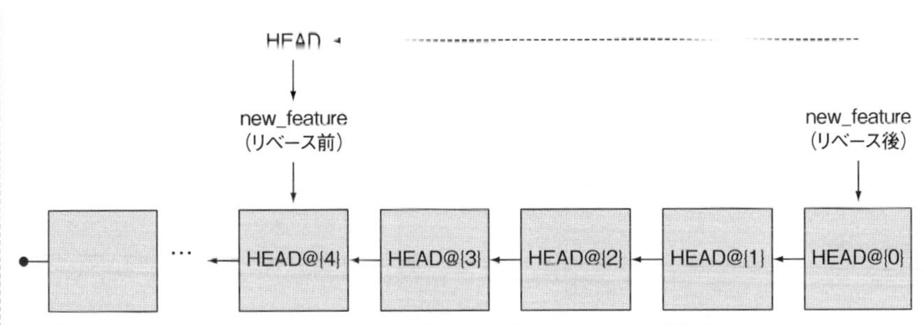

❖図16.11　HEADをreflogのヒストリーで巻き戻す（HEAD@{4}まで戻す）

これを確認するため、次のようにタイプしよう。

```
gitk
```

gitkのビュー編集で、All Refs（全てのリファレンス）を選択してあれば、あなたのリポジトリは図16.12のように見えるはずだ。いわば、`git reset`を使って時間を戻したのだ。

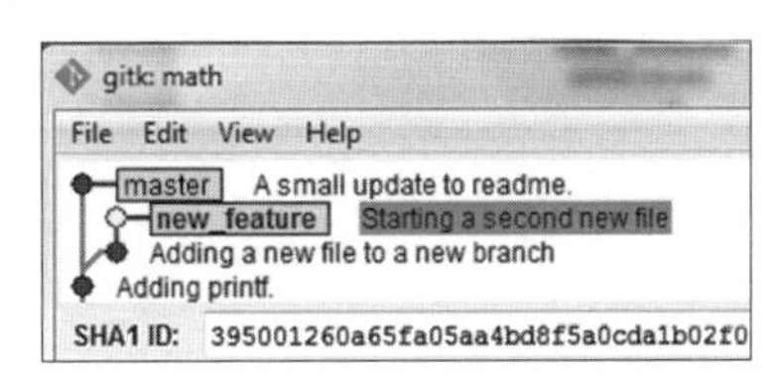

❖図16.12　`git reset`コマンドの実行後、new_featureが元の場所に戻っている

16.4 第2のケース：履歴を整理する

`git rebase`の第2のユースケースは、コミット群の整理（クリーンアップ）だ。他の人たちと共同作業をしているときは、マスターブランチへのマージを実施する前にコミットの整理が必要かもしれない。ローカルブランチをメインブランチに戻すマージを行う前に、コミットを整理するのが典型的だ。たとえあなたのリポジトリがそういう規約に従っていなくてもブランチをマスターに戻すマージはあり得るが、その場合でもローカルコミット群を整理するのは良い習慣である。図16.13を見ていただきたい。

new_featureの2つのコミットは、それぞれファイルを1個ずつこのリポジトリに追加している。これを、1回のコミットで両方のファイルを追加したことにする必要があるとしたら、どうだろうか？

メインブランチに現れるコミットの数を制限することがリポジトリの規約で定められているとしたら、このように複数のコミットを融合する必要があるかもしれない。その規約によれば、ローカルブランチでは、いくつでも好きなだけ多くのコミットを行うことが推奨されているけれど、あなたの作業をシェアする準備ができたら、ローカルブランチ全体をマージする前に融合しなければならない！

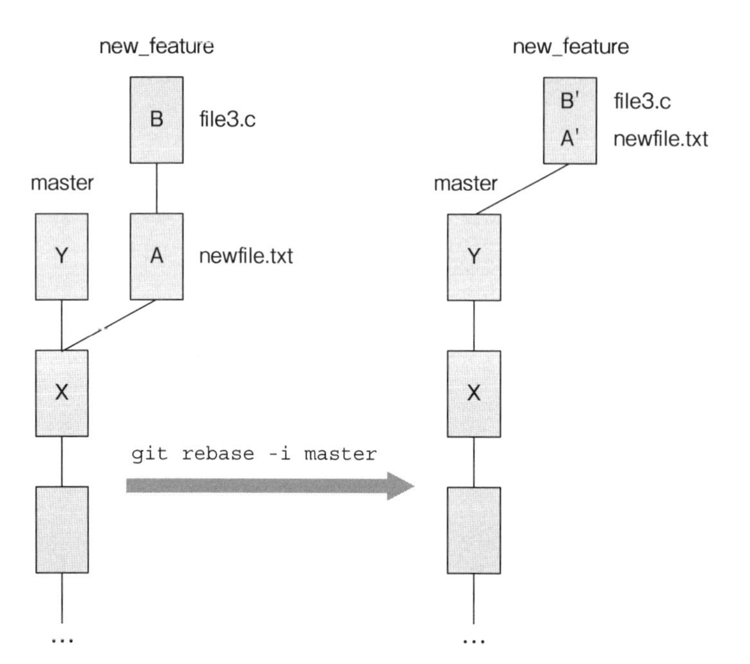

❖図16.13　このセッションの目的

演習

前回のセッションによって、あなたのリポジトリは正しい状態に戻っているはずだ。次に、正しいブランチにいることを確認してから、`git rebase --interactive`を使うことにしよう。まずは次のようにタイプする。

```
git branch
git log -n 2 --stat --oneline
```

あなたがnew_featureブランチにいること、そして、最新の2つのコミットがfile3.cとnewfile.txtを追加していることを確認する。この2つのコマンドにより、次のリストに示すような出力が得られるはずだ。

▶リスト16.4　git branchとgit logによる出力

```
% git branch
  another_fix_branch
  master
* new_feature
```

```
% git log -n 2 --stat --oneline
3950012 Starting a second new file
 file3.c | 1 +
 1 file changed, 1 insertion(+)
b402970 Adding a new file to a new branch
 newfile.txt | 1 +
 1 file changed, 1 insertion(+)
```

そして、次のようにタイプする。

```
git rebase  interactive master
```

あなたのコマンドラインウィンドウは、Gitのデフォルトエディタ（たぶんvi）の内側のテキストファイルに変わる（デフォルトエディタを変更する方法は、第20章で学ぶ）。このウィンドウは、図16.14に示すようなものになるはずだ。

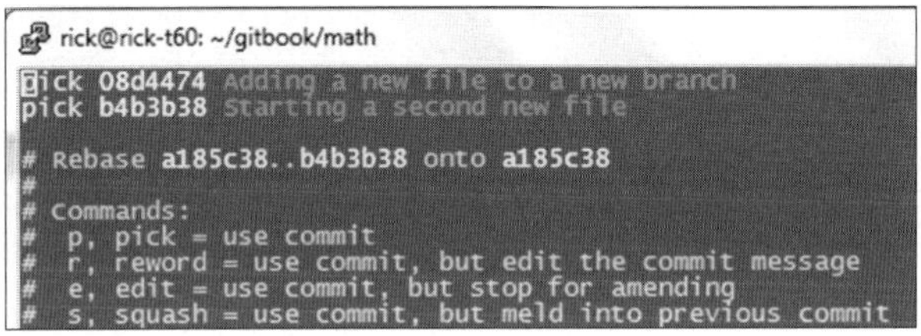

```
rick@rick-t60: ~/gitbook/math
pick 08d4474 Adding a new file to a new branch
pick b4b3b38 Starting a second new file

# Rebase a185c38..b4b3b38 onto a185c38
#
# Commands:
#  p, pick = use commit
#  r, reword = use commit, but edit the commit message
#  e, edit = use commit, but stop for amending
#  s, squash = use commit, but meld into previous commit
```

❖図16.14
git rebase interactiveの画面
（これはviエディタのウィンドウ）

このviエディタ内のテキストファイル全体を、次のリストに示す[*2]。

訳注＊2：以下に、試訳を示す。

```
# コマンド:
# p, pick = コミットを採用する
# r, reword = コミットを使う。ただしメッセージを変更する
# e, edit = コミットを使う。ただし修正のため停止する
# s, squash = コミットを使う。ただし前のコミットに融合する
# f, fixup = "squash"と同様。ただしこのコミットのログメッセージは破棄
# x, exec = コマンド（行の残りの部分）をシェルで実行する
# d, drop = コミットを削除する
#
# 行は入れ替えが可能です。上から順番に実行されます。
#
# 行を削除したら、そのコミットは失われます！
#
# ただし、すべてを削除したら、リベースは中止されます。
#
# 空のコミットはコメントアウトされます
```

▶リスト16.5 git rebase --interactiveのテキスト（注釈付き）

```
pick 08d4474 Adding a new file to a new branch + ◀― ❶これからリベースする
pick b4b3b38 Starting a second new file       +      コミットのリスト

# Rebase a185c38.. b4b3b38 onto a185c38
#
# Commands:                                  + ◀― ❷個々のコミットに実行できる
#  p, pick = use commit                              コマンドの意味
#  r, reword = use commit, but edit the commit message
#  e, edit = use commit, but stop for amending
#  s, squash = use commit, but meld into previous commit
#  f, fixup = like "squash", but discard this commit's log message
#  x, exec = run command (the rest of the line) using shell
#
# These lines can be re-ordered; they are executed from top to bottom.
#
# If you remove a line here THAT COMMIT WILL BE LOST.
#
# However, if you remove everything, the rebase will be aborted.
#
# Note that empty commits are commented out
```

このテキストファイルは2部に分かれている。❶は`git rebase`の対象となるコミットのリストであり、❷はコミットリストとの対話処理を行う方法（コマンド）を説明している。❶の各行は、先頭に1個のコマンドがある。コマンドには、`pick`、`reword`、`edit`、`squash`、`fixup`、`exec`がある。

次に、このファイルを編集し、それぞれのコミットにコマンドを指定する。その結果を図16.15に示す。

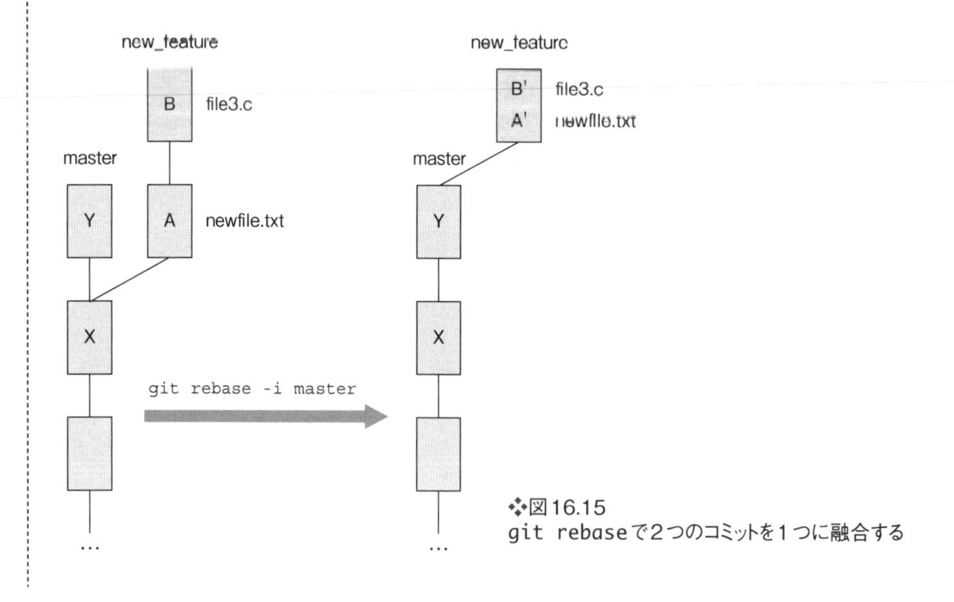

❖図16.15
git rebaseで2つのコミットを1つに融合する

この結果を得るためにファイルを編集する必要がある。第2行のコマンドを`pick`から`squash`に変えるのだ。その変更を図16.16に示す。

```
git-rebase-todo (~\Documents\gitbook\math\.git\rebase-merge) - VIM
pick b402970 Adding a new file to a new branch
pick 3950012 Starting a second new file

# Rebase c56bf97..3950012 onto c56bf97
#
# Commands:
#  p, pick = use commit
#  r, reword = use commit, but edit the commit message
#  e, edit = use commit, but stop for amending
#  s, squash = use commit, but meld into previous commit
```

```
git-rebase-todo + (~\Documents\gitbook\math\.git\rebase-merge) - VIM
pick b402970 Adding a new file to a new branch
squash 3950012 Starting a second new file
```

❖図16.16　エディタで2つのコミットをスカッシュする

変更したあと、テキストファイルの最初の2行は、次のリストに示すようなものになる。

▶リスト16.6　2行目を書き換えたあとのリベースファイル

```
pick 08d4474 Adding a new file to a new branch
squash b4b3b38 Starting a second new file
```

それぞれのコミットが先頭から順番に1行ずつ処理されていく（この順序は、`git log`コマンドの表示とは逆だ）。第2のコミットに`squash`というコマンドを入れると、Gitはそれを一つ前のコミットに融合する。

viエディタで、矢印キーによって2行目の最初の文字（p）までカーソルを移動させよう。それから、`pick`というワードを消して`squash`というワードで置き換える（図16.16）。それから次のようにタイプする。

```
<ESC>
:wq
```

<Esc>キーを押すことで、viの挿入モードを終える。`:wq`でテキストファイルを保存する。エディタが画面から消えて、ターミナルの画面に処理の進行が表示される。しばらく待つと、再びエディタの画面になって、リスト16.7に示すようなテキストが現れる。

▶リスト16.7　2つのコミットを融合したあとのコミットメッセージ編集テキスト

```
# This is a combination of 2 commits.
# The first commit's message is:

Adding a new file to a new branch

# This is the 2nd commit message:

```

```
Starting a second new file
# Please enter the commit message for your changes. Lines starting
# with '#' will be ignored, and an empty message aborts the commit.
# rebase in progress; onto c56bf97
# You are currently editing a commit while rebasing branch
# 'new_feature' on 'c56bf97'.
#
# Changes to be committed:
#       new file:   file3.c
#       new file:   newfile.txt
#
```

これは、新しいコミットのメッセージである。そのコミットで変更されるのが、file3.cとnewfile.txtであることが、メッセージ内のコメントで表示されている。このリベースを簡単に完了させるため、このコミットメッセージをそのまま使おう。viエディタで、次のようにタイプする。

```
:wq
```

これによって、現在のメッセージが保存され、`git rebase`が終了する。このコマンドの最終的な出力は、次のリスト16.8に示すようなものになるはずだ。

▶リスト16.8 git rebaseの出力

```
[detached HEAD 00ee93f] Adding a new file to a new branch
 2 files changed, 2 insertions(+)
 create mode 100644 file3.c
 create mode 100644 newfile.txt
Successfully rebased and updated refs/heads/new_feature.
```

新しいコミットによって、file3.cとnewfile.txtの両方が追加されていることを、次のようにタイプして確認しよう。

```
git log -n 1 --stat
```

このコマンドで、次のリストに示すような出力が得られる。そして（もっと重要なことだが）、mathディレクトリには両方のファイルが存在するはずだ。

▶リスト16.9 スカッシュの結果を確認するgit log出力

```
commit 00ee93f1de6bd214ee25a1672d826adeef1b37da
Author: Rick Umali <rickumali@gmail.com>
Date:   Sat Oct 4 03:10:15 2014 -0500
```

```
    Adding a new file to a new branch

    Starting a second new file

 file3.c     | 1 +
 newfile.txt | 1 +
 2 files changed, 2 insertions(+)
```

図16.15と、上記のgit logで明らかなように、スカッシュ（squash）はコミットを融合する。中間的なコミットのログエントリが必要ではないとき、そのコミットを削除する方法のひとつがスカッシュなのだ。たとえば、単に綴りをチェックして間違いを修正しただけのコミットなどは、スカッシュで削除する対象になるかもしれない。

リポジトリの規約に従った優れた貢献を行うため、自分のコミットを編集し、より良いものにするのがこういう作業の目的である。

16.5 課題

この章の「演習」の問題は、おそらく復習する価値があるだろう。たしかにgit rebaseコマンドは複雑である。その理由は、リポジトリにおけるブランチとコミットの働きをよく理解する必要があるからだ。課題を復習することで、どんなときgit rebaseを実行すればよいか認識しやすくなるだろう。

1. math.bobリポジトリを見つけ、そのリモート追跡ブランチにgit rebaseを行う。次のようにタイプする。

```
git rebase master origin/new_feature
```

   上記のコマンドが完了したとき、あなたは、どのブランチにいるだろうか？

2. 本章の「演習」で行ったように、mathリポジトリをリセットする。それから、リストの最初にあるコミットのスカッシュを試みよう。すると、エラーが出るはずだ。なぜだろうか？
3. git reflogのドキュメントを読もう。これは、どういうコマンドの省略形だろうか。そのコマンドを実行して、git reflogと同じ出力が得られることを確認しよう。
4. 再びgit rebase --interactiveをやってみよう。ただし今回は、コミットに指定するコマンドとしてrewordを使って見よう（リスト16.5を参照）。これを使うと何ができるのだろうか？

5. `git log`コマンドで、`master..new_feature`という構文を使ったが、これはnew_featureから到達可能なコミットのリスト（ただしmasterを除く）を見るものだ。これは、`git rev-parse`のドキュメントに説明がある。この`master..new_feature`と同じ意味を持つ、もうひとつの表現は何だろうか？

16.6 さらなる探究

この章では`git rebase`でコミットログを操作する方法を説明した。ヒストリーの操作についてさらに探究したい人のために、興味深いテクニックを2つ紹介しよう。

16.6.1 チェリーピッキング

ときには、あるブランチを選択して、それを新しい開始地点にコピーしたいときがあるかもしれない。あるブランチで行った作業を、リポジトリの他のどこかで利用できるとしたら、そのコードを新しい開始地点にコピーしたくなるだろう。Gitでは、それを`git cherry-pick`コマンドで行うことができる。図16.17はbというコミット（図のB）がmasterの上にコピーされている（図のB'）。

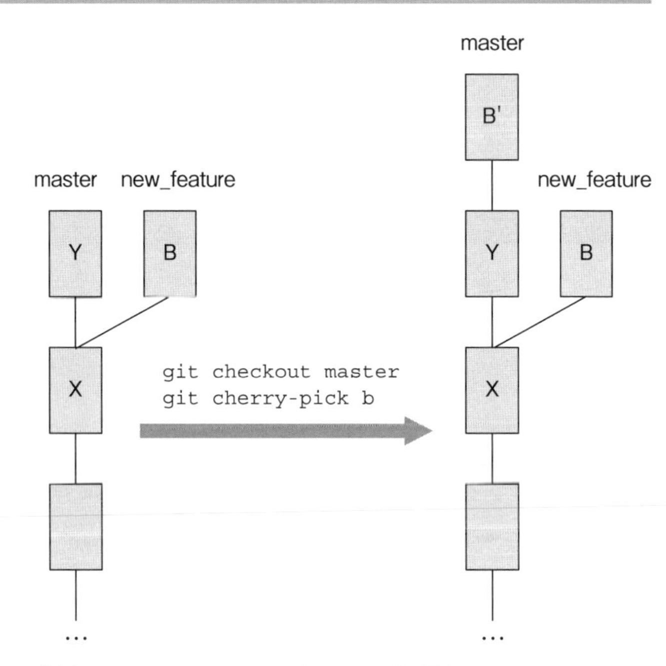

❖図16.17　`git cherry-pick`コマンドの働き

このテクニックを探究するには、リポジトリを作成して第2のブランチを作る。その2つめのブランチで、1個のファイルを追加するコミットを作る。いったんマスターブランチをチェックアウトしてから`git cherry-pick`を使い、ファイルを追加したブランチのSHA1 IDを指定する。これを行ったセッションの例を次のリストに示す。

▶リスト16.10 git cherry-pickの例

```
% git checkout master

% git log --graph --all --oneline --decorate
* ef05774 (HEAD, master) Updating the contents of bar
| * 01fdf3a (branch01) Updating baz
| * 8a1a317 Adding baz file
|/
* e9fb7a4 Adding foo file
* f171aa9 Adding bar file

% git cherry-pick 8a1a317
[master a798ed7] Adding baz file
 1 file changed, 0 insertions(+), 0 deletions(-)
 create mode 100644 baz

% git log --graph --all --oneline --decorate
* a798ed7 (HEAD, master) Adding baz file
* ef05774 Updating the contents of bar
| * 01fdf3a (branch01) Updating baz
| * 8a1a317 Adding baz file
|/
* e9fb7a4 Adding foo file
* f171aa9 Adding bar file
```

git cherry-pickコマンドは、1個のSHA1 IDのコピーを作る。場合によっては、これは便利なテクニックだ。

16.6.2 コミットの削除

作成したコミットを削除する必要があるときは、git rebaseの--ontoスイッチを使える。これを探究するには、mathリポジトリのanother_fix_branchを利用できる（次のリストを参照）。

▶リスト16.11 another_fix_branchのコミット

```
$ git log --oneline --graph --decorate
* 90e94aa (HEAD, another_fix_branch) Renaming c and d.
* 637439d Removed a and b.
* a374d84 Adding readme.txt
* 9252019 (tag: four_files_galore) Adding four empty files.
* c916ada Adding b variable.
* 5a5e48a This is the second commit.
* 5a8ca2f This is the first commit.
```

たとえば、ファイルaとbを削除したコミット（リスト16.11では637439d）を取り除きたいとしよう。

まずは、次のコマンドの出力を調べる。

```
git log --oneline another_fix_branch~1..another_fix_branch
```

このコマンドは、1個のコミットを示す（90e94aa Renaming c and d）。これは、another_fix_branchの先端にあるコミットだが、このコミットのリベースを行う。

git rebaseのドキュメントによると、次のようにタイプすれば、637439dを削除できる。

```
git rebase --onto another_fix_branch~2 \
   another_fix_branch~1 another_fix_branch
```

リベース先（新しいベースとなるコミット）は、Adding readme.txt（リスト16.11のa374d84）である。このコミットにリベースすることにより、そのあとにあったコミット（リスト16.11の637439d）は事実上削除される。リベースされるコミットは、another_fix_branch～1とanother_fix_branchの範囲指定により、1個だけである（さきほどのgit logで確認したもの）。

これは興味深いテクニックだが使う必要が生じないことを願う。

16.7 この章のコマンド

❖表16.1　この章で使ったコマンド

コマンド	説明
git log --oneline master..new_feature	masterブランチの先で、new_featureブランチまでにあるコミットを表示
git rebase master	masterの最新コミットをカレントブランチにリベースする
git reflog	reflog（HEADの変更をすべて記録した内部履歴）を表示
git reset --hard HEAD@{n}	HEAD@{n}によって表現されるSHA1 IDを指し示すように、HEADをリセット。--hardスイッチは、ステージングエリアと作業ディレクトリの両方をリセットする
git rebase --interactive master	masterの最新コミットをカレントブランチに、対話処理でリベースする。これによってエディタが開き、どのコミットをリベースに含めるかの取捨選択が可能となる
git cherry-pick SHA1ID	指定のコミットをカレントブランチにコピーする

ワークフローとブランチの規約

この章の内容

Gitについて、これまでの章で多くのことを学んできた。ローカルリポジトリを作成し更新する方法、共同作業の基礎、様々なGitの機構（ブランチ、タグ、コミットメッセージなど）を学んだ。けれども、それらは機構にすぎず、方針や規約などを押しつけるものではない。

この章では、方針（policy）と規約（convention）を学ぶ。これらについて、少なくともどういうものかを知っておくことが重要だ。その知識は、他の人々と共同作業を行うとき、一般的な規約を知っていればコードベースに対する間違いを予防する役に立つ。あなたのコードベースを調べるのは、他の開発者だけとは限らない。自動的なテストシステム、QA（quality assurance）、サポート、そしてドキュメンテーションさえも、それを行うかもしれない。規約は、これらのオーディエンス（情報伝達の対象）すべてに役立つのだ。

最初に、一般的なGitの機能の中で、良い規約を必要とするものを見ていこう。これらはルールを押しつけない自由に使えるコマンドだから、どうすれば分別のある一貫した方法で利用できるかは、あなたが決めることなのだ。そこで必要となるのは、ワークフロー（workflow）、すなわち、一般的なソースコード管理の仕事で従うことが可能な、一連のステップである。

そこで、git-flowとGit Hub Flowという一般的なワークフローについて調べよう。この2つは、Gitのワークフローについてインターネットで調べると必ず出てくるワークフローだ。これらのフローの実装に適したGitコマンドを、実際に使ってみよう。それによって、どちらがあなたのグループに適しているか（あるいは、あなたのニーズに適用する方法について）、感触が得られるだろう。

17.1 Gitに必要な規約

複数の人々が共通のコード集合に対して作業するときには、規約が必要である。規約は、道路の標識や信号に似ている。これらは道路交通のルールを実施して、事故を防止するためにある。道路の標識や信号は、交通の流れを整理し、特定の場所でどんな運転をすべきか（一時停止、合流、徐行など）を思い出させる役割も果たす。

ソフトウェア開発者でマネージャーのPhilip Chuは、著書『Technical on Software』[*1]で、次のように書いている。「あなたの会社の運命は、クリーンなビルドを作る能力に依存するかもしれない」。組織がクリーンなビルドを作る能力を身につけるのに役立つのが規約である。

この節の各項では、規約を必要とするGitコマンドを順に見ていく。それらはどれもこれまでに見てきたコマンドだが、それ自身は使い方に制限を押しつけないので、「ある特定のリポジトリで、どのように使うべきか」の規約を定めるのが適切だろう。ただし、規約は変わる可能性がある。さらに、一部の規約は厳密に従う必要があり（いつ、どこにプッシュすべきか）、一部の規約は緩やかである（コミットについて）。

前に述べたように、これらの規約は交通のルールに似ている。この場合、Gitはあなたが運転する乗り物だ。リポジトリにルールが必要なのは、予想可能で秩序のある運転を可能にするためだ。『Code Complete』で、著者のSteve McConnellは、プログラマが「プログラミングの詳細」を一貫して処理できるようにするのが規約だと述べている*2。それはGitでも同じことだ。多くのGitコマンドは任意の方法で実行できるが、どういう場合にどのように使うべきかを決めることで、プロジェクトへの参入が容易になる。

訳注＊1：2012年に出た145ページ相当の本（Kindle版）：http://www.amazon.co.jp/dp/B00703SOLC/

訳注＊2：Microsoft Press。初版は、アスキーからの翻訳が1994年発行。第2版は日経BPソフトプレスから上下巻の邦訳が、2005年に出ている。

17.1.1 コミットの規約

コミットを作るのはローカルタイムラインの更新を意味する。あなたが作るコミットは、あなたの作業ディレクトリに含まれるコードが何らかの状態にあるという意味なのだから、コミットのログメッセージは現在の状態を明らかにし、どのような理由で変更を行ったかを記述すべきである。良いコミットログは、たとえば、`Fixed bug 17414, the data shift issue`といったタイトルを持つ。これは、ある特定のバグ（データのシフトに関する問題）を、このコミットの変更によって修正（fix）したという意味である。

Gitは分散型のバージョン管理システムなので、それぞれのユーザーがいつでもローカルリポジトリにコミットを作ることができる。組織によっては、コミットがビルドを壊してはいけないとか、コミットで必ず単体テストを行うとか、そういう取り決めがあるかもしれない。さらに、どのようなコミットメッセージを書くかについて強制しようとする組織さえあるだろう。

しかし、ここで示すガイドラインはただひとつ、Gitコミットのサブジェクト（コミットメッセージの最初の行）の長さを50文字までに抑えることだ。そうすれば、`git log --oneline`の出力が切り詰められたり改行されたりしないからである。

ただし、あなたのローカルコミットは、コードをプッシュすればパブリックなコミットになる。

17.1.2 コードのプッシュに関する規約

コードを共有リポジトリにプッシュするための規約は合意を得なければならない。Gitは分散型バージョン管理システムだからリモートが複数あるかもしれないが、ほとんどの場所では共有サーバが使われて、そこに公式なコードベースが置かれる。自動的なテスト、ビルド、あるいは配置を行うソフトウェアは、その共有サーバを参照することが多い。

ただし、組織がコードをリリースするプロセスには、様々な選択肢がある。リリースの仕事に特化した部署を持っている会社もあれば、「継続的な統合」(continuous integration)の原則に従って自動化されたアプローチを採用している会社もある。ともあれコードのリリースには、しばしば「クリーンにビルドされるブランチ」からリリース候補を準備するというプロセスが含まれる。

Gitでは、誰でもリポジトリ全体を持つことができるのだから、誰がどこにプッシュできるかの制限を定めるのは有意義だろう。個々の開発者が自分のローカルリポジトリに好きなだけこまめにコミットするのは許されるだろう。けれども、リリースを配置あるいはビルドするグループないし自動化された機構は、個々のリポジトリからプルすることによって独自のリポジトリをビルドしたいかもしれない。誰でも公式なコードベースにプッシュできることにしたら、たぶん混乱が生じるだろう。

17.1.3 ブランチの規約

組織によっては、共有リポジトリにおけるブランチの数を制限したいかもしれない。自分のローカルリポジトリで作業するユーザーには、整理のために必要なだけ多くのブランチを作ることを許すべきだろうが、そういうブランチを共有サーバにプッシュする方法には規約が必要となるかもしれない。

規約の一例として、ブランチ名の標準化がある。ブランチにはどんな名前でもつけられるから、たとえば個々のブランチにフォルダのような名前を付けるという規約が設けられる。feature/new_fieldというのは、new_fieldという機能のための「機能ブランチ」(feature branch) を意味するといった具合だ。所有者のIDを含むブランチ名というのもある。そうすれば、リポジトリで誰が何を行っているのかを把握しやすくなる。

ブランチは、この章で後述するワークフローの中心となる。ブランチは、あなたのコードのスナップショット (状態の記録) を表現する。したがって、大きな組織では各部署に1個のリポジトリを持たせ、それぞれに2本以上のアクティブな開発ラインを持たせることもあるだろう。たとえば、あるブランチは開発者が使い、もうひとつのブランチは自動化されたテストに使い、もうひとつのブランチは配置 (デプロイ) 済みのソフトウェアを表現するなどといった具合だ。

17.1.4 リベースの利用に関する規約

あなたはコードを少しずつインクリメンタルにコミットしたいかもしれない。また、ある機能またはバグ修正の全体を表現するのに1個のコミットで十分だとする組織もあるだろう。そういう組織なら、いつどのようにリベースすべきかについてガイドラインを設定したいだろう。逆に、開発の履歴を (欠点も含めて) 完全に修正することなく保持することをポリシーとする組織であれば、開発者が`git rebase`コマンドを使うことを禁止するかもしれない。

開発者個人にとって、リベースは自分のブランチを共有前に整理するのに役立つものだ。16章で学んだように、あなたの仕事を整理して提出に適したコミット集合としてまとめるのは良いことだ。

17.1.5 タグ付けの規約

あなたは`git tag`コマンドによって、コミット履歴のタイムラインのどこにでもタグを付けることができる。タグはブックマークのように便利に使えるものだ。コミットと同じく、タグもメインリポジトリにプッシュするまではローカルなものとみなされる。そして、組織によってはブランチと同じくタグ名にも規約を設けるかもしれない。たとえばタグは、リリース済みのコードにマークを付ける用途にだけ使いたいかもしれない。

17.2 Gitの2つのワークフロー

この節では、git-flowとGitHub Flowという2つの一般的なGitワークフローを紹介する。これらはGitの特徴を生かしたワークフローを代表するものだ。ただし、この2つしかないというわけではない。Gitは開放的であり、様々な規約に合わせることが可能だ。表17.1は、ワークフローについて考慮するための主な基準を挙げて、git-flowとGitHub Flowがそれらの基準にどう対処しているかの概要を示している。

❖表17.1　ワークフローの基準と、git-flowとGitHub Flowによる対応

機能	git-flow	GitHub Flow
`git tag`を使える	Yes	No
永続ブランチ	2本: developとmaster（増やすことも可能）	1本: master
`git merge --no-ff`が必要	Yes	No
リリース番号（V1.0など）	重要	重視されない
featureブランチを削除する	Yes	No
hotfixブランチ	Yes	No
スクリプトのサポート	Yes（「さらなる探究」を参照）便利だが必須ではない	一部（必須ではない）

開発者として新たに開発チームに参加するときは、そのグループの方針と規約を学ぶ必要がある。ほとんどのチームはいつ休暇をとるかいつレビューを実施するかについてガイドラインを設定しているだろう。それと同じように、チームにはそれぞれリポジトリの使い方を明記した規約があるだろう。

コンピュータのソースコードには、多くのオーディエンスがある。開発者をはじめ、自動化されたQAシステム、リリースエンジニアリング、テクニカルサポートもそうだろう。ワークフローは、開発されるコードがどのように組織されているか、そしてどうすればコードを安全に追加できるのかを人々が理解するのに役立つ。

17.3 git-flow

git-flowはGitに関する文献で見ることの多いおそらく最も一般的なワークフローだろう。これは、Vincent Driessen（nvie）によって書かれ、2010年1月に公開された。このワークフローはあなたのリポジトリをmasterとdevelopという2本の永続ブランチに分けることを提案している。git-flowを記述したページのURLは、`http://nvie.com/posts/a-successful-git-branching-model/`だ[*3]。

訳注＊3：日本語によるgit-flowの紹介記事（岡本隆史氏、@ITの連載：`http://www.atmarkit.co.jp/ait/articles/1311/18/news017.html`）を参照。

masterブランチに含まれるのは、リリースされる製品レベルのコードだ。これが一般に公開される（デプロイされたWebサイトで公開されるか、あるいはダウンロードによってリリースされたソフトウェアから参照される）。developブランチには、今後リリースされるコードが含まれる。その関係を図17.1に示す。

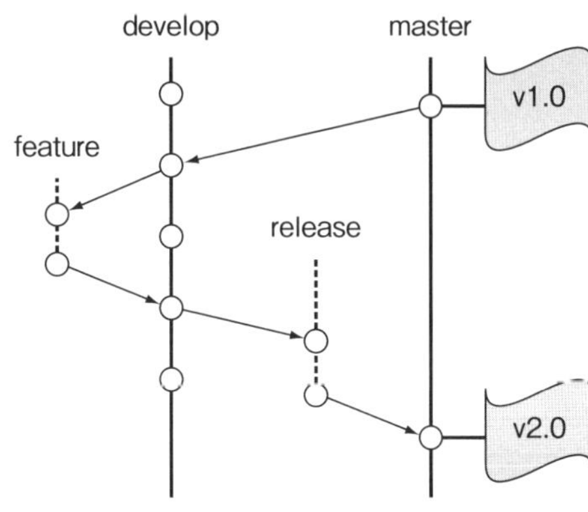

❖図17.1　git-flowリポジトリの、主要なブランチ（masterとdevelop）。その他のfeatureやreleaseは一時的に作成され、終了時に削除される

developブランチのコードが十分に熟成してリリースの時期が来たら、developをmasterにマージし、masterにリリース番号をタグ付けする。git-flowでは、developとmasterが永続ブランチとみなされる（この2つは削除されることがない）。

git-flowは、あなたのコードを、単なる新機能（new feature）のアイデアからdevelopにマージすべき成熟したコードへと移行させたいときに実行すべきGitコマンドを定義している。同様に、このワークフローは、コードをリリースしたいときに実行すべきGitコマンドも定義している。これら2つの遷移は、一時的なブランチを使って行われる。ワークフローのこの2つの側面（featureブランチでの作業と、そのコードのリリース）をこれから探究していこう。そのために、まずはgit-flowのために正しく設定された新しいリポジトリを作成する必要がある。

17.3.1　featureブランチを作る

仮に、2つの数を加算する機能を追加するものとしよう。これは、あなたがリリースするソフトウェアの一部になるものだ。git-flowでは、すべての機能の開発はdevelopブランチからの分岐によって開始する。このワークフローを探索しよう。本書のWebサイトには、このセクション（および次のセクション）のステップを実行するスクリプトがあるから、道に迷っても心配することはない。

演習

あなたの$HOMEディレクトリから新しいリポジトリを作り、git-flowのワークフローを利用できるように初期化する。

```
cd $HOME
mkdir nvie
cd nvie
git init
```

これによって空のリポジトリができる。masterブランチはGitによって最初から作られているが、git-flowではさらにdevelopという名のブランチを作る必要がある。それを簡単に行う方法を示す。

```
git commit --allow-empty -m "Initial commit"
git branch develop
```

`--allow-empty`というスイッチは、ファイルのないコミットを許可するもので、こういう場合には便利な機構だ。masterブランチからdevelopブランチを作る前に、まずmasterに最初のコミット(initial commit)を入れておく必要がある。

以上で、masterとdevelopという2本のブランチができた。このワークフローでは、この2つが永続ブランチだ。どちらのブランチも、最初は同じ開始地点にある。それを確認するため、次のようにタイプする。

```
git branch
```

これによってmasterとdevelopの2本のブランチが示される。Gitは、あなたがmasterブランチにいることも示すはずだ。masterとdevelopの開始地点が共通のコミットであることを確認するため、次のようにタイプする。

```
git log --decorate
```

`--decorate`スイッチは、このコミットを含むブランチを表示する。その出力を次のリストに示す。

▶リスト17.1　masterとdevelopが同じコミットから開始している

```
commit 3bfe0c0e3991b598ffecce6626d2cbed8dfaf0e9 (HEAD, master, develop)
Author: Rick Umali <rickumali@gmail.com>
Date:   Mon Dec 22 21:47:39 2014 -0500

    Initial commit
```

これで、新機能を作る準備ができた。いまのリポジトリは、おおよそ図17.2に示す状態だ。最初の（空の）コミットがあって、2本のブランチがある。

git-flowのワークフローでは、developブランチで直接開発を行うわけではない。その代わりにそのブランチからfeatureブランチを分岐する。

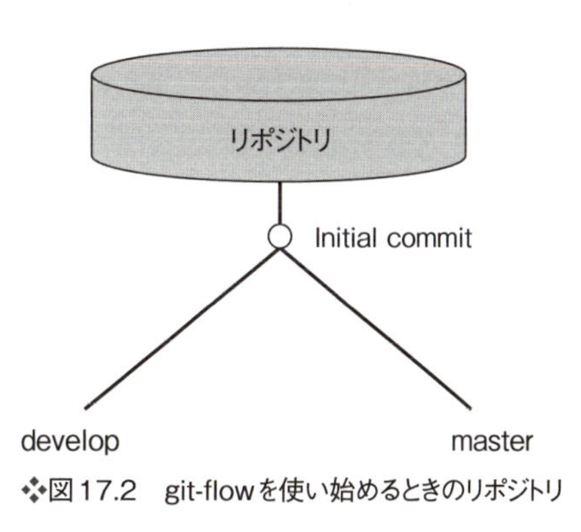

❖図17.2　git-flowを使い始めるときのリポジトリ

演習

nvieディレクトリで、次のようにタイプする。

```
git checkout -b feature/sum develop
```

作成したブランチの名前が、feature/sumであることに注目しよう（第9章で学んだように、`git checkout`に`-b`スイッチを渡すと新しいブランチが作られる）。`/`という記号はGitにとって重要ではないが、一部のサードパーティ製ツールはこのブランチを`feature`という名のフォルダに入れて表示するだろう（それが`/`記号の役割だから）。ただし、これも規約のひとつである。Gitではブランチに実質的にはどんな名前でも付けることができる。

この時点で、1個の独立したfeatureブランチができている。その機能の開発は、準備が整うまでそのブランチで行うことになる。その中にコードをコミットしよう。

演習

nvieディレクトリで、feature/sumブランチにいることを確認するため、次のようにタイプする。

```
git branch
```

このコマンドで、feature/sumがカレントブランチであることを確認したら、単純なプログラムをこのブランチに追加する。好きなエディタでsum.shという名前のファイルを作り、次の内容を入れる。

```
# Add a and b
a=1
b=1
let c=$a+$b
printf "This is the answer: %d\n" $c
```

これらはお馴染みの内容だろう。これまでに使ったmath.shと同じものだ。このスクリプトは、次の方法で実行できる。

```
bash sum.sh
```

このsum.shファイルをリポジトリに追加するため、次のようにタイプする。

```
git add sum.sh
git commit -m "The sum program"
```

これで、あなたのコードは、feature/sumブランチにコミットされる。リポジトリの状態は、およそ図17.3に示す状態になった。

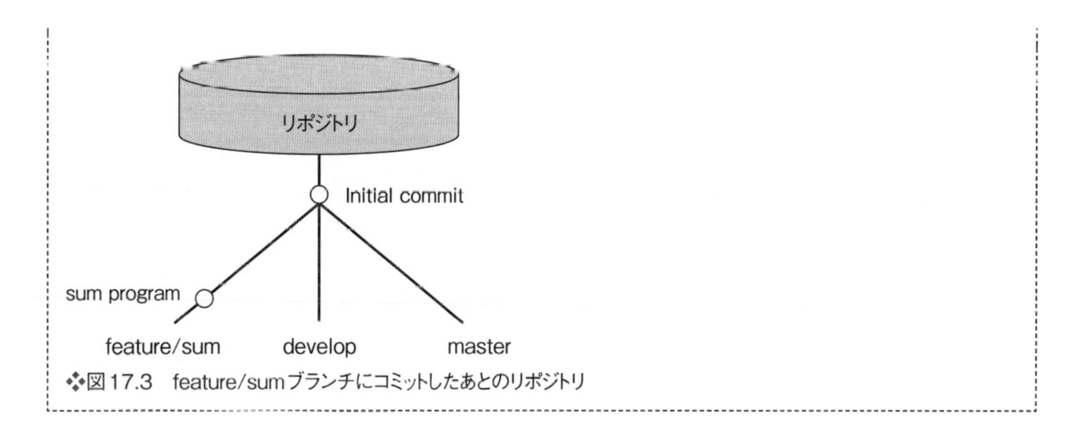

❖図17.3　feature/sumブランチにコミットしたあとのリポジトリ

git-flowの規約では、コードが準備完了となったらリリースする前に必ずdevelopにマージする必要がある。developブランチは、リリースの対象となったコードを表現する永続ブランチである。

演習

ブランチをdevelopにマージするには、まずdevelopブランチに入る必要がある（マージはブランチを取り込むのだ）。次のようにタイプしよう。

```
git checkout develop
```

このとき、作業ディレクトリにファイルが存在しないことに注目しよう。その理由は、まだdevelopブランチで作業を行っていないからだ。

git-flowの規約では、`git merge`に`--no-ff`スイッチを使うことになっている。これは、マージコミットの作成によって、「早送りマージ」（fast-forward merge：第10章を参照）を防ぐものだ。そうすることで、マージのヒストリーが保存される。次のようにタイプしよう。

```
git merge --no-ff feature/sum
```

Gitのデフォルトエディタが現れたら、次のようにタイプして、自動的に生成されたマージメッセージを受け入れる。

```
:wq
```

マージコミットが作成されたことを確認し、そのメッセージを見るために次のようにタイプする。

```
git log -1
```

これは最後のコミットを表示するが、それは次のリストに示すようなマージコミットであるはずだ。

▶リスト17.2　自動的に生成されたマージメッセージを持つマージコミット

```
commit 22428bb3f6228c2cf3b54ebcce483722275de127
Merge: 3bfe0c0 d942d42
Author: Rick Umali <rickumali@gmail.com>
Date:   Mon Mar 16 21:29:03 2015 -0400

    Merge branch 'feature/sum' into develop
```

このコードは、developブランチの一部になったので、もうfeature/sumブランチは不要である。このワークフローの規約により、不必要なブランチは削除しなければならない。次のようにタイプしてfeature/sumブランチを削除する。

```
git branch -d feature/sum
```

これによって、図17.4に示す状態になる。

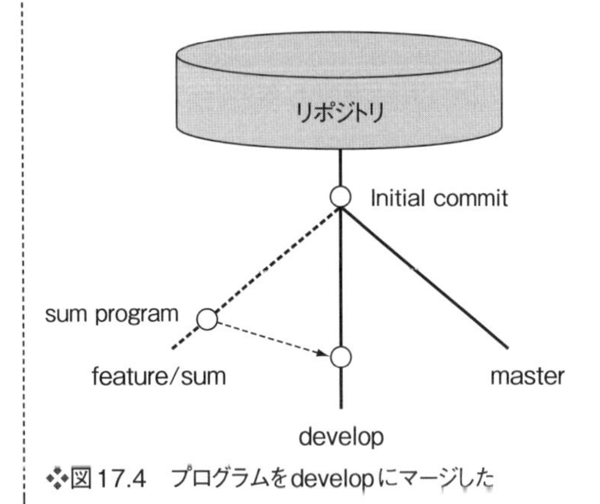

❖図17.4　プログラムをdevelopにマージした

他の開発者たちも、developブランチにコードをマージする。さらに、リポジトリには、おそらく変更のプッシュ先となるリモートが設定されるだろう。これらが、開発者側から見たワークフローである。次に、このコードをversion 1.0リリースに渡す方法を調べよう。

17.3.2　releaseブランチを作る

developブランチのコードがリリース可能な状態にまで成熟したらdevelopをmasterにマージするが、それにはreleaseブランチを使う。このワークフローでは、masterは常に「リリースしたコード」を意味するのだ。releaseブランチはその候補だと思えばよい。このブランチにはテストも修正も行うことができるが、リリースされることが前提である。また、そのリリースを示すマークとなるタグを作ることも規約に入っている。

develop ブランチにあるコードをリリースしよう。最初に develop を release ブランチにマージする。まず、次のようにタイプする。

```
git checkout -b release-1.0 develop
```

次に、バージョンを上げる（bump）。これもワークフローの規約に入っている。リリース番号を含むようにファイルを更新するのだ。好きなエディタを使って、次のコメントを sum.sh ファイルの先頭に追加しよう。

```
# Version 1.0
```

この変更をコミットする。

```
git commit -a -m "Bumping to version 1.0"
```

このときのコードの状態を図17.5に示す。

では、これ以上のコミットを行うことなく、リリースしよう。ただし、release-1.0 ブランチには、リリースのファイナライズに従って他のコミットも追加されるのが典型的だ。それらのコミットも、それぞれ develop にマージする必要がある。だが、これらのケースについては探究せず、次のようにタイプしてコードをリリースする。

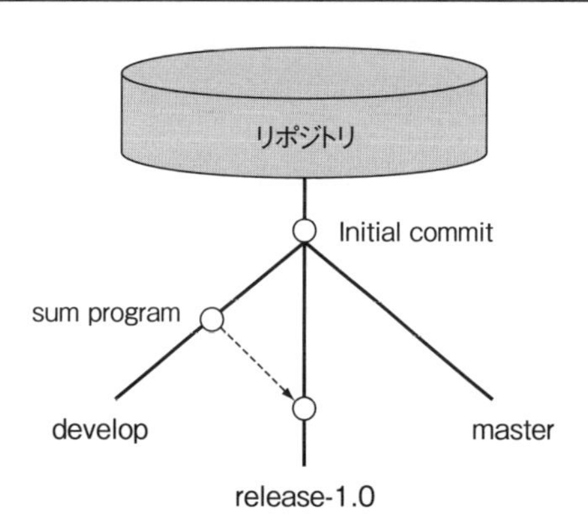

❖図17.5　release ブランチを作ったが、これは一時的なものである

```
git checkout master
git merge --no-ff release-1.0
```

Git のデフォルトエディタが現れたら次のようにタイプして、自動的に生成されたマージメッセージを受け入れる。

```
:wq
```

そして、次のようにタイプする。

```
git tag -a V1.0 -m "Release 1.0"
```

このgit tagコマンドでは、-mスイッチによってメッセージを指定する。もし、このスイッチを省略したら、Gitのデフォルトエディタが現れるので、そこでメッセージを入力できる。これで、あなたのリポジトリは図17.6の状態になる。

このワークフローでは、リリースしたばかりのコードをdevelopブランチにマージで戻すことを忘れてはいけない。そうすることにより、新しい機能を実装したい開発者は、release-1.0のコードを開始地点にすることができるのだ。次のようにタイプする。

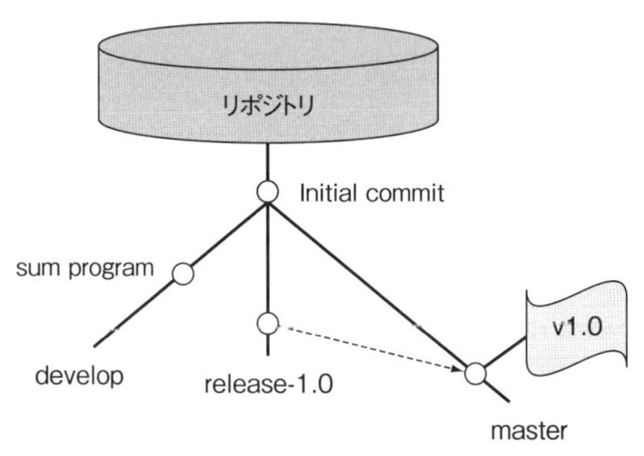

❖図17.6　git-flowに従ってコードをリリースする

```
git checkout develop
git merge --no-ff release-1.0
```

Gitのデフォルトエディタが現れたら、次のようにタイプして、自動的に生成されたマージメッセージを受け入れる。

```
:wq
```

これでもうreleaseブランチは不要になったので削除できる。次のようにタイプする。

```
git branch -d release-1.0
```

あなたのリポジトリは、図17.7に示す状態になった。

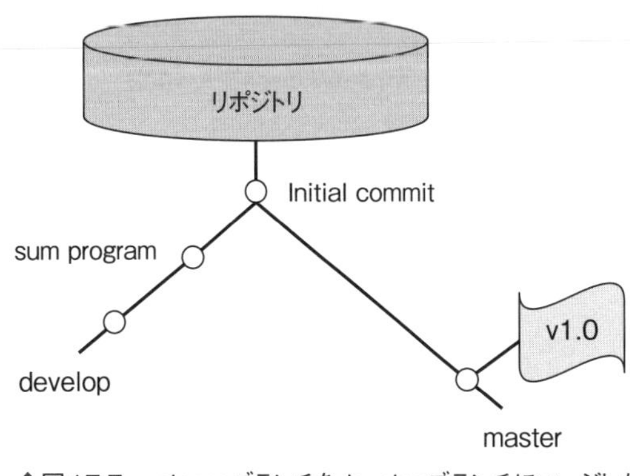

❖図17.7　releaseブランチをdevelopブランチにマージした

ここで示したgit-flowというものだけがこのワークフローのすべてではない。バグ修正のためのワークフローも存在するが、その流れも基本的には同じで、機能から開発へ、あるいは開発から製品へと向かう。バグ修正を実行するときはまず製品コードを表現するmasterから分岐する。そしてバグ修正が完了したら、その修正をdevelopとmasterにマージして戻す。このワークフローには、バグ修正用のブランチにはhotfix-*という名を使うという規約がある。

17.4 GitHubのフロー

Gitの主導的なエヴァンジェリストで（『Pro Git』などの）著者でもあるScott Chaconが、GitHubで使われているワークフローについて記述している。これがGitHub Flowであり、彼のポストは、`http://scottchacon.com/2011/08/31/github-flow.html`にある[*4]。

図17.8は、GitHubフローを使った架空のリポジトリを示している。直線はmasterブランチだ。これはgit-flowと同じく永続するブランチである。この図には、そのmasterから分岐した2つのfeatureブランチが描かれている。ここがgit-flowと違うところだ（git-flowならば、featureブランチはdevelopブランチから分岐しなければならない）。これらのfeatureブランチは、あとでmasterブランチにマージされる。git-flowと違って、GitHub Flowではこれらのfeatureブランチを削除しない。

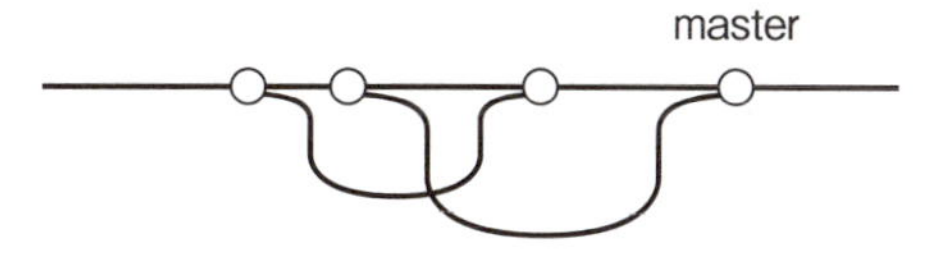

❖図17.8　GitHub Flowの例。2本のfeatureブランチがある。永続ブランチはmasterだけ

もっと公式なGitHub Flowの記述は次のページにある。

`https://guides.github.com/introduction/flow/index.html`[*5]

GitHub Flowもgit-flowも、リリースされたコードをmasterブランチで表現するという点は同じである。ただし、GitHub Flowはタグの利用を規定せず、永続するdevelopブランチも規定しない。その代わりに、コードベースに新規のコードを追加したい開発者は、「説明的な名前を持つブランチ」（descriptively named branch）だけを作る必要がある。そのブランチが完成し、担当者によってサインオフ（sign off：校了）されたら、masterにマージすることができる。masterには、製品としてリリースできるコードが入るのだから、開発者にはそのコードのデプロイ（配置）が推奨される。

訳注＊4：日本語訳は、`https://gist.github.com/Gab-km/3705015`

訳注＊5：日本語によるGitHub Flowの紹介記事（岡本隆史氏、@ITの連載：`http://www.atmarkit.co.jp/ait/articles/1401/21/news042.html`）を参照。

演習

さきほどと同じコードを、よりシンプルなこのワークフローで繰り返し使ってみよう。最初に、新しいリポジトリを作る。そのディレクトリはgh-flowと名付ける（ghはGitHubを略したものだ）。

```
cd $HOME
mkdir gh-flow
cd gh-flow
git init
```

git-flowと同じく、最初に空のコミットを作る。このステップでmasterブランチが作成される。

```
git commit --allow-empty -m "Initial commit"
```

次に、ワークフローに従って、説明的な名前のブランチを作る。これもgit-flowと同様で次のようにタイプする。

```
git checkout -b sum_program master
```

`git checkout`のこの形式は第9章で紹介したものだ。これによって図17.9に示す状況が作られる。あなたの作業ディレクトリは、現在はsum_programブランチである。

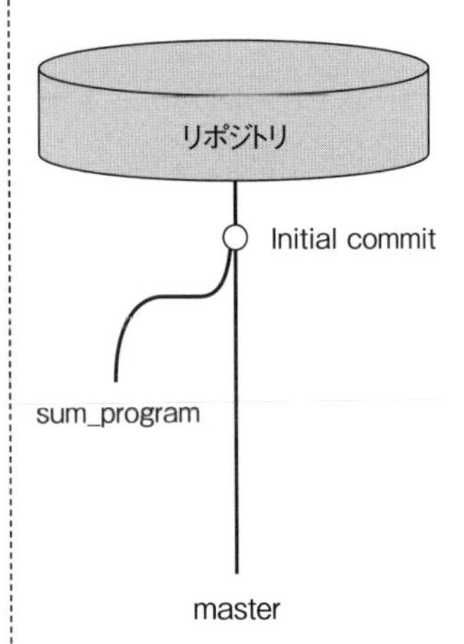

❖図17.9　masterブランチから、機能ブランチを分岐する

この形式の`git checkout`コマンドでは、開始地点としてブランチを指定するのが普通だが、ここではブランチを省略しているので、`git checkout`のデフォルトにより、カレントブランチが使われる。それを確認するため、次のようにタイプする。

```
git branch
```

この出力を見ると、sum_programブランチが選択されているはずだ。次に、前のセクションと同じsum.shプログラムを作る。好きなエディタでsum.shというファイルを作成し、次に示す行を入れる。

```
# Add a and b
a=1
b=1
let c=$a+$b
printf "This is the answer: %d\n" $c
```

このファイルは、保存したあと、次のようにタイプすれば実行できる。

```
bash sum.sh
```

では、これを追加してブランチにコミットしよう。

```
git add sum.sh
git commit -m "The sum program"
```

これで新機能が、sum_programブランチに保存された。ワークフローに従って、これを製品に組み込むには、masterへのマージを行う。次のようにタイプする。

```
git checkout master
git merge sum_program
```

まず`git checkout`コマンドによって、masterブランチに入る。それから、sum_programブランチをマージする。

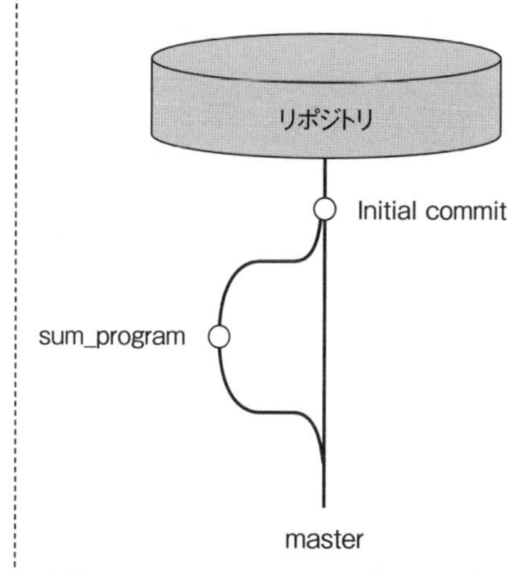

❖図17.10　GitHub Glowのプロセスに従った単純なリポジトリ

上記のステップを実行すると、あなたのリポジトリは図17.10に示した状態になる。

sum_programをmasterにマージしたとき、そのコードは公式に製品の一部として認められる。プロジェクトによってはさらに配置（deployment）のステップがこの時点で実行されるだろう。リポジトリがWebサイトを表現しているのなら、配置スクリプトがmasterブランチの内容を取り出して、それをWebサーバにプッシュすることになるかもしれない。また、リポジトリがサーバのコードならば、CI（continuous integration）ツールがmasterへの更新をベースとして新しいビルドを作ることになるかもしれない。このワークフローで重視されるのは、高速な開発、迅速な配置そして（プルリクエストなどのGitHub機能を使った）共同作業の高速化である。GitHub（および、プルリクエスト）については、次の章で学ぶ。

17.5 課題

この章ではGitの機構にはほとんど触れず、その代わりにGitの使い方に重点を置いた。Gitは柔軟性が高いので様々なワークフローで利用できる。下記のステップのうち4と5はより複雑なワークフローや規約を探索するための開始地点である。

1. この章では、ワークフローの公式なドキュメントのURLを外部リソースとして紹介した。まだそれらのURLを辿っていなければ、一読されたい。
2. GitHubのワークフローによって作ったリポジトリを見ておこう。いったん、このリポジトリを削除して同様なステップで再構築するが、その際、最後に行う`git merge`コマンドを変更して`--no-ff`スイッチを付ける。そこでまたリポジトリを観察し、コミットが1つ増えていることを確認しよう。
3. 本書のWebサイトには単純なスクリプトのzipファイルがある。そのうち、make_nvie_repo.shとmake_gh_repo.shというのは、この章で述べたサンプルのリポジトリを作成するものだ。これらをダウンロードして、よく見ていただきたい。
4. オープンソースプロジェクトのDrupal（PHPによって書かれたコンテンツ管理システムで、WordPressに似ている）にはGitの使い方を示す長いガイドラインがある。これを、さっと一読されたい（`https://www.drupal.org/documentation/git`）。ひとつ興味深い側面として、Drupalのモジュール開発では、masterブランチを使わない。その代わりに、開発者はメイジャーバージョンブランチ（たとえば、7.x-1.xなど）を使い、masterブランチは削除するように求められている。Moving from a master to a major version branchという記事（`https://www.drupal.org/empty-git-master`）を参照。
5. Gitプロジェクトのブランチ管理機構が、git-coreのページに記述されている（`https://code.google.com/p/git-core/source/browse/MaintNotes?name=todo`）。git-flowと同じく、Gitもいくつかの永続ブランチに依存している（master、maint、next、およびproposed updatesの略称であるpu）。もしあなたがGitに貢献したいのなら、次のガイドラインに従うことになる。
   `https://code.google.com/p/git-core/source/browse/Documentation/SubmittingPatches?name=master`
   Gitのドキュメントにも、ワークフローに関する記述がある。詳しくは次のコマンドで読める。

```
git help gitworkflows
```

17.6 さらなる探究

git-flowの規約は、GitHub上のgitflowプロジェクトによって、コマンドラインソフトウェアにカプセル化されている(https://github.com/nvie/gitflow)。

そのgitflowソフトウェアは、Windows、Mac、Unix/Linuxにインストールでき、ドキュメントにはこれら3つのプラットフォームへのインストール手順が詳しく書かれている。これをインストールしたあとは、コマンドラインヘルパー機能(git flowコマンド)を使って、コードをfeatureブランチとdevelopブランチの間で、developブランチとreleaseブランチの間で、そしてreleaseブランチとmasterブランチの間で移動させることができる。これらのヘルパー機能はすべてコマンドラインから利用でき、必要に応じてコードのタグ付けとマージを行ってくれる。

次のリストは、gitflowを使ったコマンドラインセッションの例を示している。

▶リスト17.3　gitflowのヘルパーコマンドを使ったサンプルセッション

```
% git flow ◀──────────────────── ❶gitflowのヘルプを表示
usage: git flow <subcommand>

Available subcommands are:
   init      Initialize a new git repo with support for the branching model.
   feature   Manage your feature branches.
   release   Manage your release branches.
   hotfix    Manage your hotfix branches.
   support   Manage your support branches.
   version   Shows version information.
% git flow feature start dumpstamp ◀──── ❷新機能の開始
Switched to a new branch 'feature/dumpstamp'

Summary of actions:
- A new branch 'feature/dumpstamp' was created, based on 'develop'
- You are now on branch 'feature/dumpstamp'

Now, start committing on your feature. When done, use:

     git flow feature finish dumpstamp
% git branch ◀──────────────────── ❸ブランチをチェック
  develop
```

```
  *feature/dumpstamp
   master
% git flow feature finish dumpstamp ←――――――――――――― ❹新機能の完了
Switched to branch 'develop'
Merge made by the 'recursive' strategy.
 README.txt       |  1 +
 dumpstamp.info   |  4 ++++
 dumpstamp.module | 21 +++++++++++++++++++++
 3 files changed, 26 insertions(+)
 create mode 100644 README.txt
 create mode 100644 dumpstamp.info
 create mode 100644 dumpstamp.module
Deleted branch feature/dumpstamp (was 28e24e8).
```

このセッションのリストを見ると、まず`git flow`コマンドはサブコマンドを指定しないと自分自身のヘルプを表示する❶。新機能の作成❷は、`git flow feature start dumpstamp`というコマンド1つで行うことができる（dumpstampは、機能の名前だ）。これによって適切なブランチが作られたことを確認できる❸。最後に（なにか新しいコードを、このブランチにコミットしたあと）、`git flow feature finish`コマンドでこの機能を完了させる❹。これによって、コードがdevelopにマージされる。

このgit-flowというワークフローは、サードパーティ製GUIツールSourceTreeによるサポートがある。このツールについては、第19章で述べる。

17.7 この章のコマンド

❖表17.2　この章で使ったコマンド

コマンド	説明
git commit --allow-empty -m "Initial commit"	ファイルの追加なしにコミットを作る
git merge --no-ff BRANCH	BRANCHをカレントブランチにマージし、たとえfast-forwardであっても、マージコミットを作成する
git flow	gitflowをインストールすると利用可能となるGitコマンド

GitHubを使う

この章の内容

GitHub（https://github.com）は、Gitプロジェクトをホスティングする Webサイトとして、Gitの普及に大きく貢献している。GitHubは、Gitの分散型アーキテクチャを活用しつつ、プロジェクト管理と共同作業のための機能を追加している。追加されている機能には、wikiによるドキュメンテーション、issue tracking（イシュートラッキング：事項の追跡）、基礎的な共同作業の管理が含まれる。GitHubは、そのソーシャルコーディング機能により、コードのホスティングと共有に使われる一般的なプラットフォームとなった[*1]。

この章では、GitHubプロジェクトを作成する。リポジトリとしては、これまでgit cloneの課題で使ってきたものを使う。それから、GitHubで共同作業を行うのに重要な2つの機能「フォーク」（fork）と「プルリクエスト」（pull request）を実際に使う。この2つの機能は、標準コマンドのgit diff、git push、git pullをベースとしている。けれどもGitHubで共同開発を行うには、フォークとプルリクエストを理解する必要がある。これらを使うのが、GitHubで推奨されている共同開発のモードなのだ。

訳注＊1：日本語の文献は、ウラジミール・ガジャ著、長尾高弘訳『Gitで困ったときに読む本』（翔泳社、2014年）、塩谷啓、紫竹佑騎、原一成、平木聡著『Web制作者のためのGitHubの教科書 - チームの効率を最大化する共同開発ツール』（インプレス、2014年）と、大塚弘記著『GitHub実践入門 - Pull Requestによる開発の変革』（技術評論社、2014年）など。

18.1 GitHubの基本を理解する

第11章では、mathリポジトリをベースとして、いくつかのGitリポジトリを作った。そのリポジトリ集合の概略を図18.1に示す。

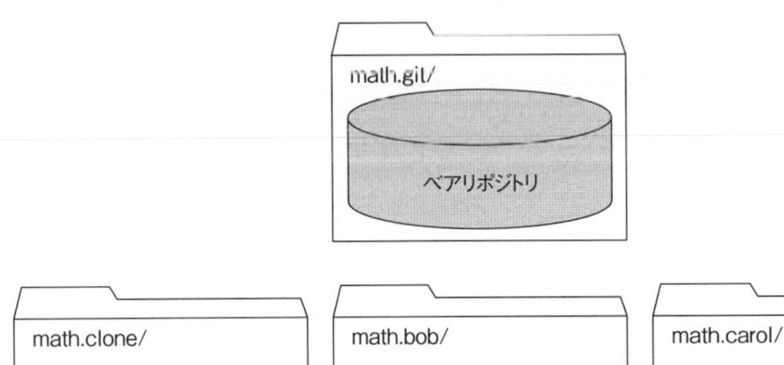

❖図18.1　Gitリポジトリの集合

図18.1で、下の行に並ぶフォルダ（math.clone、math.bob、math.carol）には、上のフォルダ（math.git）から複製したリポジトリが入っている。つまり、それらはメインリポジトリであるmath.

gitのクローンだ。これらのクローンから、メインリポジトリへのプッシュ（git push）とプル（git pull）を実行できる。

メインリポジトリを作るには、第11章で学んだように、git clone --bareコマンドを使ってベアリポジトリを作る。その「裸のディレクトリ」は、図18.2に示すように共同作業で操作されることを思い出そう。記憶が確かでなければ11.2節を再読していただきたい。その節で述べたように、本書ではベアリポジトリをフォルダ全体を占める大きさで描く（作業ディレクトリを入れる余地がないことを示す）。

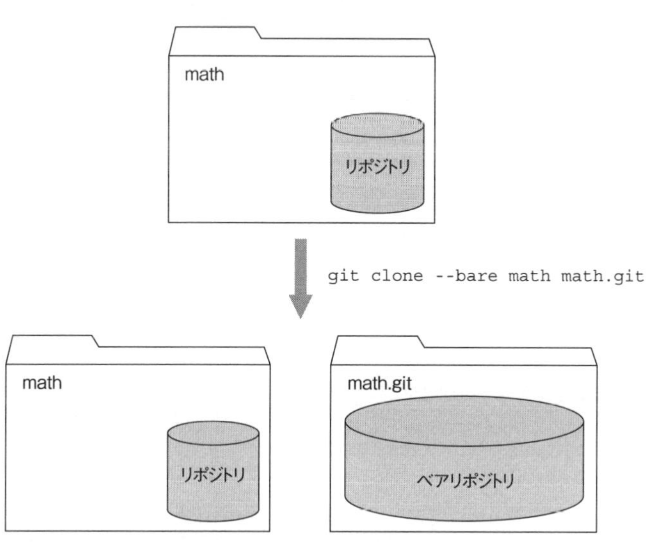

❖図18.2　git clone --bareによってベアリポジトリを作る

第11章で使ったベアリポジトリは、いわば外部サーバでホスティングされるGitリポジトリをシミュレートするものだ。あなたのベアリポジトリは、GitHubによってホスティングされるリポジトリに該当する。ただし、あなたが作成したリポジトリは、あなたのコンピュータのローカルディレクトリにあって、そのディレクトリから直接クローンを作ったのだ。準備ができたいまこそ本物を使おう。

この章では、GitHub上にリポジトリを作り、あなたのmathリポジトリ（のブランチ）をそこにプッシュする。ローカルなベアリポジトリの代わりになるのがGitHubだ。このGitホスティングサイトに置けば、あなたのリポジトリは、任意の協力者と共有することができる。また、あなたのプロジェクトはだれでも見つけて複製できるものになる。

git clone --bareコマンドを介して作られたクローンは、あなたのコンピュータ上に存在するベアリポジトリに複製された。それが、図18.3の左側である。これから実行するのは図18.3の右側であり、GitHub上に作成するベアリポジトリに既存のリポジトリをプッシュする。

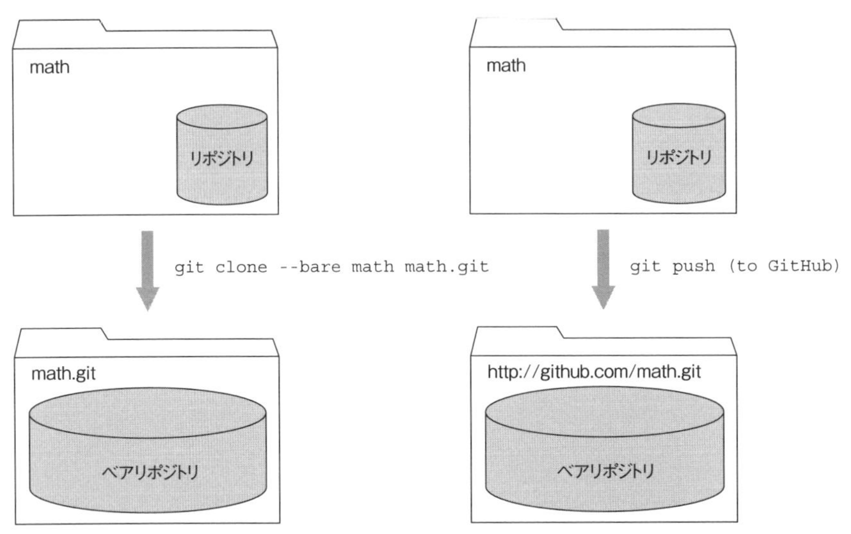

❖図18.3　ベアリポジトリとGitHubの関係

18.1.1　GitHubアカウントの作成

GitHubアカウントを作っておこう。これは（公開する限り）無料である。そして（もっと重要なことに）これから機構を探索するのに必要となる。もし既にアカウントを作ってあるのなら、ひとつ先の「演習」に進んでいただきたい。そこでは新しいリポジトリを作る。

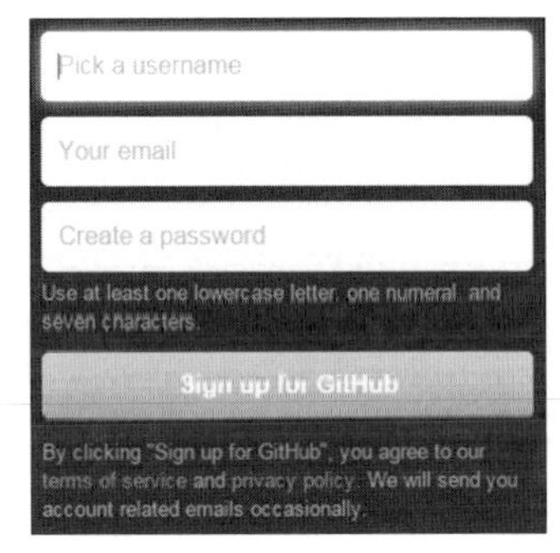

❖図18.4　GitHubにサインアップする

演習

ブラウザで、GitHubのWebサイトを訪問する（`https://github.com`）。

この最初のページで、ユーザー名（username）、パスワード（password）、電子メールアドレス（email address）を入力する（図18.4）。情報を入力したら、[Sign up for GitHub] をクリックする。

第2のページ（Welcome to GitHub）で無料プラン（free plan）を選択してから、[Finish Sign Up] ボタンをクリックして続行する。

第3のページは、あなたのダッシュボードだ。おめでとう！ あなたはもう、GitHubのメンバーだ。

18.1.2 リポジトリを作る

次は、GitHub上にリポジトリを作る。これも単純明快だ。

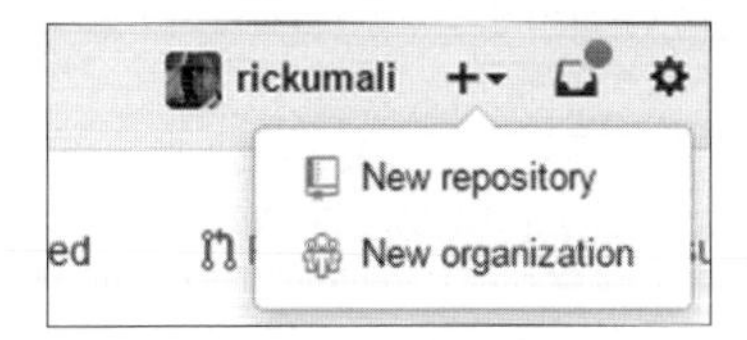

❖図18.5 新しいリポジトリを作る

 **演習**

ひとつ前の「演習」に従って、ここに来たのなら、あなたは「ダッシュボード」ページにいるはずだ(これは、ログイン後に`https://github.com`を訪れると現れるページである)。既にアカウントを持っているのなら、GitHubにログインすれば、ダッシュボードが現れる。

このページには(また、ほとんど全部のページにも)あなたのプロファイルを含むヘッダ行があり、そこにプラス(+)記号のアイコンが見えるだろう(図18.5)。

このプラス記号をクリックすると、プルダウンメニューが現れる。そこで、New repositoryを選択する。

この項目をクリックすると、あなたのブラウザのURLは、`https://github.com/new`になり、そのページは、図18.6に示すものになるはずだ。

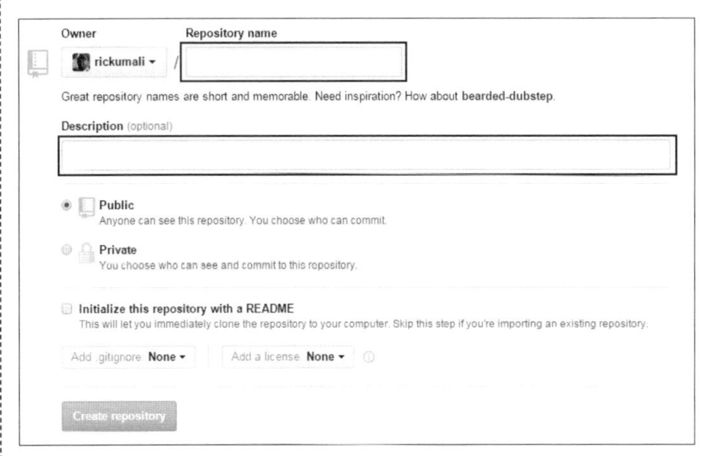

❖図18.6 GitHubでリポジトリを作る

このページで、「Repository Name」というテキストボックスに、リポジトリの名前を入力する。ここでは`math`という文字列を入れる。また、「Description」というテキストボックスには、このリポジトリを本書から作ったということを示すメモ書きを入れておこう。そして、緑色の[Create Repository]ボタンをクリックする。

18.1.3 リポジトリとの対話処理

GitHubのWebサイトで次に現れるページには、いま作ったリポジトリと、どのように対話処理できるかを示す情報が含まれている。それを読むとき図18.7が参考になるかもしれない。

あなたは、いまmathという名前の空のリポジトリをGitHub上に作った。その裏側でGitは、あなたのコードのためのベアリポジトリを作っている。このときGitHubが表示する情報は、GitHub上にあなたが作った空のリポジトリとの対話処理に関するものだ。これらの処理は、たぶんもうお馴染みのものだろう。それらは第11章から始まった共同作業に関する章で学んできた事項だ。

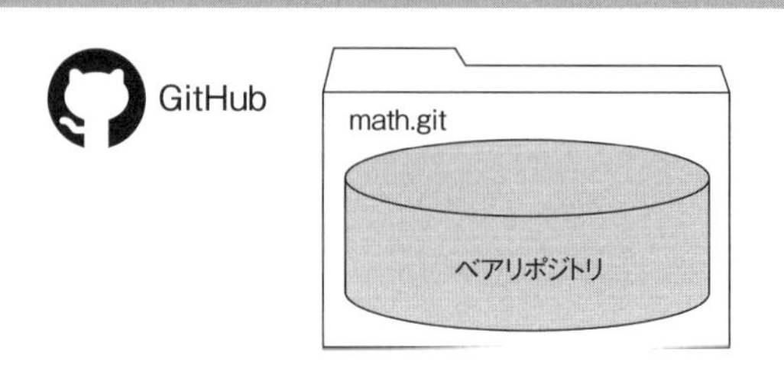

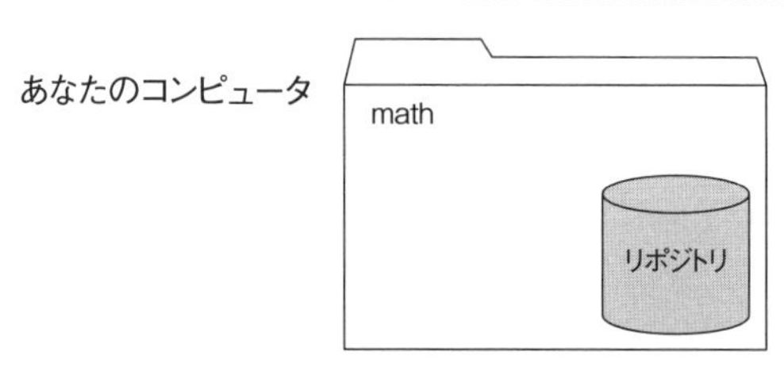

❖図18.7　GitHubリポジトリを作る

演習

このGitHubのWebページには、既存のリポジトリをコマンドラインからプッシュする方法が記述されている。

このページの上のほうに、図18.8に示すような「Quick Setup」セクションがある。[HTTPS]を選択すると、httpsで始まるURLが表示される。

Quick setup — if you've done this kind of thing before
Set up in Desktop or HTTPS SSH https://github.com/rickumali/math.git
We recommend every repository include a README, LICENSE, and .gitignore.

❖図18.8　「Quick Setup」セクションのクローンURL

また、このページには「push an existing repository from the command line」(コマンドラインから既存のリポジトリをプッシュする)というタイトルのセクションもある。このセクションには、次のリストに示すような命令が含まれている(yournameは、GitHubに登録したユーザー名)。

▶リスト18.1　既存のリポジトリをGitHubにプッシュするための命令

```
git remote add origin https://github.com/yourname/math.git
git push -u origin master
```

第13章を思い出そう。これらは、あなたが自分のmathリポジトリのmasterブランチをmath.gitにプッシュしたとき使ったステップである。

mathディレクトリに移動して、この2つのコマンドをタイプしよう。ただし、リモート名には`origin`ではなく、`github`を使うことにする。第12章で学んだように、リモートには任意の名前を付けられる。次のコマンドをタイプしよう。これによって`github`という名前のリモートが作成される。ただし、`yourname`の部分は、あなたのGitHubログイン名で置き換える。また、もしあなたが作ったリポジトリがmathではなかったら、`math`を、その名前で置き換えればよい。

```
git remote add github https://github.com/yourname/math.git
```

これで、リモートができたので、次のコマンドをタイプする。

```
git push -u github master
```

この`git push`コマンドは、あなたのローカルなmathリポジトリからmasterブランチをGitHub上のあなたのmath.gitリポジトリに送るコマンドだ。

GitHubには、リポジトリの作り方について、また、これらのリポジトリに`git push`でコードをアップロードする方法についての優れたドキュメンテーションがある（トップページは`http://help.github.com`）。

図18.9は、GitHubでのリポジトリ作成を表現している。あなたは「Create Repository」をクリックしたあと、`git push`コマンドでそのリポジトリにコードをプッシュした。

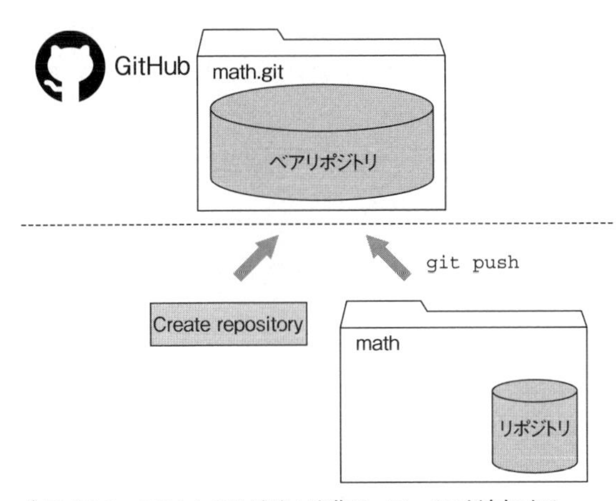

❖図18.9　GitHubでリポジトリを作り、ファイルを追加する

図18.10は、ローカルに行う複製（点線の下）とGitHubでリポジトリを作り、そこにプッシュする場合（上側）を比較している。

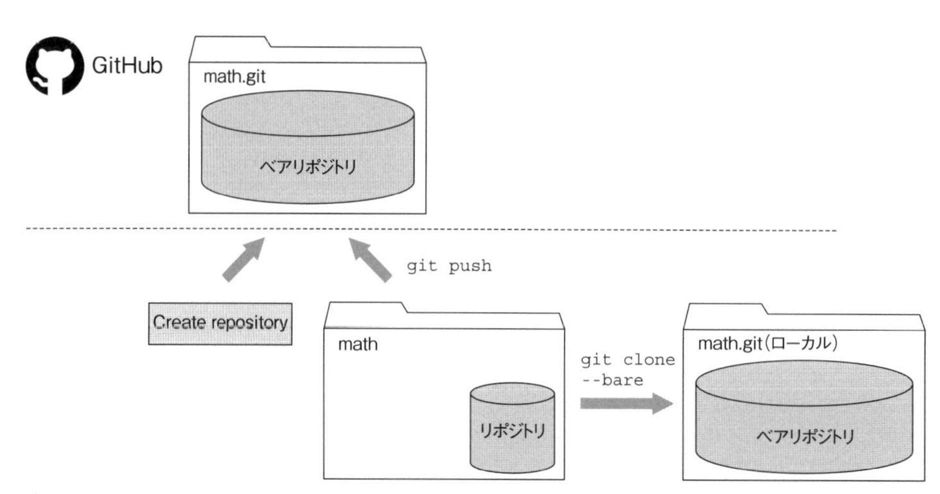

❖図18.10　クローンの作成（ローカルとGitHub）

GitHubリポジトリの名前はmath.gitで、これはあなたがベアリポジトリとして作ったディレクトリの名前と同じである（図18.10の右側を参照）。ディレクトリ名のサフィックスとして.gitを使うのは、それがベアディレクトリであることを示すGitの規約でありGitHubもその規約に従っている。

共同作業について、これまで学んできたことは、どれも（リモートを正しく設定していれば）GitHubリポジトリに対して実行できる。

演習

いまからこのリポジトリを削除する。それは次の節で行う作業のための準備だ。

GitHubの、mathリポジトリのページで、[Settings] をクリックする。これは、図18.11に示すように、ページの上にある右端のボタンだ（歯車のアイコンが付いている）。

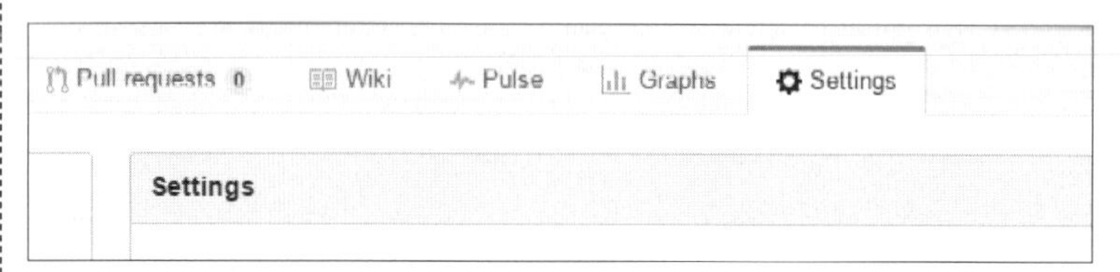

❖図18.11　[Settings] ボタンとクローンURL

[Settings] ページで、赤いマークの [Danger Zone] というセクションまでスクロールダウンする。これは「危険地帯」という名前に相応しい領域で、このリポジトリを削除する機能がある。その [Delete this repository] ボタンをクリックし、このリポジトリを削除するのに必要な手順に従う（リポジトリ名を入力する必要がある）。

GitHubでリポジトリを削除する場合、注意すべきポイントのひとつは、リポジトリのクローンに対して、すぐに影響を与えないということだ。このリポジトリが消えたことをクローンが知るのは、プルあるいはプッシュを試みるときである。

Gitホスティングシステムは他にもある。たとえばAtlassianのBitbucketやGitLabがそうだが、この節で学ぶことは、どれも、これらのプラットフォームに応用できる。つまり、ログインを行い、プロジェクトを作成し、それからGitの共同作業用コマンド（git remote、git clone、git push、git pull）を使うことになる。

ただしGitHubのリポジトリは、「フォーク」（fork）を使ってコピーすることができる。また、リポジトリの共同作業は「プルリクエスト」（pull request）を使って行うことができる。今後の節では、これらGitHub特有の機構について説明する。

● その先にあるもの ●

図18.8と図18.11で示したように、GitHubはリポジトリの複製用にHTTPSとSSHの2種類のクローンURLを提供する。クローンURLとしてHTTPSのURLを選択すると、git pushコマンドで、ユーザー名とパスワードのプロンプトが出る。このような証明（credential）入力を毎回行うのは面倒になるだろう。

ユーザー名とパスワードを毎回入力する面倒を避けるには、SSHのクローンURLを選択してSSHキーを設定する。これは本書の扱う範囲を超えるが、GitHubは、その設定について十分なヘルプを提供している。

https://help.github.com/articles/generating-ssh-keys*2

GitHubでの作業を大量に行うのなら、SSHキーの設定は欠かせないものであり、探索する価値があるはずだ。

訳注＊2：日本語による説明が、『GitHub実践入門』（技術評論社、2014年）の3.1節にある。

18.2 フォークを使う

フォーク（fork）は、GitHubリポジトリのコピーであり、フォークの作成者には完全なプッシュ／プル権限がある。GitHubでは、ほとんどすべてのリポジトリを複製できるが、デフォルトの設定では誰でも変更をプッシュできるわけではない。自作ではないリポジトリに変更をプッシュするには、collaborator（協力者）としての追加登録が必要だ。ところがフォークならばこの制限がないので、通常ならば更新できないリポジトリの変更が可能になる。

18.2.1 GitHubでフォークを作る

既存のGitHubプロジェクトに変更を加えたいが、そのプロジェクトの協力者ではないという場合、最初に、そのリポジトリのフォークを作る必要がある（図18.12では、rickumali/mathリポジトリのフォークを作っている）。そして、そのフォークがGitHub上にできたら、変更を加えるためそれを複製する。

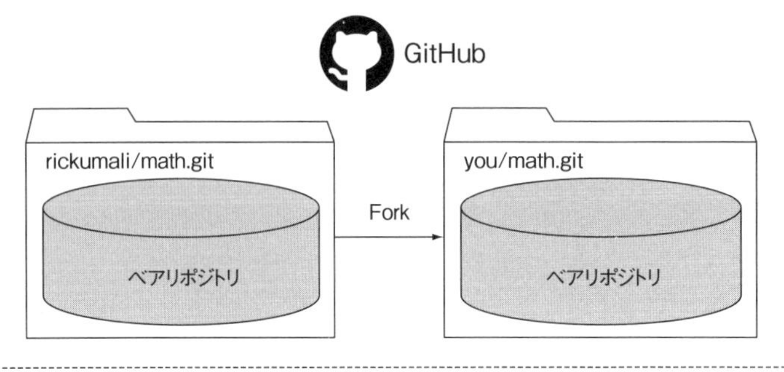

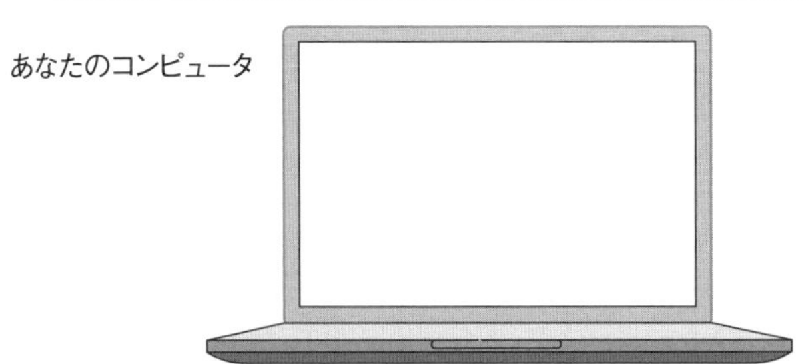

❖図18.12　リポジトリのフォークを作る

あなたの変更を元のリポジトリに提供する準備ができたら、元のリポジトリに対して「プルリクエスト」(pull request) を出す（これについては、次の節で説明する）。

GitHubで、リポジトリから作られたフォークの数は、その人気を計る目安となる。フォークの数は、開発者たちがコードベースに対する貢献にどれほどの興味を持っているかを判断する基準となる。GitHubには、それを計測し追跡するエリアがある。

演習

実際にフォークを作ってみよう。フォークはどのリポジトリからも作成できるが、ここでは練習として、私（Rick Umali）のmathリポジトリを使う。あなたのブラウザでこのURLを訪問していただきたい。

```
https://github.com/rickumali/math
```

これが、私のmathリポジトリのURLだ。そのページの右上に、[Fork] のボタンがある（図18.13）。

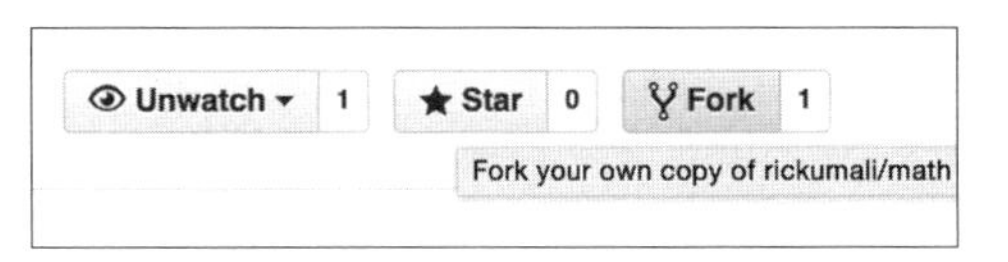

❖図18.13　プロジェクトのホームページにあるForkボタン

この [Fork] ボタンをクリックしよう。するとGitHubが、私のmathリポジトリを、あなたのアカウントにコピーするための手順を実行する。それが完了したら、mathリポジトリがあなたのGitHubアカウントに作られている。

フォークしたリポジトリの名前が、元のリポジトリと同じ名前になっていることに注目しよう。また、（画面の左上にある）リポジトリ名の、すぐ下に、それがフォークであることを示す行がある（図18.14）。

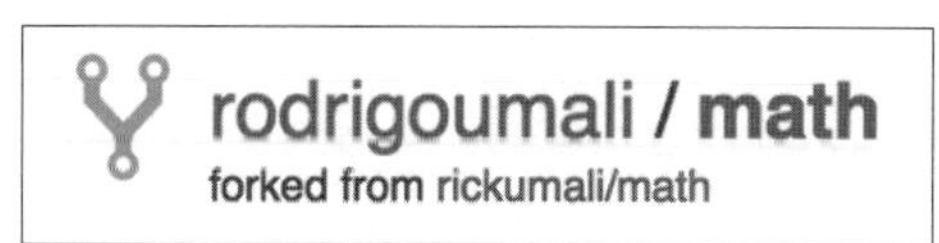

❖図18.14　フォークしたリポジトリ

図18.14では、rodrigoumaliという名前になっているが、その場所にあなたのアカウント名が出るはずだ（rodrigoumaliというのは、プルリクエストのフローをシミュレートするために私が使った第2のアカウント名である）。この時点で、図18.12で見た状況の上半分を作成できた。

18.2.2　自分のフォークを複製する

こうしてフォークを作ったら、その複製をあなたのローカルマシンに複製できる（図18.15）。

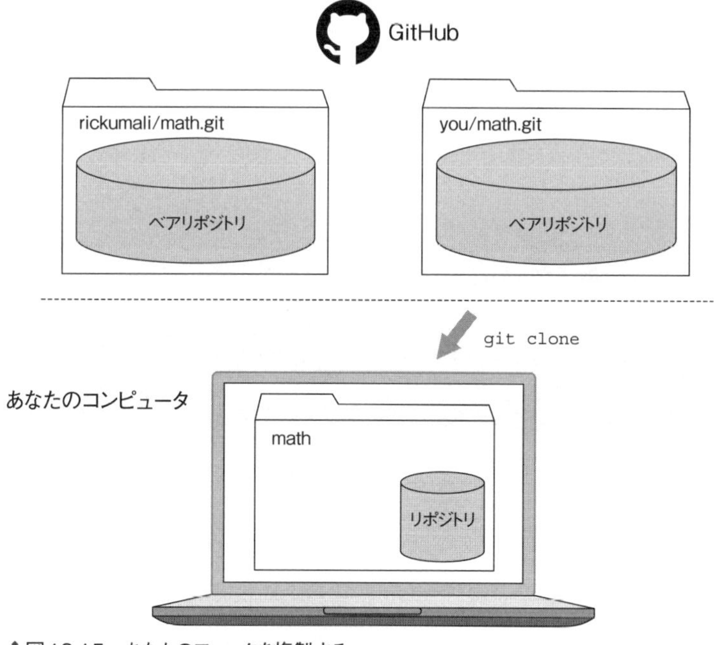

❖図18.15　あなたのフォークを複製する

演習

さきほどフォークしたリポジトリの複製を作る。そのためにはクローンURLが必要だ。それは、リポジトリのメインページの中央右側にある（図18.16）。これは、第2章でも見たものだ（図2.12）。

HTTPS ▾ https://github.com/mulato

❖図18.16　クローンURL

クローンURLでHTTPSプロトコルを使うため、図18.16に示すHTTPSのリンクをクリックする。次に、あなたのホームディレクトリで、既存のmathリポジトリを削除するため、次のようにタイプする。

```
cd $HOME
rm -rf math
```

それから、次のようにタイプする。ただし、yournameという文字列は、あなたのGitHubユーザー名で置き換える。

```
git clone https://github.com/yourname/math.git
```

これで、フォークのクローンができた。

この時点で、図18.15に示した状況になっている。フォークで作業することにより、変更をGitHub上の複製にプッシュすることが可能になる。このとき、オリジナルのリポジトリは変更されない。けれども、あなたの変更を元のプロジェクトに貢献したいときはどうすればよいのか。それには、あなたが作ったフォークでプルリクエストを実行するのだ。

18.3 プルリクエストによる共同作業

前節で学んだように、あなたが作ったフォークは別のリポジトリの「個人的なコピー」だ。そのコピーには変更を加えることができるし、その変更をGitHubにプッシュして戻すこともできる。それが可能なのは、フォークの複製があなただけのものだからだ。けれども、（図18.17に示すように）元のプロジェクトに対して変更をプッシュしたいときは、どうすればよいのかが問題である。

これを行う方法としては、元のリポジトリの所有者に、あなたの変更を通知することが考えられるだろう。その代わりにGitHubが提供している機構がプルリクエスト（pull request）であり、これは元のリポジトリに対する変更を提案するものだ。

GitHubにプルリクエストが導入されたのは、2008年のことだ。プルリクエストは、オリジナルリポジトリの所有者に対して変更の要求を示すメッセージングの機構である。プルリクエストは、必ずフォークから元リポジトリに向けて発行される（図18.18では、you/math.gitがフォークである）。

この機能を使うときは、まずリポジトリのフォークを作り、そのローカルな複製であなたが貢献するコードをテストする。変更に満足したら、プルリクエスト機能を使ってその変更を元のリポジトリに提出できる。

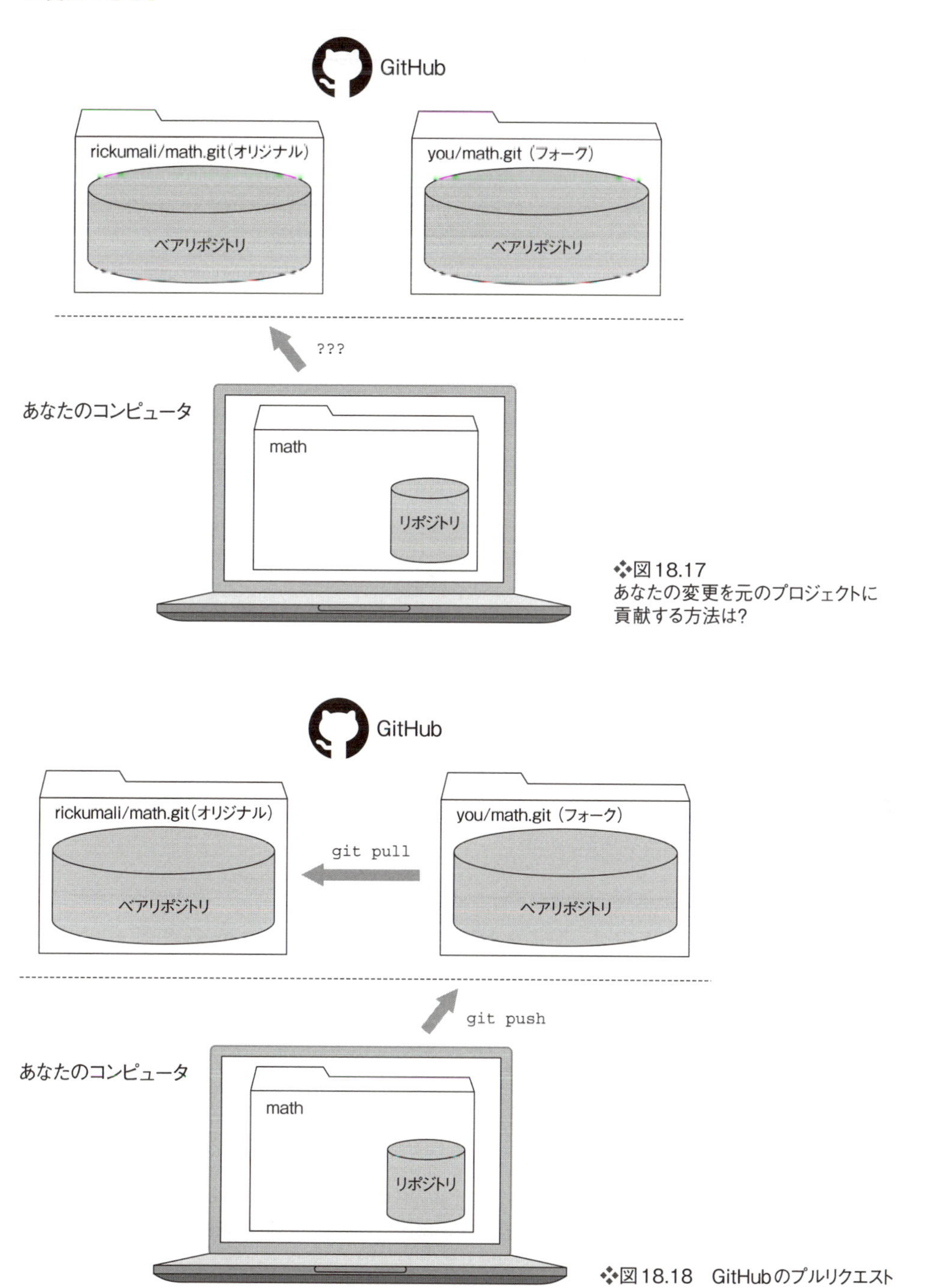

❖図18.17　あなたの変更を元のプロジェクトに貢献する方法は?

❖図18.18　GitHubのプルリクエスト

18.3.1 フォークに変更を加える

プルリクエストを試みるためには、まずリポジトリに変更を加え、それをフォークにプッシュで戻す必要がある（図18.18）。

演習

これから使うのは、フォークの複製である。

```
cd $HOME
cd math
git branch
```

ブランチがmasterであることを確認したら、次のようにタイプしてこのリポジトリにちょっとした変更を加える。

```
echo "Small change to fork"  >> readme.txt
```

そして、この変更をコミットする。

```
git commit -a -m "Small change to fork"
```

では、この変更をプッシュしよう。このクローンはフォークの複製なのだから、オリジナルのrickumali/math.gitリポジトリに変更が届くわけではない。あなたのフォークに届くのだ。次のようにタイプする。

```
git push
```

このとき、GitHubによるプロンプトで、ユーザー名とパスワードの入力が求められるだろう。そして、次のリストに示すような出力が得られる。

▶リスト18.2　git pushの出力（フォークへのプッシュ）

```
Counting objects: 5, done.
Delta compression using up to 4 threads.
Compressing objects: 100% (3/3), done.
Writing objects: 100% (3/3), 308 bytes | 0 bytes/s, done.
Total 3 (delta 1), reused 0 (delta 0)
To https://github.com/yourusername/math.git
   2e044d8..5bc718c  master -> master
```

リポジトリを、あなたのコンピュータからプッシュするのに何か問題があったら、GitHubのヘルプを参照するか、本書のWebサイトを訪問していただきたい。コードをプッシュするには、ネットワークを超えるだけでなく（それは`git clone`や`git pull`も同じだ）、認証を得るための処理（ユーザー名とパスワードの入力）も必要となる。GitHubでコードをプッシュできるのは、あなたが権限を持っているリポジトリ、すなわちあなたが作成したリポジトリに限られる。

18.3.2 プルリクエストを発行する

この時点でGitHubのあなたのmathリポジトリを訪問すると、図18.19に示すようにそれがオリジナルリポジトリよりも先に進んでいることが示される。

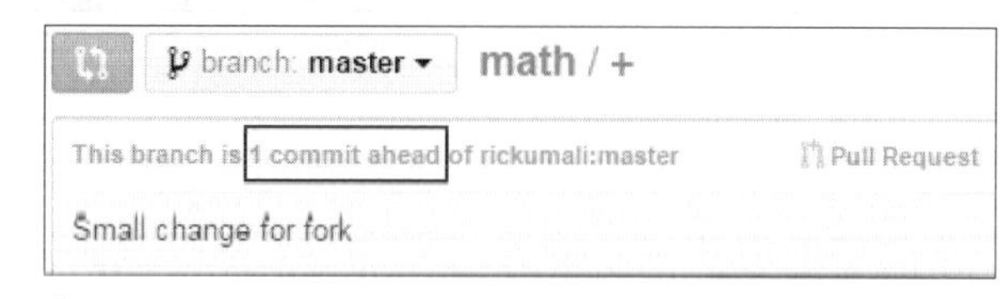

❖図18.19　あなたのフォークは、元のリポジトリよりも、1コミット進んでいる（1 commit ahead）

GitHubで、あなたがフォークしたリポジトリのページには、図18.19に示すタイトル行があるはずだ。このmasterブランチが、rickumali:masterよりも1コミット進んでいることを示すメッセージがあり、その右側に、［Pull request］のリンクがある。次は、これを使う。

演習

あなたがフォークしたGitHubのページで、上記の［Pull request］をクリックする。これによって、プルリクエストを準備するページに移動する（一部を図18.20に示す）。これは、プルリクエストの準備段階であり、このページで、プルリクエストによって元のリポジトリの所有者に送られる変更をレビューすることができる。

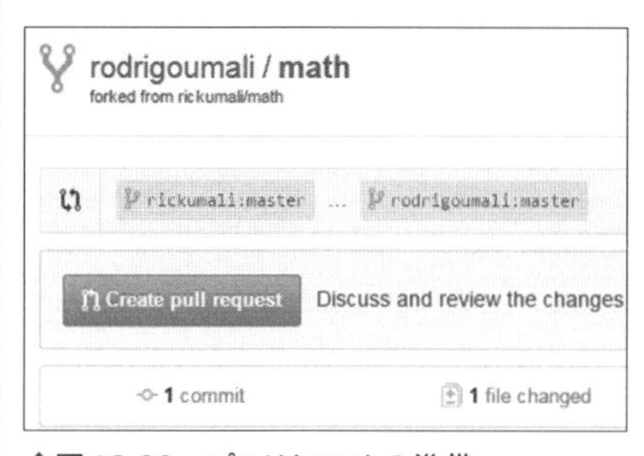

❖図18.20　プルリクエストの準備

```
1 readme.txt
...  ...  @@ -1,2 +1,3 @@
1    1     This is a README file. Enjoy.
2    2     A small update.
     3    +Small change to fork
```

❖図18.21　GitHubプルリクエストの差分ビューア

このプルリクエストでは、masterブランチのファイルを1個だけ変更してある。GitHubのUIには、図18.21に示すdiff（差分）ウィンドウがある。これは、もうお馴染みのものだろう（これまでに使った`git diff`出力のバリエーションである）。

このWebページの、緑色のボタン（Create pull request）をクリックする。次にブラウザが表示するページ（図18.22）には、あなたが提案する変更のドキュメントを入力するためのフィールドが現れる。また、このページには、その変更を即座にマージできるかどうかを示すステータスも表示される。

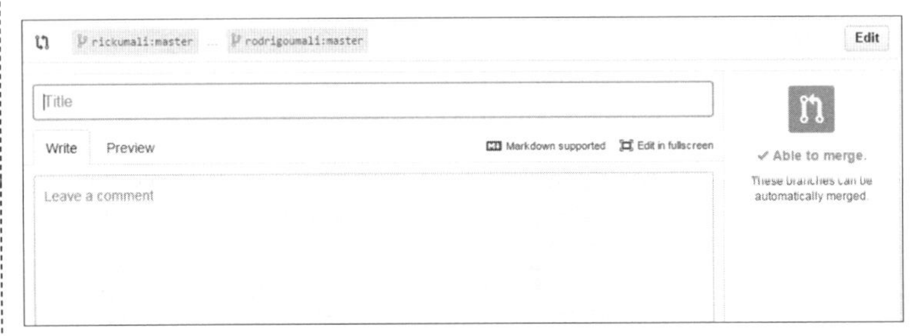

❖図18.22　プルリクエストにドキュメントを添える

タイトルとコメントを入力しよう。ただし、それらは元のリポジトリの所有者が見るのだということを忘れないように。

そのフォームの右下に、［Create pull request］という緑色のボタンがある。これをクリックしよう。すると、プルリクエストは番号が付けられて元のリポジトリに送られる。

18.3.3　プルリクエストをクローズする

プルリクエストを発行したら、元のリポジトリの所有者に通知が送られる。所有者は、GitHubにログインしたとき、図18.23に示すようなWebページを見ることになる。

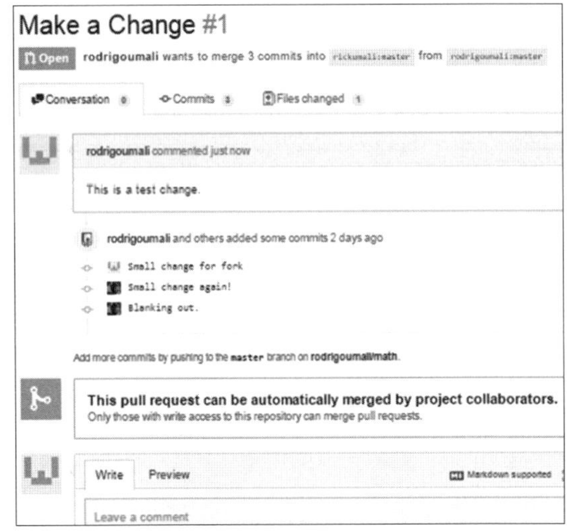

❖図18.23　基本的なプルリクエストページ（元のリポジトリの所有者が見るもの）

ここでリポジトリの所有者は、どのような変更が誰から提案されたかを見るだけでなく、その変更に至る全コミットのリストを見る。フォークの所有者と元のリポジトリの所有者は、このプルリクエストページで対話を続けることも可能だ。けれども、コードをマージできるのは元のリポジトリの所有者だけである。それは、"Only those with write access to this repository can merge pull requests."（プルリクエストをマージできるのは、このリポジトリへの書き込みアクセス権を持つ人だけです）というメッセージが示す通りである。

あなたの変更を元のリポジトリにマージすることはできないが、プルリクエストのクローズは可能だ[*3]。このビューは、元のリポジトリの所有者が見るのと同じビューであるから、見ておくだけでよい。

> **演習**
>
> プルリクエストのページで、[Close pull request] ボタンをクリックする。もしページをオープンしたままにしておきたければ、それでも結構。GitHubは、リポジトリの所有者に電子メールを送るので、その場合は、私の側でクローズすることになる。

GitHubで、アクティブなリポジトリを探索すると、プルリクエストがいくつもオープンされているプロジェクトが出てくるだろう。フォークと同じく、プルリクエストの数もプロジェクトの活動や人気を計る目安となる。

訳注＊3：プルリクエストのクローズについては、`https://help.github.com/articles/closing-a-pull-request/`に説明がある。プルリクエストは、上流ブランチへのマージを求める提案であり、その提案を却下するのがクローズである。

18.4 課題

フォークとプルリクエストは、GitHubをホストとするプロジェクトで共同作業を行うのなら頻繁に使うことになる機能だ。この課題を通じて、これらの便利な機能に馴染んでおこう。

1. GitHubの「Hello World」ガイド（`https://guides.github.com/activities/hello-world/`）を読んで、一通りやっておこう。
2. GitHub上にある数多くのプロジェクトを探究（explore）するために、次のサイトを訪れよう。

   `https://github.com/explore`

   興味のあるプロジェクトを探して、Watch（ウォッチ）しよう。気に入ったら、Star（スター）を付けよう。プロジェクトのIssues（イシュー）キュー、Labels（ラベル）、Wiki（ウィキ）などを見て、プロジェクトにドキュメントを付ける様々な方法を知っておこう。
3. ユーザーをフォローしよう（ぜひ私も！）。GitHubはデフォルトにより、アクティビティに関する電子メールを送ってくる。通知（notifications）の頻度は設定で変えられる。
4. フォークとプルリクエストが必要なのは、GitHub上のリポジトリにコミットをプッシュできる人が、デフォルトではそのプロジェクトの作成者に限られるからだ。けれども、他の人々にあなたのプロジェクトへのプッシュを許可することができる。あなたのリポジトリの、「Settings」リンクを探そう（図18.24）。この「Settings」ページで、あなたのプロジェクトへの協力者（collaborators）を追加できる。

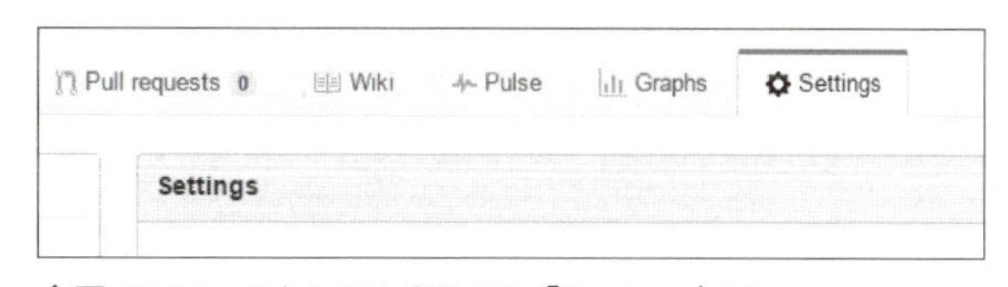

❖図18.24　あなたのリポジトリの「Settings」リンク

図18.25に示すように、画面の左上にある「Collaborators」をクリックする。だれか、あなたが知っている人を追加できないか、考えてみよう（私を含めて！）。

5. 前節ではプルリクエストを探究したが、それはプルリクエストを発行する側から見たのだ。プルリクエストを受け取る側からこのプロセスを体験するには、GitHubで第2のアカウントを作るのが最も簡単である。そのアカウントはあなたの分身（alter ego）と思えばいい。つまり、第13章でCarolやBobのリポジトリを作ったように、第2のユーザーをシミュレートするのだ。その、第2のアカウントを作成したら、第1のアカウントからリポジトリをフォークする処理を再び行い、それに変更を加えてからプルリクエストを発行する。その後、第1のアカウントでGitHubにログインすると、プルリクエストからの通知があり、図18.23に示したようなページを訪問できる。このとき、このリポジトリの所有者（あなた）は、その変更をマージすることができる。
このワークフローについては、GitHubのWebサイトに解説がある（https://help.github.com/articles/merging-a-pull-request/）。

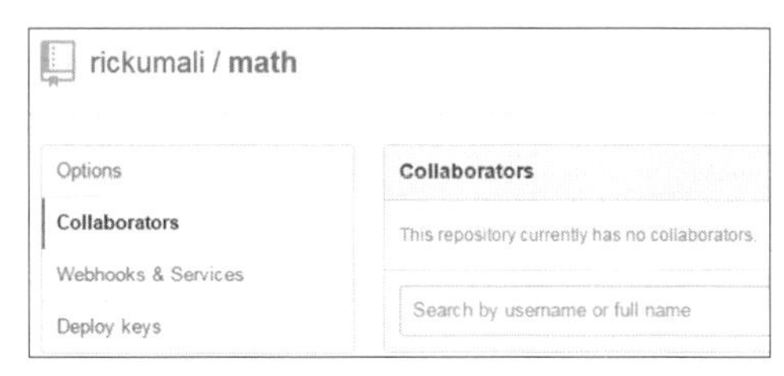

❖図18.25　プロジェクトの「Settings」ページで、collaboratorsを追加できる

18

18.5 さらなる探究

プロジェクトのホストとして、GitHubの最も有利な特徴のひとつは、ドキュメントの書式にMarkdownが採用されていることだ。「Markdown」（マークダウン）では、テキストファイルの構文によって、セクションの指定、リンクの追加、太字体（bold）や斜字体（italic）の字体など、様々な機能を利用できる。これはHTMLにも似ているが、ある意味でもっと簡単なものだ。次のリストに示すテキストはMarkdown構文の一部を示している。

▶リスト18.3　Markdownを使ったテキスト

```
First Header
============

Second Header
-------------

This is text with *emphasis*.
```

Markdownプログラムは、リスト18.3を、図18.26に示すような書式付きのテキストに変換する。

First Header

Second Header

This is text with **emphasis**.

❖図18.26　変換されたMarkdownテキスト

GitHubのリポジトリに、READMEという名前のテキストファイルがあり、それがMarkdownを使って書かれていれば、GitHubはそれをWebで読みやすいドキュメントに変換する。Markdownは、テキストファイルのままでも読むことができるが、GitHubのページでは、そのテキストにスタイルが加わって、Webで閲覧しやすくなる。

Markdownについては、次のドキュメントを参照していただきたい[*4]。

https://help.github.com/articles/markdown-basics/（マークダウンの基礎）
https://help.github.com/articles/github-flavored-markdown/（GitHub風のマークダウン）

その書き方を探究するために、18.1節でGitHubにプッシュしたmathリポジトリにあるreadme.txtファイルを、README.mdという名前に変更しよう。このファイルを、（前記のURLに説明がある）Markdown構文を使って編集する。それから、READMEファイルをGitHubにプッシュして、テキストがどのように表示されるかを比較しよう。

訳注＊4：日本語ウィキペディアの項目は、Markdown（https://ja.wikipedia.org/wiki/Markdown）。GitHub Flavored Markdown（GFM）の、日本語によるサンプルを含む説明が https://gist.github.com/wate/7072365にある。

18.6 この章のコマンド

❖表18.1　この章で使ったコマンド

コマンド	説明
git remote add github https://github.com/yourname/math.git	GitHubにあるあなたのリポジトリ（math.git）を指すgithubという名前のリモートを追加する（yournameは、あなたのGitHubユーザー名で置き換える）
git push -u github master	あなたのmasterブランチをリモートgithubで識別されるGitHubリポジトリにプッシュし、それを上流として設定する（第13章を参照）
git clone https://github.com/yourname/math.git	GitHubにあるmathという名前のリポジトリを複製する（yournameは、あなたのGitHubユーザー名で置き換える）

サードパーティ製ツールと Git

この章の内容

これまで使ってきたGitツールは、コマンドラインもGUIツールもGitの標準ディストリビューションに付属するものだ。これらを「ネイティブなGitツール」と呼ぶなら、この章では、ネイティブなGitツールを補完（あるいは置換）する役割を果たすサードパーティ製ツールを2つ探究する。そのひとつはAtlassian社のSourceTree、もうひとつはEclipse IDEにGitを統合するプラグインである。

私が、この2つを選んだのは、よく知っているツールだからという理由もあるが、コスト面も考慮している。つまり、どちらも無料なのだ。SourceTreeはGit専用のツールで、その点ではWindows用のGitHubやMac用のTowerと似ている。Eclipseも人気があり、その機能は（たとえばIntelliJ IDEAやNetBeansなど）他のIDE（統合開発環境）を代表するものだ。

この章を本書の末尾に近い位置に置いたのは、まずは公式にインストールしたGitとそのネイティブなツールについてよく理解しておくことが重要だからだ。これまでGitのネイティブなツールを使ってきたので、サードパーティ製ツールが提供するGit機能について、かなり理解できるはずだ。ここでは、より大きなGitのエコシステムについて学ぶ。

ところで、この章では、大きなソフトウェアをダウンロードすることになる。とくにEclipseは時間がかかるかもしれないので、余裕のあるときにダウンロードしておくことをお奨めする。

19.1 SourceTree

ネイティブツールのgitkとGit GUIに代わるサードパーティ製ツールは、数多く作成されてきた。ここでインストールするAtlassianのSourceTreeは、「コマンドラインを使わずに利用できる」と主張する強力なGUIツールである。SourceTreeは、WindowsとMacの両方で利用できるが、UbuntuなどのUnix/Linuxプラットフォームでは利用できない（Unix/LinuxでGitを使う方は、19.2節まで読み飛ばしていただきたい）。

19.1.1 SourceTreeをインストールする

SourceTreeのインストール手順は、単純明快だ（この訳では日本語版を使う）。

演習

まず、あなたのコンピュータにSourceTreeをインストールする。`https://www.sourcetreeapp.com`を訪問して、「Download SourceTree Free」のボタンをクリックする。このWebページは、あなたが実行しているマシンがWindowsかMacかを検出し、適切なバイナリをダウンロードする。

次に、ブラウザで指定したDownloadsディレクトリで、ダウンロードされたファイルを見つける。Windowsならば、SourceTreeSetupなにがしという名前のEXEファイルがダウンロードされているはずだ（図19.1）。Macならば、ダウンロードした結果がディスクのアイコンとしてデスクトップに現れる。これをダブルクリックする。

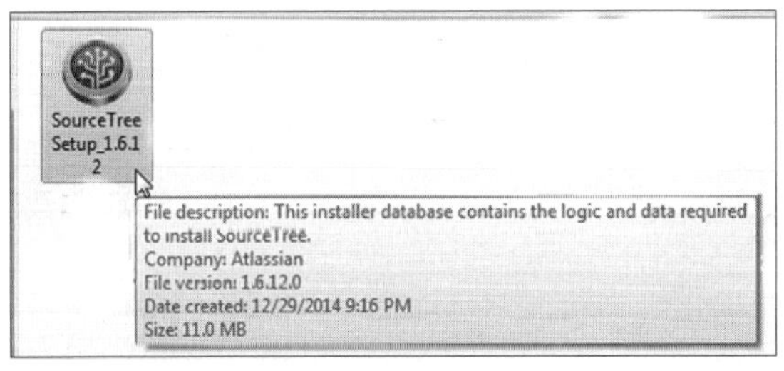

❖図19.1　Windows用にダウンロードされたSourceTreeのアイコンとツールチップ

次に、プラットフォーム標準のインストール手順に従って、ソフトウェアをインストールする。このインストールで、まずはバージョン管理システムをダウンロードする（Windowsでは、英文のWizard画面となる。Welcomeでは［Next］、Select Installation Folderでも［Next］、Ready to Installで［Install］、Completingで［Finish］のボタンをそれぞれクリック）。それから、図19.2に示すような初期画面（ようこそ）が現れる。

❖図19.2　WindowsにSourceTreeをインストールしたあとの初期画面

ライセンスに同意し（これはフリーソフトウェアだ）、［続行］（続ける）ボタンをクリックする（ダウンロードが完了したら［次へ］のボタンをクリック）。図19.3に示す「グローバル無視設定ファイルを作成しますか？」という設定画面には、Yesと答える。この設定（コンフィギュレーション）については、次の章で述べるが（20.4節）、この画面に書かれているように、設定はいつでも変更できる。

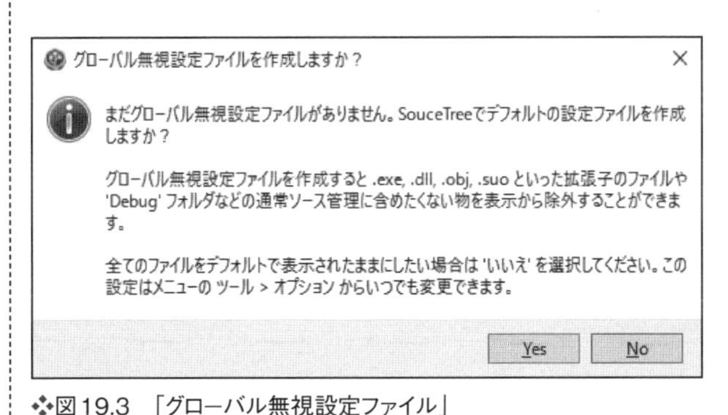

❖図19.3　「グローバル無視設定ファイル」

「アカウントの追加」で、ユーザー名とパスワードを求められるが、この設定も、いまはスキップしておこう(「SSHキーを読み込みますか?」は、NoでOK)。最後に、SourceTreeのメインウィンドウが現れる。これは、Windowsでは、図19.4に示すような画面だ。

Macの場合、同じ役割の画面が、図19.5に示すようなものとなる。

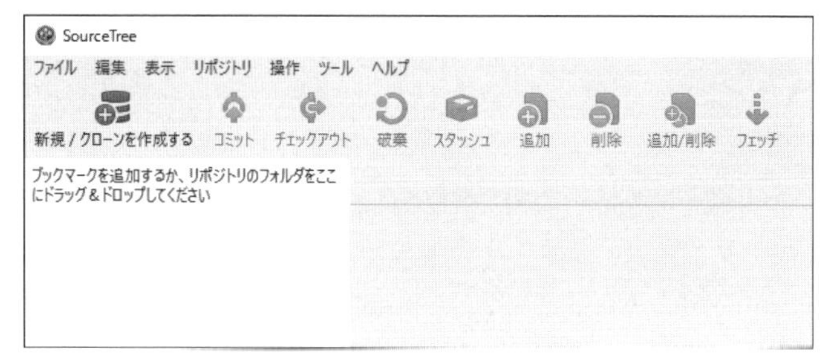

❖図19.4　デフォルトのSourceTreeウィンドウ(Windows)

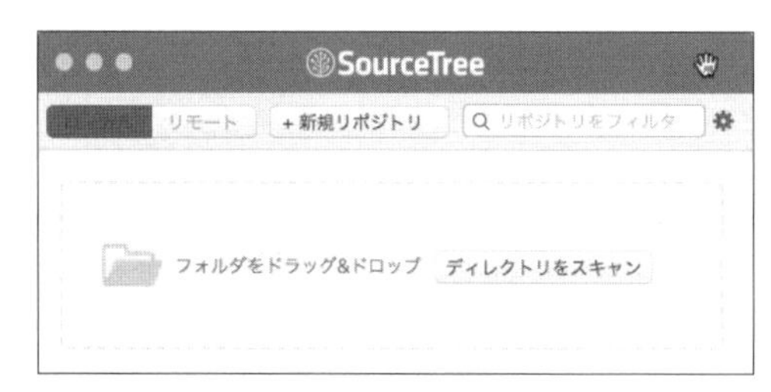

❖図19.5　デフォルトのSourceTreeウィンドウ(Mac)

おわかりのように、SourceTreeのルック&フィールは、WindowsとMacでそれぞれのプラットフォームに固有なものとなっている(この点が、gitkやGit GUIと異なる)。次のステップで、これまで本書で使ってきたmathリポジトリを、SourceTreeに追加してみよう。

19.1.2　リポジトリをSourceTreeに追加する

SourceTreeでリポジトリを使うために、必ずSourceTreeで作成する必要があるわけではない。既存のリポジトリをSourceTreeに追加しよう。

演習

この課題は、mathディレクトリが存在することを前提とする。状態を再現するために、本書のWebサイトから、make_math_repo.shというスクリプトをダウンロードしておこう。そのスクリプトを$HOMEディレクトリから実行すれば、mathディレクトリを作成して、それをSourceTreeに渡すことができるのだ。

make_math_repo.shスクリプトを実行すると、another_fix_branchという名前のブランチに、まだコミットされていない変更が1つできる(今後の記述は、この状態を前提としている)。

mathディレクトリを作成したら、あなたのプラットフォームに適したセクションの記述に従って、リポジトリを追加しよう。

Windows

メニューバーの下の「コマンドリボン」の左端にある「新規/クローンを作成する」ボタンをクリックする。これによって、図19.6に示す「新規リポジトリ」タブが現れる。

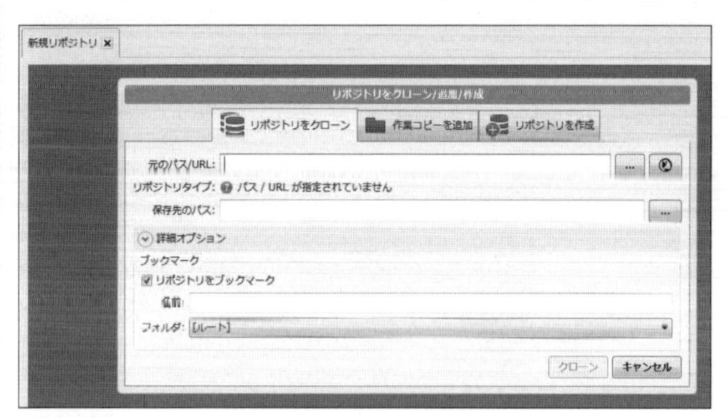

❖図19.6 「新規リポジトリ」タブ（Windows）

既存のリポジトリをSourceTreeに追加するために「作業コピーを追加」タブをクリックし、図19.7に示すように、mathディレクトリのパスをブラウズする。mathディレクトリが「作業コピーのパス」になる（Gitリポジトリは、その内側にある）。

ここで［追加］ボタンをクリックすると、あなたのmathリポジトリがSourceTreeウィンドウの「ファイルステータス表示」で図19.8に示すように示される。

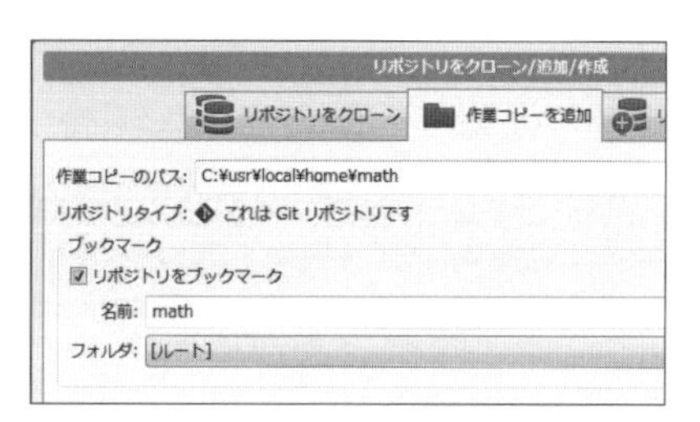

❖図19.7 mathリポジトリを選択する（Windows）

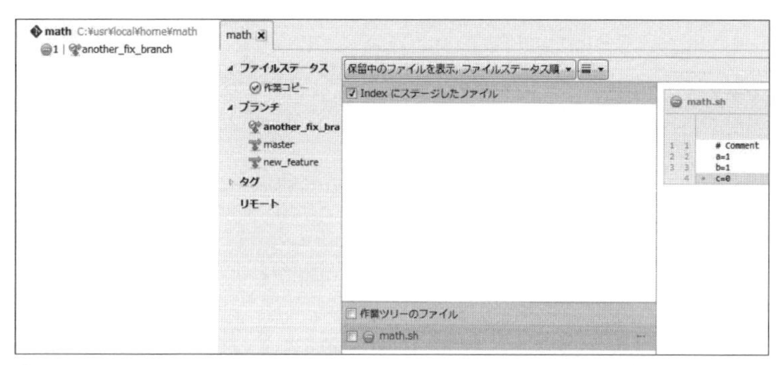

❖図19.8 リポジトリを開いたときのSourceTreeウィンドウ（Windows）

mathというラベルのタブがあることを確認し、その内容に注目しよう（別のリポジトリを開いたら、その内容が、独自のタブの内側に現れる）。Windowsでは、その左のペインにこれまで開いたリポジトリのリストが現れるかもしれない。これはSourceTreeのWindows版に独自な「ブックマーク」ペインである。図19.8で、このブックマークペインに現れているリポジトリは1個だけだ。

Mac

図19.9に示すように、「＋新規リポジトリ」から「既存のローカルリポジトリを追加」というメニュー項目を選択する（あるいは［ディレクトリをスキャン］をクリックして、SourceTreeにホームディレクトリからGitリポジトリを探してもらうという方法もある）。

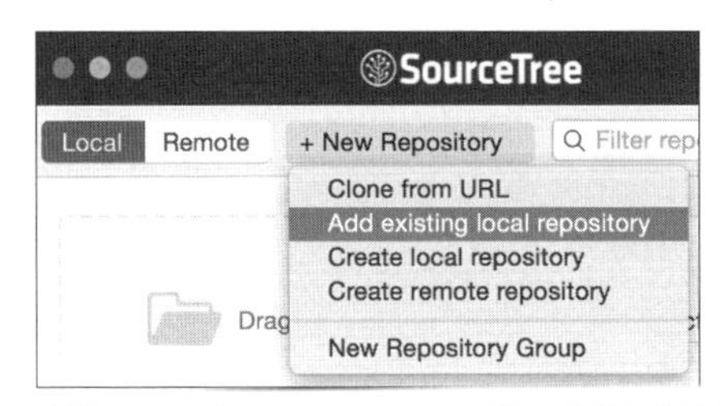

❖図19.9　SourceTreeのMac版にリポジトリを追加

ここでmathリポジトリを選択すると、図19.10に示すようにリポジトリがSourceTreeウィンドウに現れる。

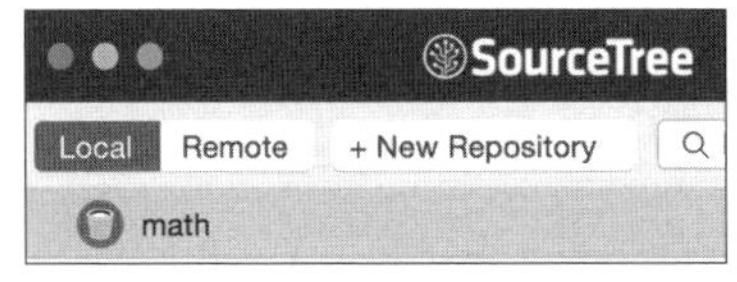

❖図19.10　ローカルリポジトリが、Mac版のSourceTreeに現れた

このリポジトリをダブルクリックすると、（図10.8に似た）デフォルトのリポジトリビューが現れる。

SourceTreeは、あなたのリポジトリの現在の状態を検出する。mathリポジトリ作成のステップを正しく実行していれば、SourceTreeはこのリポジトリがanother_fix branchというブランチになっていて（これは図19.8で見た）、ステージングされていないmath.shというファイルがリポジトリに含まれていることを検出する。

19.1.3　ファイルをステージングする

現在のSourceTreeビューは、「ファイルステータス」（Windows）あるいは「ファイルの状態」（Mac）である。この表示であることは、SourceTreeのWindows版では画面の下にあるタブで示される（図19.11）。

ファイルステータス	ログ	検索	1	another_fix_branch	Atlassian

❖図19.11　SourceTree（Windows版）の「ファイルステータス」タブ

Macでは、メインビューの左上に並ぶ3つの小さいアイコンで「表示」が表現される（その下に、「ファイルの状態」として「作業コピー」が表示される（図19.12））。

❖図19.12　SourceTree（Mac版）の「ファイルの状態」ビュー

メインビューの右上ペインにあるmath.shの左にあるアイコンは、このファイルに変更があることを示している（Mac版では、ここにマウスポインタを置くと「変更があるファイル，1行追加」というツールチップが現れる）。

math.shの左に表示されている黄色のアイコンは、このファイルが変更されているという通知だ。第6章で学んだことを思い出そう。Gitは、ファイルの更新を検出すると「ステージングが必要」という意味のフラグを付ける（この場合、math.shファイルはmake_math_repo.shスクリプトの最後のステップで書き換えてある）。このファイルをステージングエリアに追加するのは、`git add`を実行するのと等価なステップだ。次はそれを行う。

演習

リポジトリ内のファイルの状態を示しているmathタブの内容をよく調べておこう。Windowsでは、「表示」メニューの「ブックマーク表示／非表示を切り替え」をクリックすることで、mathタブの左にあるブックマーク表示を消すことができる。

図19.8に示したmathタブにSourceTreeが表示する情報ペインには、ファイルステータス（ファイルの状態）、ブランチ、タグ、リモートが含まれる。図19.13は、その情報ペインのMac版であり、新たに作り直したmathディレクトリを示している。

❖図19.13　SourceTreeの情報ペイン

次に、「ファイルの状態」ビューを見よう（図19.4）。ここでmath.shは、「Indexにステージしたファイル」のセクションではなく、その下の「作業ツリーのファイル」のセクションにある。このファイルを「Indexにステージしたファイル」に移動させるため、ファイル名の左にあるチェックボックスをクリックしよう。これは、`git add`コマンドと等価な操作だ。

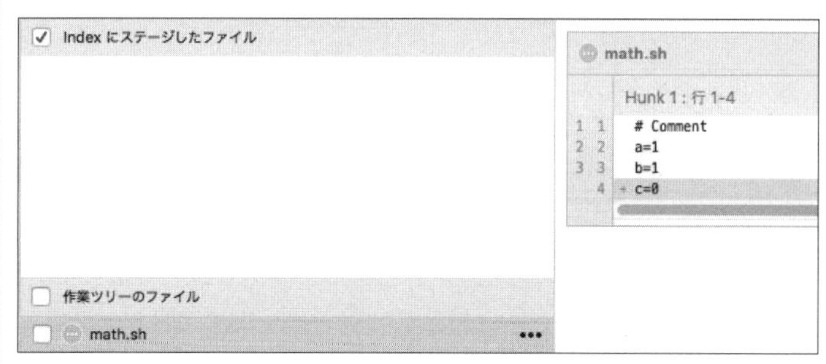

❖図19.14　「ファイルの状態」ビュー

このファイルに対して、さらに変更を加えることに決めたら、ステージングエリアから降ろすことができる。それには、「Indexにステージしたファイル」のセクションにあるファイル名の左のチェックボックスをクリックする（チェックマークが消えて、下の位置に戻る）。

19.1.4　SourceTreeでGitコマンドを追跡する

サードパーティ製ツールを使うときは、マウスでボタンをクリックしたり、メニュー項目を選択するとき、どのGitコマンドが呼び出されるのかを理解したい。SourceTreeのMac版では、図19.15に示すように「表示」メニューの「コマンド出力を表示」で、どのGitコマンドが呼び出されたかを確認できる。このモードを使うのがツールの働きを学ぶ方法のひとつだ。

残念ながら、本書執筆の時点で（翻訳の時点でも）、Windows版にはこのモードが存在しない。

もしMacで「コマンド出力を表示」しながら、ファイルをステージングエリアに入れて降ろす前述のステップを実行したら、舞台裏で実行される`git add`と`git reset`のコマンド履歴が図19.16のように表示されるだろう。

View　Repository　Actions　Window
Refresh　⌘R
Hide Sidebar　⇧⌘K
Show Command Output　⇧⌘W
File Status View　⌘1
Log View　⌘2
Search View　⌘3

❖図19.15
Macでは「コマンド出力を表示」することで、Gitコマンドの履歴が表示される

```
▼ Unstaging files [2015/12/19 11:18]
git -c diff.mnemonicprefix=false -c core.quotepath=false -c crede
Completed successfully
▼ Staging files [2015/12/18 22:55]
git -c diff.mnemonicprefix=false -c core.quotepath=false -c crede
Completed successfully
```

❖図19.16　「コマンド履歴」（Mac版SourceTree）

演習

math.shファイルを、ステージングエリアに戻しておこう。math.shの左にあるチェックボックスをクリックしてこのファイルをステージングすると、図19.17に示すようにこのファイルがUIの「Indexにステージしたファイル」の下に現れ、「作業ツリーのファイル」の下は空になる。

❖図19.17　SourceTreeで「Indexにステージしたファイル」を見る

さらに、MacでもWindowsでも利用できる追跡用のオプションがある。それはコンソール出力の表示だ。これを有効にするには、「オプション」ダイアログボックスを開く。Windowsでは「ツール」メニューからアクセスできる。Macでは「SourceTree」メニューの「環境設定」からアクセスする。「全般」タブを選び、「常に全ての出力をコンソールに表示する」設定を許可する（図19.18）。こうしておけば、SourceTreeによって実行されたGitコマンドのほとんどすべてがコンソールに表示される（これは、次のステップの実行後に確認できる）。

☑ すべてのコンソール出力を常に表示する
☐ 作業コピーが変更されていない場合、ブランチを変更
☑ 新しいリポジトリを開いたときにブックマークを作成

☑ 常に全ての出力をコンソールに表示する
☐ コミット後も保留中の変更が残っている場
☐ 使用状況に関するデータを送信することで

❖図19.18　「常に全ての出力をコンソールに表示する」オプションを有効にする

19.1.5　SourceTreeでファイルをコミットする

ファイルをステージングエリアに追加したら、そのファイルをリポジトリにコミットできる。

演習

画面の下側に「コミットメッセージ」のテキストエリアがある。ここにコミットのログメッセージを入力しよう（図19.19）。このテキストエリアは常に表示されているが、メッセージ入力のときにはネイティブなエディタが現れる。

このとき「常に全ての出力をコンソールに表示する」オプションが有効になっていると、実際に実行されたGitコマンドを示すダイアログボックスが現れる（図19.20）。

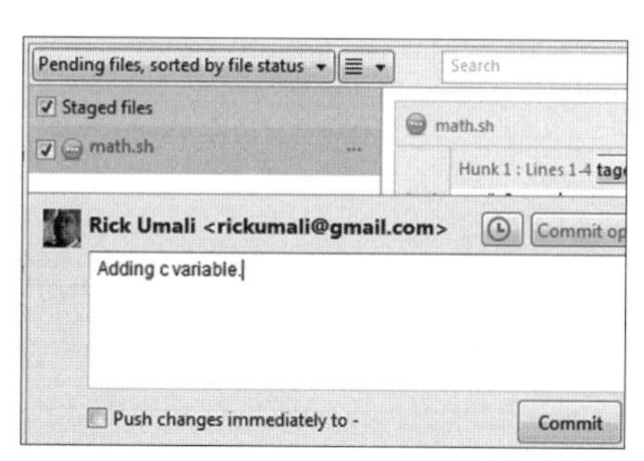

❖図19.19　SourceTreeでコミットメッセージを入力する

Committing
☑ 詳細な出力を表示
git -c diff.mnemonicprefix=false -c core.quotepath=false commit -q -F E:¥temp¥jcqkskor.py3
完了しました。

❖図19.20　SourceTreeでのコンソール出力（`git commit`コマンド）

一般的なGitの操作は、常に図19.21のような「コマンドリボン」で表示されている（この図には、すべてのオプションが表示されていない）。これらのコマンドは、「ステータス」で選択されているファイルを対象として実行される。ボタンをクリックする前に、選択されているファイルのリストに注意しよう！

❖図19.21　Gitコマンドのリボン

19.1.6 「ログ」表示

その他のGit操作（たとえば`git rebase`や`git reset`）の履歴は、「ログ」表示のビューに現れる。このビュー を見ておこう。

演習

メニューバーで、「表示」メニューから「ログ」または「ログ表示」を選択する。すると、メインのウィンドウペインが、図19.22に示すようなログヒストリー全体を示すビューに切り替わる。

このビューは、お馴染みの`git log`出力に相当するものだ。ここでSourceTreeは、「すべてのブランチ」を表示している。コンテキストメニューを出すと（Windowsではマウスを右クリック、Macでは2本指クリック）、図19.23に示すその他のGit操作が表示される。

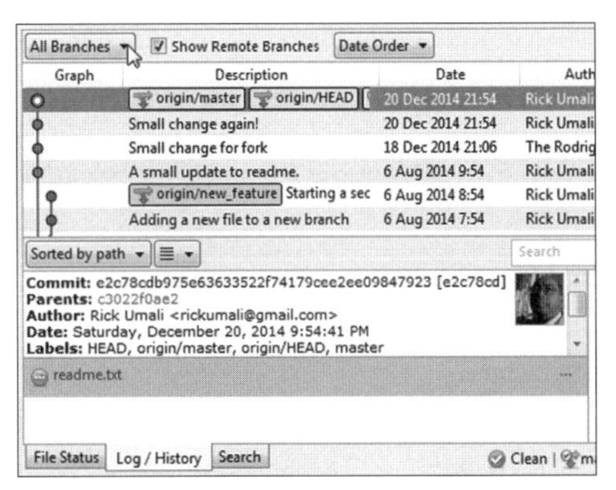

❖図19.22　ログ表示のビュー

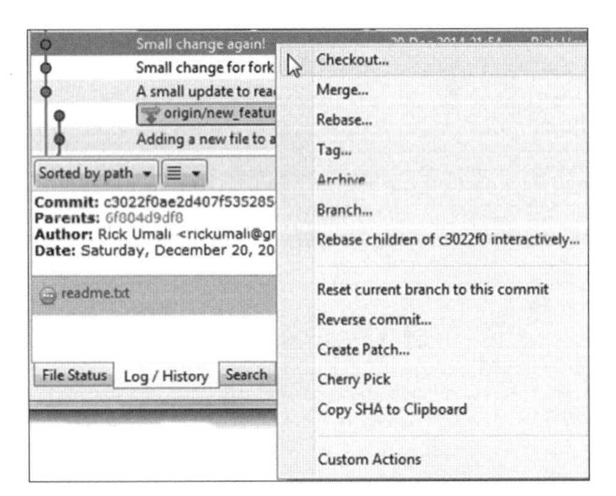

❖図19.23　「ログ表示」ビューでのコンテキストメニュー

ここでは、タグ付けや特定SHA1 IDのチェックアウトなど、様々な能力を実験できる*1。

訳注＊1：SourceTreeの操作方法などを記述している日本語の書籍には、『開発効率をUPするGit逆引き入門』（C&R研究所、2014年）、『Gitが、おもしろいほどわかる基本の使い方33』（MdN／インプレス、2015年）などがある。

19.2 GitとEclipse IDE

IDE（統合開発環境：Integrated Development Environment）にGitを組み込むのは合理的なことだ。すべての作業をIDEの中で行う開発者が実際にいるのだから、そこでGitもアクセスできると考えるのが自然だろう。

この節では、Eclipse IDEの中に統合されているGitを探究する。Eclipseは人気のあるIDEで、Windows、Mac、Linuxという3大プラットフォームの全部で実行できる。また、Java、PHP、C/C++など様々な言語を利用できるように各種のIDEが用意されている。この節では、ある特定のバージョンのEclipseを専用のディレクトリにインストールしてから、あなたのmathリポジトリを指し示す新しいプロジェクトを作る。

19.2.1 Eclipseをインストールする

Eclipseは、すべてのファイルが1個のディレクトリに入るので、インストールが容易である。

演習

ここでは、EclipseのC/C++ Development Tooling（CDT）をインストールする。どの版のEclipseでも、インストールは比較的単純明快だが、この版はGitのサポートを含んでいる。Eclipse CDTのドキュメンテーション（Documentation）は、`https://eclipse.org/cdt/`というサイトにある。

インストールの詳細はドキュメンテーションを読んでいただきたいが*2、高いレベルで言えば、そのステップは次の通り。まず、Javaの現在のバージョンをダウンロードしてインストールする（EclipseはJavaのランタイム環境を使用する）。次に、Eclipse CDTを専用のディレクトリにインストールする。このダウンロードとインストールには、かなり時間がかかるかもしれない。

いったんEclipse CDTをインストールしたら、そのアイコンをダブルクリックして実行できる。コマンドラインなら、たとえば次のように入力して起動できる。

```
cd $HOME/eclipse-cdt
./eclipse
```

これは、Eclipseのファイルを$HOMEディレクトリの下のeclipse-cdtディレクトリにインストールした場合である。なお、インストール時にワークスペース（workspace）の選択を求められても、まだmathディレクトリを指定しないでおこう（mathディレクトリはあとで明示的に指定する）。ワークスペースのディレクトリは、`$HOME/workspace`でも、他のディレクトリでもよい。

訳注＊2：訳者はEclipse Mars CDT (4.5.1)を、Ubuntu、Windows 7、Windows 10にインストールし（英語版）、一部はPleiadesプラグイン(1.6.3)を入れて日本語化した（`http://mergedoc.osdn.jp/`からダウンロード）。翻訳は、その表記に従っている。なお、Eclipse 4.5関係の日本語書籍として、掌田津耶乃著『Eclipse 4.5ではじめるJavaプログラミング入門 Eclipse 4.5 Mars対応』（秀和システム、2015年9月21日発行）を参考にしました。

19.2.2　リポジトリをEclipseに追加する

あなたのプロジェクトとリポジトリをEclipseに追加するには、2段階のプロセスが必要かもしれない。最初に、ディレクトリとファイルを新しいプロジェクトとしてインポートする。次に、Gitリポジトリを指定してプロジェクトを共用する。その2段階を、2つの「演習」で実行する。

演習

第1のステップでは、既存のmathディレクトリから新しいプロジェクトを作る。Eclipseでは、ファイルはプロジェクトに入れるのだ。Eclipseの「ファイル」(File)メニューから、「新規 > プロジェクト」(New > Project) をクリックすると、図19.24に示す「ウィザードを選択」(Select a wizard) 画面が現れる。「一般」(General) フォルダの下の「プロジェクト」(Project) をクリックする。

「次へ」(Next) をクリックする。すると、図19.25に示す「新規プロジェクト」(New Project) ダイアログボックスが現れる。ここでプロジェクト名 (Project name) と、その場所 (ロケーション) を入力する。「ロケーション」(Location) は [参照] (Browse) ボタンを使ってmathディレクトリを指定しよう。「次へ」(Next) をクリックすると、mathディレクトリが「プロジェクト・エクスプローラー」(Project Explorer：Eclipseの左側ペイン) に現れる。

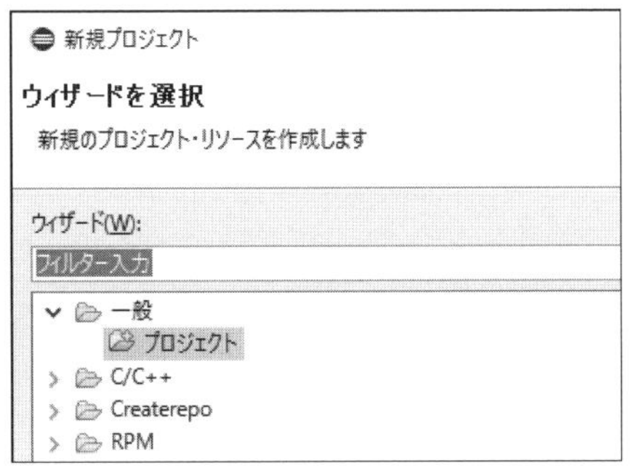

❖図19.24　Eclipseの「新規プロジェクト」で「ウィザードを選択」

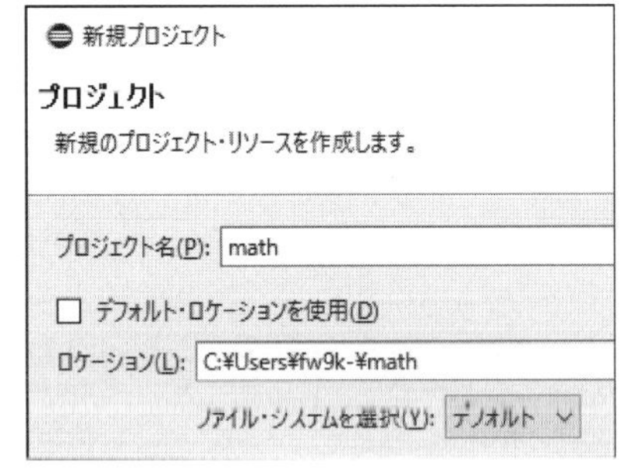

❖図19.25　プロジェクト名とロケーションを指定する

プロジェクトがEclipseに入ったことは、プロジェクト・エクスプローラーで確認できる。ただし、あなたのGitリポジトリをプロジェクトに割り当てるため、さらに、このプロジェクトを「チーム」(Team) メニューで「共用」(share) する必要があるかもしれない。それが、第2のステップだ。

演習

プロジェクト・エクスプローラーで、マウスポインタをmathプロジェクトの位置に置いて、コンテキストメニューを開き (WindowsかLinuxならマウスの右ボタンをクリック、Macなら2本指クリック)、「チーム > プロジェクトの共用」(Team > Share Project) を選択する (図19.26を参照)。

もし「チーム」(Team) から「プロジェクトの共用」(Share Project) オプションが出ずに図19.30に示す大きなメニューが出たら、第2段階は必要ない。あなたのプロジェクトが図19.29のように表示されることを確認してから、その次の項 (19.2.3) に進もう。

Share Projectダイアログボックスでバージョン管理システムの選択画面が出たら、Gitを選ぶ (図19.27)。Eclipseのアーキテクチャでは、Eclipseプラグインとして実装されインストールされている限り、別のバージョン管理システムも使えるのだ。

「Gitリポジトリーの構成」(Configure Git Repository) ダイアログボックスでは、新規プロジェクトに対して、適切な.gitディレクトリの場所を指定する。mathディレクトリの中にある.gitディレクトリを選択しよう。

図19.28の画面では、2つの.gitディレクトリが表示されている。片方は、mathディレクトリそのもの (.) だが、もう片方は、その親 (..) で、そこにもやはり.gitディレクトリがあるのだ。mathディレクトリ内にあるものを選択しよう。

この時点で、プロジェクト・エクスプローラー内のmathプロジェクトには、「mathリポジトリと、そのmasterブランチ」を示す[math master] インジケータがついているだろう (図19.29に、その様子を示す。ただしチェックアウトしているブランチによって表示は異なる)。

❖図19.26　Eclipseでプロジェクトを共用する

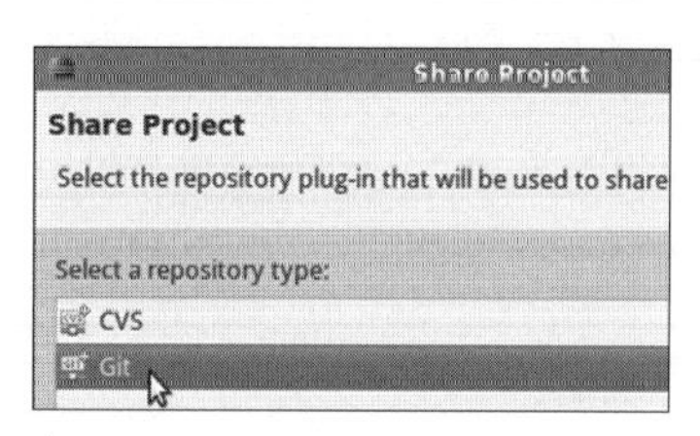

❖図19.27　Eclipseでプロジェクトをシェア (共用) する方法を選択する

❖図19.28　リポジトリのディレクトリを選ぶ

❖図19.29　mathプロジェクトに、Gitリポジトリとの関係を示すインジケータがある

19.2.3　ファイルのステージングとコミット

リポジトリをプロジェクトに割り当てたあとは、Gitの通常の操作を実行できる。

演習

これからファイルを1つ変更してコミットを実行する。変更はmasterブランチで行うから、Eclipse内でのブランチ切り替え（チェックアウト）をやっておこう。マウスポインタをmathプロジェクトの上に置いて、コンテキストメニューを開く（WindowsかLinuxならマウスの右ボタンをクリック、Macなら2本指クリック）。このとき「チーム」（Team）から（図19.26と比べて）ずっと多くのメニュー項目が現れる（図19.30）。

❖図19.30
プロジェクトにリポジトリを割り当てたあとのコンテキストメニュー

図19.30に示したメニューで「チーム > ヒストリーに表示」（Team > Show in History）をクリックすると、「ヒストリー」（History）ビューが現れる。このビューは、「ヒストリー」（History）タブによって切り替え可能になる。

その「ヒストリー」ビューで、[master] ブランチのログエントリメッセージ（一番上の行）をクリックする。そして、ヒストリービューのコンテキストメニューを出し（WindowsかLinuxならマウスの右ボタンをクリック、Macなら2本指クリック）、図19.31に示すように「チェックアウト」（Checkout）を選択する。Eclipseでは、この方法でGitブランチを切り替える。

ちなみに、ヒストリービューで [master] ブランチが見えないときは、ビュー上辺の右端にある「すべてのブランチおよびタグを表示」（Show All Branches and Tags）ボタンを押してONにする必要があるかもしれない。図19.31では、このトグルボタンで囲んでマークしている。

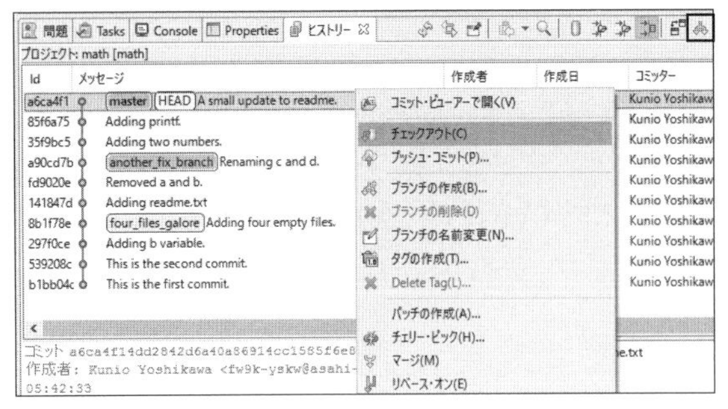

❖図19.31
ヒストリービューの
コンテキストメニュー

これで、プロジェクト・エクスプローラーのmathプロジェクトの表示には［math master］というインジケータがつくはずだ。これはmasterブランチをチェックアウトしたことを示している（図19.32の左側にそれが見える）。次に、［another_rename］という名前のファイルをダブルクリックしよう。すると、図19.32の右側に示すようなエディタウィンドウでファイルが開かれる（タブにファイル名が書かれている）。

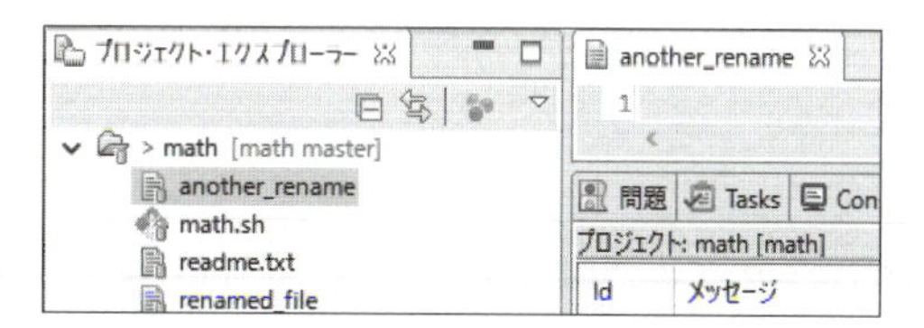

❖図19.32　Eclipseのエディタ（another_renameというファイル名がタブに入る）

このエディタで何かテキストを入力しよう。プロジェクト・エクスプローラーでは、保管（save）する必要のあるファイルを示すマークがファイル名の左に付くことに注目しよう。「ファイル > 保管」（File > Save）で、このファイルを保存する。

Gitは、いま保存したファイルを、コミットする必要が発生することを知っている。それは、`git add`と`git commit`という、あの2段階のプロセスだ。ファイルをステージングエリア（索引：index）に追加するには、`another_rename`というファイル名からコンテキストメニューを出し、その「チーム」（Team）メニューで「索引に追加」（Add to Index）という項目を選択する（図19.33）。

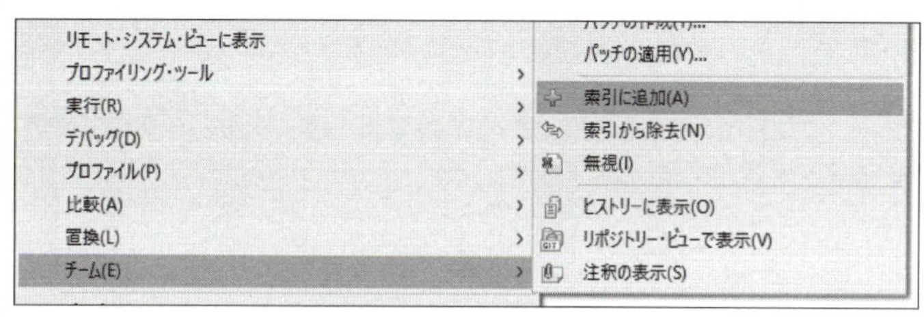

❖図19.33　Eclipse IDEで、索引（index）に追加する

プロジェクト・エクスプローラーのウィンドウは、another_renameのファイル名の左に印を付けて、このファイルがステージングエリアに入っていることを示す（図19.34）。

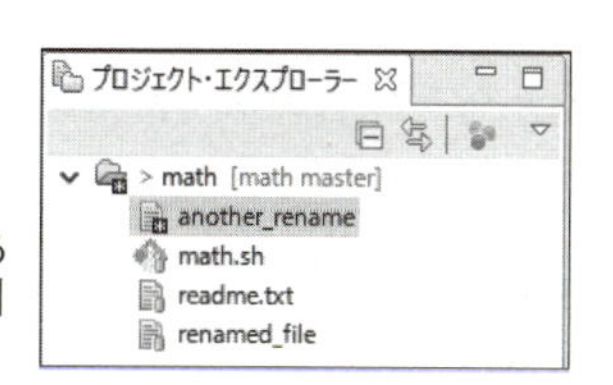

❖図19.34　another_renameの左にあるアイコンに*が付くと、索引（index）に入っている

図19.33と同じコンテキストメニューから、今度は「チーム > コミット」（Team > Commit）を選択する。これによって、図19.35に示す「変更をコミット」（Commit Changes）ダイアログボックスが開く。

このダイアログボックスでは、コミットメッセージを記入する必要がある。また、コミットするファイルも選択しなければいけないから、another_renameというファイル名の左にあるチェックボックスにチェックが入っていることを確認しよう。もし、.projectというファイル名があったら、それはチェックしないでおく。「コミット」（Commit）ボタンをクリックして、変更をリポジトリにコミットしよう。

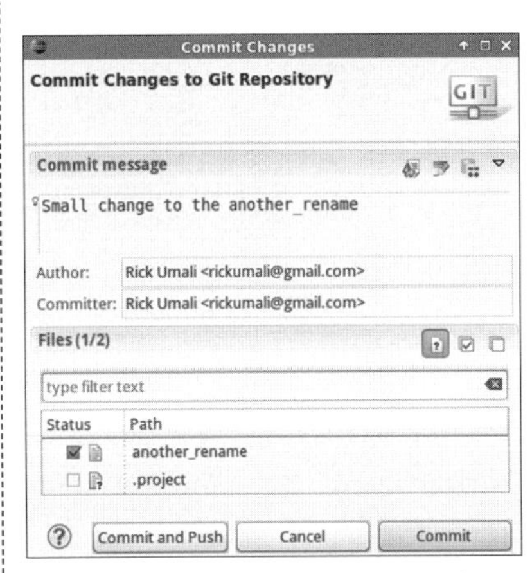

❖図19.35　Eclipseで「変更をコミット」するダイアログボックス

19.2.4 「ヒストリー」ビュー

これで変更がリポジトリに入ったから、そのコミットが「ヒストリー」ビューでどう見えるか調べよう。このビューは、git logコマンドと等価なものだ。

演習

プロジェクト・エクスプローラーでmathプロジェクトにマウスポインタを置き、コンテキストメニューを開く（WindowsかLinuxならマウスの右ボタンをクリック、Macなら2本指クリック）。そのコンテキストメニューから「チーム > ヒストリーに表示」（Team > Show in History）を選択すると、あなたのプロジェクトのコミットログがEclipseの「ヒストリー」（History）タブに現れる（図19.36）。

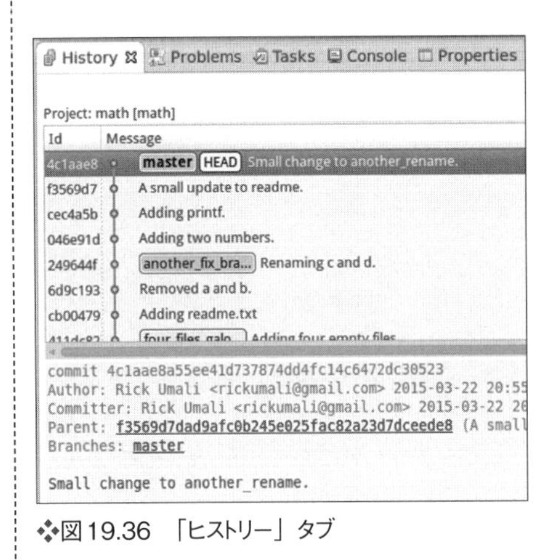

❖図19.36　「ヒストリー」タブ

「ヒストリー」タブのコミット・メッセージをどれかクリックして、コンテキストメニューから「コミット・ビューアーで開く」(Open in Commit Viewer) を選択すると、コミット情報を表示するダイアログボックスが開く。このダイアログボックスには、コミットメッセージを見る「コミット」(Commit) タブと現在のバージョンと親との差分を見る「相違」(Diff) タブの2つのタブがある (図19.37と、図19.38を参照)。この2つは、第2のコミット (メッセージは"A small update to readme."、SHA1 ID は f3569d7d) を選択したときのスクリーンである。

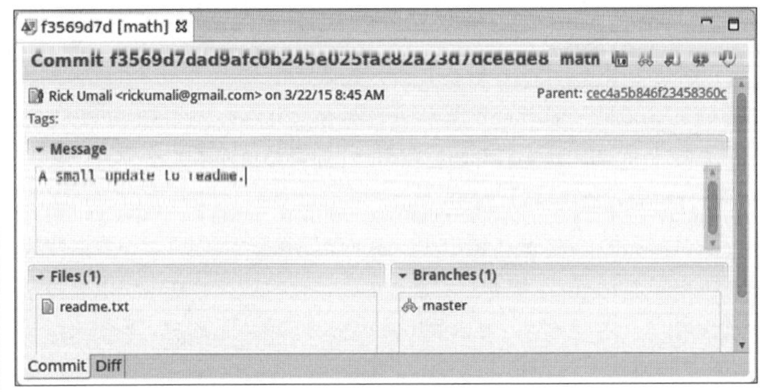

❖図19.37 「コミット」タブでメッセージを見る

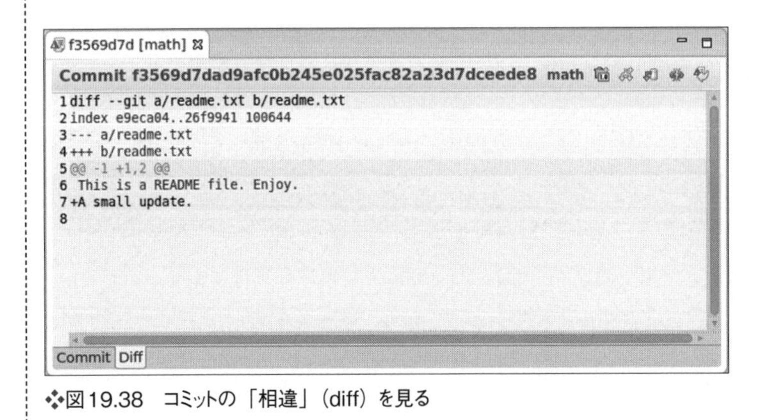

❖図19.38 コミットの「相違」(diff) を見る

もしあなたの職場でEclipseが標準ならば、GitとEclipse IDEを使うのはまったく有意義なことだ。もし別のEclipseを使っているのなら、あなたのEclipseにGitをプラグインで追加できる。この節でダウンロードした版のEclipseは、そのGitプラグインが既に組み込まれていたのだ。それ以外の版のEclipseを使っているのなら、「EGit plugin」のインストール方法を探究しよう (正式な名前はTeam Providerだ)。同様なプラグインが、IntelliJ IDEA用にも存在する。

19.3 その他のサードパーティ製ツール

Git用のサードパーティ製ツールは、まだ他にもたくさんある。その最新リストは、「GUI Clients」のページ`http://git-scm.com/downloads/guis`にある。

SourceTreeとEclipseは、この章の最初に述べた通り一般的な選択肢である。EclipseよりもSourceTreeのほうがGit GUIやgitkの使い勝手に近いので、とっつきやすい印象があるかもしれない。反対にEclipseはとにかく統合開発環境（IDE）であることが重要だ。

あなたの環境やワークフローによっては、別の選択肢が必要かもしれない。MicrosoftのVisual Studio 2013は、Windows用のクラウドをベースとした開発環境でGitをサポートしている。そしてGitHubはWindowsとMacの両方にツールを提供している。

新しいGitツールを学習するときは、そのUIに慣れ親しみ、個々の操作をGitのコマンドに関連付ける必要がある。SourceTreeやEclipse内のGitを探究したときのように、既存のリポジトリの中で単純なコミットを行うことから始めよう。それから、リポジトリのヒストリー（履歴）を調べる。そこから少しずつ複雑な操作へと進んでいけばよい。

最後に、たとえサードパーティ製ツールを選んだあとでも、標準のコマンドラインツールを使い続けることは可能だ。GUIは、コマンドラインと比べてログの表示やファイルの差分を見るのに便利だが、たとえば`git add`や`git commit`などのコマンドをそのまま使い続けることができる。

19.4 課題

この課題では、SourceTreeと、（Gitプラグインを持つ）Eclipseでの探究を続けよう。

1. SourceTreeでリポジトリを新規に作成し、それにファイルを追加してみよう。
2. SourceTreeまたはEclipseで、mathリポジトリのブランチ切り替えをやってみよう。別のブランチに入ったことをコマンドラインで確認しよう（mathディレクトリで`git branch`の出力を見ること）。SourceTreeまたはEclipseと同時に、Gitのネイティブなツールも使えると知っておくことが重要だ。
3. SourceTreeには、第17章で学んだgit-flowのサポートが組み込まれている。それを試すために、コマンドリボンのGit Flowアイコンをクリックする。このとき、「Git Flow用にリポジトリを初期化」というダイアログボックスで、ブランチ名と接頭辞（prefix）を入力する。すると選択したリポジトリが、git-flowを使うように変換される。変換が終わったら、またGit Flowアイコンをクリックする。こんどは、「新規フィーチャーを開始」、「新規リリースを開始」、「新規ホットフィックスを開始」といった選択肢から「次のFlow操作を選ぶ」ダイアログボックスが現れる。これらの選択肢で17.3節「git-flow」の復習をしよう。

Gitを研ぎすませる

この章の内容

とうとう最後になったが、この章で学ぶのはgit configコマンドである。その主な利点は、Gitのコマンド群（および、これまでに学んだツール）をカスタマイズできることだ。これまでも、なにか特定の構成（configuration）を設定あるいは調査するためにgit configコマンドを使ってきた。たとえば第3章ではコミットに使う電子メールアドレスを設定した。9章では別名（alias）を作るのに、13章ではgit pushの振る舞いを決めるのにgit configを使った。この章では、その他のGitコマンドを、あなたの使い勝手に合わせて変更する方法に重点を置こう。

Gitは工具（tool）だ。あなたのGitを研ぎすませるのは、工具の刃を研ぎすませておくのと同じく良い習慣である。工具の切れ味が良ければ、いざというときにすぐに使うことができる。ただしGitのようなコンピュータツールの切れ味はツールを使う人の知識と能力に依存する。

20.1 git configコマンドの紹介

git configは、Gitの高度な技術を使う鍵となるコマンドだ。このコマンドによって別名（alias）を作り、ある種のGitコマンドの振る舞いを変更し、能力を拡張することが可能になる。非常に多くのGit機能が、Gitの「構成変数」（configuration variables）によって制御されている。それらの変数を操作するのがgit configコマンドなのだから、それらの変数がどういうもので、どこに保存され、どうすれば変更できるのかを理解することが重要だ。

20

20.1.1 Gitの構成変数を使う

Gitの振る舞いは、Gitの構成変数によって制御される。一部の設定は装飾的なものだが（たとえばgit logコマンドでブランチを表示する色など）、コマンドの動作を制御する設定もある（たとえば第13章で見たpush.defaultなど）。他に、どのような構成変数があるのか、Gitのヘルプを使って調べよう[*1]。

訳注＊1：たとえば『Pro Git』2nd Editionの日本語版（https://git-scm.com/book/ja/v2）、「8 Gitのカスタマイズ」にも、具体的な解説がある。

演習

コマンドラインで、次のようにタイプする。

```
git config --help
```

あるいは、ブラウザで次のURLを訪問する。

https://git-htmldocs.googlecode.com/git/git-config.html

装飾的なものから動作を決定するものまで、広範囲な変数のリストが出る。他にもGit構成変数があって、それらは個々のGitコマンドのドキュメントで記述されていることに注意しよう。設定を変更する前に、まずはGit構成の優先順位を理解しておく必要がある。

20.1.2 Git構成の優先順位を理解する

Gitの構成には、local、global、systemの3段階がある。localレベルで設定される構成が最も高い優先順位を持つ。その次がglobal、その次がsystemだ。Gitの構成において、localは現在のリポジトリを意味する（リポジトリ固有の構成）。globalはあなたが制御する全リポジトリに対するグローバルなアクセスを意味する（ユーザー固有の構成）。そしてsystemは、「サーバ全体の構成」という意味だ。

図20.1を見よう。あるサーバ（外側の枠）の中に、2人のユーザー（maryとbob）がいる。

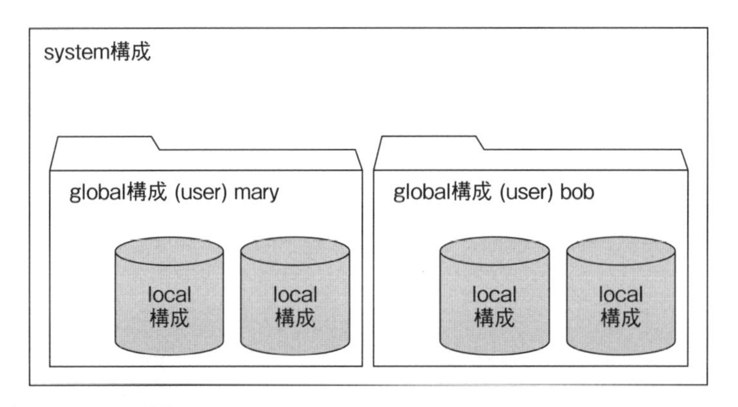

❖図20.1　Git構成のレベル

図20.1に示すように、どのユーザーも（maryもbobも）それぞれ独自のglobal設定を持つ。このレベルの設定は、どれもそれぞれが所有する2つのリポジトリに対してグローバルに適用される。つまり、global設定はユーザー設定に等しいのだが、globalという用語がGitの最初の実装から使われている。

では、これらの設定をもっと詳しく見ていこう。

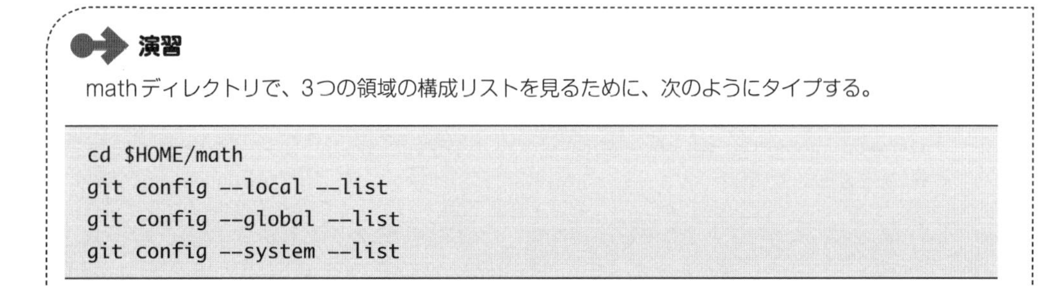

演習

mathディレクトリで、3つの領域の構成リストを見るために、次のようにタイプする。

```
cd $HOME/math
git config --local --list
git config --global --list
git config --system --list
```

これによって、少なくとも2つのgit configコマンドから出力を得られるだろう（system構成は、空であることが多い)。私のコンピュータでは、次のリストに示すようなセッションになった。

▶リスト20.1　git config --listコマンドの出力

```
> git config --local --list
core.repositoryformatversion=0
core.filemode=true
core.bare=false
core.logallrefupdates=true
core.ignorecase=true
core.precomposeunicode=true
> git config --global --list
user.name=Rick Umali
user.email=rumali@firstfuel.com
core.excludesfile=/Users/rumali/.gitignore_global
core.editor=vim
alias.lol=log --graph --oneline --all --decorate --simplify-by-decoration
color.ui=auto
color.diff=true
push.default=simple
gui.recentrepo=/Users/rumali/git-test
> git config --system --list
fatal: unable to read config file '/usr/local/etc/gitconfig': No such ⏎
file or directory
```

もしあなたの出力が、リスト20.1と違っていても心配することはない。ただし、自分の名前と電子メールアドレス（user.nameとuser.email）がglobal構成に設定されていることは、確認しておこう。また、mathリポジトリの状態に依存するブランチの構成があるかもしれない。

リスト20.1に見られるエラー（git config --system --listコマンドで、configファイルをreadできない）は典型的なもので、サーバレベルの構成が存在しないことを意味する。これらはシステム管理者によって構成されるのが典型的だが、あなたのシステムでそれが行われていなくても驚くことはないのだ*2。

本書を読みながら作ってきた他のリポジトリで、local構成を調べてみよう。次のリストで示すのは、私のmath.githubリポジトリ（最初は第12章で作った）でgit config --local --listを実行した結果だ。

訳注＊2：訳者の場合、独自のGitを持つMac OS X 10.11に、git 2.6.2をあとからインストールした環境で、かなり多くのsystem構成があった。他のGitを導入していないWindowsとUbuntuの環境では、system構成が空だった。

▶リスト20.2 git config --local --listの出力例

```
core.repositoryformatversion=0
core.filemode=true
core.bare=false
core.logallrefupdates=true
core.ignorecase=true
core.precomposeunicode=true
remote.origin.url=https://github.com/rickumali/math.git
remote.origin.fetch=+refs/heads/*:refs/remotes/origin/*
branch.master.remote=origin
branch.master.merge=refs/heads/master
```

それぞれの構成は、<名前>=<値>の形式で指定される。<名前>は、たとえば`user.name=Rick Umali`の`user.name`のように、1個のドット（.）で区切るのが典型的だ。この場合、ドットよりも前の文字列を「セクション」（section）と呼び、ドットのあとの文字列を「キー」（key）と呼ぶ。だから、`user.name`という名前の場合、`user`がセクションで`name`がキーである（図20.2を参照）。

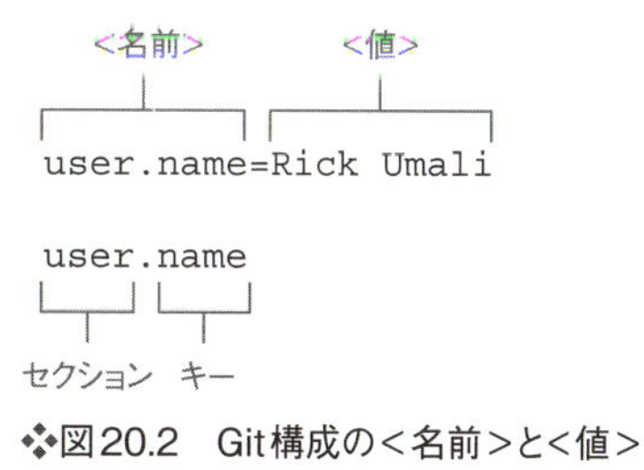

❖図20.2 Git構成の<名前>と<値>

<名前>にドットが2つある場合（たとえばリスト20.2の`remote.origin.url`）、セクションとキーを分割するのは第2のドットだ。したがって、`remote.origin.url`の場合、セクションは`remote.origin`でキーは`url`である。そして、この場合の`origin`という文字列は、「サブセクション」（subsection）とみなされる。キーは、常に最後のドットに続く文字列である（図20.3を参照）。このセクション構成は、この章で見るGit構成ファイルを理解するのに必要な知識だ。

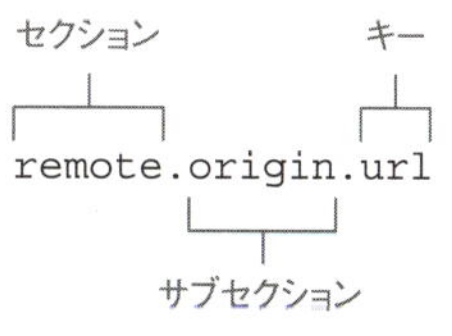

❖図20.3 サブセクションを持つGit構成

20.1.1項で見た`git config`ヘルプページは構成変数を（たとえば`core`、`color`、`diff`などの）セクションに分けて記述している。構成変数のフルネームは、セクション（およびサブセクション）とキーで構成されることを覚えておこう。

20.1.3 Gitの構成を一時的に設定する

この項では、`git log`コマンドが個々のコミットメッセージの日付とタイムスタンプを表示する方法を変更してみよう。こういうのは装飾的で、実験が最も容易な種類の構成だ。まず、この構成変数の値をGitコマンドラインの`-c`というスイッチを使って設定する。

演習

コマンドラインから、次のようにタイプする。

```
cd $HOME/math
git -c log.date=relative log -n 2
```

その出力は、次のようになるだろう。

▶リスト20.3 git -c log.date=relative log -n 2の出力

```
commit 7e8e188384ad0cd36af07f6035a1da7ac55b02cb
Author: Rick Umali <rickumali@gmail.com>
Date:   10 days ago

    Renaming c and d.

commit 2b12d3e602ea24d893b1c870d2f46f155d9dea11
Author: Rick Umali <rickumali@gmail.com>
Date:   10 days ago

    Removed a and b.
```


この出力は、相対的な日付のフォーマットを使ってDateを表示している。`git log`コマンドの振る舞いが変わったのは、このgitコマンドの`-c`スイッチを介して新しい構成を適用したからだ。`-c`スイッチは、構成を一時的に上書きするのに手軽な方法だ（図20.4を参照）。ただし、`git -c`は`git config`コマンドではない！

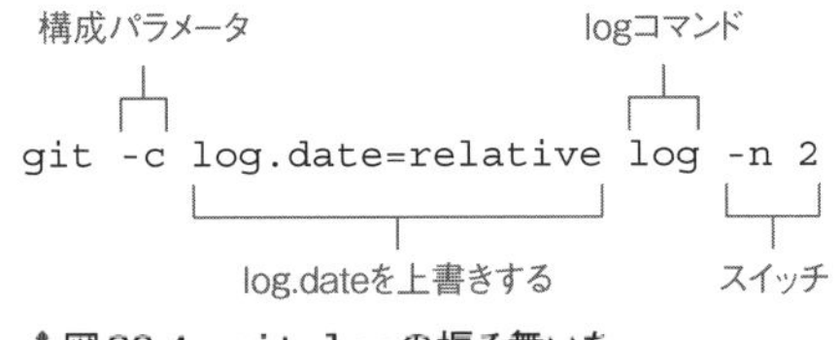

❖図20.4 git logの振る舞いを、-cスイッチ経由で変更する

この方法で構成を設定するのは、使い慣れない構成をテストするのに便利なテクニックだ。

20.1.4 Gitの構成を永続的に設定する

前項では、`log.date=relative`という構成を一時的に設定した。いま`git log`を`-c`スイッチなしで実行しても、相対的な日付のフォーマットにはならないはずだ。この構成を永続的に変更するには、`git config`コマンドで構成を設定する必要がある。それを、実行してみよう。

演習

mathリポジトリで、`log.date=relative`という構成を永続的に設定するため、次のようにタイプする。

```
git config --local log.date relative
```

このように打ち込むと、これがGitのlocal構成に保存されるので、このリポジトリをアクセスする`git log`コマンドは常に相対的な日付のフォーマットを使うことになる。次のようにタイプしよう。

```
git log -n 2
```

この出力は、リスト20.3に示したようになるはずだ。`git config`コマンドに`--local`スイッチを指定すると、その構成がローカルに保存される。別のリポジトリ（math.github）を訪問してみよう。もし$HOMEディレクトリにmath.githubがなければ、次のようにタイプすれば作成できる。

```
cd $HOME
git clone https://github.com/rickumali/math.git math.github
```

次のようにタイプする。

```
cd $HOME/math.github
git log -n 2
```

この出力は、日付をデフォルトのフォーマットで表示するはずだ。この点をよく覚えておこう。ローカルなGit構成とはリポジトリ固有の構成であり、他のリポジトリには影響を及ぼさない。

この変更をどのリポジトリにも適用したければ、`--local`スイッチの代わりに`--global`スイッチを使う。Gitで`--global`構成とは、あなたが制御するリポジトリのどれにもグローバルに適用される構成を意味する。ただし実際に行う前に、まずは同じ構成をローカルに保存し（`--local`はデフォルトなので省略できる）、テストしてからグローバルにすべきだ。

20.1.5　Gitの構成をリセットする

ある構成の設定をデフォルトの値に戻すには、`git config`コマンドの`--unset`スイッチを使える。前項では`log.date`に`relative`という値を設定した。これを元に戻してみよう。そうすれば、日付が元のフォーマットで表示される。

演習

mathリポジトリに戻り、`log.date`の永続的な構成をリセットするため、次のようにタイプする。

```
git config --local --unset log.date
```

そして、次のようにタイプする。

```
git log -n 2
```

これで日付の表示が元に戻る。

20.2 Git構成ファイル

Gitの構成（コンフィギュレーション）は、最終的にはプレーンテキストのファイルに格納される。表20.1に、それらのファイルが置かれる典型的なパスを示す。

❖表20.1　Git構成ファイルの場所

レベル	パス	注記
local	$GIT_DIR/config	ただし$GIT_DIRはリポジトリの作業ディレクトリ
global	$HOME/.gitconfig	ホームディレクトリの下にある
system	C:/Program Files (x86)/Git/etc/gitconfig (Windows) /Applications/Xcode.app/Contents/Developer/usr/etc/gitconfig (Mac) /etc/gitconfig (Unix/Linux)	Gitのインストール方法によって異なる

もしあなたが、標準の`git config`コマンドで`--local`、`--global`、`--system`スイッチを使うだけならば、これらのファイルの場所について気にする必要はない。けれども、これらの構成ファイルがどうなっているのかを調べるのには（あるいは、編集するのにも）、場所を知っておくべきだろう。

20.2.1 Git構成ファイルを編集する

Git構成ファイルの場所がわかったら、あなたの好きなエディタを使ってそれらを直接編集することができる。大量の変更を行う場合は、ファイルを編集するほうが便利かもしれない。一部のGitコマンドは構成のドキュメンテーションで構成ファイルの構文を使っているので、ファイルを編集するときのほうがドキュメントを理解しやすくなっている。この項では、コマンドラインを使って編集セッションを開始する。

演習

編集は、math.github作業ディレクトリ内で行う。次のコマンドでこのディレクトリに入り、そのローカル構成ファイルを編集する。

```
cd $HOME/math.github
git config --local   edit
```

すると構成ファイルが（たぶん）viエディタで開かれる。このエディタでは、ルーラー（ruler）とも呼ばれる最下段にファイル名を表示するよう設定されているだろう（図20.5を参照）。

なにも保存せずにviエディタを終了するには、次のようにタイプする（GNU nanoでは［Ctrl-X］)。

```
:q!
```

変更を加えたかどうか自信がなく、編集した内容を保存したくないときは、こうするのが良い。

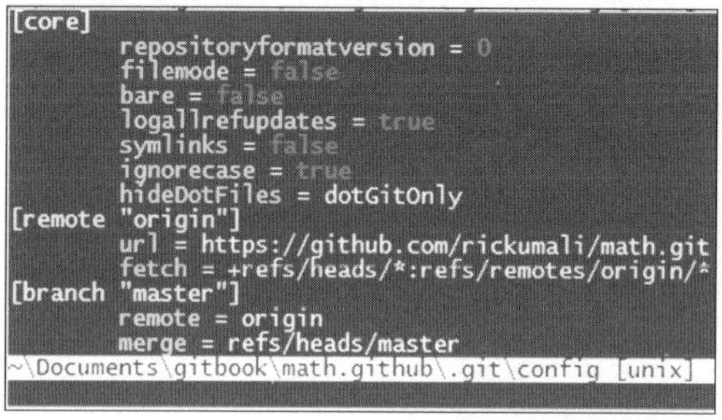

```
[core]
        repositoryformatversion = 0
        filemode = false
        bare = false
        logallrefupdates = true
        symlinks = false
        ignorecase = true
        hideDotFiles = dotGitOnly
[remote "origin"]
        url = https://github.com/rickumali/math.git
        fetch = +refs/heads/*:refs/remotes/origin/*
[branch "master"]
        remote = origin
        merge = refs/heads/master
~\Documents\gitbook\math.github\.git\config [unix]
```

❖図20.5　git config --editでローカル構成ファイルを見る

20.2.2　Git構成ファイルの構文

Gitの構成ファイルには特有の構文（syntax）がある。セクションは角カッコ（ブランケット）で囲む（たとえば[core]など）。名前にサブセクションがあるときは、二重引用符で囲む（たとえば[remote "origin"]など）。そして、キーと値は、対応するセクションの下にインデント（indent：字下げ）して置かれる。この文法はコメントもサポートしていて、次に示すリストにあるように、ハッシュ記号（#）またはセミコロン（;）に続く文字列はコメントとされる*3。

訳注＊3：詳しくは、濱野純著『入門Git』の「12.2. 構成ファイルの文法」を参照。

▶リスト20.4　Git構成ファイルのコメント

```
#
# Comments
#
```

```
; User identity
[user]
	; personal detail
	name = "Rick Umali"
	email = "rickumali@gmail.com"
```

演習

ローカル以外の構成も調べてみよう。同じくmath.githubディレクトリから、次のようにタイプする。

```
git config --global --edit
```

私のWindowsマシンでは図20.6が出た。

```
[user]
	name = Rick Umali
	email = rickumali@gmail.com
[push]
	default = simple
[gui]
	recentrepo = C:/Users/Rick/Documents/gitbook
[help]
	autocorrect = -1
[core]
	autocrlf = true
	excludesfile = C:\\Users\\Rick\\Documents\\gitignore
~\.gitconfig [unix] (19:15 13/01/2015)
```

❖図20.6　グローバル構成ファイルを`git config --edit --global`で調べる

viエディタを終了するには、次のようにタイプする（GNU nanoでは［Ctrl-X］）。

```
:q!
```

最後にシステム構成を見よう。あなたのマシンに、Gitのシステム構成ファイルが存在しないと、これはエラーになるかもしれない。次のようにタイプする。

```
git config --system --edit
```

私のWindowsマシンでは図20.7が出た。ただし、他のマシンではシステム構成ファイルが存在せずエラーになった。あなたのマシンの振る舞いは違うかもしれない*4。

訳注＊4：Mac OS X 10.11（El Capitan）にgit 2.6.2を追加インストールした訳者の環境では、/usr/local/git/etc/gitconfigがシステム構成ファイル。Ubuntuでは、"Error writing lock file /etc/.gitconfig.swp: 許可がありません"というエラー。

```
[core]
        symlinks = false
        autocrlf = true
[color]
        diff = auto
        status = auto
        branch = auto
        interactive = true
[pack]
        packSizeLimit = 2g
[help]
        format = html
[http]
        sslCAinfo = /bin/curl-ca-bundle.crt
[sendemail]
        smtpserver = /bin/msmtp.exe

[diff "astextplain"]
        textconv = astextplain
C:\Program Files (x86)\Git\etc\gitconfig [unix]
```

❖図20.7 git config --edit --systemでシステム構成ファイルを見る（Windowsの例）

明らかに大量の構成が存在するようだが、これらはgit configのヘルプファイルで調査できる。私のUbuntuマシンでは、図20.8に示すようにコマンドが開こうとしたファイルが空だった[*5]。

エディタのバーを見ると、[New File] となっている。必ず書き換えずに終了しよう。viでは、次のようにタイプする（GNU nanoでは［Ctrl-X]）。

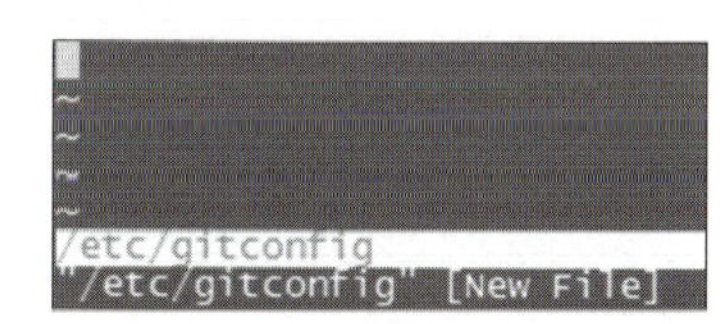

❖図20.8 空のGitシステム構成ファイル（Ubuntuの例）

```
:q!
```

訳注＊5：訳者の場合、Windowsマシンでも、図20.8のような結果になった。Gitをどのようにインストールしたかによって異なるだろう。

グローバル構成やシステム構成のファイルは編集しないでおこう。その代わり、もうひとつ大きな変更を試みる。それは、Gitのデフォルトエディタを設定する方法だ。

20.3 Gitのデフォルトエディタを設定する

この本では、いままでGitに設定されているデフォルトのエディタを使ってきた。けれども、git configを学んだ今なら、特定のリポジトリについて（あるいはグローバルに、あるいはシステム全体で）デフォルトエディタ設定を上書きすることができる。それには、core.editor構成を設定すればよい。

core.editor構成の値はエディタの名前である。これは、既にPATHに入っているものを使うのが典型的だ。つまり、その名前をタイプすればすぐに起動されるエディタである。core.editorに設定した値は、次のリストに示すようにコマンドラインで置換することができる。

▶リスト20.5 ファイルの編集にcore.editorを使う例

```
$(core.editor) temp_file
```

このリストではtemp_fileが対象のファイルだが、通常の用途ではコミットメッセージを含むファイルかGit構成ファイルになるだろう。一般に、Gitがあなたに何か編集してもらおうというときは、編集すべきもののテンプレートを含む一時的なファイルを作成し、その一時的なファイルに対してエディタを呼び出すが、そのエディタをcore.editorで指定できるのだ。

演習

次のようにタイプする。

```
cd $HOME/math
git -c core.editor=echo config --local --edit
```

もし何も問題なければ、次のリストに示すように、パスが画面に表示されるだろう。

▶リスト20.6　手の込んだgit configコマンドの出力

```
c:/Users/Rick/Documents/gitbook/math/.git/config
```

いったい何が起きたのだろうか？ このコマンドを分解して図20.9に示す。

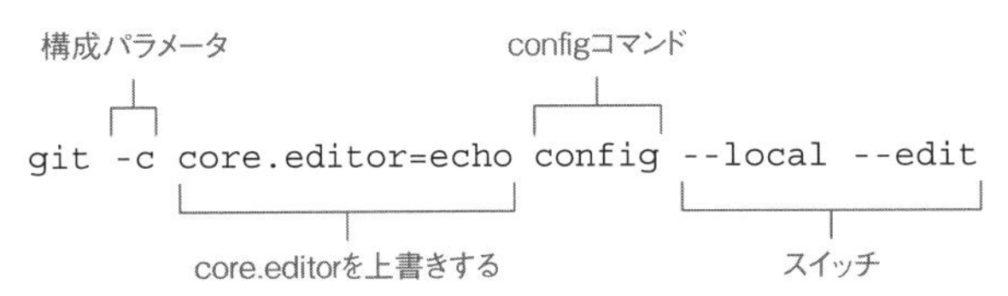

❖図20.9　core.editorをgit configコマンドで置き換える

ここでは、-cスイッチとそのスイッチへの引数core.editor=echoを使っている。このようにGitで-cスイッチを使うと、core.editorがコマンドラインで供給された値で置き換えられるのだ。そして、このgit configコマンドでは、指定された構成ファイルの名前がcore.editorに渡される。そして、core.editorにはechoコマンドを設定したから、このgit configコマンドはそのファイル名をプリントしたというわけだ。

演習

あなたのコンピュータでの構成ファイルの場所を覚えるために次のようにタイプする。

```
git -c core.editor=echo config --global --edit
git -c core.editor=echo config --system --edit
```

これで、あなたのcore.editorを設定するのに必要な情報はすべて揃った。これから2つの例を挙げる。ひとつはWindowsユーザー用で、Notepad++のインストールを行う。もうひとつはMac/Linuxユーザー用でnanoを使う。どちらも、あなたのローカルリポジトリのためにcore.editorを設定するものだ。

演習（Windows）

あなたのマシンがWindowsなら、次のURLからNotepad++をインストールできる。

https://notepad-plus-plus.org/ *6

exeファイルが手に入ったら、正しく実行できることを確認しよう。次にエディタで（もちろんNotepad++でもよい）コマンドラインの初期化ファイルを編集する。これは$HOMEディレクトリの下の、.bash_profileか、.bashrcのどちらでもよい。初期化ファイルのすべての行が、Git BASHを起動するたびに実行される。ファイルの末尾に次のような行を追加しよう（実際にエディタがインストールされた場所を指定する）。

```
PATH="$PATH:/c/Program Files/Notepad++"
```

このファイルを保存する。この行は、Notepad++のディレクトリを既存のPATHの末尾に追加する。これが標準のテクニックだ。この変更を生かすために、いったんGit BASHを終了（exit）して再起動しよう。そして、次のようにタイプする。

```
which notepad++
```

次のリストに示すような出力が得られるはずだ。

▶リスト20.7　which notepad++の出力

```
/c/Program Files/Notepad++/notepad++
```

では、このエディタを-cスイッチで、試しに使ってみよう。

```
cd $HOME/math.github
git -c core.editor=notepad++ config --local --edit
```

すると、エディタのウィンドウが現れ（これはGUIだ）、ローカルリポジトリの構成ファイルが表示される（図20.10）。

訳注＊6：Notepad++は、Windowsで実行できるGPLライセンスのソースコードエディタ。訳者はWindows 10マシンにv6.8.8をインストールした。インストーラは日本語化されていて、LocalizationでJapaneseを選択できた。詳しくはウィキペディアの項目「Notepad++」を参照。

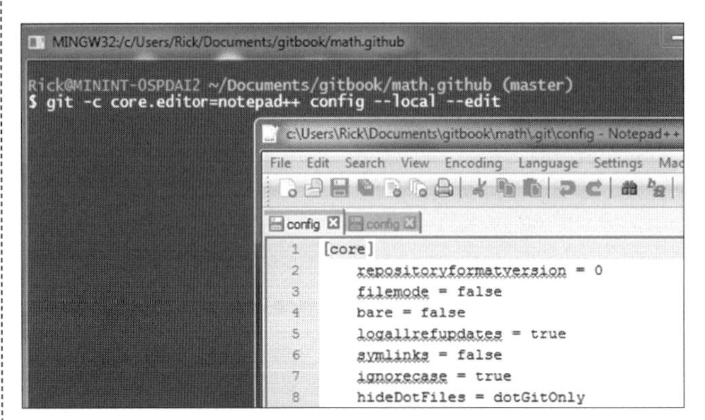

❖図20.10 git configのエディタとしてNotepad++を使う

いったんエディタを終了する（「ファイル」メニューから「終了」を選択）。こんどは、次のようにタイプして、これをカレントディレクトリの永続的な設定とする。

```
git config --local core.editor notepad++
```

次に、このリポジトリに入って、core.editorを必要とする編集を行うとき、Gitはviの代わりにNotepad++を使うはずだ。

もし、これまでの処理で困難があったら、core.editorの構成に完全なパスの値を入れるという方法もある。そうすれば、初期化ファイルを設定する必要がない（構成値からNotepad++の完全なパスが読み出されるから）。このような構成に関する問題については、インターネットにリソースがある。本書Webサイトのフォーラムも見ていただきたい。

演習（MacとUnix/Linux）

MacやUnix/Linuxマシンで、core.editorをviからnanoに変えてみよう[*7]。nanoは、viに似たテキストエディタだが、こちらのほうが少し学ぶのが容易かもしれない。

重要な前提は、nanoがパスに入っていることだ。次のようにタイプして確認しよう。

```
nano
```

これによって、図20.11に示すようなエディタウィンドウが現れるはずである。ウィンドウの下部にこのエディタの操作方法が表示される（^はCtrlキーを意味する）。

訳注＊7：訳者のUbuntu 15.10マシンでは、Gitのデフォルトエディタが（日本語表示の）nanoになった。また、MacBookAir (OS X 10.11)では、インストールしたGitのデフォルトエディタがviになったので本書の記述通りにnanoを使えることを確認した。

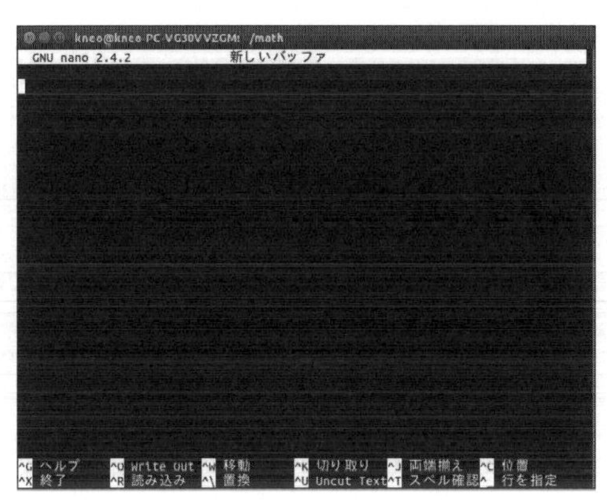

❖図20.11　nanoエディタ

終了するにはCtrl-Xを押す。では、`-c`スイッチを使ってエディタを一時的に設定しよう。

```
cd $HOME/math.github
git -c core.editor=nano config --local --edit
```

20.1.3項で説明したように、Gitのコマンドラインスイッチである`-c`を`git config`コマンドに使っている。これによって図20.12のような画面が出るはずだ。

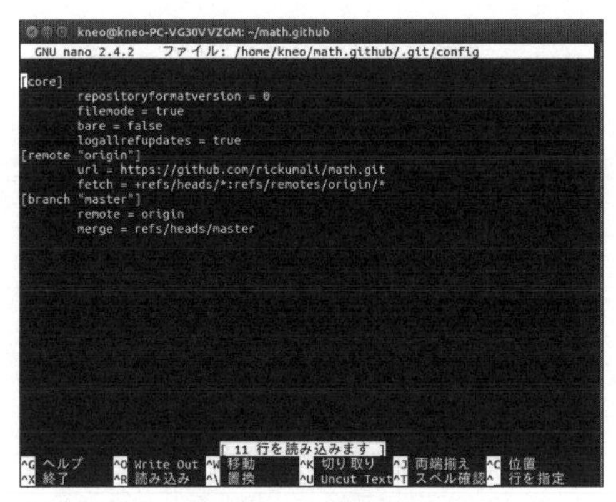

❖図20.12　nanoでファイルを編集する

また、Ctrl-Xを押してエディタを終了しよう。

次に、カレントリポジトリでnanoをデフォルトエディタにするため、次のようにタイプする。

```
git config --local core.editor nano
```

次に、このリポジトリで、`core.editor`を必要とする編集処理を行うときには、viではなくnanoが使われるだろう。

20.4 無視すべきファイルの設定

もうひとつ、一般的な構成として、Gitが無視すべきファイルを並べたリストがある。あなたの作業ディレクトリに生成されやすいもの（たとえばオブジェクトファイルや、スクリプトからの出力など）で、リポジトリには入れたくないファイルがあるだろう。それらを除外するためには、Gitの「無視設定」（gitignore）を操作する必要がある。

前の章で、Atlassian SourceTreeをインストールしたとき、「グローバル無視設定ファイル」に関するプロンプトに気がついたと思う（図20.13）。

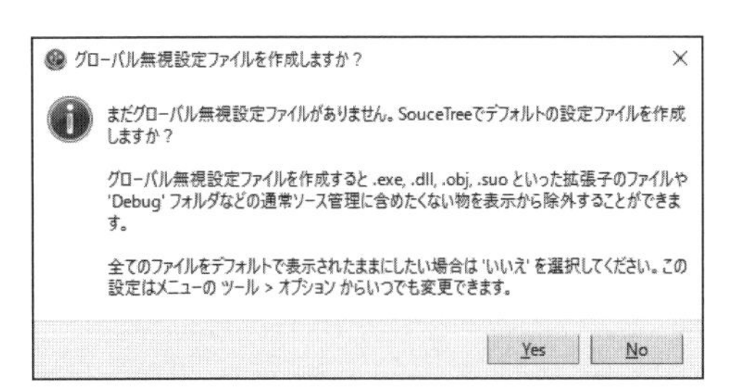

❖図20.13　SourceTreeのインストール時に出る「グローバル無視設定ファイルを作成しますか?」

これは、core.excludesfileという構成設定に該当する。これによって、ソース管理から除外したいファイルのリストを含むファイルの名前を指定するのだ（これは、ソースファイルをオブジェクトファイルにコンパイルする言語を使うプロジェクトでは一般的な要件だ。通常は、オブジェクトファイルまでバージョン管理に入れたくないだろう）。

演習

まず、core.excludesfileの説明を読むために、git configのヘルプページを見よう。

```
git config --help
```

このヘルプページでcore.excludesfileのエントリを見ると（ブラウザの検索機能を使おう）、core.excludesfileの値はデフォルトで使われる.gitignoreファイルや.git/info/excludeファイルに加えて、このファイルの無視設定が使われるということがわかる。

では、mathリポジトリから次のようにタイプして、この構成の値を取得しよう。

```
git config core.excludesfile
```

このコマンドは、ファイル名をひとつ返すか、あるいは何も返さないかのどちらかだ。何も出力されなくても心配することはない。この先を読んで何を設定したいか考えてみよう。もし、いまのコマンドがファイル名を返したら、次のようにタイプすればそのファイルの内容を表示できる。

```
cat `git config core.excludesfile`
```

このコマンドラインテクニックは、バッククォート（`）で囲まれたコマンドを介してファイル名を取り出し、そのファイルの内容を表示する。この1行のコマンドをWindowsで使うと、次のリストに示すような内容が現れるかもしれない。

▶リスト20.8　core.excludesfileの内容（Windowsで）

```
#ignore thumbnails created by windows
Thumbs.db
#Ignore files build by Visual Studio
*.obj
*.exe
*.pdb
*.user
*.aps
*.pch
*.vspscc
*_i.c
*_p.c
*.ncb
*.suo
*.tlb
*.tlh
*.bak
*.cache
*.ilk
*.log
*.dll
*.lib
*.sbr
```

これらの行は、Gitが無視するファイルを指定するパターンだ。これについては、gitignoreのヘルプページを参考にしていただきたい。

```
git help gitignore
```

上記のコマンドで表示されるgitignoreヘルプページは、関係する設定ファイルの優先順位について詳細なガイドを示してくれる。だから、ここでは.gitignoreが提供する機能に焦点を絞ろう。次の「演習」では、あなたのmathリポジトリに簡単な.gitignoreファイルを作り、それにあなたのリポジトリで無視したいファイルのパターンを入れる[*8]。

訳注＊8：日本語による説明は、濱野純著『入門Git』の「Chapter 11 ゴミファイルの無視」が詳しい。gitignore 機構の優先順位は、1: コマンドラインで指定したパターン。2：作業ディレクトリ（または親）にある`.gitignore`ファイルから読んだパターン。3: `$GIT_DIR/info/exclude`から読んだパターン。4: 構成変数`core.excludesFile`で指定されたファイルから読んだパターン。

演習

mathディレクトリに入り、`.obj`の拡張子を持つ空のファイルを作る。このファイルがあなたのリポジトリに入れたくないオブジェクトファイルだということにする。

```
cd $HOME/math
touch file.obj
git status
```

`git status`の出力を見ると、file.objという新しいファイルが存在するという通知があるかもしれない（上記のgitignore機構で無視されていなければ）。その場合、Gitに無視させるため、このディレクトリに`.gitignore`ファイルを作る。次のようにタイプしよう（`.gitignore`の先頭にあるドットに注意）。

```
echo "*.obj" > .gitignore
git status
```

これでfile.objというファイルの通知は出なくなるが、`.gitignore`が新しいファイルだと検出される。そこで`.gitignore`ファイルをリポジトリにコミットしよう。そうすれば、誰かがリポジトリの複製を作っても、やはり同じファイル集合が無視されるようになる。

20.5 Gitの学習を続ける

本書も終わりに近づいたが、そこでGitの学習が終わるわけではない。「マニュアルが一番役立つのは、製品を少し使ったあとだ」と、Larry Ullman[*9]が書いているが、マニュアルだけでなくコンピュータ関係のほとんどの書籍もそうだろうと私は思う。

本書の目標は、初心者がGitをある程度は使えるようになるため知っておく必要のある、すべての技術を紹介することだ。けれども、さらに違う種類のリポジトリを使ったり、より複雑な変更を加えるようになると、本書でカバーできなかった技術を使う必要が出てくるだろう。ここでは、Gitの学習を続けるのに役立つテクニックをいくつか紹介する。

訳注＊9：著書は、『入門 モダンJavaScript』、『PHP for the Web』、『PHP and MySQL for Dynamic Web Sites』など。`http://www.larryullman.com/books/`

20.5.1 クローンで作業する

git cloneコマンドについては、第11章で詳しく述べた。何かおかしな状況に陥って、どのGit操作を実行すべきなのか分からなくなったときは、まずそのリポジトリのクローンを作って、そのクローンで作業をするのが良い。そうすれば、作業中のリポジトリに悪影響を及ぼすことなく、実験することができる。

20.5.2 ヘルプを使う

Gitのヘルプによるドキュメンテーションは、とにかく信頼できるガイドである*10。Gitのスイッチやコマンドの使い方についてインターネットで情報を得たとしても、確実なものかどうか分からなければ、Gitの正式なヘルプドキュメントで調べるべきだ。読書で語彙を増やすためには、辞書を引く必要があるだろう。それと同じように、Gitの知識を育てるためには、自分が何をタイプしているのかを理解できるように、git helpコマンドを読む必要がある。クローンでの作業とヘルプの利用とを組み合わせれば、Gitの学習速度が上がるはずだ。

訳注＊10：Gitマニュアルの翻訳については、「Git入門 - ドキュメント」http://www8.atwiki.jp/git_jp を参照。

20.5.3 こまめにコミットする

コミットを頻繁に行えば、バージョン管理に関する問題について、なんでも復旧できるという自信をより強く持つことができる。ファイルは、リポジトリにコミットすることでいつでも取り出せるものになる。また、git rebaseを使えば、変更を公開する前に、そういう小規模で中間的なコミットを整理することができる。

20.5.4 共同作業を行う

リポジトリに貢献する仲間たちと協力しなければいけない。どのプロジェクトにも特有の規約があるから、貢献する前に、どういう規約なのかを理解する必要がある。他の貢献者とのやりとりが大事だ。特有の別名（alias）を使っているかもしれないし、ワークフローに特別な習慣があるかもしれない。

プロジェクト以外で他のGitユーザーとの共同作業を行うには、Gitグループへの参加を考えてみよう。

- Git for Human Beings（Googleグループ）
  https://groups.google.com/group/git-users

- Git Mailing List
  `git@vger.kernel.org`

  このメーリングリストに参加するための詳細は、次のページに書かれている。

  `https://git.wiki.kernel.org/index.php/GitCommunity`

私は、本書のWebサイトでフォーラムに参加している。

`https://forums.manning.com/forums/learn-git-in-a-month-of-lunches`

20.6 課題

これが最後の章だ。課題は簡単なものにしておこう。次に挙げるのは、`git config`についての知識を確認するための質問である。

1. 図20.1（bobとmaryのリポジトリが描かれているもの）には、Git構成ファイルを全部でいくつ作れるだろうか？
2. あなたの好きなエディタを使って、自分のリポジトリの構成ファイルに適当なセクションを勝手に追加し、その下にいくつかキーを追加してみよう。それには、次のようにタイプすればよい。

   ```
   cd $HOME/math
   git config --add rick.set1 value1
   git config --add rick.set2 value2
   ```

   上記のコマンドによって、[rick]という名前のセクションが定義された。では、このセクションの名前を変更するには、どういう`git config`コマンドを使えるだろうか？ また、このセクションを1個のコマンドで削除する`git config`コマンドは、どういうものだろうか？
3. 図20.6で見た構成のひとつに`help.autocorrect`というのがあった。これが何を行うもので、どういうメリットがあるのかを調べてみよう。この機能を、あなたのローカルリポジトリで試すには次のようにタイプする。

   ```
   git config --local --add help.autocorrect -1
   git statsu
   ```

   2つめのコマンドにタイプミスがあるけれど、このままタイプしてみよう！
4. Atlassian SourceTreeやEclipseをインストールしたら、これらのコンフィギュレーション設定機能を調べてみよう。
   SourceTreeのメニューで、「リポジトリ > リポジトリ設定」（Repository > Repository Settings）を選択する。「リポジトリ設定」ダイアログボックスで、「設定ファイルを編集」（Edit Config File）をクリックする（図20.14）。これによって、configファイルを編集するためのツールを選ぶ画面が出る。使い慣れたエディタを選択しよう。ツールの選択が終わると、Gitの構成ファイルがそのエディタにロードされる。

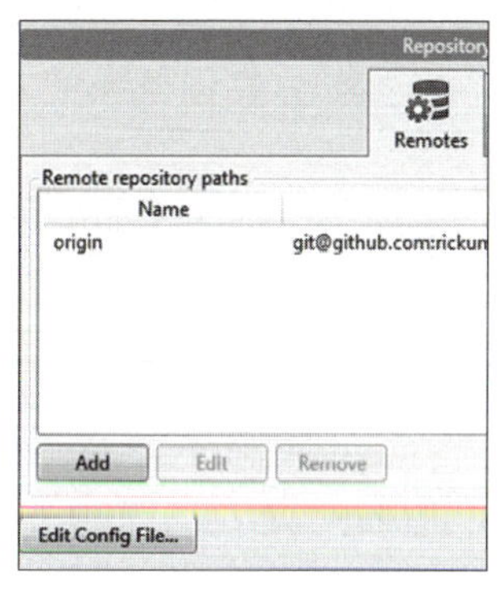

❖図20.14　SourceTreeで「設定ファイルを編集」

EclipseでGitの構成設定を行うには、メニューで「ウィンドウ > 設定」(Window > Preferences) を選ぶ。「設定」(Preferences) ダイアログボックスが現れたら、「チーム」(Team) セクションを開き、さらに「Git」サブセクションを開く。そして「構成」(Configuration) をクリックする。これで、図20.15に示すダイアログボックスが現れる。この画面では、外部のエディタに頼ることなく、設定値を変更できる。

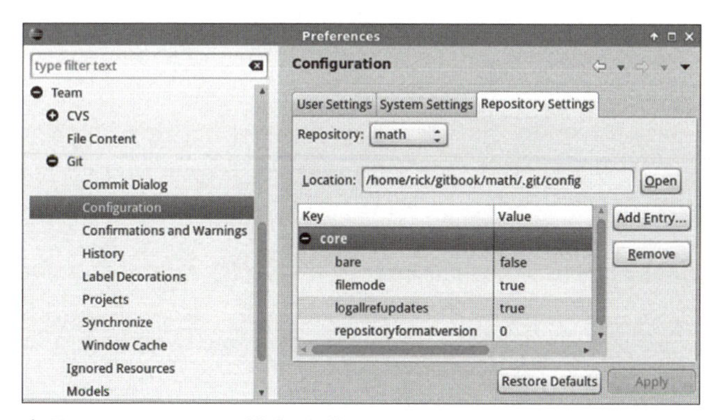

❖図20.15　Eclipseで構成を編集する

20.7 この章のコマンド

❖表20.2　この章で使ったコマンド

コマンド	説明
git config --local --list	ローカル（リポジトリ固有の）Git構成をリストで表示
git config --global --list	グローバル（ユーザー固有の）Git構成をリストで表示
git config --system --list	システム（サーバー全体の）Git構成をリストで表示
git -c log.date=relative log -n 2	相対的な日付フォーマットで最後の2つのコミットを表示
git config --local log.date relative	相対的な日付フォーマットをローカルGit構成に保存
git config --local --edit	ローカル（リポジトリ）Git構成を編集する
git config --global --edit	グローバル（ユーザー）Git構成を編集する
git config --system --edit	システム（サーバ）Git構成を編集する
git -c core.editor=echo config --local --edit	ローカルGit構成ファイルの名前をプリントする
git -c core.editor=nano config --local --edit	ローカルGit構成ファイルをnanoで編集する
git config core.excludesfile	Git構成`core.excludesfile`の設定値をプリントする

索 引

Gitコマンドは、コマンド名が索引に入っています。`git clone`を探すには「cloneコマンド」の項を見てください。各コマンドオプションは、それぞれのコマンドの下位の項目として扱っています。

F

G

H

I

K

L

さ

た

は

ま

や

ら

わ

訳者紹介

吉川邦夫（よしかわ くにお）

1957年生まれ。ICU（国際基督教大学）卒。
おもに制御系マイコンプログラマとしてソフトウェア開発に従事したあと、翻訳家として独立。主な訳書に、『Effective』シリーズ（アスキー、翔泳社）、『Symbian OS』関連、『JavaScript Ninjaの極意』など（翔泳社）がある。

装丁　会津 勝久
DTP　株式会社シンクス

独習Git（ギット）

2016年2月25日　初版第1刷発行
2024年12月5日　初版第8刷発行

著　者　Rick Umali（リック・ウマリ）
訳　者　吉川 邦夫（よしかわ くにお）
発行人　佐々木 幹夫
発行所　株式会社 翔泳社（https://www.shoeisha.co.jp）
印刷・製本　株式会社 広済堂ネクスト

ISBN978-4-7981-4461-0　Printed in Japan